净零能源设计
商业架构指南

【美】 汤姆·胡特曼 著

王浩然 吴 巍 译

电子工业出版社·
Publishing House of Electronics Industry
北京·BEIJING

Net Zero Energy Design: A Guide for Commercial Architecture

978-1-118-01854-5

Tom Hootman

图书在版编目(CIP)数据

净零能源设计：商业架构指南 /（美）胡特曼（Hootman,T.）著；王浩然，吴巍译. — 北京：电子工业出版社，2016.6

书名原文：Net Zero Energy Design: A Guide for Commercial Architecture

ISBN 978-7-121-28540-0

Ⅰ.①净… Ⅱ.①胡… ②王… ③吴… Ⅲ.①商业—服务建筑—节能设计 Ⅳ.①TU247

中国版本图书馆CIP数据核字（2016）第071854号

策划编辑：胡先福
责任编辑：胡先福
文字编辑：刘　晨
印　　刷：中国电影出版社印刷厂
装　　订：三河市华成印务有限公司
出版发行：电子工业出版社
　　　　　北京市海淀区万寿路173信箱　邮编 100036
开　　本：850×1168　1/16　印张：27.75　字数：697千字
版　　次：2016年6月第1版
印　　次：2016年6月第1次印刷
定　　价：159.00元

目　录

致　谢

本书对我很重要，相信本书在推动我们的行业迈向建筑的设计及交付新征途——净零能源建筑学的过程中能够充当一个重要的角色。我在写此书的过程中，很幸运得到了一群志趣相投、富于激情的卓越群体——我的同事、朋友和家人的支持，他们是同样也相信此书及净零能源建筑的目标终有一天会实现的人们。

首先，感谢我的妻子德诺•胡特曼，她自始至终一直支持着我，不仅承担起了家里的所有杂务，使我不用为之分心，专心夜以继日地工作，而且对我提出的想法也能产生奇妙的共鸣，可以恰到好处地消除我的写作障碍；同时也感谢我的两个孩子——杰克逊和雷，以及我的父母及姐姐的支持，因为对我疯狂的写作进度他们都能理解。

其次，我要感谢本书的特约作者，来自国家可再生能源实验室（NREL）的尚蒂•普莱西，以及以前为斯坦泰克（Stantec）效力、现就职于英特格（Integral）集团的大卫•冈田。本书得到了能源部（DOE）和NREL的研究支持设备工程（RSF）成功的支持；他们在净零能源建筑方面都是富于激情的资深导师和专家。我非常感激他们的努力付出和奉献精神，他们的帮助使本书得以出版。

我有幸为RNL公司工作。在那里，净零能源建筑已成为我日常工作的一部分，发展新一代建筑的主张也十分强烈，感谢公司每个支持此书事项及我写作进度的人。特别是，他们培养了各种可以鼓励这些努力的创造性的文化。在此，感谢RNL的总裁乔希•古尔德在本书写作期间表达的热情和鼓励，正是他对写作日程表的宽容使得我必须坚持完成手稿。同时感谢莱斯利•阿伯特和莎朗•雷哲的私人支持；当我抽出一部分工作时间去写此书时，他们的介入保持了此书的正常运转。也感谢丽莎•葛拉丝，他敏锐的建议有助于推进此书部分插图的完成。感谢汤姆•伍尔特兹，他的助手提供了"服务楼东区"——未来净零能源大厦（我们即将推出的众多净零能源大厦之一）的资料。

我也感谢麦维瑞克公司的艾莉西亚•哈克，在工作中她是位好指导及咨询顾问，助我精雕细琢于净零能源建筑的篇章，特别是其中关于研究支持设施项目的部分。她还帮助我认识了重要的角色,使这些信息得以传播。

交付研究支持设备的经历,激发了我写作此书的热情。整个的项目团队,无论是否列在此段中,都是我曾经与之工作过的同仁中最重要的精英和最努力工作的专家。我感谢整个团队,包括RNL内部建筑师、内部设计师和景观建筑师团队里挑选出的以下个体成员:里奇•冯•卢瑟、克雷格•瑞道克(现在就职于HDR建筑)、米歇尔•辛普森、艾利森•麦可、内森•古拉什、雷切尔•佩特罗、温迪•温斯科考夫、米歇尔•里克特、布莱恩•尼科尔森,以及来自Stantec机构的史蒂夫•布瑞兹卡。我也感谢来自该机构的大卫•冈田和约翰•安德鲁(现均就职于英特格)、波普斯•阿妮塔和劳埃德•迈瑞内;来自Haselden建筑公司的菲尔•梅茜、拜伦•哈瑟登、布莱恩•利文斯顿和杰瑞•布洛切;来自建筑能源(Architectural Energy)公司的达纳•维伦纽夫。

大量的事实证明:以上是借助大客户项目设计伟大建筑的大型团队,DOE/NREL就是一个样板客户项目。那里的专家们对高效能建筑的未来有着强烈的憧憬,想要通过自家的项目展现通向这种未来建筑的道路。我们幸运地在这段征途中与他们合作,在交付研究支持设备项目的过程中,我和许多在NREL工作的、高级商业建筑研究小组中的精英成为了朋友,他们中的许多人协助推进了此书的出版。感谢DOE/NREL的每一个人,你们不仅使研究支持设备成为了现实,而且针对业界需要的工具和资源不懈研发,力争使净零能源在未来成为可能。我要特别感谢杰夫•贝克尔、比尔•格洛弗、德鲁•德塔莫、罗恩•鲁德考夫、保罗•陶塞利尼、尚蒂•普雷斯、埃里克•泰利斯莫内驰、布雷特•卡姆克、彼得•麦米林、南希•卡莱尔、凯伦•莱特纳、詹妮弗•斯盖布、尼基•约翰逊、米歇尔•斯洛伐克、弗兰克•鲁卡维纳、劳伯•古利耶

梅提、乍得•罗巴托、格雷格•斯塔克、尼克•朗和大卫•格登瓦塞尔。

我还要感谢所有使净零能源建筑成为主流的行业专家们。我从所有者和开发者以及能源模型的角度,与几个关键人物进行了会谈,其中的要义可以从本书中窥见一斑。感谢总务管理局的唐纳•德恩、美国陆军队的理查德•基德、Point32的克里斯•罗杰斯、环境能源的琳达•莫里森和Stantec机构的鲍瑞丝•阿妮塔。

我也发表了许多非正式的观点,并与各领域的专家广泛讨论和交换了意见,这有助于开发此书专业领域的内容。由于各自领域的广义性,这些专家都愿意花时间与我分享他们的知识,使我得以收集最新、最有创造性、有关各种净零能源项目种种内在挑战和机遇的观点。就这一点而言,我要感谢RNL的雷切尔•佩特罗、仲量联行(Jones Lang LaSalle)的迪恩•斯坦伯瑞、David Graham & Stubbs机构的保罗•米恩斯、日本松久(MKK)咨询工程师株式会社的凯恩•乌尔巴内克、新建筑协会的凯西•希金斯和建筑环境中心的大卫•莱勒。

我也向为本书提供照片和图片的每个人表示感谢,这些插图为此书讲述了那么多故事。尤其是,弗兰克•欧姆斯和罗恩•波拉德身为RNL工作的最杰出的两位建筑摄影师,都被荣幸地特许选用了其在DOE/NREL研究支持设备项目中拍摄的许多精美照片;RNL的朋友和合作者塔尼亚•萨尔加多和帕特•麦凯维,也都拿出他们在旅游时拍摄的私人建筑照片;达拉斯沃斯堡的摄影人丽萨特•丽贝丽芙,捕捉到了路易斯•康设计的金贝尔艺术博物馆的神奇图像。感谢NREL的所有精英和签约摄影师,麦克•莱恩帕格和尚蒂•普莱西,推进了NREL的影像收集部的许多照片的使用。

我也由衷地感谢那些奉献图片和自己作品的

公司以及个人。他们是库巴拉•瓦沙库建筑的埃里克•劳伦斯，RMDI的唐•鲍塞拉图和瑞•辛克莱，BNIM的埃里克•格勒，布罗哈波德的蒂芙尼•李，阿德里安•史密斯+戈登•吉尔建筑的凯文南西，贝克集团的道格•修勒，里德莱斯考斯基西湖的吉尔•百登豪，柯尔特国际的曼弗雷德•斯达林格和马丁•瑞德，AWV建筑的迈克•艾伦，普鲁斯•阿妮塔和斯坦泰克的利塞尔•华莱士，环境能源的琳达•莫里森，ASHRAE的特蕾西•贝克尔和史蒂夫•斯托克，为布鲁姆能源公关的万博宣伟的莫莉•卡娜蕾丝，Point32的克里斯•罗杰斯，美国陆军在卡森堡要塞的工程师马特•埃利斯和尼克•亚历山大，墨尔本大学的莫里•皮尔医生，莱特卢维尔的迈克尔•霍尔兹和卢塞德设计团队的加文•普拉特。我感谢你们奉献了高质量的工作和与我分享此书的意愿。

从多方面的角度审视，《净零能源设计》始于2010年我与多年的老友、身为建筑师及威利父子出版社特约作者的吉姆•莱格特在机场的重逢，我俩都为参加美国建筑师协会会议而去迈阿密出差，途中，他鼓励我考虑写一部书，后来又把我介绍给在威利父子出版社工作的编辑约翰•恰尔内茨基，他也因为那次会议身在迈阿密。随后，我接受这个建议开始写书，并向吉姆•莱格特、丹尼尔•塔尔和安妮特•斯坦莫克等朋友和威利父子出版社的编辑征询帮助和反馈。感谢你们每个人，感谢你们的支持、鼓励和伟大的建议。

最后，感谢威利父子出版社，特别要感谢看到了此书的价值和行业需求所在、使其得以发行的出版商阿曼达•米勒。在约翰•恰尔内茨基离开威利父子出版社成为CONTRACT杂志首席编辑后，凯瑟琳•勃艮妮也予以进一步的帮助，为我的这部手稿做了难以置信的最后润色处理。我还要感谢在出版过程中提供帮助的迈克•纽尔和丹妮尔•佐丹奴，以及在制作成书过程中巧妙加入了原稿和插图的资深制作编辑唐纳•孔特。

In 引 言

我的净零能源之旅

作为RNL的可持续发展部主管，我有幸参与到改变世界建筑的项目中来。这既是一个促进《净零能源设计》一书写作的项目，也是极端重视商业建筑业实现净零能源建筑目标的项目。这个项目由国家建筑行业协会主导，已初具雏形，得到了《建筑业媒体》甚至《华尔街日报》和《纽约时报》等国家级出版物的关注。《大都会》把本项目定义为，依靠大规模推行净零能源的2011年度

游戏改变者。本书所指的项目是能源部的研究支持设备项目，执行场地便是国家可再生能源实验室，如图I.1所示。

这个项目所展示的净零能源不仅在大规模商业建筑上可见，而且还为它们增加了独特的价值。净零能源进一步披露了目前传统建筑交付过程的缺陷，如果我们要开发净零能源解决方案，这个缺陷就需要我们在过程中去填补，具体就是要能回答这个问题：我们怎么去交付净零能源建筑？

■ **图I.1** DOE/NREL研究支持设备。RNL提供的图片；摄影弗兰克·欧姆斯。

我曾参与的DOE/NREL研究支持设备项目极大地影响了我；这个项目的"足迹"遍布全书，无论是项目的具体案例还是对交付进程形成的常规影响，都必须被重组。我已经被这个项目所能达成的惊人成果所激发，特别是对这些发生的交付团队的每一个非凡的个人所产生的影响。这个团队包括RNL、斯坦泰克、哈瑟登建筑的科技精英，有能力的领导者和高质量的设计咨询师以及分包商。可想而知，作为一个追求净零能源的客户，在能源部和国家可再生能源实验室办公大楼里有这样一个部门办公，对此当有着深刻的体会（见图I.2）。NREL是低能耗和净零能源建筑的显著资源，支撑着这个世界上最棒的研究和思维。我逐渐开始相信NREL是被国家保护得最好的秘密。与建筑业的数以千计的人一起塑造这个项目的故事，我通常会对NREL——一个我们最好的能源资源许多未被察觉的地方感到惊讶万分，我确信能源部和国家可再生能源实验室的研究支持设备项目在推进DOE/NREL的使命方面会做出一番成绩，我真切地希望此书能在将我们的行业推向净零能源方面尽一份力。

如何使用此书

《净零能源设计》的目的是为净零能源商业建筑提供设计和交付指导。此书与其他可持续设计指南的区别在于，唯独关注实现"净零"，配合"净零"能达到的整体综合进程目标的诉求。净零能源建筑的成功根植于全盘化进程，从项目的概念到长期的操作。这不只是一个设计问题，而是整体交付问题，一个包括了建筑物的居住和操作的问题。因此，当这本书关系到净零能源的实现时，就意味着推进了交付进程每个部分最重要的方面。然而，

《净零能源设计》由于关注整个交付进程，不会作为详细的技术指南为交付过程的具体项目服务；还会有许多供选择的好书籍和好资源提供对口的指南，帮助需要完成进程内为数众多的净零能源决策个案的个别团队。

净零能源建筑的完成是充满挑战的，每个项目都有独立的环节必须全力以赴地去完成。此书不渴求能解决净零能源建筑所面临所有的条件和情况，从这种意义上说，此书不是一本指导手册；不能提供净零能源建筑进程的保证，书的内容也不可以代替设计专家的判断。此书基于我的个人项目经历和对净零能源进程的持续研究，辅以我的特约作者——尚蒂·普莱西和大卫·冈田的宝贵贡献，他们分享了我推进净零能源建筑实践的动力和渴求，作为一个实践者的观点所记载的内容，希望可以在实践中传递有用的信息。

因此，我有意识地引入我用过和熟悉的工具和资源；也尝试在实际完成的情境中去设置它们；还提到几种对我来说颇具价值的软件程序，相信它们对别人也是如此。然而，我这不是要做备忘或者表示没有其他可选的应用程序满足同样的需要。我也谈到了软件工具的内容，虽然我也意识到这条信息在不久的将来就会过期或作废，我希望有更强大和更有价值的程序出现来代替目前的可用软件。

作为一名建筑师，我逐渐意识到在促成净零能源建筑学中我们有独特的行业角色；为了转变我们的行业和建筑环境，我们必须担负领导者的角色。进一步说，作为专家我们必须做出一些改变。最重要的是，我们需要以主人翁的精神，解决本方项目中能源设计的内在问题，而非把它们委托给工程师和能源塑造者。同样地，本书虽然将大

■ 图I.2 DOE/NREL研究支持设备。RNL提供的图片；摄影弗兰克·欧姆斯。

部分内容指向建筑学，但也部分起到指导净零能源建筑整体交付过程的作用。我的目标是令全书内容对建筑业的每个人都有所帮助。因此，本书主要集中在商业建筑部分，但许多观点和原理也适用于住宅部分。

此外，为确保本书既能言之有物地引领新人入门，又能使有一定经验的人士更上一层楼，我有意提供了关键的介绍性概念作为引子，为后面更多细节的理解和项目应用作铺垫，辅助新开拓者

们扩展净零能源的知识储备。经验丰富的实践家也会从我提供的交付过程的方方面面中获益。为了读者方便，我还汇集了一些有关净零能源建筑交付的基础资源作为日后的项目参考。

本书围绕净零能源建筑交付进程构思，因此能够作为路线图帮助每个实践者开发他们自己的进程。书内章节依次讲解了进程中的每个阶段，按照净零能源建筑项目的整体交付进程而按部就班地演进。

第一章　净零能源建筑概览

第一章对净零能源建筑进行了概述、定义和举例，讨论目前它们在行业中的发展趋势。

第二章　项目的概念和交付

第二章捕捉了开发商对净零能源建筑的观点，解释了净零能源目标如何被整合到项目初期的概念里，讲解了行业中各种各样可能的交付方法以及它们对这一目标会造成的影响。

第三章　集成化进程

第三章提出了交付团队在交付净零能源项目中的观点，介绍了集成化进程中的具体议题，这有助于交付项目。

第四章　能　量

第四章是能源概念的基础。能源法则有着深厚的基础，是设计和交付净零能源项目的前提。本章还重点关注了进程中的能源实际应用问题，包括设置能量指标。

第五章　设计的基本面

第五章描述了需要在净零能源项目设计前建立和理解的基本原则。提供了气候分析和场地评估的观点，解释了建筑几何、体量和建筑类型，这与净零能源的诉求有关。

PA **第六章　被动建筑**

第六章约定净零能源设计从建筑开始，探究被动设计策略在建筑中所扮演的减少能量荷载角色。

EE **第七章　建筑节能系统**

第七章为怎样通过节能建筑体系的被动式设计架构有效地减小荷载提供指导。

RE **第八章　可再生能源**

第八章介绍了各种有效的可再生能源系统，解释了如何与净零能源项目设计结合。

Ec **第九章　经济学**

第九章在净零能源建筑之后关注经济学，集中理解和分析能源效能和再生能源系统。

OO **第十章　运营和入住**

第十章解决了净零能源建筑的一个最重要方面：运营和入住。因为一个净零能源建筑是以实际操作来衡量的，深思熟虑这个因素至关重要，本章的工作逾越了设计意图和建筑操作实践之间的障碍。

NZ **第十一章　净零能源**

第十一章综合了上一章内容，以求得到一个项目中净零能源平衡的最终计算方法，为建筑项目提供理解和评估碳平衡的基础架构。

CS **第十二章　DOE / NREL研究支持设备工程**

第十二章分析了实例通常是学习和推进净零能源交付实践的最好方法，阐释了能源部/国家可再生能源实验室（DOE / NREL）研究支持设备工程的案例研究。

当然在实践中，交付工程不是严格按顺序的，相反地，本质上是重复性和周期性的。因此，本书适用于大致相同的方式：可以通读全书，或者从若干路径接近本书，图I.3显示的指示图，说明了书中的章节以指导、设计和进程议题为中心组织起来。

■ 第一、四、十一、十二章致力于净零能源的全盘指导；提供了定义、基本概念和概念综合体。

■ 第五至八章提供了设计指导；它们本身被作为此书的核心内容。

■ 第二、三、九、十章为净零能源商业建筑给予了进程指导。

我发现了向新读者介绍净零能源的有效方法，也就是利用简单的概念等式：净零能源=被动式设计累积+能效建筑系统+再生能源系统。这统称为集成化进程。本书的章节被视为概念等式构筑块（图I.4）。

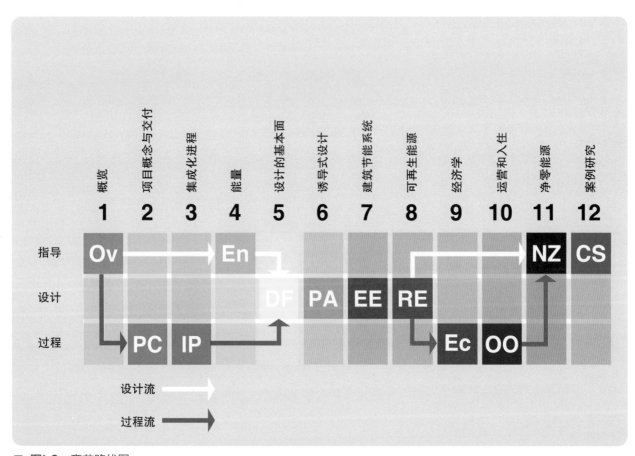

■ 图I.3　章节路线图

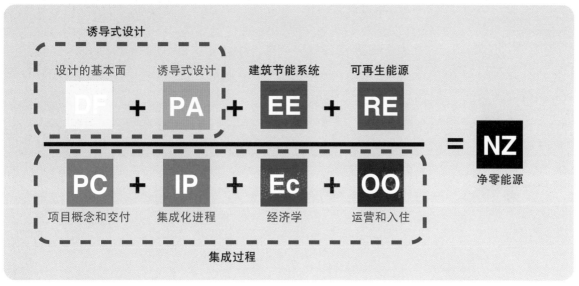

■ 图I.4 净零能源概念等式

净零能源建筑概述

净零能源建筑的案例

全球性的解决方案

21世纪将成为人类在地球上改变生存方式的新时代，我们当下对于地球资源的施压行为已变得不可持续。于是在全球范围，我们面对的问题诸如水和资源的稀缺、能源需求和成本的提高、化石燃料储量的减少以及气候变化等均警钟长鸣。那些为此积极响应并认为有必要做出改变的人们，都在努力探索着必备的解决机遇——不仅可以解决这一整套的全球性问题，还可以改善和发展人类的生活条件，借此提高我们的生活质量。

我们给地球施加的压力，不少都体现在我们设计、建造和使用我们的建设环境的手法中。这意味着建筑和城市必须在塑造我们可持续发展的未来状况中，扮演至关重要的角色。净零能源建筑是实现这一未来状况的工具。建筑物本身提供了非常显著的环境、社会和经济价值，它们就和作为典型建筑物时一样，正作为我们建设环境新全球方案的代表（见图1.1）。它们可以教会我们的，既有

关集成型的设计及交付的动力，亦有关于我们的建设环境与大自然世界之间真实的相互联系，能够应用于广泛的可持续解决方案，如建筑物和社区之间净零废弃物及可持续用水的平衡方案。

净零能源的具体目标与其他全局性的可持续发展目标，相互间有着强有力的协同作用，它们都要求性能的专注度以及集成的交付过程。全局性手法的各种利益本身就是协同的。许多减少能量使用的策略，也能对室内环境质量起到一个积极的作用，因此成为了居住者的健康和福祉。净零能源的手法可以按任何规模加以运用，从而积极影响着我们建造社区及城市并居于其中的方式。

未来愿景

净零能源建筑体提供了令人瞩目的未来愿景，被视为新的建筑导向。技术上，对于这个愿景的探索可以很严谨。设计上，这方面还要求有非凡的创造和创新。同一程度上，它还提供了一种表达形式的新机遇——用程序、网站和气候精巧地解决能源问题。

净零能源设计是一种建筑学，先重现了人类建筑史的诱导式策略，再将它们整合到有关现代设计的现代思维里。它也能接纳最尖端的技术并为可持续能源系统提供解决方案，为建筑和居住性能建立新的相关标准。

净零能源建筑也是有关进程的，要求具备真实和高度的集成，对建筑交付有着长远的打算。集成进程能引领真实全局性建筑的创造进程，因为净零能源建筑不应仅仅是样板化的能源演示体，而应兼具可持续性、可执行性和美感。它们应该积极努力地加强人类体验，并通过连接更大的自然系统提高方方面面的生活水准。净零能源建筑是设计再生建筑这项更大运动的一部分，后者则是我们生存的这个世界的一部分。

作为一种新建筑，净零能源利用数据驱动并以演示为导向，衍生出新的形式。它也探索了与建筑现场及其气候和居住在此的人们拥有的创新、活泛的连接。它为创造我们美丽的、有重要意义的生活和社区提供了机会。美感是净零能源建筑特别重要的层面，因为美丽的建筑物往往可以被接受、保留下来，还兼具了丰富的文化和社会内容。因此像其务实性和高演示性一样，净零能源建筑也必须是有美感和有意义的；最重要的是，必须有一个更高的目标，总之，净零能源建筑为建筑物愿景提供了一个更美好、更可持续的未来。

时间就是目下

净零能源建筑不是遥远未来的理念，它就在目下的理念。今天我们就可以用技术和知识去交付净零能源建筑，我们缺乏的只不过是促使它变成现实的集合的想象力。这本书的目的，也正是激发读者的想象力，帮助行业专家们采用净零能源的建设手法。

实际上，如今可行的净零能源建筑并不意味着没有挑战，"已知"最严重挑战可能是成本；但我要讨论的是，实际最严重的挑战是接受净零能源建筑的过程，就像建筑业一样，它是严谨的，需要通过行业来改变的；而改变通常是困难的，特别是这样一种持续的改变。

■ 图1.1 纽约城天际线鸟瞰。中心地段为"4 Times Square"楼，这个建筑是采用了集成型再生能源系统的早期案例。

■ **图1.2** 能源部和国家再生能源实验室的研究支持院提供了一个净零能源的未来蓝图。NREL /影像17613；照片由丹尼斯·施罗德提供。

是的，成本会成为一种阻碍，但成本通过正确集成的交付过程，可被有效的管理。当净零能源可通过更多再生能源的采购以及通过更昂贵和最先进的技术分门别类来付诸实施时，成本也是可有效管理的，办法就是通过集成简单解决方案，解决多重性的问题和努力让建筑减负。因而，投资在再生能源系统里需要最小化。

追求净零能源建筑当中的众多利益，使挑战值得一试。净零能源建筑具有经济、社会和环境效益，代表一种高性能建筑的新标准，不仅提供了最佳的建筑，也用最低的生命周期成本创造了价值。这些建筑能够带来更高质量的内部环境，所以提高了居住者的生活质量；还带来与能源和资源保护相关的环境利益，以及极为可观的废气减排。它们不仅是当今的这些有形收益，而且对解决人类面临的更大的全球性竞争提供了案例，因此指向了更美好的未来。

毋须多言，净零能源建筑不是一夜之间落成的。由于净零能源是这样一个长期性的目标和过程，业界迄今为止，仅以1年的可证实数据或更多的净零能源演示，记录了少数几款建筑。但是，已证实案例的数量将与日俱增，我们如何实现这个挑战性的目标的知识也在增长。同时，净零能源的想法也比狭隘的高性能建筑来得大气。因此，如果净零能源确应作为所有建筑的交付方法得到采纳，无论是否按时达到零的目标，都不如以下的方面重要：能源性能层面的、集成型的现场再生能源解决方案，它们均可作为建设环境的一部分持续不断地发展下去。最终，所有建筑包括已建成建筑物，将来都有可能转向净零能源。

■ **图1.3** 欧米茄可持续生活中心是净零能源建筑，是世界上第一个被认证的生活建筑。图片由BNIM友情提供；摄影 ©2009，阿萨西。

净零能源定义

于其核心含义而言，净零能源是种建筑能源性能的量度：它1年运作期间生产的再生能源，是要多于等于这期间它的能耗的。两个关键概念构成了净零能源的定义：第一，"净"指虽然非再生能源（化石燃料和核能）可以被利用，但1年之中必须有足量的再生能源生成，使项目对于非再生能源的用量得以持平或超额。"零能源"的概念并非指建筑中不使用能源，它指的是达到净零的能源水准，能够满足项目的使用需求。第二个关键概念词是"运营"。净零能源是一个运营目标，衡量性能的周期是1年运营期，包括所有的季节变数。在设计中展现净零能源是可能的，事实上这只达到了净零能源进程的一部分。但真正的净零能源建筑须通过实际得到测量的运作来实现。

"运营"一词定义内的用法改变了获得净零能源的办法，指出了净零能源涉及工程的交付，而不只是设计。与此同时，这一阐释既扩展了这一进程，也增强了围绕交付工程结盟的业主、居住者、操作者和建筑设计专家的进程主体的集成。净零能源的设计只是一个阶段；实际作为净零能源建筑的运营是一个实体。"运营"还意味着执行结果产生了实际的、可量化的利益——实际减少的碳排放及成本。

净零能源建筑的第一要义是极低能耗建筑，这一点为重中之重。追求净零能源的意图不是保护一个项目有足够的再生能源却无视它的能效。这是一个粗暴的代价极其高昂的解决办法。一个净零能源建筑是指1年内达到能源要求的、有足够再生能源的、极低能耗型建筑。

国家再生能源实验室为衡量和定义建筑，定义了4种净零能源的名称：净零场区能源、净零源能量、净零能源排放、净零能源成本（见图1.4）。NREL的论文，"净零能源建筑：一种关乎定义的评论"由保罗•陶塞利尼、珊蒂•普莱西、米歇尔•德鲁和特鲁利•克拉雷于2006年联合发表，介绍了这些标准化定义。如果行业内可用统一的方法推进和传达度量标准，那么建立测量净零能源的定义和方法论就是关键（第四章针对场区能源与源能量给出了一个更详细的解释，连同其他在净零能源定义方面使用的术语。第十一章则给出关于净零能源建筑的计算方法论和碳平衡概念的探索）。

净零场区能源建筑

一款"净零场区能源"建筑会生产足够多的再生能源，其量在按照能量来表示时，至少与这款建筑1年内使用的再生能源在数量上持平。现场的测量是非常文字化的；亦即，如果在建筑场所划分出一个边界，测量和累加场所边界的所有能量就等于场所的能值（见图1.5）。这是净零能源中最通用的、最易测量的一种，因为它的结果以米为单位记录，易于计算，不像其他净零能源的测量需要附加要素。即便如此，净零场区能源的定义是4种定义之中最难总结的，需要为它的测量制定良好的标准。

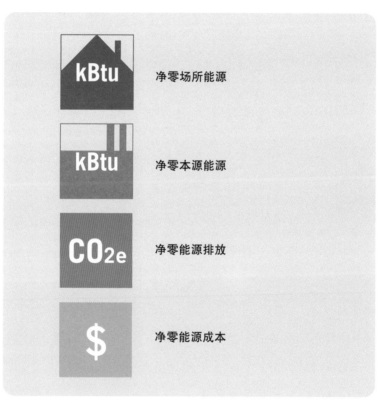

■ 图1.4 净零能源建筑定义

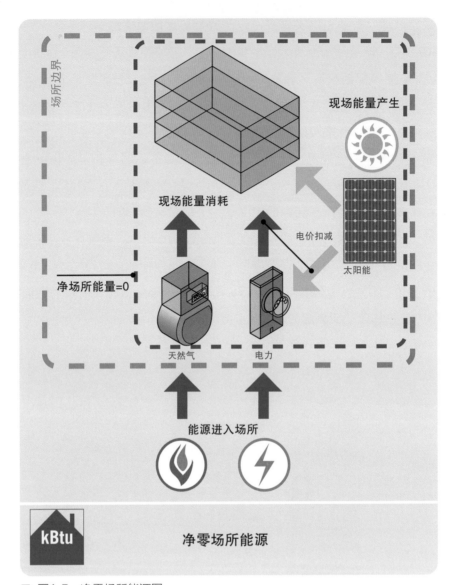

现场能量产生

现场能量消耗

电价扣减

太阳能

净场所能量=0

场所边界

天然气　　　电力

能源进入场所

kBtu　净零场所能源

■ **图1.5**　净零场所能源图

净零源能量建筑

　　一款"净零源能量"建筑会生产或购买足够多的再生能源，其量在按照能量来表示时，至少与这款建筑于1年期内消耗的能量持平，测量时要把对现场供能的相关因素包含在内。例如，这款建筑的耗能如果按照烧煤的、基于电网的耗电量而于源头上计算，约为现场实际交付和计算的能源量的3倍。为什么？因为生产和运输电力的过程中能量会大量地流失，如图1.6所示。因此，源能量给出一个更完整的能量使用图，为了评估源能量的使用，一种场所-本源型的能源要素必须取决于每种正在应用的能量源，进而适用于场区能源价值。

"净零能源排量"型建筑

　　一款"净零能源排量"型建筑会生产或购买足够多的、自由排放的再生能源，其量当可补偿这款建筑中1年期内所有能耗产生的排放量。鉴于场所和源能量都是以能量单位来测量的，能源

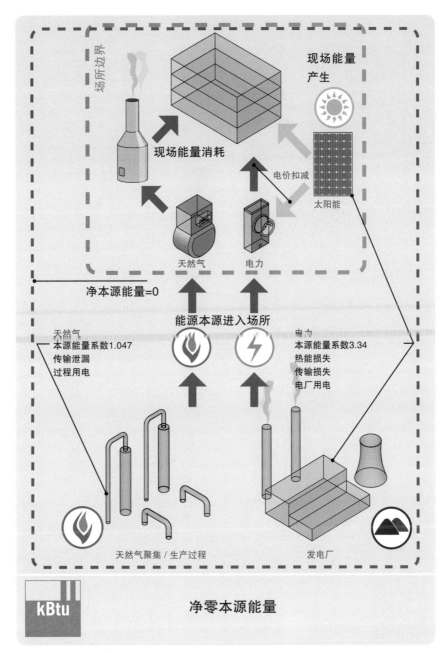

场所边界

现场能量产生

现场能量消耗

电价扣减

太阳能

天然气　　电力

净本源能量=0

能源本源进入场所

天然气
本源能量系数1.047
传输泄漏
过程用电

电力
本源能量系数3.34
热能损失
传输损失
电厂用电

天然气聚集 / 生产过程

发电厂

kBtu

净零本源能量

■ **图1.6** 净零本源图

排量便采用了与能建筑能耗有关的、大规模的碳等价温室废气排放量来测量。为了评估能源排量，碳排放因素必须适用每一种能量源的相关场区能源，或者适用项目所使用的燃料，如图1.7所示。在这个算式里，再生能源发电量可抵消化石燃料的排放量。

"净零能源排量"的定义是很重要的，因为它把净零能源建筑的核心价值量化了：消除建筑运行能耗产生的温室气体排量。这个定义提供了一种考虑建筑运行能耗中碳平衡的方法（第十一章对碳平衡有更详细的讨论）。

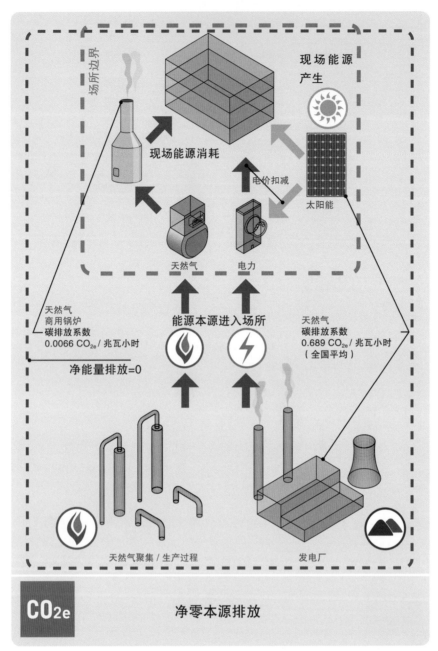

■ **图1.7** 净零能源排放图

"净零能源成本"型建筑

　　"净零能源成本"型建筑由于输出的再生能源而获得了财务信用额度，数额与1年内公共设施的能源收费和能源服务额持平（见图1.8）。围绕这个定义有几个需要追踪的参数。公共设施方面，费率结构为能量消耗值、高峰需求收费额、费和税。一些公共设施使用的费率结构基于使用时间，这一项也需要被纳入其中。简言之，要达到这个标准，所有的能源和能源服务费用账目也要包括在内。需要追踪的信用方面的参数是指任何输出到电网上的再生能源的公共设施公司的信用额。理想的情况是，现场的再生能源量将补偿之前消耗的电

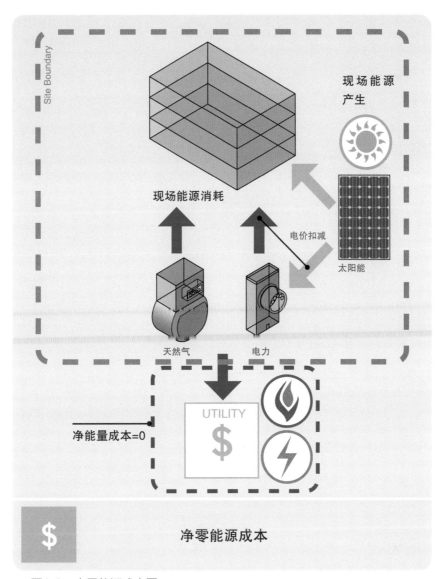

现场能源
产生

现场能源消耗

电价扣减

太阳能

天然气   电力

净能量成本=0

UTILITY
$

$ 净零能源成本

■ 图1.8 净零能源成本图

网电能部分，或高峰需求部分。然而，再生能源发电具有高变异性，不能实时匹配能源使用量和高峰需求量。为了达到这一标准，很可能这个项目需要执行有效需求减量策略和需求管理系统。

每个公共设施公司都有自己的电价扣减政策，这些政策定义了现场产生的再生能源如何授信的方式。电价扣减允许提前操作或置后操作，关键取决于输入电网电力还是输出现场再生能源。真正的电价扣减允许输入电力或输出电力的1对1交换，因此把再生能源归于有同样零售利率的电网输入电力。对于任何以年为基准时间（有时是月度基准）超额输出的再生能源，一些公共设施慢慢转向把零售利率归于批发利率。

最终，展示净零能源成本的方法要通过实际公共设施部门的账单，事实上，这个成本相对容易证实，因为公共设施公司有记录；另一方面，由于每月高峰需求的变化利率和差异性，很难预测每个月或每年的记录是否符合标准。这些差异性也使这些标准很难规划和评估，具体情况会在第十一章继续讨论。设计适当的再生能源系统，才能使其每年都尽可能地持续符合标准，这充满了挑战意味。

需要重点指出的是，净零能源成本的定义不能给出净零建筑的所有经济状况。这个标准严格说明了非再生能源使用情形的净成本。一个重要的、标准之外的要素是再生能源系统的投资。就像净零能源建筑仍使用了能源一样，净零能源成本型建筑也将产生再生能源成本（第九章重点讲述净零能源建筑的节能分析情况）。这个标准的一个核心价值证明了净零能源建筑的核心价值：能源成本的节约。此外，作为整体策略的一部分，高峰需求管理也需要重点关注，而另3种定义则无须考虑这一点。

净零能源建筑的划分

衡量建筑中的净零能源的标准化定义和方法论，为行业提供了统一的方法，即先设计这些建筑再测量实际的操作结果，这是最基本的。也就是说，有许多方法可以得到之前给出的净零能源建筑的4种定义，它们不是互相平衡的，而是经常互相比较的。举个比较的例子：一个建筑依靠现场系统的发电达到了净零能源指标，另一个建筑利用场外发电式的再生能源或通过购买的再生能源证书来达标。你又如何做这样的比较呢？

预测到这个难题，NREL才会在发表净零能源建筑的4种定义后，紧接着又在2010年的一篇技术报告中概述了净零能源建筑的分类系统，珊蒂•普莱西和保罗•陶塞利尼发表了题为"净零能源建筑：一个基于再生能源供应选择的分类系统"的报告。

NREL分类系统分4类："A～D"，区分再生能源应用的优先次序有助于高优先级的再生能源应用发挥更大的作用。系统允许建筑分不同难度选择某一类别的净零能源。NREL系统，在这4种定义的联结过程中采用，使一个建筑能够在每项已达标定义的特定分级基础上对应一个或更多的具体类别。

NREL分类系统强调把需求面的减少作为先决条件，这也反映出净零能源建筑转为低能耗建筑的重要的必需性。系统随即区分了再生能源应用的优先次序，这基于和建筑有关的类型和位置。分类通常也量化了研究中的再生能源能够达到净零能源指标的难度。

净零能源分类系统

NZEB:A　A类

要义：一种低能耗建筑，位于建筑物足迹范围内的资源能产生足够多的再生能量，满足净零能源4种定义中一种以上，这种分类适用于个体建筑。

示例场景

- 光电系统安装在建筑物屋顶或表面。
- 太阳能系统安装在建筑物屋顶或表面。
- 风力发电机安装在建筑物屋顶或表面，或与建筑物融为一体。

NZEB:B　B类

要义：一种低能耗建筑，位于项目场所的资源能产生足够多的再生能量，满足净零能源4种定义中一种以上，这里场所范围的定义包括再生能源系统位于公共自有连续财产（地役权允许的公共自有财产）的园区场景，这种分类适用于个体或多重式建筑。

示例场景

- 光电系统安装在泊车区，或在地面装配。
- 太阳能系统安装在场所的地面。
- 风力发电机安装在场所的塔状物。
- 生物能产自场所，用于场所的电能。

NZEB:C　C类

要义：一种低能耗建筑，首先利用工程和场所足迹范围内的再生能量资源，在某种程度上可行的话，再输入足够的场外再生能量用于场内发电，满足净零能源4种定义中一种以上，这种分类适用于个体或多重式建筑。

示例场景

- 生物能输入场所，用于发电。
- 生物能输入场所，用于发热。

NZEB:D　D类

要义：一种低能耗建筑，首先利用工程和场所足迹范围内的再生能量资源，在某种程度上可行的话，再选择性地输入场外再生能量用于场内发电，但须购买场外再生能源的证明来满足净零能源4种定义中一种以上，这种分类适用于个体或多重式建筑。

示例场景

- 购买再生能源证明（RECs）

再生能源的应用范围从在建筑物足迹范围内提供所需的全部再生能源系统（A类，或NZEB:A），到替代已购有再生能源证书的现场再生能源（D类，或NZEB:D），是可以满足净零能源的定义的。请注意"NZEB"代表了净零能源建筑，而注释"NZEB:classification"代表了NREL分类系统。大量不同的再生能源应用可以自由选择类别，举个例子，再生能源系统安装在场区或园区，而不是在建筑本体上建设（B类，或NZEB:B）。或者，场所外的再生能源资源像生物能就是输入型的（C类，或NZEB:C）。A类是最富挑战性的，因为要求了净零能源建筑在自身的足迹范围区去管理所有其需要的再生能源。这是值得努力的，然而因为得到A类的称谓，就有了内在的价值，所以把再生能源系统融入在建筑中，将拥有更好地服务于再生能源系统的生命周期结构。上述案例也可能不属于现场安装的再生能源系统的案例，因为当场所增加了新建筑或附属物后，这些系统或被转移或被遮蔽起来结束使命。

通过再生能源资源已取得的最高类别，就成为项目沿用的分类了。但是，较高级别的再生能源资源也可以用于低一级别的称谓，举例说明：这个项目的建设没有安装足够的光电，不符合A类定义，但现场安装和建设安装的结合是可以用于符合B类定义的。下面则是更详细的系统概要。

净零能源的替代方案

离网净零能源型建筑

离网净零能源型建筑代表一款独立型的应用，但要符合商业建筑的标准是有困难的，通常被认为是不切实际的。然而，如果传统的公共设施是不可选或者带到项目场所代价高昂，离网解决方案就变得很合适了。离网净零能源型建筑禁止使用基础性的化石燃料能源，因为没有办法去补偿输出到电网的再生能源的使用，还因为离网净零能源型建筑完全依靠现场的再生，这些再生能源又要符合净零能源的所有4种定义；因此，离网建筑超出了各项类别的要求。

离网净零能源型建筑面对的挑战是，由于现场再生能量的动态多变的本质，当再生能源的产出低于使用量时，某些能量存储的类型要求持续的操作状态。进一步说，离网净零能源型建筑需要新添加的再生能源系统来处理高峰负载。最后，对于附加的再生能源能力和现场储备这样的整合必须谨慎管理，因为附加能力和储备都是明显的成本问题。

使用电网（如果可选和可行）来管理因执行净零建筑产生的能源需求剩余及短缺问题具有明显的优势。首先这会减少电池或其他形式的能量存储的成本和需求，伴随相关的环境和维护问题。这也允许输出和使用超额的网上再生能源，随着越来越多的净零建筑被联网，结果是分配给电网的可用再生能源会增多。智能电网的应用程序对于怎样的现场再生能源会带来其他的利益，对于管理其使用和高峰负载也是具有一定指导意义的。最终，能源储备会变得更细化，更追求有效成本，在能量管理和后备能源并网建筑中扮演了关键的角色。

部分净零能源型建筑

净零能源建筑有几种版本或混合版本，它们不符合实际的操作目的，但受到了相同目标的驱动，也拥有能耗极低的利用方式及大量的再生能源系统型基础设施。部分净零能源建筑缺少完全符合净零能源建筑指标的名气，但又是值得关注的，因为它们同样去开发集成式的进程，同样会产生大量的相同利润。

近似净零能源型建筑

如之前所提到的，净零能源的目标是充满挑战的，有绝对的衡量标准，而且每年都能被证实；需的绝对系数方面，是不存在也是达不到的。也就是说，接近净零也会产生巨大的价值，差一点没达到绝对的零值不等同于失败。每年接近或差一点达标的建筑，都应该被视为杰出的能源执行使者，业内称这种建筑为"近净零能源建筑"。

净零电能建筑

净零能源建筑的混合体就叫净零电能建筑。虽然不能将其量化，这种类型的建筑会产生大量的环境和成本利益。在净零电能建筑中，非再生电能1年内的使用量小于等于零，同时，其他的非再生能源均不能通过再生能源来补偿。场区能源、源能量、能源排放和能源成本等各种标准，都能用于定义净零电能的水准。

准净零能源型建筑

准净零能源型建筑，或可能实现净零能源的建筑，是指一款虽然被作为净零能源工程设计，但其再生能源系统已被延期的建筑；这款建筑不能作为工程的一部分被安装。毋庸置疑，再生能源系统的财务和采购，为整个项目的采购过程或已有建筑的主体改建增加了新挑战；这在某些情况下是可取的，虽说采购再生能源系统是不可行的。这意味着安装时就应当计划好系统要符合净零能源目标，而且设计建筑物时，更应考虑能够容许增加新系统，新系统也须安装必要的基础设施，如水渠、设备区和建筑容量等。如果再生能源系统最初不能安装，后续变成了再生能源准备项目，也仍会产生巨大的价值（见图1.9）。

多重式建筑、园区和社区的净零能源

有时，净零能源最适合的规模物不是个体建筑，而是应用了净零能源方案的多重式建筑，多样化的情境优势也可能会更多。因为要符合净零能源，每一种建筑都会有自身的障碍和挑战，所以这类建筑具有高能源使用强度（EUI）或缺少光伏这样再生能源系统的屋顶和场所区域（见图1.10）。而把邻近的建筑联合起来抵消个体的障碍后，一个高能源使用强度（EUI）的建筑便被组合成多个邻近的、低能源使用强度（EUI）型的建筑；再生能源系统的可利用区域也同样被分享了，这样的策略使得更多具挑战性的建筑向净零能源的标准又迈进了一步（第四章定义并详细说明了EUI度量标准的使用）。

为达到净零能源的目标和其他性能而组成的多重式建筑，还会有附加的协同增效作用。混合使用的项目有机会在使用之中平衡能量和热负载。多重式建筑的规模也可使区级可持续基础设施更有效益、更经济可行。通常工程的范围里不包括多重式建筑；然而，它代表一个影响未来业主规划和评估邻近现有建筑改建的机会和可能包含的净零能源的目标。

为社区、邻居或城市主导规划和城市设计工程也要利用净零能源的方法。事实上，规划了能源和再生能源便可在某种程度上获得许多益处。利用规模型的经济，所有规划中的建筑就都能达到净零能源的要求。一种完整的净零能源区可用这种方式创造，在这一规模内花样繁多的策略都可以实施，区域能源服务通过中心电厂和废热发电（联合热和电）系统也可以有效供应，就连增加了吸收热电冷却器的能量的三联产系统都可以考虑。从净零能源的角度看，废热发电和三联产都是操作像天然气这样的化石燃料的典型系统，因此这些系统表现了明显的能效，特别是从源能量的角度看，它们同样需要被相应地规划。根据规划发展的需求，系统可以大小适中，不是为电能的需求而是为热能的需求；或者一个系统统一考虑使用生物能。大规模的再生能源系统，像太阳能农场和社区风车农场，都是大规模发展的重要机遇（见图1.11）。再生能源系统通过定位于发展中建筑上的小规模系统而被进一步分配。

■ 图1.9 美国科罗拉多州首府丹佛东区人力服务建筑，是准净零能源型建筑，开阔的屋顶空间安装的未来光电系统是作为低能耗建筑设计的。图片由RNL提供。

考虑到社区规模的净零能源，存在成为更大规模利益净零能源的机会。这可能包含运输能源和社区以及社区基础设施的能源的结合，工业能源和建筑施工的能源的结合。NREL定义和划分净零能源建筑，南希·卡莱尔、奥托·卡·吉特和珊蒂·普莱特在2009年NREL上发表了"净零能源的定义"，进一步定义和划分了社区系统。

净零能源建筑的认证

在写本书的时候并没有市场已接受的认证标准，虽然公制的条件不难测量，但NREL开发的多重定义和划分情况均指明有许多方法可以操作，因而目前净零能源业绩情况是典型的自我报告和自我推进式的。不幸的是，大部分的自我报告声明对于如何衡量及达成目标缺少有意义的细节。条件指出行业内需要第三方关于净零能源建筑的认证。

■ **图1.10** 萨克拉门托的净零能源园区规划，市政公用区利用单轴追踪光电雨篷遮盖主停车场。图片由斯坦泰克咨询服务公司和RNL提供。

目前在美国名列前茅的相关能源建筑贴标和认证计划是"能源之星"和LEED，两者皆不是专门设立以测量和排列性能等级的，所以都可能会为这一认证目的而被重新设立。2011年10月，国际未来生态研究院基于研究院的"生活建筑挑战"验证程序，启动了史无前例的净零能源验证程序，本章稍后会做详细讨论。

能源部正在推进低能源和净零能源建设项目。在写本书的时候，DOE正在发展商业建筑能源资产评级程序作为全国建筑的评估完工能效标准。

美国采暖、制冷与空调工程师学会（ASHRAE）对于评估能效有一套新的建筑能量贴标程序，被称作"建筑能量商"或"建筑EQ"（www.buildingeq.com），它是专门成立的、基于认证评审员的评估和申请提供的操作等级。实际上贴标是非常简单的，大多数人很容易理解的；它的特征是以A+～F分为7级（见图1.12）。净零能源项目必须达到A+级，这些简单的贴标辅以详细验证和支持的文件资料，为建筑和房地产业增加了价值。建筑EQ虽然是自愿选择的认证，但预计在强制建筑能源贴标程序中是需要设计的，现在提议在美国安家，类似应用于英国的系统。当然建筑EQ不是严格的净零能源认证，只是包含了这类特征。

建筑行业研究和趋势

目前在能源和可持续建筑的实践中，大多数的取向和焦点都归因于美国绿色建筑委员会的能源与环境设计先锋评级系统的成功。今天，绿色建筑市场和行业专业知识变得日益精细；绿色建筑标准和程序的广泛多样性已经萌生并持续发展。虽然目前的大多数程序不适合也不集中在净零能

■ **图1.11** 在2007年堪萨斯州格林斯堡镇被龙卷风摧毁后，用LEED铂金认证的建筑物和社区风力发电装置做了重建。从新奥县学校教室里面可以看到外面地平线上的一个风力涡轮机。图片由BNIM友情提供，摄影2010®阿萨西。

源方面，但少数程序使然，所以看起来是"条条大路通净零"。

能源部

能源部和国家再生能源实验室开发了广泛的资源，并在能效、再生能源技术和净零能源建筑的发展方面进行了广泛的研究，其中的许多资源本书都在多方面引用。DOE资源的早期网络门户是通过能效和再生能源局（EERE）（www.eere.energy.gov）提供的。NREL的网站也包含一个可搜索的发布数据库，可在 www.nrel.gov找到。另一个资源，DOE也为高性能建筑物提供了非常详尽的案例研究（http://eere.buildinggreen.com），同时维持着净零能源建筑的在线数据库（http://zeb.buildinggreen.com）。

净零能源商业建筑联盟

净零能源商业建筑联盟（CBC）是一个与DOE合作，开发并交付了技术、政策和实践的公私兼属实体，以辅助实现截止到2030年的、经济可行的净零能源。这个倡议支持2007年的能源独立和安全法案提出的测量标准。CBC创建于2009年，在行业内发展会员，截至2011年底，会员已超过500人。

在2011年初，CBC发布了2个主要报告，集中在推进净零能源建筑实践的挑战和建议上。报告题为"新一代技术壁垒和行业建议"和"成本和无成本壁垒和政策应对措施分析"，两篇文章都可以从CBC网站www.zeroenergycbc.org上免费下载。这些报告清除了净零能源的技术和市场壁垒。

新建筑研究院

新建筑研究院（NBI）是关注改进商业建筑的能源性能及提供建筑行业资源和研究的非营利性组织。NBI发表了史无前例的关于美国市场的净零能源现存状态的论文，题为《达成零2012状态更新：净零能源的第一成本特征》，可在NBI的网站www.newbuildings.org下载。为了这个论文，NBI在美国组建了合理规模的研究团队，共有21个团队的充分数据去做设计、技术和测量能源利用等的分析（见图1.13和图1.14）。NBI也鉴定了潜在的净零能源建筑39种案例，这些建筑可能还在建造中，或最近才完工但没有足够的审查

■ 图1.12 ASHRAE的建设能量商程序通用标签

数据。NBI审查了另外39种建筑，它们都为了达到净零指标而添加再生性的实际考虑，拥有了足够低的能源用量。报告的目的在于，净零能源能力（ZEC）建筑被定义为：在有记载的净零能源建筑组里（除了扩大信用联盟的情况），发现其容量占用值EUI的最大值不超过每平方英尺35kBtu。这些入选的建筑数量使得NBI的总数据提高到了99种建筑。

国家调查局的"达成零"报告中的净零能源建筑研究

	建筑	类型	位置	平方英尺	采购EUI	总EUI	数据来源
2000	欧柏林大学刘易斯中心	高等教育	欧柏林OH	13600	0	32.2	测量
2001	索诺马州立大学环境技术中心	高等教育	罗内特公园CA	2200	0	2.3	测量
2002	挑战者网球俱乐部	娱乐	洛杉矶CA	3500	0	9.1	测量
2002	莱斯利邵明太阳磁场站	高等教育	伍德塞德CA	13200	3.8*	9.5*	测量
2003	德布斯公园的奥杜邦中心	解说中心	洛杉矶CA	5000	0	17.1	测量
2003	科学所	解说中心	圣保罗MN	1530	0	17.6	测量
2005	夏威夷盖特威能源中心	办公，解说中心	凯卢阿-科纳HI	3600	0	27.7	测量
2007	奥尔多利奥波德的遗产中心	办公，解说中心	巴罗布WI	11900	0	15.6	测量
2007	IDeAs Z2	办公	圣何塞CA	6600	0	24.6	测量
2008	卡姆登的友人礼拜堂	集会	卡姆登DE	3000	0	na	测量
2008	环境自然中心	集会	新港CA	8535	0	17.6	测量
2008	哈德逊谷清洁能源总部	仓储，办公	莱茵贝克NY	4100	0	13	测量
2009	克里斯尼图书馆	图书馆	克里斯尼IN	2400	0	15.3	测量
2009	生态学习中心（泰森研究中心）	高等教育	尤里卡MO	2968	0	24.5	测量
2009	可持续生态欧米茄中心	解说中心	莱茵贝克NY	6246	0	21	测量
2009	普林格尔溪画廊	集会	塞勒姆OR	3600	0	9.5	测量
2009	普特纳体育馆	娱乐	普特纳VT	16800	0	9.7	测量
2010	夏威夷预备研究院的能源实验室	教育	卡米拉HI	5902	0	11	测量
2010	放大信用联盟	办公	莱克兰FL	4151	3.5	45	测量
2010	理查兹维列小学	K-12	博林格KY	77000	0	18	模型
2010	NREL研究支持院	办公	金城CO	222000	35**	35	模型

注解：EUI是kBtu/sf/yr（kBtu/ft^2/y）。
总的EUI包括了再生和采购型能量。

■ **图1.13** 国家调查局研究的净零能源建筑。数据来源：新建筑研究院，"达成零2012年状态更新：净零能源商业建筑的成本和特征初现，"2012年3月，可登陆www.newbuildings.org参考全文。

NBI报告披露了净零能源建筑的几个重要趋势，其中显著的趋势有：

- 净零能源建筑已经在美国大多数的气候区建立。
- 早期净零能源商业建筑面积小，且建筑类型有限，但趋势在朝大面积和更多的建筑类型发展。
- 光伏系统是现场再生能源的首要资源。日光控制是贯穿建筑数据库最普遍的应用技术。
- 净零能源建筑通常利用现成的技术和完整的设计方法。
- 目前数量有限的净零能源建筑很难确定具体任何一种的成本趋势；然而基于有限的数据库后，在整体建筑预算下做交易可以减少成本溢价。

表1.13总结了NBI的"达成零"报告包括的21款净零能源建筑。

建筑行业项目

2030挑战

如果条条大路通净零，达到建筑业标准惯例这个目标的预计时间应该是2030年。"2030挑战"（www.architecture2030.org）由爱德华·玛斯和他的非营利组织"建筑风格2030"提出，是一个意图挑战建筑学，力求10年内达到碳平衡目标的自发项目。"2030挑战"这个项目2006年启动，提倡在建设环境中提升碳减排的有关级数。

■ **图1.14** 夏威夷盖特威能源中心是国家调查局(NBI)研究的净零能源建筑之一。

"2030挑战"把"碳平衡"定义为不使用化石燃料和温室气体排放式能源来运营的情形。这一挑战解释了显著的能源效能和再生能源的集成性，但不限制可应用在"2030挑战"计算上的现场再生能源量。然而，如果环保能源是购得的，那么它仅可相当于要求下的减排量的20%（以年计）。

2030挑战

建议在新建筑、发展和主要改建中减少的化石燃料能源用量比：

- 到2009年：减少50%
- 2010—2014年：减少60%
- 2015—2019年：减少70%
- 2020—2024年：减少80%
- 2025—2029年：减少90%
- 2030年：碳平衡

标志为改建的既有建筑被要求化石燃料能源使用达到60%减少。

减少的时间准线是基于预期的建筑完工数据的。化石燃料能源用量的减少英尺度则是基于这样的比较准绳：对于正被评估的建筑类型，展示了区域或国家平均能源使用量的基准线。能源基准线是可以使用商业建筑能耗调查（CBECS）的能源数据建立的。有许多方法可以得到调查数据；最常用的是通过"能源之星"目标搜索器（第四章中为建立"2030挑战"基准和目标以及使用基准工具提供了详细的指导）。有趣的是，2003年的商业建筑能耗调查数据库作为有价值、可信赖的基准度量工具被大众普通认可，并且在后来也持续获得了的公认。"建筑学2030"则计划要继续使用2003版的数据库。

"2030挑战"文字上是挑战式的运营；同样地，它激发了一个行业的改变，而不是某一个建筑的改变，是公司到公司、城市到城市的改变。因此，采取的挑战不是在项目层面上的，而是组织层面上的，组织层面上承诺追求所有项目的挑战里程碑。非正式评估或第三方认证也存在2030挑战。在这个意义上，这个计划缺乏建筑评级或贴标系统的严谨性。然而，这个计划在提高警惕和倡导政策改变方面起到了一定的作用；同时，它还激发了另类时尚团体、建筑学团体和设计团体，以及原目标受众。

ASHRAE 愿景 2020

ASHRAE，净零能源建筑的一个强大支持者，开发了许多资源并推动行业向这个方向发展，在2008年发表了题为"ASHRAE 愿景 2020"的报告。一些被推荐的开发案例包括评级系统（现在称作"建筑EQ"），通过行业组织、定向教育、ASHRAE标准的改进、设计工具的改进、可持续发展的设计认证和能源建筑NZEB的设计专业的合作关系。报告的一个有趣的方面是提升了净零能源建筑的一则独立定义：在场所测量时，净零能源建筑生产的能源与使用的能源一样多。

建筑行业规范与法规

能源独立安全法2007

联邦政府在许多方面，都是早期绿色建筑实践的采纳者，随时准备着引导净零能源建筑项目的采纳和执行。2007年，联邦政府批准了《能源独立安全法（EISA）》，旨在为美国改进建筑和交通工具的能效和增加再生能源的有效性，提供更大的能源独立及安全性。关于商业部门，本法案也建立了一个净零能源商业建筑的主动权，以促使2025年之后建成的新商业建筑和截止到2050年达到净零能源的现有建筑实现国家级目标。EISA也为新联邦建筑和现有建筑的重大改建设立了高能效门槛，要求减少化石能源使用量，并不断推高所要求的减排。减排眼下基于了"2030 CBECS"，而要求也与"2030挑战"有许多重合。

能源独立和安全法例

对于现有的联邦大楼，在新联邦建筑和主要改建中适当地减少化石燃料能源用量比：

- 2010年：减少55%
- 2015年：减少65%
- 2020年：减少80%
- 2025年：减少90%
- 2030年：减少100%

EISA针对联邦部门强调了对净零能源的需要，虽然达到化石能源使用量100%的减少目标还是一个遥远的将来，但这是一个足够合理的目标，是可以逐渐导向重要的里程碑，并开始对美国部分地区起作用。

2030目标在2009年得到蓬勃发展，当时奥巴马总统颁布了《行政指令13514》，要求联邦机构在2030年之前满足净零能源的要求。

加利福尼亚公共事业委员会

2010年9月，加利福尼亚公共事业委员会启动了净零能源行动方案，要求2020年完成净零能源居住建筑，2030年完成净零能源商业建筑。在平衡了由多样性股东组成的网络后，法案计划把净零能源定义为一个进取的和必要的目标，而不仅是定义为指令。为了达到这个目标，委员会和公私部门的合伙人运用不同类型的行动和策略，将净零能源建筑推向加利福尼亚市场。行动方案包括解释准则、政策、金融工具、奖励措施和集成型设计实践。这些内容均值得一试，因为通过"零之路径"（Path to Zero）活动，方案按照计划增强了人们的意识和提供了教育机会。另外，行动计划略述了一个目标：截止到2030年净零能源建筑占现有建筑的比例达到50%。

马萨诸塞州净零能源建筑特别小组

马萨诸塞州在州长帕特里克的指挥下组成特别小组，到2030年之前，发展所建议普遍采用的商业和居住用建筑物措施。特别小组在2009年3月发表了最终的计划，说明了采用净零能源的多种障碍，支持用具体的行动来逾越这些商业、居住和国有的建筑物的障碍。这些行动包括能效标准和能源使用贴标的开发；解释了金融障碍和常规障碍；通过教育增加劳动力；鼓励州建筑业的创新。

马萨诸塞州已成立了两个小组牵头采用该计划的建议内容，一个是州政府组成的内部小组，另一个是私人企业股东代表组成的委员会。这个州在净零能源方面的试点项目已开始取得进展；也采用了2009年国际能源保护准则并开始了建筑能源贴标程序。

欧　盟

在2009年，欧洲议会通过了一项更新《欧洲建筑能效规章》（EPBD）的倡议，到2019年，实现全部新建筑的净零能源设计。尽管这是富于极端挑战的要求，还是应将其视为极其的重要；EPBD后来的更新，在2010年被欧洲议会采用，包括规定每个欧盟成员国须发展国家级规划，到2020年之前实现所有新建筑的就近净零能源设计，也包括到2018年为所有新开工公共建筑实现这一目标。虽然EPBD对净零能源没有完全的定义，但它述及净零能源有着非常高的效能，现场或就近型再生能源的供应也将覆盖其能源需求量的很大一部分。

几个欧盟国家同时都发展了本国进取性的能效和碳平衡政策，在居住建筑物上付出的努力远远大于商业建筑。

- 英国已有一直到2016年的零碳家庭倡议计划，包括被称作"零碳平衡小屋"（Zero Carbon Hub）的公私合伙关系。
- 德国推进十分流行的被动房屋（Passivhaus）倡议。
- 荷兰签署了建筑行业代表共同协议，开列促进建筑业能效的目标，最终目标是到2020年要实现新建筑的能源平衡。
- 法国的目标是到2020年实现正能源（energy-positive）建筑。

建筑规章

当地辖区采用的建筑规章是强制性的要求。直到最近，这些指令中的环保建筑和能效要求才变得不那么苛刻。LEED的广泛采用和其他环保建筑分级系统及程序已转化到建筑市场，使之准备了更为复杂和强制性的环保建筑规章需求。

几个环保建筑规章如下：

- 绿色加州：加州环保建筑标准指令
- IgCC：国际法典委员会（ICC）颁布的国际环保建筑规章
- 189标准：高性能环保建筑设计标准，排除ASHRAE，USGBC和IES所定义的低层建筑

这些指令解释了一系列的环保建筑议题，外加严格的能效测量标准。具体的能源指令和标准，像ANSI/ASHRAE/IESNA 90.1和ICC颁布的国际节能指令，在近些年对最小化性能要求急剧地提高。

介绍和采纳州和地区的延伸规章被作为新趋势，延伸目标是基准规章以外的附加要求；它们通常是自愿的但可能会被地区采纳，以致它们能被定制成为更高的能源或环保建筑规章标准，当然他们仍秉承遍及全州的基准规章。另一个趋势是性能化规章的合规选项，而不是严格的规定方法。高性能和环保建筑标准被指定测量方法支配，这变得更富于挑战，因此用性能化规章的方法更好些。

目前所提议的环保建筑规章不能在当时就要求实现近零能源性能，但它们代表实现低能耗的建筑一个重要的基本步骤。提高能源最低的基准值将继续扮演对净零能源设置性能等级的角色。能源和环保建筑规章在后来的版本里增加了门槛，因而继续推进更高标准的延伸目标。如果当前的势头在业内持续，未来的规章要求可能达到净零能源或接近净零。

建筑分级和能源贴标制度

能源之星

能源之星是环境保护局（EPA）和能源部的一个能源贴标计划。能源之星项目为能效产品、家庭和商业建筑提供贴标。与同一类型或位置/气候的对等建筑比较，能源之星的商业建筑评分设施的计划是以实际能效为基础的。

能源之星评分范围从1到100，100分即顶级性能的建筑；50分代表平均建筑性能或性能比率为50%的建筑；大于等于75分即获得能源之星级别。能源之星扩展了除现有建筑的贴标和评级之外的确认的设计阶段的建筑，这个项目被称为"旨在荣获能源之星"。

能源之星的目标探测器对建筑设计专业人士和建筑物主是一个极其有价值的工具（第四章详述了在设置CBECS项目方面的基准线使用的工具）。比较一个与能效对等的建筑物，就用闪耀的能源之星，现在能源之星的投资组合管理也使现场再生能源生效，尤其是太阳能和风能。因为分数是基于能源的使用，而非净能源的使用，能源

之星不能特异识别净零能源建筑。能源之星基于源能量，现场再生资源的使用对源能量的计算会产生主要的影响。通常一个在能源之星项目中做得相当好的净零能源建筑，最可能获得90或100分的高分，因为净零能源建筑也是一个低源能源建设，这个可以由能源之星准确测量出。

LEED

美国环保建筑委员会的LEED环保建筑评级系统对美国乃至世界的环保建筑产生了巨大的影响。因为环保建筑的认知标准是非常广泛的，所以追求高水平的LEED认证，如铂金证书（见图1.15），对净零能源更有意义。后来的LEED帮助团队和物主发展整体环境建筑、资源的有效使用和关注室内环境质量。

当LEED识别、奖励和重视能效和现场再生能源使用时，就会在表面留下来自识别净零能源建筑的大量点值。举个例子，根据"新建筑LEED，2009"，与ASHRAE 90.1-2007比较，在优化能效信贷（EA Credit 1）方面新建筑的最大值会有48%的能源成本减少。50%的减少能够通过设计改建提供样板信贷。超过ASHRAE 90.1-2007的50%减少情况，不对现场再生能源做出解释，对于任何建筑都是相当大的成就，信贷不考虑现场再生能源的部分能效计算。基本能源使用极低的净零能源建筑，100%的现场再生能源远远超过了最高门槛。更重要的是，现场再生能源信贷（EA Credit 2）仅有13%的高门槛，能源成本被现场再生能源抵消，样板信贷可达到15%的水平，这些门槛不能识别净零能源的现场再生能源性能和投资。

在写本书时"2012建筑设计和建筑LEED"正在开发中，根据第三方公开草案，优化能效信贷和现场再生能源信贷门槛接近于2009年的水平。然而，很可能随着LEED开发和增长，更有利于与净零能源建筑匹配。

"生活建筑挑战"

国际生态未来研究院的"生活建筑挑战"是一项环保建筑认证程序，寻求推进和定义最高级别的建设环境可持续性。程序的2.0版本包括几个领域，总共包含了20个可行的指令（或补贴性消费）。与LEED相比，"生活建筑挑战"基于简单但具挑战性的需求策略的设置，称之为"指令"，它们必须达成以获得认证。2.0版本也介绍了项目类型的叠加性，允许不同范围的项目（社区、建筑、景观/基础设施和改建）都设置了这20个定义本项挑战的指令之中的具体目标。

"生活建筑挑战"包括净零能源建筑的目标。第7个指令"净零能源"，是因项目类型而被要求具备的，没有其他更低的门槛了。如果项目不符合净零能源要求，那么作为生活建筑来认证就不合格（见图1.16）。净零能源指令对现场再生能源有严格的定义，它认可光电、风力发电、水电安装和直接利用的地热系统，但排除了生物能，也不包括任何种类的燃烧。如果采用氢气发电，燃料电池可用于生成再生能源，这个项目可能就变成了离网或光伏并网式的。

■ **图1.15** 奥尔多利奥波德的遗产中心，LEED铂(61点阵)和净零能源建造。瓦沙库·库巴拉建筑公司/马克F.赫夫隆。

为推进净零能源的指令的杠杆作用，国际生态未来研究院在2011年10月启动了业内第一个净零能源的认证程序，它使用净零能源指令作为基础认证。然而，一个项目还必须符合其他3种"生活建筑挑战"的指令，所有指令如下。

- 能源指令：净零能源
- 场所指令：限制增长（场所限制灰色区域和棕色区域）
- 等量指令：自然的权力（建筑必须不屏蔽或减少新鲜空气、阳光和自然水道）
- 美观指令：美观+精神，鼓励+教育

时间会告诉市场如何响应这个的新认证程序。可提倡由于利用多重"生活建筑挑战"的指令而新增需求，其最简单的原因之一是净零能源建筑不只是高性能的能源建筑。不管怎样，排除了现场各种的燃烧，将使得净零能源建筑的子设备更适合这个程序，给行业留下一项更受广泛关注的、更全面的认证程序需求。

为学习国际生活未来研究院关于现场燃烧的更多的定位主张，可参考"燃烧问题——燃烧在生活建筑中的角色：为什么普罗米修斯是错的"，这是詹森•麦克里南在2010年夏天的《Trim Tab》杂志发表的文章。

■ **图1.16** 夏威夷预备能源实验室是一座已认证的现有的净零能源建筑。图片由布若哈泼德和弗莱斯伯格建筑公司友情提供；摄影马修•米勒。

第二章

PC # 项目的概念和交付

净零能源的目的

最终，净零能源将成为业主的目标和承诺。在项目交付进程的最初，承诺内容就必须被认真表述，还要先在整个进程中表述，再通过建筑的占用来表述。之所以净零能源本质上是业主的目标，主要是因为净零能源建筑在实际的运营当中被年复一年地衡量。这并不是说净零能源并非重要的设计和建筑目标，而是说对此它是责无旁贷的！建筑运营与净零能源的目标正是这样紧密结合的，所以对完整性的集成交付进程来说，其计划、设计、建造和入住等阶段在想法上终会尽善尽美。

最近，建筑业对集成进程议论纷纷，这是个好事。业主及业界都对建筑的性能及可持续性抱有更多的期待。于当下业界中占主导、传统的分散进程来看，建筑物是无法被充分设计和建造的；从采购到入住的整个进程，都需要把项目的性能要求和目标整合起来（见图2.1）。这就叫"集成交付进程"，指的不只是一座建筑的整合设计，还包括建筑和建筑性能目标的集成化交付。集成交付进程对于净零能源项目是绝对必不可少的，因为它们代表了可持续发展能源设计和运营的高峰，其中的挑战和机遇都超出了今天典型的LEED项目。

当建筑的业主承诺把净零能源作为他们的核心目标之一时，净零能源建筑的进程及旅程便展开了。本章即由此要点开篇，探索业主在定义目标和承诺中的角色。

在项目规划和定义的早期阶段，业主们就要考虑净零能源的目标含义，接下来，还需要组建一个项目交付团队，其成员既分享这个承诺，又共同为实现这一目标努力。这个团队的成分必然是复杂的，不仅仅包括设计、建造和委托这座建筑所需的专业人才；各位业主、用户团队和建筑运营商也都是项目交付团队的关键成员。挑选合格的项目交付团队以及承诺实现集成型的交付进程，正需要谨慎关注采购进程和定义团队成员的各种合同关系。

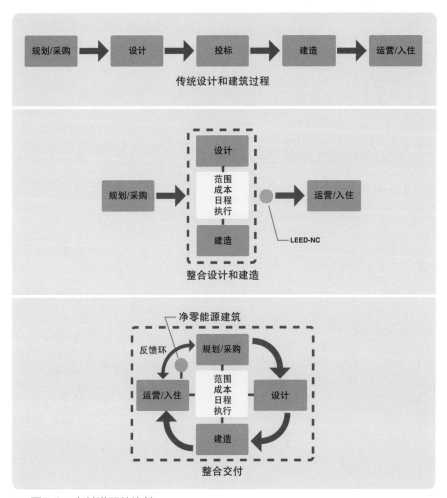

■ 图2.1 交付进程的比较

业主观点

业主对净零能源建筑的建造和运营的承诺，根植于他们独特的角度，同时基于他们拥有的建筑类型、建筑目的以及组织任务这些因素。因此，业主的角度明显不同；同样，追求净零能源建筑的原因也可能不同。需要牢记的是，净零能源建筑在本行业内相对新潮，因而大多数业主对这种类型的建筑没有直接的行业经历。也就是说，净零能源建筑的种种含义是要由业主来领会的；而且，探索的欲望也是在不断加深的。

因为净零能源建筑的成功取决于业主承诺的目标，所以进一步理解业主隐含的观点是很有用的，这些含义也是这项承诺的根基，此外还需要领会一款净零能源建筑是如何助业主完成其更大的机构性任务的。为此，我对几个业主做了访谈，发现他们关于净零能源建筑的观点很有启迪性，特别是其中关于净零能源建筑价值的看法。这些访谈的重要视点精选如下。

建筑业主视角：美国总务管理局（GSA） 案例分析

GSA给美国联邦机构提供常规服务，包括房地产和建筑服务。机构的投资组合中，受控的租赁项目涉及8600多座建筑，国有建筑总计超过1500个。

受邀人

唐纳·霍恩，美国建筑师协会（AIA）会员，LEED 项目运营经理（AP），联邦总务管理局（GSA）联邦高性能环保建筑办公室的董事助理

在构建净零能源建筑行业的路上，我面临的最大挑战之一就是改变我们的思维。大多数人安于现状，走以前的老路，最简单但最大的改变往往是人们思想的改变。

——唐纳·霍恩

净零能源建筑的价值和需求

- 联邦政府有现成的法规约束，包括《总统令13514》和《2007年的能源独立安全法》。《能源独立安全法》规定于联邦建筑中采取双重途径，减少化石燃料的使用量并且到2030年实现100%不使用化石燃料的目标。《总统令13514》规定：进入规划进程的所有新开工联邦建筑项目，2020—2030年达到净零能源的要求。

- 净零能源通过减少运营成本来增值，这对于GSA的大投资组合建筑而言效果显著。

- 联邦建筑中有几种类型可作为净零能源建筑实现增值。远程设置及执行重要安全功能的建筑，可从通过从电网下线或仅使用现场的再生能源而获得潜在利益。进一步说，现场再生能源的使用是一种可使这类项目得以朝着诱导式可持续性迈进的策略。这意味着即便传统公用设施遭到破坏，这类项目也能继续维持这项功用。边境站就是一种可通过净零能源的应用获得增值的联邦建筑类型。

净零能源建筑面临的挑战

■ GSA设置了关于联邦政府如何采购建筑的协议。许多新的采购和交付方法，例如基于性能的设计–建造或集成类的项目交付，加强了整合或者不拘泥于目前的采购和预算流程。这一类的联邦流程是复杂的，对公共资金的使用实施了多项重要的保措施护，因此需要花时间去修订。

■ GSA强调了建筑规模再生能源系统的改进需要。它的投资组合跨各种各样的建筑类型和建筑位置，而光伏系统方面的增效也将为受空间约束的场所增添极大的弹性。进一步讲，例如改进城市风能应用和改进能源存储系统这类多样、新鲜技术的提供，被视为填补了重要的空白。

■ 净零能源建筑最常见的挑战中，GSA面临的一项是入住期许。需要多加注意的是，依赖诱导式策略净零能源和低能建筑可符合大范围的内部温度热舒适性。节能和热舒适性通过入住行为和关联期许而得以加强，这类期许包括了气候条件下的穿衣戴帽，以及积极使用诱导式策略，例如为了自然通风安装的可控窗。当这些入住期许在其他国家变得司空见惯时，美国就有待进行文化的转变了。

当下为净零能源建筑奋斗的进程

■ 租户教育对于净零能源建筑的改变是极其重要的。为满足这一需求，GSA组建客户解决方案小组直接为租户工作，提供各种工作场所培训和指导，包括如何支持能源目标。一些人管这个应用叫"为入住做出承诺"。

■ 认识到以自己的方式为净零能源目标而奋斗是有必要的，如此才能不断学习，目前，GSA每年至少选择3个致力于净零能源的项目。

■ 了解净零能源在GSA建筑投资组合的管理方法上拥有影响力，与此同时能效变成了相关进程的极为重要的部分。GSA更明白建筑是可以翻新改良，与所有期许值合拍的。现有建筑目前面临着很大的挑战，但是机遇与挑战并存。目前，GSA的净零能源建筑项目是韦恩·阿斯皮纳联邦办公大楼和美国法院，那是科罗拉多州大章克申当地一座具有历史意义的建筑。

项目亮点

韦恩·阿斯皮纳联邦办公大楼和美国法院的保护和现代化项目（图2.2），位于科罗拉多州大章克申。

GSA对曾经的韦恩·阿斯皮纳联邦办公大楼和美国法院进行了一个现代化但也有保护意味的工程，目前已走上正轨，希望使之成为美国第一款净零能源历史建筑。阿斯皮纳大楼由贝克集团和韦斯特莱克·里德·莱斯考斯基设计，项目的一些核心能源策略内容包括地热能的冷暖系统、顶尖的采光控制型日光灯系统和加装了太阳能控制膜的防风窗。现存的建筑结构体集成了光伏矩阵，以抵消建筑所需的电力。这个项目按计划将于2013年1月完成。

■ 图2.2　韦恩·阿斯皮纳联邦办公大楼和美国法院是一座具有历史意义的建筑，为达到净零能源的目标正进行改建。图片由贝克集团和韦斯特莱克·里德·莱斯考斯基友情提供。

业主视角：美国军队　　　　　　　　　　　　　　　　　　　　案例分析

　　美国军队是最大的国家武装力量，足迹遍及全世界，在全球有158个安置点和超过10亿平方英尺（9290万平方米）的建筑空间。在2010年，军方建筑设施的年能耗成本总计是120亿美元。同年，军方有126个再生能源工程在建。

受邀人

　　理查德G.凯德IV，军方设施、能源和环境部长助理办公室的副部长级助理（能源和可持续性）

　　军队在净零能源建筑行业中扮演着重要的领导角色，然而，我们应谨慎地利用这一领导地位和我们的采购力，并应不把本方看成尖端技术的试验台，而应认为本方利用了最好的和最有效的工具去完成我们的使命。

——理查德·凯德

净零能源建筑的价值和需求

■ 联邦的法定需求驱动整个联邦政府对于可持续发展建筑实践做出的改变。《总统令13514》和《总统令13423》要求，所有的联邦新开工建筑和重大改建须符合"联邦能源管理项目"指导原则，并对已有建筑的可持续发展动议提供类似的指导。到2015年，15%联邦建筑库存要达到这类指导原则的要求。

可持续发展的新建筑和重大改建的指导原则包括：
1. 使用集成设计原则
2. 优化能源性能
3. 保护和维系水资源
4. 提高室内环境质量
5. 减少金属材料的环境影响

■ 《能源独立法案2007》要求：到2030年，联邦建筑实现使用零化石燃料的目标。这刺激了如今人们对净零能源建筑的兴趣。

■ 鉴于美国军队遍及全球的足迹和可观的年度能耗费用，得益于高性能及净零能源型建筑的能耗成本节约性，使得这类建筑具有了强大的价值定位，讲得通俗点，节约能源比采购能源省钱。

■ 对于美国军队和国防部，能源安全是具有高优先权的目标。确保对于可靠能源供应的存取性，对于军方的任务和运作需求是至关重要的。实现能源安全是分两步走的，第一步是在减少需求的同时提高能源效率，第二步是通过装配环节的电力供应来满足这种减少的能源需求。现场再生能源为能源安全的提供带来了绝好的机遇，使之不容易遭受自然灾害、事故和袭击等引发的恶果。

净零能源建筑面临的挑战

■ 美国军队在追求实现净零能源目标中，面临着文化进程的挑战；这是一个雄心勃勃的目标，要求采用新方法办公。改革对于任何一个大型团体都不会轻易实现，军方也不例外。发展军事文化战胜这种自然的阻力，是军方实现能源使用量减少目标的重要成分。

■ 基于目前的技术、各种建筑类型和当地的广泛气候变化等因素，军方认为不是每一座建筑都能够成为净零能源建筑，同时，军方也意识到自身强大的规模优势，所以重点关注净零能源的园区和设施。

■ 补充行业技术知识是非常重要的，这对于美国军队采纳系统论方法更重要。由于在系统论的层次上设计，无论整座建筑水平还是园区水平，都比为达到净零能源目的而偏狭地关注个别新增技术会更有效果。

■ 美国军队提高了建筑能效的标准，特别是其在目前节能30％的标准基础上，对照《ASHRAE90.1》的基准建筑，寻求实现60％的节能标准。军方最近也采用了联邦政府的环保建筑的高标准：《标准189.1》，"除低层居住建筑外的高性能环保建筑设计标准"。

■ 美国军队在2011年宣布了一项重大的净零举措，选择了7个试点设施，出发点集中在园区或设施的规模，而不是个体。建筑军方对符合标准的设施要比建漂亮建筑更感兴趣。对此所以更感兴趣，是因为这一点中不只有净零能源，还有对于军方净零也意味着净零能源，净零水和净零废物，因为这些需要能源、水和土地来达标。加上忙于应对这些任务关键环节，军方的净零策略提供了一个方法：按照可持续发展之路管理自然资源，管理运作成本和保持未来弹性。军方把这些净零效益引申为"实力扩张器"。

项目突出成就

卡森堡要塞，科罗拉多州（图2.3）

卡森堡要塞是坐落在科罗拉多州前山（front range）的军队哨所，拥有经LEED认证的大型中心建筑，成为引领联邦政府和武装力量可持续设计实践的先进单位。在2011年4月，美国军队设计了净零试验装置作为净零试点工程的一部分，重点放在了净零能源、水和废物处理上。军方的18个试验装置中，卡森堡要塞是两项实现总共3条净零举措的尝试之一。

卡森堡要塞作为首要策略，致力于资源使用量的减少和能效，其设备包括已在运营中的再生能源项目，例如2千瓦的地面装配太阳能板；并计划在融资和安装能源经济均允许的范围内多安装再生能源电站，外加正在考虑中的技术，包括太阳能、风能、地热能和生物能等。美国军队努力针对净零能源目标的做法展示了整个社区的力量和机遇。

■ 图2.3　2011年1月14日卡森堡要塞2千瓦太阳能电池板的剪彩仪式。照片由美国军队友情提供；摄影迈克尔·帕驰。

POINT32是西雅图的房产开发公司，作为布利特基金会的开发伙伴，为新布利特中心项目服务。布利特基金会是一家位于太平洋西北部的有影响力的非营利机构，它的使命是保护自然资源，具体作为是推进负责任的人类活动和可持续发展的社区。它的网址醒目地写着："基金会在寻找高风险、高回报的拨动不寻常杠杆的机遇，尤其对于用创新的、有望同时解决多重问题的方法的人们感兴趣。"

POINT32引导着布利特基金会，具体手法包括布利特中心项目的场址选择、权益工作，以及设计团队的选择、项目管理、融资和建设监督等。

受访者

克里斯·罗杰斯，POINT32项目合伙人

我们需要挑战我们量入为出的项目，虽然这可能是困难的，但现在是领导者的时代。

——克里斯·罗杰斯

净零能源建筑的价值和需求

- ■ 布利特中心是多租户共享型的商业办公建筑，正在由布利特基金会这个领先的环保非营利机构建造和部分占用，它的任务和目的均是追求净零能源这一类工程的强大驱动力。这个项目追求"生活建筑挑战"目标，如果成功，很可能成为实现这种区别的第一座商业办公大楼。基金会不仅对达到可持续发展的自我承诺感兴趣，还想完成更大的使命，并为其他商业项目单位前来学习模仿创造一个国际展示标杆。
- ■ "生活建筑挑战"和净零能源都是布利特基金会的明确基于任务型的收益。布利特中心也是商业不动产性的资产，正努力引领着市场，形成净零能源办公建筑的案例。从不动产的角度看，这个项目被列为世界上最环保的商业建筑。一旦达到净零能源目标，预计租户就不用付能耗账单了。这家中心意图吸引这样的租户：渴望在性能好的环保建筑中办公，同时又对净零能源神往。
- ■ 开发团队投资于高性能的建筑系统和材料，积极管理成本，这种建筑因此能在A级写字楼市场有竞争性。不幸的是，目前的经济气候使得金融模型极具竞争性。因为净零能源写字楼在商业房产市场中还是非常新的产品，所以市场需要花时间去了解布利特中心建筑的独到价值。寄托的希望之一，是捕捉到办公租户不断增长的取向层面：同时涉及可以从高性能的环保建筑中获得的建筑性能和人员健康收益。

- 布利特中心项目是按照城市文脉建造的，必须遵守多种常规要求，这使其很难叫净零能源的目的和"生活建筑挑战"二者兼顾。常见的阻碍包括，中水系统管理的相关健康标准问题和基本分区问题，比如可用来覆盖光伏阵列的建筑高度和屋顶面积的百分比。这个项目幸运地成为西雅图新生活建筑试点工程的一部分，在城市土地使用标准如何应用上允许一定的弹性，以便激励这个工程达到更高的可持续发展的基准。这使工程有更高的层与层之间的高度和更窄的拐角区域，有助于工程的诱导式策略，比如日光照明。

- 设计净零能源和"生活建筑挑战"的设计，与典型的商业办公建筑工程设计相比，是一项更复杂的需求进程。布利特中心符合许多需求中的高层性能目标，外加像程序、成本和审美这样的其他重点关注点，特别是能源模拟研究是很广泛的。然而，在预设计方面的投资收益每年都将是建筑性能的收益。

- 在净零能源多租户共享的办公建筑文脉中，租户行为和租户人股是达到能源性能目标的关键。业主提出能源预算方法，借此每个租户都有一项业务需要的能源预算。租户使用更少的能源，就有机会与其他租户交易得到比其预算允许量更多的能源——这是一种有利于节能型租户的限额交易程序。

目前针对净零能源建筑的进程

- 布利特中心是POINT32公司第一次开发净零能源的案例。公司已开始在其他项目中，结合已学的课程及布利特中心最好的实践内容；未来会有更多净零能源项目；会更积极参与这些类型的开发，因为现在他们正忙于解决经济瓶颈以及环境和社会紧迫性的问题。

项目亮点

布利特中心，华盛顿州西雅图（图2.4）

布利特中心随时准备着成为世界上最环保、高能效的商业中心，坚决使得西雅图处于绿色建筑这场运动的最前沿。这个6层50000平方英尺（4645平方米）的建筑物位于国会山和西雅图市中心区的交叉点上，于2012年完成。布利特中心的目标是改变设计、建筑和运作的建筑方法，改进长期的环境功效，推进西北部的能效、再生能源和其他绿色建筑技术在更广的范围内成为现实；中心寻求实现"生活建

■ **图2.4** 位于华盛顿州的西雅图的布利特中心的渲染图，图片由布利特基金会、米勒·赫尔和POINT32友情提供。

筑挑战"的宏伟目标，这是世界上最难达到的可持续发展基准点。举例说，太阳能板能够产生建筑所需的等量电力，雨水也能供应等量水，包括所有在现场处理的废水。通过创造一款每个工作者都能接近新鲜空气及日光的结构体，布利特中心将提供一款比大多数商业建筑更愉悦、更有创造力、更健康的人类环境。

工程概念

工程定义

当业主决定建筑需求后，工程就开始了。概念伊始，建筑体在整个项目的采购过程中都会有相当大的规划。业主将会管理可行性，并对潜在可行性尽职地做调查研究。业主也会开发潜在建筑的工程定义，包括基本的规划要素，比如规模、预算、时间表、质量和目标等。

这个阶段是业主考虑净零能源目标的理想时段，因为这个阶段牵连工程定义和规划进程。在头脑中开始酝酿净零能源工程是有益的，但为了优化净零能源目标环境，这也需要业主有一个合理、详尽的工程定义。定义这个级别的细部往往是专业性的，所以不是业主内部专家干的工作；因此，一旦业主聘任了工程交付团队，完成工程定义阶段的任务就简单了。另一个优化点是，通过外部咨询商补充内部完成工程定义阶段的能力。不论发生何种情况，成功来自早期连续不断的业主承诺、业主围绕净零能源目标与项目交付团队匹配的能力以及一个清晰的促进这个目标的项目定义。

定义目标

"如果你不问，你就得不到。"提夫•汪达的名言涵盖了许多建筑工程往事。毕竟，高性能不只是发生而已，而是以一个清晰的定义和所陈述的目标开始的。我常常惊讶于：更多的业主当他们购买设计和建筑服务时，便不需要从建筑获取更强大的性能了。这里有两个阻碍。第一个：业主作为既定范围（程序和功能）内的项目采购驱动者，倾向选择成本和时间表，希望在这些参数下拿到最好的质量。第二个：许多业主不知道怎么有效地定义一个项目的性能要求。不难看出这两个阻碍是怎样互相增强的，导致不论是在预算或计划哪个方面，很多项目并不能发掘它们的性能潜力。

这个困境用建筑行业众所皆知的一个古老谚语表达就是："成本、质量和时间表，选两个。"事实上，这是错误的选择，说明有时传统的智慧也能把我们引向歧途。毋庸置疑，这3个目标是相互依赖的；但它们又不是排他的。目的是找到匹配的方法，所以它们变得有包容性。一款净零能源建筑和其他高度可持续发展的建筑，被附加的第4个目标是：性能，特别是能源性能。图2.5说明的就是传统工程目标"三角形"和集成工程目标"分支与中心"的不同概念。采购和交付一款净零能源建筑需要优先建筑性能，作为项目的推动者，能源性能与成本、时间表和质量同等重要，所以这4项必须达标，当评估项目决策时，也要将这4项考虑进去，而且要精通集成交付进程。

■ **图2.5** 工程目标管理

LEED和净零能源性能目标

USGBS的LEED分级系统对业主定义一个项目的性能需求和全部达标的能力有积极的影响。因为LEED基于各种各样的性能标准，所以，与传统的办法比，简单选择一个需求的LEED认证水平，一个业主就能完成一个高标准设计和建造的项目。一个业主利用LEED的个人信用，或指定某些另外获得了所需评级的信用机构。这是一种有价值的做法，这些业主能够决定对他们而言最重要的性能标准；他们也能瞄准指定的能效目标。

净零能源建筑作为一套性能标准而扩大与LEED打交道的行业体验，则使得业主的性能需求被提升到一个新水平。首先，虽然设置一个能效目标，例如比能源标准高出30%，是重要的一步，但还不够。一个机智的业主将指定一个能源使用目标，或一座建筑一年使用多少能源，这变成了净零能源达标的基础条件。一个能源使用目标直接与实际消耗的能源相关。换句话说，统一度量标准不能衡量"高于能源标准的百分比"，这比"建筑设计和建造LEED"相比，是完全不同的结果。能源在设计完成后测量，能源测量基于设计能源模型，按超过能源标准而节约的那部分的百分比来报告结果。

设置能源性能目标

单独的年度能源使用值作为项目的目标，是设计师和建筑师在理解、设计和建设方面非常直观的因素之一，比依靠作为主要能源目标的能效百分比更具意义，因为它是直接的、可测量的和可核查的结果。建立能源使用目标的实际进程也能告诉业主净零能源是否可行，以及既定的建筑程序、定位和目前的现场再生能源技术。设置净零能源使用目标也能建立内部能耗目标，这需要通过业主组织的入股和承诺。记住，净零能源最终是一个业主的目标，是需要在实际运行中测量的。

然而，建立一个有意义的、可行的能源使用目标通常不是那么直截了当的。一个有效的目标将是定得足够低的目标，低到能够刺激部分交付团队，但这种低程度是可以做到的。举个例子，DOE/NREL的研究支持院在项目的投标申请书（RFP）中的能源目标是$25kBtu/ft^2/y$。这个目标是很好审查的，使用了能源模型（NREL有室内能源建模能力和经验）。NREL也开发了能源目标的计算英尺，识别一些变化，比如最终居住密度和最终数据中心负载，都会影响最终目标。

有一种做法是把首要的项目目标设置为净零能源，并依赖于交付团队定义合适的能源使用目标。这种做法的优点是，当这并不是业主的专长或得心应手的领域时，可以把能源目标的技术分析外包出去。在另一方面，在选择团队或继续进行设计服务之前，这种方法不允许业主充分评估项目净零能源的可行性。由于没有定义净零能源的目标，此法很难有竞争力地选出一个好的设计团队和商议适当的服务范围。

在早期项目的可行和定义阶段，业主发展一些室内能源专家或利用适当的外部顾问是更有优势的。然而即使有了完成定义的净零能源项目，业主也要重新确定项目交付团队最终所选的定义或计划假想条件。这是确定团队结盟性和有助于导出潜在计划假设难题的关键步骤（第四章将对设置净零能源项目的能源目标提供详细的指导）。

衡量能源目标

净零能源目标比建立能源使用的预定目标包含的内容更多。对于前一目标，还必须搞清楚怎样去衡量、何时去衡量，以及交付团队因此将怎样去评估。至于针对预定目标怎样和何时被用于衡量交付团队的执行情况，虽然没有唯一的答案，但对于固定的节点来评估这一情况，此类衡量也是一项更有利的质量控制标准。另外，基于绩效的激励制度补充了能效评估，便会成为团队执行力的强大激励因素。

净零能源最终是要衡量实际的能源利用情况，因此，无论预定目标是否符合理想时间，都是在建筑占用和运营之中。运营中的能源标准是每一款净零能源项目都要使用的，但仅仅把这个结果绑定在交付团队的绩效上就产生了问题。把实际测量的年度建筑业绩和交付团队的评估联系起来后，最明显的问题是，交付团队不是建筑占用和运营之中的主要角色，甚至有着最好的设计和建造情况的建筑也可能在运营时没有采用预计的方式，导致效果会低于预期水准。插件负载和灯光使用情况是两个常见的例子：占用行为和运营政策明显影响插件负载和灯光使用，例如在工作站的私人应用时刻或夜晚以及非占用时间的灯光。

所有这些都说明，净零能源建筑不是典型的建筑，交付团队需要积极参与岗位占用的服务，协助业主达到能源目标。进一步讲，净零能源建筑不能作为典型建筑运营；它必须有效管理插件和进程负载，灯光使用情况也是如此（第十章列举了净零能源建筑的占用和运营策略）。

不只建筑运营中的能源目标的衡量和评估很重要，在交付进程的关键里程碑时刻，评估交付团队的能源模型对于追求净零能源目标也是相当重要的阶段。能源模型和能源目标评估的时间表都将明显和设计评估的时间表保持一致，这两个重要的时间表都是面向设计的能源模型和面向建筑的能源模型，在工程竣工时应当完成。

针对一个能源目标评估一个设计能源模型，要求业主做部分的额外监查；因此，需要理智地取得第三方或同行的设计能源模型的评估。能源模型需要尽可能接近实际建筑的表现和业主预期的运营。所有的建造组装输入能源模型，以及运营占用时间表输入能源模型，都需要由实际数据证明。

工程规划

很明显，把净零能源定义为主要绩效目标会深刻地影响到业主规划新工程；这里许多规划因素都很有意义，包括建筑计划、场所选择、预算和时间表等。

另一个重要的考虑是确保已建的业主关系和客户团队能有效地履行净零能源建筑的业主责任。客户规划管理将继续把能效作为顶级优先权，而把基于能源后果的决策作为重要考虑项。因为净零能源建筑是一款高度集成解决方案，作为项目进程的任何重要改变，都会增加引发雪球效应的风险；通常改变得越迟，引发的雪球效应就越大。对于交付一款净零能源项目来说，预先做好决定和坚持决定都是至关重要的。然而，当必须做出改变时，业主由于是关注改变的集成性的本质的，所以会更好地与整个团队一起工作来成功地集成变更的事项，同时维护整体的项目目标。

场所选择

大量的因素在影响场所的选择。从可持续发展的设计观点出发，LEED评级系统为场所选择提供了有用的指导帮助。再加上LEED所列明的优先顺序，净零能源建筑便需具体考虑一些其他的因素。一旦这些因素在场所的选择当中被项目设计团队详加分析，这一选择进程中的某种程度上的细节考虑就变得非常重要了。记住：建造一款成功的净零能源建筑多半是利用可用的场所和气候来工作的。项目的场所将尽可能多地提供机会（第五章将为净零能源建筑的场所考虑提供更详细的评估）。

程　序

建筑程序解决了结构的首要需求及其预期用途问题。如果你需要一所学校，程序便会定义学校的类型、学校将服务的人口、符合学校教育任务所需的空间和功能类型等。需要重点指出的是，建筑程序也会定义拟建建筑物使用的大部分能源。即便程序弹性不足，通过谨慎编程也仍有助于探寻减少能源的机会。

开始的位置也是你在项目最开始能做可持续发展决策的位置。不能建造超出你需求的建筑，而应发现叫空间服务于多重用途的方法，即发现不用重建而通过适应和扩展就能适应未来变化的方法。编程时，识别大比例使用能源的空间，比如数据中心、商业厨房和某种进程加载，请识别匹配这些功能的方法，计划投资你认为能效最佳的设备。

建筑程序也是定义一个空间与能源相关特性的机会，对于功能要求是种补充。对于一款净零能源建筑，在程序中探索能源特性，达到减少能源使用量的效果是非常重要的。

- **太阳入射能：** 光伏模块及太阳热能收集器的位置和执行诸如日光这样的诱导策略是非常重要的。请记住在炎热的气候里置于适当地点的遮蔽也是有益的，但它不能覆盖太阳能系统。场所若允许建筑方位都最大程度地便于建造正南和正北向的外立面，同时最小程度建造正东和正西向的外立面，那就会有利于太阳能入射、太阳能控制和日光。

- **再生资源：** 评估场所是否接近再生资源和诱导设计资源，例如太阳能、风能、小规模水力、地热和地方上可用的生物能。如果项目是园区或多重建筑的一部分，请考虑用再生能源解决区域规模的问题。

- **场所英尺英寸：** 地段的英尺英寸，如同区划制度，影响着建筑的层数和体量，也影响着潜在的停车位配置。光伏阵列最常用的两个位置是楼顶和停车场上方的遮蔽处。

- **现有建筑物：** 当作现有建筑物的主体革新以及拓展时，必须评估选择同一场所的注意事项。然而，现有建筑物需要多做改造，因为它们需要完成可行性评估，尤其关注能效、能源系统和建筑物包层。寻找机会利用诱导策略，记住如果现有建筑物是建造在20世纪上半期或更早，它的设计近乎原始，提供的是没有空调的热舒适性和提供室外空间，这种原始设计可能被利用吗？

以上程序指导原则详细说明了，若干可并入建筑程序空间的能源相关特性。

一个编写上乘的建筑程序是有助于任意项目取得成功的；净零能源建筑的重要性不可低估。因为围绕能源的计划诸多内容发生在项目的开始，所以在规划现场再生能源和能源利用目标之间通常有个紧密的平衡，而发生在程序进程后期的改变则会对净零能源建筑产生灾难性的影响。请想一想对净零能源学校项目增加自助餐厅的影响，或对设计中的办公楼增加数据中心的影响。对于一个项目，一个编写上乘的建筑程序将是清晰和有承诺的，有助于风险最小化。当一座建筑程序也在解决空间使用方面的能源影响时，它将会变得更有价值。

因为这个程序如此的重要，所以如果同样的设计团队不能开发原程序的话，拥有设计团队的程序验证分析是关键。

- **热能需求：** 定义温度和热舒适度的需求以及每个空间的机会。

- **光照和日照需求：** 标注每个空间的日光适用性或优先权；请记住事实上任何空间都需要从日照上获利。按照既定工作区的环境光和作业光来决定工作光照流明的等级。

- **设备和插件加载需求：** 按照能量及空间和电源的需求量来识别建筑使用的设备是非常重要的。请启动插件加载管理计划（第十章描述了插件加载管理和概述了引导插件加载目录的步骤）。

- **占用需求：** 人们占用空间的数量影响了通风率和相关人员的热能获取量。另外，每个空间都需要定义占用的时间表。

时间表

净零能源建筑的交付时间不一定就会比传统建筑的交付时间长，事实上如果遵循了集成进程，交付的时间将会缩短。净零能源建筑确实需要在某项任务上花费更多的时间，也需要以不同的方式支配时间，还必须在设计上进行大量的前期投入。交付所有类型的可持续发展设计项目的集成设计进程是通用的，但净零能源建筑是特殊的，因为，为交付能源效能，所有设计决定必须考虑能源的成本、时间表和质量。因此，低能耗和净零能源建筑的进程是针对创新和迭代的，需要更多的时间预先去研究、测试策略和集成解决方案。如果做得正确，这种智能设计的前期投资将会在进程之后节约时间和金钱——不涉及改进建筑运营的长期回报。

在制定早期设计决策时，能源性能的许多方面甚至建筑物的成本都已经锁定了。这赋予了以智能设计来前置项目的想法更大的信任度。前置式设计并不意味着推进施工文件速度更快，而是意味着要花时间制定集成和验证性的基本设计决策，明确设计意图，满足项目的程序、成本和性能等方面的需求。这个进程的一部分还需要早期就争取所有项目团队成员都进行投资，以使早期的设计真的是集成型的(参考第三章集成进程详细指导)。

当然，交付速度可能会影响任何建设项目的成本和质量，净零能源建筑也不例外。沿用集成型的进程是保证质量，控制成本以及按照排得紧紧的时间表来交付性能的关键——涉及面广，以至于综合设计已是当今建筑行业必不可少的需求，其中为期更短的交付计划司空见惯，从这个意义上说，集成型快速通道项目与高性能或净零能源项目交付之间是有一些协同的，双方都要对集成交付有很强的承诺。

净零能源建筑的时间表指导

■ **前置设计：**集成设计需要一个创新的和迭代的进程，为获得成本效益和综合解决方案而预先投入设计的运作。

■ **团队连续性：**前置设计就位后，包含各种学科在内的交付团队在项目早期也要就位。整个交付进程中，整个团队的连续性确保了集成型项目知识在项目实施过程中的保留。

■ **能源模型：**能源模型是净零能源项目中一个较强的迭代进程，必须做相应规划。另外，能源模型是评估交付团队进程是否朝净零能源发展的主要手段；因此，需要于时间表中增添能源模型评估的节点。

■ **连续设计和建造：**在集成交付进程中，设计和建造变成一种流动的进程。这使得设计和建造活动同步发生，因而可以腾出更多时间来设计，使建造活动开始得早，完成得也早。

预　算

　　与传统的优质项目相比，如寻常的绿色环保建筑这样的净零能源建筑不需要花更多的建造成本。这个考虑假定了：当再生能源系统理想地成为整个交付团队范围内的一部分时，再生能源系统从建造成本中分离出独立的预算。也就是说，净零能源建筑肯定不是初始成本值最低的解决方案之一，而是一类有效期成本较低的解决方案，这绝对与其独特的挑战性有关。严加关注的是，净零能源建筑应当与其他优质建筑比较成本，因为如果你愿意质量和性能较差些的话，通常你是会建造更便宜的建筑的。我看见的优质环保建筑一直都是按预算完成的。诚然，它们总要带一些系统例如日光控制或改进的外侧包层，而这些系统虽然可能有超出其他低端运营选项的个别的成本保费，但整体成本都在建筑预算内得到管理。另外，这些功能可以完全被整合，因而减少了其他方面的成本。

　　整合的设计不仅是一种有助于管理复杂项目时间表的好策略，也是控制成本的有力的工具。设计的策略和技术之间有着明显的不同，这种差异的整合性远大于附加性。而附加的方法也倾向于运用成本表现出附加性。虽然整合的方法可能包括与附加方法里的功能或技术相同的那些做法，但因其收益均归因于一类整体型的建筑，所以也要把成本整合进去，允许在管理整块预算的同时进行策略成本交换。这样做的目的是，在建筑学问题上投资，同时减少负载和机械设备的规模成本，也就减小了能源和再生能源系统的规模和成本（参考第九章关于净零能源建经济方面的更多详细指导）。

- 使用期的价值：寻找质量和性能的长期性的使用期价值和预算，请记住净零能源建筑在典型的能源性能和价值上毫不含糊。

- 选择和定价：项目团队的选择与应用到项目上的定价方法，均与整块成本控制同等的重要（赞成和反对选择及定价的方法的观点都可在本章的稍后找到）。

- 软成本：附加软成本预算是很重要的，包括在设计阶段的前沿要求有的智能设计努力和投资。伴随智能设计的投资出现的是更严谨的能源模型进程的投资。附加软成本也含所有项目交付团队成员的出资参股，确保了一个整合型项目的交付。

- 再生能源：考虑让再生能源系统成本作为建造成本方面独立的投资，这些系统可能属于相当可观的投资，但事实上它们购买的是位于建设工作前沿的未来能源，在这种意义上其本身就属于财政投资，也需要上述的分析（参考第九章关于再生能源系统的财务分析方面的更多详细指导）。

工程团队的选择

所有的建筑项目都需要不同的专家组来交付工程；这可能包括建筑师、工程师、设计师、景观建筑师、规划师、承包商、分包商、佣金代理商及其他各方。请记住业主由于身处一种净零能源项目中，必须是交付团队的综合型成员。

选择团队设计和造就净零能源建筑有许多的方法，而对于达到净零能源目标，每种方法也都是有利也有弊。这种建筑的业主也用了许多正式的工具去占据市场和招揽交付团队，这时就需要把这些工具嵌入并结合到其净零能源的性能目标里。优质团队的选择以及业主运用交付方法的能力，会一道利于净零能源建筑的成功。而这些方法也都会与不同的契约关系串联起来，本章的下一节将会讨论"交付方式"。

基于关系的选择

基于关系的选择强调了构建团队文化加强工作关系的重要性，这是成功的净零能源建筑需要的，当这种类型的选择通常为基于现有关系的单方选择型时，它便和其他选择方法被一起作为标准使用，这样可以进一步加强团队现有的关系。

基于量化的选择

基于量化的选择强调了交付净零能源项目专业知识的重要性，无论使用选择法还是混合法，量化都会是进程的基础。采用基于量化的选择法，成本和费用也是常需要商榷的。这种选择法在建筑行业和设计团队中是司空见惯的，但也可被用于挑选整个交付团队。

基于关系的选择

优　点

- 已建立的关系培养了信任和团队结盟性。
- 基于信任的关系能够改进风险管理。
- 改进的风险管理有助于控制各项成本。

缺　点

- 缺乏成本竞争性。
- 不能强调团队的资质。

应当寻找有集成进程经验和适度水平专业技术知识的专家。一些需要指定的关键技术角色和性格包括：创新型的机械师、经验丰富的能源和采光模型师、熟悉诱导式设计策略和系统整合的建筑师，以及熟悉概念设计中质量成本模型的承包商。

基于量化的选择

优　点

- 有利于项目预算、时间表和其他业主不能完全定义的项目定义因素。
- 一个有经验的团队会避免净零能源交付的学习走弯路。

缺　点

- 缺乏成本竞争，但在一个设计－建造的场面中，部分工作也可以是竞争性投标内容。
- 很难找到有净零能源经验的团队。

基于定价的选择

基于定价的选择常类似于低价中标的选择。不明智的是，选择基于低价中标的或仅基于定价的净零能源项目交付团队，因为低价可能对于购买商品项目是适用的，但对于净零能源项目，要求交付的服务是高度专业性的，远远不同于商品的采购。

基于定价的选择

优　点

- 进行成本竞争。
- 可以预先审核投标人的资格。

缺　点

- 假定一套"完美"的投标或对接文件。
- 最初的低价通常由于订单更改而无效。
- 投标者不能购进业主的项目标的。
- 创造敌对的关系而不是培养信任或建立团队盟约。

基于价值的选择

基于价值的选择是综合性的解决办法：尝试平衡了成本、资格、关系以及其他对于业主而言的最佳价值的重要阐释因素。对更综合的基于价值选择法来说，常用的方法是设置一个固定的成本并让竞争者提供解决方法，按照范围、时间表、质量和性能来赋予这个固定成本最大的价值。

项目团队的选择工具

资质要求

　　资质要求，或者称作RFQ，是针对业主项目需求而用于招揽项目交付团队的、基于其资质而开发一个备选名单的工具。因为这是一个在整体进程中包含了基于资质选择法的直截了当的方式，所以它是采购净零能源建筑时非常有用的进程之一。RFQ也是业主首批给出的项目之建筑、工程和建造（AEC）市场环境的公告中的一个，提供了阐释净零能源项目重要的机遇，因为它会吸引许多积极寻找客户的优质公司，而这些客户将携手实现高性能设计和营建的目标。

建议要求

　　建议要求，或者称作RFP，可能是在获得建筑项目的过程中使用最广泛的工具；其推出是为了所有类型的交付方式和选择进程。RFP是一个正确建立净零能源建筑交付进程的核心文件。RFP和RFQ，如果都得到利用，就会结合起来去建立选择的进程、设计团队成员的预期契约关系、交付的方法以及精心草拟的项目定义用法。一个好的净零能源的RFP，也会成功地串联起成功的交付所需的元素，而所有这些也都支持了明确的绩效目标。

净零能源项目的RFQ指南

- 把净零能源作为核心的项目目标之一来建立。
- 为净零能源目标设置一个年化的能源使用目标。
- 明确现场的再生能源系统是否为RFP的一部分；不管是不是，都应考虑它们将来与建筑设计及施工要如何取得协调。
- 提供一个精心草拟的项目定义，把净零能源的机遇和挑战考虑在内。
- 如果一个单独的RFQ不能先于RFP使用，则把在前一RFQ阶段作业中提及的RFP的规则加以整合。
- 建立选择进程和交付方法，以支撑基于信任感的整合型交付团队的搭建，而团队的成员也都为了项目的目标共同进退。

访谈和参考

做访谈以及查到项目和个人的资讯，都是选择进程的极为普遍采用的阶段。这些阶段共同汇合为好的方法，从而进一步去了解每个团队成员实际在项目中工作的情况，以及他们的成效和在前期项目中建立起来的关系。最终，个别团队成员的能力和心态帮助完成了净零能源项目的整合工作。

访谈是评估交付项目成员的有效的方法。访谈应留出足够的时间进行有意义的对话，弄清每个团队成员的沟通风格和知识深度。一个创新的方法是，召开设计专家研讨会议形式的访谈或提供简短的解决问题实践体验，使得主办方可以评估成员的迅速反应、合作、倾听、帮助和创新的能力。

参考资料也是很重要的，可以用来具体查询被抽查者在项目上实际做到的能源工作绩效。请从资料中找出，交付团队成员是否与已实现占用的业主还保持联系，从而跟踪能源和建筑的性能。还要试着去决策怎样提高成员的能动性。

竞 争

竞争是选择交付净零能源建筑的团队这一进程的有效组成部分。其负面影响是，竞争对于业主和竞争者来说代价都是昂贵的，因此只有能承受这一代价的项目才能出现竞争。因为在竞争式设计当中，业主并没有作为团队的一部分出现，所以在具备明确的项目定义以及项目性能要求和目标的前提下，将来也是需要开发精雕细刻的RFP的。简言之，竞争最适用于：拥有开发全面RFP资源的客户，以及要求高度创新型解决方案的资源。

竞争的最重要收益之一来自进程中不断出现的创新。一个非常引人注目的项目挑战，例如净零能源，能够真正刺激竞争者们的创新能力。竞争也能给业主一个机会：使用以价值为基础的综合方法来选择项目团队。进一步讲，业主从潜在项目团队的工作、思考和服务的方法中获得了无与伦比的深刻见地，并充当已完工建筑本质的强大指示工具。

然而，需要重点指出的是，不是所有的竞争方式都适用。更有效的竞争应包括交付元素而不是仅仅包括设计。设计缺少了作为竞争反馈一部分的成本和时间表信息情况，也就缺少了早期整合性，而这是确保最终项目成功必需的条件。进一步讲，没有成本建议的设计会加大业主这边的风险。

另一方面，提供竞争级设计的成本建议会增大项目团队的风险。对于业主来说，在竞争性选择的环境下，有一种管理风险的方法是：在最终定价前，由胜出的团队决定考虑到的成本调整和设计开发周期。这种两步走的做法具有双重好处：给项目团队进一步开发设计提供宝贵的时间和更好地了解成本指标，在最终确定之前给业主一个导入设计的宝贵时期。这类两步走的做法被用于管理DOE/NREL研究支持设备项目的竞争风险。

竞争当用作选择项目团队的基础条件后，即应在基于资格的时段启动来产生公司的最后入选名单。这点很关键，因为如果没有大型竞争——通常不会多于3个竞争者，许多合格的团队是不会努力投资的。业主会充分意识到，竞争通常要求有竞争力项目的团队有一个非常大的投资，业主要为那些积极响应但未成功的竞争者们准备一定的津贴。不幸的是，除了这许多好处外，缺少足够的津贴开始使竞争选择进程担负骂名。

对接文件

对接文件是用于获得设计–建造团队的一种工具，通常配有基于定价的选择进程。业主与独立设计团队签约准备一套对接文件，业主则使用这些文件向设计建筑方招标。对接文件是在预备或概要一级开发出来的设计文件，清楚地说明了业主的规模、质量和性能要求。然后，由已选的设计–建造交付团队来完成基于对接文件的项目设计和建造。

净零能源项目的竞争指导

- 办一场要求有整合式交付响应但不只限设计响应的竞赛。产生的交付方法应该是整合型的，比如设计–建造型或整合型的项目交付。
- 根据基于资质的最后入选名单来办一场竞赛，里面的竞争者不超过3个。
- 提供精心制订的基于性能的RFP，在竞争阶段为业主做宣传，并顾及到优于规定解决方案的创新性。
- 在选择项目团队后，留出来一个设计和成本的调准期，减少业主和项目团队的风险。
- 为失意的竞争者们准备合理的固定薪金的预算。

对接文件工具通常是不适用净零能源建筑采购的，它们针对集成交付进程目标来工作，因为设计理念被开发出来，但没有输入进交付团队，不利于早期集成的成本控制。这可以预防从部分交付团队买入设计理念并对此有更深入的了解。对接文件最初的开发集中在性能方面，文件本身最终演化成规范和惯例。规范限制了交付团队一方的创新和整合。进一步讲，对接文件甚至不能规定最好的解决方案，这种方案只能在实际的集成交付进程中实现。

整合进程中的差距很难跨越，通常会引发多方争论，所以如果把对接文件应用在低价中标环境里，所有低价中标的定价难题就都可能混淆交付竞争和放入对接文件中有关的任何不一致或疏忽。

尽管有以上言及的许多劣势，对接文件还是能够用于某一革新方式的。如此看来，团队已决策的、合格的设计–建造竞争者虽然可以投标一套对接文件，但被要求包含净零能源项目的现场再生能源系统的成本。这种有趣的手法足以激励投标人投资于能源效率和能源成本最低的有效期。通常通过能效设计后生成的能源，与采购再生能源系统生成的等量能源相比，前者就不那么昂贵了。因此，团队在能效上进行投资，需要购买一个相对小一些的再生能源系统，这样在提交低成本投标时会显示出明显的竞争优势。当革新式的低价中标方法能够驱动围绕净零能源解决方案的成本革新时，这一方案即充斥了对接文件的许多缺点及低价中标的进程。

交付方式

建筑业对取得和交付建筑有若干方法或方法的混合体可供选择。它们并非个个平等，而是对于净零能源建筑交付各有优劣，幸运的是，一个积极的趋势正引领着更集成化的以性能为导向的交付方式和契约关系。

契约关系绑定所有影响整个净零能源项目交付的项目成员，又由于净零能源项目有一些独特的关于交付方式的要求，所以选择适当的一个并建立一致的契约关系，是成功的关键。一般情况下，净零能源建筑高度赞赏的采购和交付方式是：奖励业绩、推进完全集成的进程和创立所有项目伙伴的结盟。

交付机制也能建立像规模、成本、时间表、质量和性能这些项目定义的契约要求。这也是最基础的，因为影响契约语言和建立性能要求对于净零能源项目是非常重要的。契约里包含的性能要求提升了它们的优先级，同时也要确保它们的成本和时间表要求达标，这个优先级也开始了重建围绕目标的团队成员的进程。适当的风险管理和奖励机制应符合包含在合同里的性能目标。

建立基于符合性能要求的奖励基金是另一个有效工具。奖金的结构是弹性的，以达到最终目标、多重目标、时间表或超越基准性能水平的部分改善为基础。奖励基金是交付团队的强大动力，潜在地抵消了关于性能要求的风险。

设计–投标–建筑

设计–投标–建筑交付方式以业主和建筑师、业主和一般承包商的独立合同为特征。这种交付方式开始于业主和建筑师以及设计团队的关系，通过一套完整的建造文件开发设计，这些文件用于建立业主和一般承包商的契约关系。

设计–投标–建筑是建筑业传统的交付方式，目标是探索市场的竞争本质以决定既定项目范围内的最低价格。随着总承包商的最终出场，实际成本也最终浮出水面。这种交付方式使分散的进程制度化，因而一直困扰着行业人士，经常会引发团队成员的敌对关系。

设计–投标–建筑的使用增多了净零能源项目的令人却步的挑战，即使当设计团队跟随前置设计的集成设计进程时，缺少总承包商也不可能交付全部的集成。大量的设计信息和设计决定不得不由团队用几个月的时间累积起来，引导建造文件的完成。在净零能源建筑下，这些设计决定与完成性能目标连接，使整座建筑成为一个整合的系统。然而，所有的决定和开发没有在实体设计中输入成本、时间表和施工能力，而所有这些才能建造这个项目。

总承包商通常只有短短几周时间来评估和了解长达1年的、包含设计信息和复杂交互作用的设计。进一步讲，在短投标进程中把准确的成本分配到净零能源建筑中，是一种极端的挑战。这样做可能会规避估价，由于没有时间去了解和买入独特的或创新的解决方案，关于实际成本将会有很大的不确定性。承包商或分包商缓解风险的一个选择是增加投标的应急费用。另一个选择是在这个项目授予后找到更改订单的机会。通常结果是这两种选择的结合，在任何情况下，这都不是一个影响到革新的管理风险和整合成本的有效方式。

设计–投标–建筑是一种明显的破坏创新潜力和削弱性能潜力的项目交付方式。一个确保项目交付团队符合性能目标的关键策略是用合同语言加入性能要求，设计–投标–建筑的问题是由项目交付部分的合同把设计和建造分离开来。这使得加入的性能要求产生问题，如果它们不能整合到建筑进程中，怎样能使项目设计团队负责地达到性能要求；当性能要求不能符合时很难集中地管理性能要求的风险，创造一种条件使之变得易于达到而不是横加指责。

建筑管理

建筑经理的角色是在整个进程中为业主提供建筑管理指导的角色，这在设计进程中非常重要。记住传统的设计–投标–建筑方式的缺点是在设计中缺乏建造经验的整合。

建筑经理有两个角色要扮演：顾问和总承包商。

■ **作为顾问：**

作为顾问的建筑经理的管理方式是：与业主签3个独立的合同——业主–建筑师，业主–总承包商，业主–建筑经理/顾问。

■ **作为总承包商：**

作为总承包商的管理方式是：与业主签2个独立的合同——业主–建筑师，业主–建筑经理/总承包商。

作为顾问的建筑经理，也称作领薪水的建筑经理，以其独立的顾问身份受雇，这种方式能够把其他交付方式联结到一起工作，在进程中提供连续性和建筑指导。不幸的是，净零能源建筑和其他高性能建筑的责任是大不同的，作为顾问的建筑经理不能承担其他组员经历的风险，这种差异会破坏以性能为导向的集成交付进程需要的风险管理。另外，由于作为顾问的建筑经理不是承包建筑项目的实体，总承包商就会限制项目团队前期整合的概率。

CMGC也称作风险建筑经理，在这种情况下，建筑经理不仅作为建筑管理顾问，他也对项目建造负责。CMGC通常基于资质、关系和（或）竞争投标概述的他们的费用。建造的完成使用了各种定价机制：包括固定价格、单价、成本+费用和担保的最高价格。这种方式也包括各种内置激励，例如节约和成本分享机制来帮助管理成本和性能风险。最终，商议建造成本，大量的投标用于取得分包商定价。在这种情况下，谨慎可以承诺主要分包商进入进程，不能基于单独报价选择。分离范围的关键是以投标为目的从商品定价中获益，以协商的方式开发高度集成范围的建筑项目成本。

CMGC交付方式对于净零能源项目的明显优势是在整个交付进程中有一个集成化的建造方，另外，可以使用集成方法管理建造成本的决策，这样会增加价值降低风险。CMGC交付方式的一个挑战是设计团队和建造团队是分别独立的合同。这会与设计–投标–建筑的方式产生一样的内部问题——特别是把性能要求嵌入合同里，一旦出错就会引发敌对关系。

设计–建造

设计–建造的交付方式以项目中设计及建筑的单一合约性为特色。因此，建筑师和承包商的关系是集成化的，以合约形式被建在了这一交付方式中。

业主和设计–建造团队的单一合约并不意味着组织设计–建造实体只有一种方式；事实上有多种方法可供组织。通常一个设计–建造实体由设计–建造伙伴之一领头，例如设计师或建筑师，在某些情况下则是业主领头。领头的合同与业主签订一个主合同，与其他团队成员签订主合同下的分包合同。主承包商最终对项目的全部交付负责；由于GC的结合力和管理建造和成本风险的经验，总承包商承担领导角色。然而，设计师领头的设计–建造项目也能取得成功，尤其是设计、质量和性能具有优先权时。

在合资企业或相似经营结构下，设计–建造实体也能被构建起来，设计团队和建筑团队分别创造一个新实体，并与业主订立合同。合资企业的安排考虑更多的是交付伙伴之间的平等，有助于平衡不同优势的成员。

对于交付一个成功的净零能源项目，设计–建造有许多必要的特征。机会存在于真正的集成、前期成本控制、设计进程的前置和有效的风险管理。然而设计–建造不是默认以性能为导向的。事实上典型的承包者领头的设计–建造型的交付对于成本和时间表的控制是非常有效的，在时间和预算上有良好的纪录。设计–建造的新生代，被称作"基于性能的设计–建造"正出现在市场上。

基于性能的设计–建造

附加的性能目标、性能说明和基于性能的合同语言改变了典型的动态设计–建造交付进程。由于业主的单一合同和交付责任的单一性，设计–建造完全适用于这种语言。设计–建造团队影响这种交付方式的高集成结构，创造一个以项目为中心的团队，联结净零能源目标，优化团队人才和资源，以达到这个目标。

基于性能的合同给建筑业主一种会对项目失去控制的感觉，事实上业主让设计团队去控制，在特殊条件下，设计团队要交付一个符合所有业主项目目标的建筑。业主定义了建筑是做什么的，不是定义它怎么被做出来或看起来是什么。设置基于性能的目标、性能说明和基于性能的激励，对于提升交付团队的集成和革新性是个关键。业主能管理有关团队控制转移的风险和管理交付团队要求的在关键节点已审核批准的文件，证实所有目标和性能说明都达标了。

集成式工程交付

集成式工程交付（IPD）方式的特征是初期项目团队成员组织成的产物，目的是如图2.6所示的交付项目。建立这种组织有许多方法，包括一个单独的初期组员的多方协议，或建立由相同的组员组成的临时的、合法的、单一目的的实体。

IPD是一种新型契约机制，推进了集成交付进程。这种方式明显不同于其他交付方式，使建筑业主参与到其他成功交付了项目的初期组员的实体中来。这新增了进程中业主的参与，比其他交付方式的层次组织更为简化。IPD创立一个临时的企业，它结合目标、补偿以及建筑交付进程中有关交易模型的所有组员的进程，它减少进程中的低效和浪费，考虑风险和意外开支的有效管理，所有这些都产生了巨大的节本效益。

IPD的明显含义是重建交付进程和契约关系，来推进革新后的集成工作方法和高性能的建筑。这种文化催发了革新和协作——这些都是成功集成进程的基本特性。然而，这仍是一个非常新的大量非测试的合法的架构。像IPD方式所囊括的一样，建筑业也包含较高级的整合和建筑性能，它们很有可能被未来青睐。简单讲，IPD看起来是交付净零能源建筑和其他高性能建筑的一种理想。

风险和回报

建筑项目是有许多内在风险的、非常复杂的事业。哪里存在不确定性，哪里就存在风险；风险分不同的等级和类型。一些最严重的风险包括生命安全、建筑缺陷和建筑失效。净零能源建筑也同样存在这些风险，但不集中在这部分，净零能源建筑还会对于成本和时间表超出预期这样的经营风险造成影响。同时，净零能源建筑也能改变项目的风险因素，它们显现出提高风险管理的机遇，这会带来更低的成本和更高的利润。

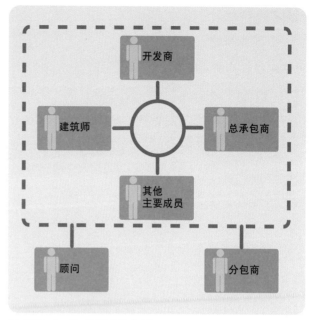

■ 图2.6 集成项目的交付

风险伴随着机遇，机遇的回报来自某种程度的风险；通常冒险越大，回报越大。策略化的风险和管理能力是一个项目及其所有成员成功的关键。

风险和净零能源项目

性能和风险

净零能源项目增加了一种显然新出现的性能风险。在实际运作中建筑能达到净零能源水平吗？如果不，业主的后果是什么？运作和能源成本对于业主的建筑生命是一个重大的难题。保守的非集成的交付进程在成本和时间表的风险管理上是有效的，抛开不可见的性能风险不谈，传统的性能风险从未被恰当地识别、转移和管理。建筑业主已承担不少关于性能的风险，并一点点慢慢地缓解它。所以一款净零能源建筑绝对存在性能管理的风险，这就是为什么集成式的项目交付方式、合同和基于性能的激励机制——这样的应用会扮演上述这种主要的角色。

创新和风险

净零能源建筑内部风险中，有一部分就是这种建筑目标本身。如前所述，净零能源建筑是相对新的，仅有少数项目已完工，这意味着在之前的建筑行业里并没有明显的先例。尝试新事物通常会增加风险，风险伴随着创新，而创新是净零能源交付进程重要的一部分，通常引向新想法、新技术或为了达到更高性能的成果或增加项目价值的产品应用的整合。新的未测试的应用，与普遍的已固定下来的应用比较也存在更高的风险。创新也需要重复的、高付出的设计进程，这会引发交付团队部分的交易风险，尤其是当设计费与真实的工作范围不匹配时。总之，创新在交付高性能项目方面扮演了重要角色，例如净零能源建筑的创新由于其包含的风险很容易被排除掉。相反地，创新不应该随便接近，但是创新使用跨学科的方式可以积极地识别和管理相关的风险。

成本、时间表和风险

净零能源建筑也会增加预算和时间表压力，增加成本和时间表风险。一个高性能建筑通常要求优质的系统及附加的设计时间和努力情况。如果这些成本和时间表的影响不能在整合方式中得到管理，就会导致潜在的成本或时间表超出预期。时间表和成本也会断然被两种特性共同地影响到集成交付方式，伴随着净零能源项目同时进行。

第一种特性：集成交付顾及到设计和建筑活动的持续重叠会减少整体的项目时间，由于这个缺陷，集成交付通常应用于快递追踪类型的项目时间表，并有助于管理时间表风险。第二个特性：承包商的早期加入提供给业主一个优势，就是交付团队的早期定价承诺，这是交付团队要承担的一个风险，这把成本超支的风险转移给了交付团队，交付团队管理影响最终成本的决策。当交付团队有足够正确和完整的关于价格项目信息，他们就会明显地通过尽可能迟地提供承包商价格减少风险。这种重大风险的转移没有简单的答案，但通常都需要沟通、信任和适当的平衡业主和交付团队的风险。

风险管理进程

风险和集成交付

一个集成型的交付团队，特别是包含了业主的团队，由于其内部沟通和信任的增强，为识别和管理风险提供了独到的机遇。创造积极的风险管理文化，对于追求净零能源目标的集成交付团队当然是最好的实践。集成交付进程看起来有多重风险，事实上交付团队已经分化和分摊了这些风险。在这种情况下，IPD识别和量化这些已经存在的风险变得更加简单，同时也为团队依照集成方式来管理它们提供了有效的方法。

风险，如前文所述，它们往往以突发事件的形式出现。突发事件有许多形式，但成本突发是引人注意的，因为它会最大地影响项目成本。通常这些突发事件会无预期地重叠和混合，在解决方案或项目范围内有多个团队成员接口。这时，一些风险用来作证作为管理策略一部分的应急之事，产生附加费用，产生的原因是团队缺乏沟通和整合，要求在更多方向和以更开放的方式得到管理。集成化交付和基于信任度的文化，能够通过根除不必要的成本突发性来平衡风险管理及作为有些风险管理的工具。

风险识别

有关成本、时间表和性能的主要项目风险，通过与业主的合同关系被转移到了交付团队，交付团队比业主在一个更好的策略执行位置上识别和管理这些风险。这是集成风险管理进程的第一步，允许整个团队广泛访问补充的项目风险概况和有关业主成本、时间表和性能要求的交付承诺的基本决策。下一步是对于交付团队而言，需要了解契约式风险是怎样贯穿于团队和项目而导致独特的风险因素发生的。

详细的风险认证和资格在项目的最开始即扮演着重要角色，成为最初的合作意图和早期专家研讨会议的一部分。早期的风险识别通常没有预兆地产生，这甚至保障了负责风险识别和管理的特别团队。有一个团队分享了专家们的担忧、恐惧和对于项目风险的观点，这是强有力的条件。通过团队如此快速地建立信任和合作，也有利于通过团队重新访问项目的开发、策略、系统和技术。如果能在项目里识别这些应用，它们可把新风险引入到项目中去。而不能识别和不能管理的风险则是所有风险之中最大的风险之一。

风险管理

风险管理进程从识别和量化项目风险移向了转移和分享项目风险。大多数风险不是只属于一个团队的成员的；恰当地分摊这些风险，可以最有效地进行管理。风险的转移应求助于管理层对风险加以管理，并获得集成化的、基于信任度的团队文化的支持。

风险转移和责任分配可以相辅相成，办法就是对成功的风险管理投以适当的回报。当然，管理风险的主体利益是要避免处罚或成本的增加。负面的结果也是强大的动力，但通过分享回报的正面强化性才是更大的动力。

与保守的未兑现的项目相比，净零能源项目的内部更复杂，适当地使法律顾问和保险顾问参与进来必不可少，本书并不能提供这样的法律或保险的建议。基于性能的合同错综复杂，要求用户化、高水平的法律和保险的资深人士。要达到净零能源建筑所有方面的创新进程，关键是找到法律和保险领域的专家，同时他们还能用创新的方法工作，并理解集成化交付进程的力量，有效地管理成本。

集成化进程

集成式交付和管理

集成式交付

交付团队应当遵循高度集成化的进程，确保净零能源项目的成功交付。集成化进程在行业内得到广泛理解和采纳，并有大量资源致力于此。本章专门讲解这一进程重要及独特的方面，因为这关系到净零能源型的建筑。第二章重点讲述了必要的合约基础，还从业主的角度重点关注了一个净零能源建筑项目的概念、采购和交付进程，而本章则从交付团队的角度检验这个进程。

能源目标是集成化进程的核心内容，因为这一目标定义了业主主体的性能目标之一，成为了项目交付团队关键的驱动力。对于性能，交付团队需要到与成本、时间表和质量等价的层面上进行优化，这就不是寻常的手法了，其重点是为什么此法会区别于真正的集成化进程。以此来优化性能，也就冲击了项目管理并影响团队的文化，所以这类优化必须围绕着实现净零能源的这一目标来进行。

一个集成化进程很难定义，因为这其中有许多细小的差别。大多数团队在其集成化进程中，都在把集成及传统型元素混合起来进行实践。然而，一个集成化进程，的确是指一种从传统分散型的设计与建筑进程中脱胎出来的转移进程。本章将讨论集成化进程的核心元素，其特点在于极端以项目为中心的专注度，其执行者是建立在信任、协作、透明、公正和有效领导等层面之上的团队。一个集成化进程对一个净零能源建筑是非常必要的，因为这种建筑解决方案本身就须高度集成起来以实现如此高水准的性能。

集成交付团队

以项目为中心的团队

团队是围绕由业主主导的合约义务组建起来的。第二章已讨论过的各种交付模型，绝不仅定义了核心团队的基本组织结构，更是对所有新增伙伴当中的契约关系施加了影响。和主导型合约一样，这些契约也应当于集成项目交付方面维持同一水平的专注度，确保把净零能源目标（包括风险和回报）清晰地传达到整个团队的网络。显然以项目为中心的团队的组建，若延续了专注于集成项目交付的最新交付方式，就在净零能源项目中拥有了许多显著的优势。

项目团队以明显定义过的目标为中心,那么比起传统方式来,就绝对有更大的把握采用集成型的项目交付方式。因为净零能源正是这样显著的、充满挑战的项目目标,能够成为项目集成有力的催化剂;这意味着净零能源的承诺对于项目团队整体取得成功而言有着深远的影响。

以项目为中心的团队之中会存在某种基于契约关系的等级制度,但这对于假定如下合约路线来说是不妥的:在组织关系图中,绘成的合约路线也代表着以项目为中心团队的、决策权利方通信和级别的线路。在实践中,以项目为中心的团队

结构倾向于有一个更平和的等级制度,比传统的团队结构更灵活、更有弹性。传统团队的筒仓状层级结构(见图3.1),导致项目的片面的视野,团队成员都有自己的项目观点和对于成功项目的定义。一个项目的综合定义是指以项目为中心的结构(见图3.2),以项目为中心的团队更倾向于自我管理,在"家长式"的公司里有更多的自由运营空间并能监督这个团队。设想一个以项目为中心的团队的方式是一个以项目本身为中心的网络架构,目标是与筒仓结构相比,更能保持人人都相互联系,还能清楚定义角色,鼓励积极的合作和保持团队的有效性。

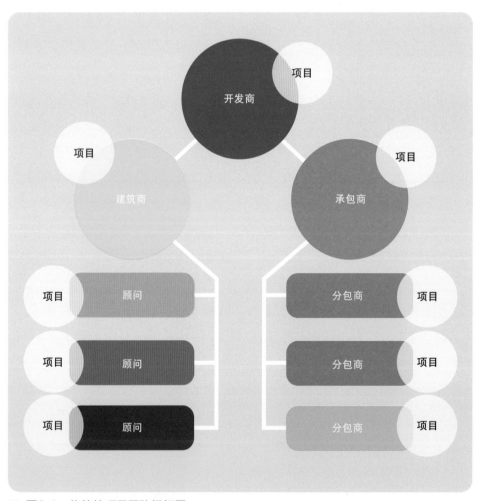

■ 图3.1　传统的项目团队组织图

团队结盟

组建装配齐全、以项目为中心的团队，一部分工作是要把团队成员们与净零能源目标结合起来。团队所有成员都要带着与其工作有关的、专门准备的议案到项目中来。你能想象如果每个人都追求实现自己的议案的话，达到净零能源目标会有多难吗？这种情况恰恰就在传统的建筑项目中常常出现。

虽然议案会根据每个团队成员以及公司而改变，但它们的根源是相同的——涉及了目的与使命、风险规避及奖赏体系。可能建筑师的议案是属于美学类的，受欲望驱使，去创造一类强大的投资组合或争取得到同僚的认可，或只是对其个人作品简单酷爱。一个承包商的议案可能受成本控制推动，被达成利润和财务目标的责任驱使，维持预算内的项目及员工的满意度，或者对风险及其深度成本指标进行管理。请考虑在这个行业中我们不能不对工程师进行的预判。通常对于工程师来讲，奖赏体系是基于被设计系统的营造成本的。这就会引出核算有成本效力、高性能建筑的议案了，因为它比常规的系统回报更大。

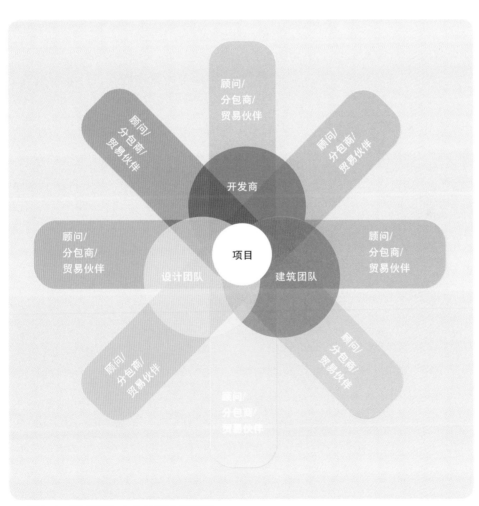

■ **图3.2** 以项目为中心的团队组织图

组织团队成员的目的不是去清除议案，这即便不是完全没有可能，也是不现实的。这是为了在每个人的议案中加入共同的目标。请想象团队之中设计师的议案包含了受能源及诱导式建筑解决方案驱动的美学性；或者团队之中承包商的议案包含了建筑预算内净零能源性能的交付性。对团队之中负责高效无风险HVAC系统的机械工程师进行奖赏可行吗？

修改风险和回报因素会引发积极的议案（在第二章，管理风险和利用回报激励已被作为集成设计和成本控制的基本因素讨论过了）。这也是通过交付团队创造结盟的有力方式之一。通常净零能源目标的阻力根源于某种不确定性或风险。一旦风险在团队里得到识别和管理，这些障碍就开始瓦解了。另外，没有什么能像分享奖励回报那样能够让团队结盟达成净零能源目标的了。

创造一个积极的团队环境，那里整合及合作性的团队行为就是准绳——这是拥有许多变量的函数的，包括信任度、信息的流动分享和典范的项目领导力诸多的变量。团队之内，开发信任度和集成化工作关系的方案需要一项称作"合伙"进程。这是为共同的项目目标求得结盟，表示所有成员都开诚布公地促进进程。合伙的进程明显要在项目启动端举办一次合伙研讨会，此后还要战略化地实时做团队及新召开会议的复核，以保持对合伙协议关系的跟踪。合伙式及其他类型团队建设的实践及研讨会，都是极其有利于净零能源项目的。如上所述，净零能源项目是充满挑战的、须有整合式解决方案的。它要求业主和项目交付团队能运用沟通、风险管理及目标盟约等方面的最优工具。

信任可以在团队及团队延续的决策进程中被凝聚成领导力。团队领导者还须是净零能源目标的强力支持者，并塑造整个团队集成化的行为。在一个基于信任的团队里，开发和培养关系、避免微管理任务对于领导者是很重要的。理想的决策进程是团体性的进程，参与决策的成员也是股份持有者。领导力基于共同的决策进程，反对高高在上的决策地位。在项目的金融、风险、议案、沟通和决策进程中创造透明化的团队对于领导层是会起决定性作用的。

管理能源目标

管理一个符合净零能源目标的项目意味着须在以下高优先级目标中维系平衡：成本、时间表、质量和性能。所有的项目决策都需要在这四个目标中单独做权衡取舍，涉及对这四个目标实施负面的、中立的影响，最理想的还是正面的影响。一个固定的决策进程是能够成为管理多重项目目标的有效工具的。项目管理还应支持团队的创新，鼓励开发能够立即落实多重目标的解决方案。

每个目标——成本、时间表、质量和性能——都自带进程及评估项目决策的模型。能源性能的早期评估进程就使用了能源模型，与所有的支持分析和建模联系在了一起。请记住：净零能源性能作为目标，是会影响成本、时间表和质量等这些常用项目监控点的。这些监控点不足以充当单独的管理工具；它们需要像管理多重目标的工具一样被整合利用，这样做能够有助于成本、时间表和质量控制的改进。

传统的项目交付进程都流行评估的举例法，而举例对于有效的决策和目标优化又显得太迟。举一个例子，在营造文件定稿时完成第一个为LEED建筑能源性能建档的能源模型，就提供不了关于设计进程的评值，或无法以能源性能对权衡成本的努力给予评测。另一个典型的例子，设计–投标–建筑进程，是在设计完毕，所有的质量以及性能的相关决策也都已完成之后建立的、真实的建筑成本和项目时间表。

质量控制

交付进程中的质量控制减小了成本和时间的误差，且能引向更优的建筑性能。对契合净零能源目标十分重要的质量控制行为如有几个，也都是可以加到项目的质量控制程序里的。

通常在设计中和文档编制后，都会因为质量控制而复查计划和图纸的完整性、准确性及统一性。这种复查也包括相关项目能源特征的检查和主要项目点的能源模型复查。能源的质量控制行为应与建筑外围的设计、机械和电子系统作比较，并给出基础设计的书面材料和项目当前的能源模型报告。建筑包层的复查者，则应评估外围设备的热桥潜力和识别可能存在的解决方法。

在一个完全型委托的项目中，委托代理商须提供一份有价值的独份图纸和技术指标复查报告。这无疑将促进施工中建筑的基本托付实务。委托方将全权代表业主并独立于交付团队。委托进程是确保一个项目质量的重要部分。详述见本书第十章。

在施工中能效的质量控制不仅仅是委托方的责任。每个交易方也都须把有关能源的质量控制纳入到他们的工作中去。总代理商及其对能源设计意图较深刻的理解，将为他们的质量控制计划提供针对能源问题的协同性和监管性。细节则会影响到对系统及组件的妥善打理。

成本控制

净零能源项目或要求独特创新的解决方案能够达到具有挑战性的目标。不幸的是，这样的目标如果不能被有效管理，成本将更高。创新方案的主要成本驱动力是有相关性的风险以及对预期的解决方案缺乏理解。整个团队分享项目信息，并结合了共同性的决策，便有助于达成更高水平的理念，尤其是复杂或独特的解决方案或策略。消除误解或错误想法、积极地管理风险，则对于净零能源项目的成本控制技术来说至关重要。

集成交付也能引向出众的风险管理，可这对降低项目成本而言还有很长的路要走。降低成本的另一个方法是提高性能。保罗•霍肯斯、埃莫瑞和L•哈特•劳维斯出版了一本题为《物质资本：创造下一场工业革命》的书，书中称这一现象是"逾越成本障碍的隧道"。集成交付进程之中有些事是要发生的。通常，解决方案解决了多重的问题；多层面式的解决方案有内在的成本节余，然而重要的突破性进展是，追踪能效投资，减少能源负载，缩减机械和电力系统规模。先减少能源负载再匹配能源系统，才能体现明显的节余。举个例子，投资搞好建筑包层，可以减小制热和制冷负担，从而改小了系统。一个集成化进程可以在两种不同交易中实现成本转移。

成本控制和成本建模必须在设计进程的前期就开始全力捕捉集成化进程的效益，并且须在整个交付阶段持之以恒。项目决策的制定不能孤立于成本；设计决策进程依靠了承包商快速的成本反馈。早期的成本估算的确是门艺术。一个承包商在设计进程中的全面整合，会使其处于更好的位置来传达早期的设计理念和导入计划的营造成本。同样地，早期采用的建筑信息模型（BIM）会促进数量输出的速度和准确性，生成设计之中更有效的成本反馈环。

关键交易伙伴的早期加入是管理成本的另一件重要工具。对于一个净零能源项目来说，常见的基础性工作是让运作范围对能源会有着显著影响的那些分包商早点加入，比如机械和电力的承包商。进一步讲，生产商和供应商的直接加入也有利于定做和优化特殊项目所需的产品。关键交易伙伴的早期加入有利于聚集更多资本，用更低的成本改进营造能力，深入理解设计意图和管理风险，减少突发情况，优化整个系统。

时间表控制

集成交付对于现今空前短的项目时间表，则是一个重要的交付项目用的工具。净零能源建筑是须有关于集成化进程的深度承诺的，要求兢兢业业地对时间表目标和能源性能目标实施管理。一个集成项目的运营时间表的核心策略是叫活动发生重叠（不仅是压缩它们），花时间去研究它们，获取最大价值；对于多余的非生产活动，则不要在这上面浪费时间。清理交付进程中垃圾的理念，是"简约项目交付"（Lean Project Delivery）的早期原则，是由简约建筑协会（LCI）开创的。简约项目交付拥有许多集成交付进程的协同作用，重点关注了清理垃圾和增强价值流动。

净零能源目标对设计时间表有着最引人注目的影响力之一。设计中的时间管理应当优先指向因利用前载进程而增加的价值，从而于整合进程当中开启项目。整合设计进程的开启是重复式的，能够测试许多不同的设计方案，但在高度集成和完全测试型的设计理念里，早期投资能够节约大量时间和免于在项目交付的其他阶段重启设计。早期的设计整合是另一个重要的成本管理战略。设计策略被整合得越早，成本就越有效；反之，为改变付出的成本会随着项目推进而有增加的趋势。

另一个显著投资项是贯穿整个交付进程的能源模型。提前策划能源模型的用法至关重要，在展示这个进程反馈循环中能起到代管的作用（本章稍后将讨论能源模型的有效使用）。

完全合作的集成项目交付进程的优势之一，是重叠活动的能力和缩减冗余。建筑的各种运营范围内的设计、文档编制和营造，根据不同的时间表来推进，当允许某种运营范围保持更长的设计时，可实现整体时间表的缩短（见图3.3）。比如：一个项目的场所、地基和结构，均可从文档编制和营造的各阶段开始，同时建筑和机械系统的设计

不间断，赢得有价值的设计时间但并没有给时间表多增加时间；并且，设计团队和建筑团队的紧密合作会在文档编制阶段减少冗余，使得从准备提交营造文件到安装全程流畅地进行。

项目交付阶段

一个净零能源建筑的交付是伴随着一系列运营阶段而发生的，最初是以项目定义开始，随后经历一系列的设计和建筑行为，最后产生一个按年度基准运作净零能源的项目。笔者重申净零能源是十分充满挑战性的项目性能目标，因此必须从

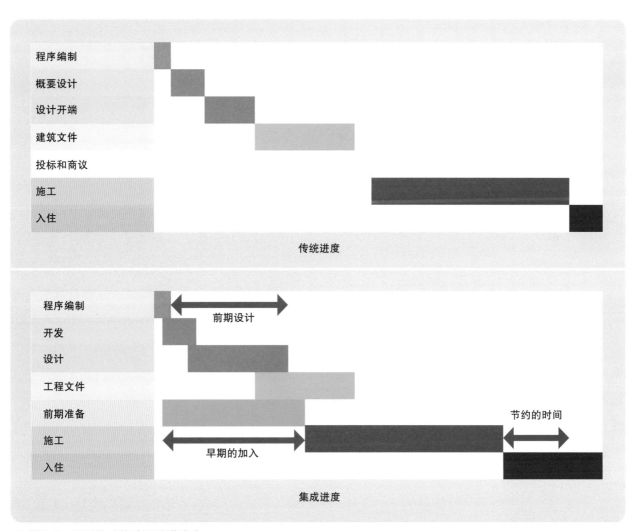

■ 图3.3　通过集成快速跟踪进度表

一开始就考虑周全，其后再将其作为开发、交付和入住项目的持续纲领。再者，因为净零能源最终以实际运营结果来衡量，所以把运营和入住阶段作为交付进程的一部分是很关键的。更为重要的是，必须逾越在设计、施工以及建筑的实际运营中明显存在的障碍。

有几种模型，把项目交付建立于琐碎的行为阶段之中。传统的模型有：前期设计、图解设计、设计开发、构建文件、投标商议和施工阶段。后来出现的集成项目交付（IPD）模型重新定义和命名了这个阶段的特征：概念化、标准设计、细节设计、执行文件、代理合作、最终收购、施工和竣工。项目交付阶段则受到了项目合约述及的结构和贯穿交付进程的突发费用的影响。

本书由于要保持事情简单并富有弹性，避免在语义上解释不清，因而在讲述净零能源项目的关键行为时用到了如下几个基本的交付阶段：

1. 概念
2. 探索
3. 设计
4. 施工
5. 入住和运营

列表中的探索阶段是新加上去的，也是非传统的。事实上，探索是设计的一部分，包括了前期设计研究和在成功型集成项目要求下的项目设置。探索作为一个显眼的阶段，为了以下目标而被剖析：以前载项目交付方面的重要性为核心。设计阶段也包括文档编制行为，而不会和明显的文档编制阶段区分清楚。文档编制固然重要，但对净零能源建筑的方式不会独立列出；这项行为经常与集成项目交付方法中的施工行为融合在一起。大多数交付阶段的模型都把施工阶段视为交付进程而去实现或完成；与之相反，一个净零能源项目则把净零能源成功的运营视为成功。

交付阶段是流动的且具互联性的，导致行为会同时发生。潜意识里这个阶段就像一个圆圈或封闭的圆环，净零能源目标既是起点也是终点，在这样一个反馈机制里被运作而彼此影响着。整个进程的反馈随后作为学习教案为业主和/或交付团队服务，改进了下一个建筑项目循环（或将来的建筑改造），图3.4解释了一个净零能源集成交付进程的循环和流动特性。

概　念

当一个业主决定为符合一套特殊需求而建筑时，一个项目便诞生了；当建筑业主把净零能源作为期望建筑的关键目标时，一个净零能源项目也就诞生了（第二章为项目概念和定义阶段提供了详细指导，从业主的角度讲述了净零能源项目的采购和集成交付进程）。而从以性能为基础的集成交付进程为目标来了解并建立合约框架的角度看，业主的角色不能被低估。在商议和签订合约的前提下，交付团队步入了集成化进程，其目的是要实现众多的项目目标和交付一种建筑——其在入住进程当中会从净零能源的层面来运营。

探　索

为确保一项成功的集成设计和交付进程，在设计伊始就要花时间去探索这些让设计和交付进程有据可依的参数，特别是净零能源目标更需要业主和团队了解和探索，因为净零能源目标将会影响到项目参数的最终定义、重新定义和/或核实。

探索阶段是基于项目研究的引导阶段，探究了从设计之初就会有广泛见解分歧。这也是一个提问的阶段，帮助团队对项目有更深的理解，是建立在创新进程的基础上的。自从目标变成了识别建筑的整体解决方案后，即使这个阶段的研究议题改变了，能源图的个别部分也仍需进一步的研究。

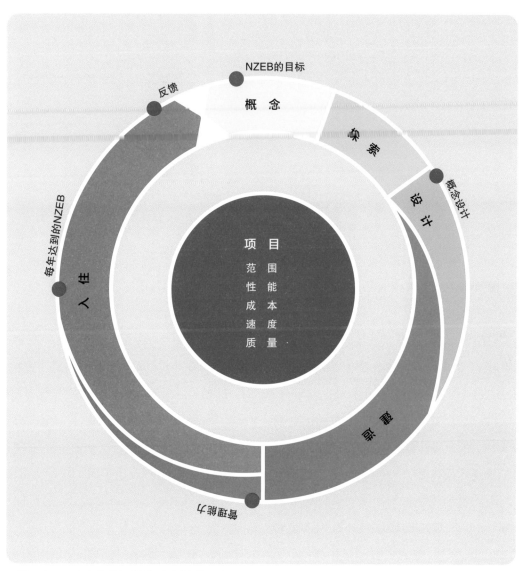

■ **图3.4**　一个净零能源的集成交付进程阶段

- 陈述净零能源目标和阐述它是如何被定义和衡量的（参考第一章和第十一章）。
- 收集天气数据和为项目完成气候分析（参考第五章）。
- 研究场所，以识别可利用的资源和潜在的限制（参考第五章）。
- 建立能源使用底线（参考第四章）。
- 建立净零能源使用目标（参考第四章）。
- 建立现场可再生能源发电目标（参考第四章）。
- 基于建筑类型、天气数据文件和简单的能源模型，尽可能地建立能源终端使用和能源负载细节（参考第三章和第四章）。
- 从相关的案例研究或先例中找出差别并学习（参考第一章和第四章）。
- 绞尽脑汁做潜在可行的诱导式设计和低能耗的系统策略（参考第六章和第七章）。
- 探索能源利用和净零能源目标的编程、建筑利用和入住的关系（参考第二章、第五章和第十章）。

设 计

集成化设计进程产生在探索阶段集约和关键的工作完成之后，它以多重策略的许多快速重复和测试行为开始，向不同的设计场景了解学习。一旦识别到关键策略，这个进程就开始逐步地汇总，或把这些观点和策略聚合成一个整体。高度整合的设计通常有简单、单一的解决方案，用于寻找尽可能多的问题（"集成设计方案"部分，为一个净零能源项目的设计阶段提供了更多详细的指导）。

在集成设计进程中考虑时间表是有用的，开始是概念设计。概念设计是由最初的设计重叠行为产生的综合体，就像那样的考虑一样，会从项目的角度、不同的项目参数和净零能源的核心集成策略去体现。一个成功的概念设计被视为这个项目的DNA，强力引导着未来的发展和进化，于是所有净零能源的基本策略和概念都被理想化地在概念设计中体现出来。虽然新战略被添加到已开发的设计中来，但要把新的大动作整合到进程中的设计里来，还是会更具挑战性。在众多的方法中，概念设计的解决方案对于净零能源项目是最重要的一个阶段，因为它作为净零能源建筑成功地建立了项目的基础。

下一步是开发设计，借此各种净零能源策略通过更详细的设计研究、计算、成本分析、营造能力、回顾、能源建模和其他性能模拟，都被提炼了出来，而这个提炼进程引出了一个高度调整和集成后的建筑解决方案。以上内容是过渡性的设计里程碑，它们在朝着净零能源目标迈进的道路上，带来了正式复审和评估的机会。同时随着设计的展开，项目的信息总量在不断增长，变得更加详细和复杂，在这个背景下，团队使用BIM及分享模型和信息就会使得合作和决策更加有效。

一种看法是有效的：设计综合进程像一个倒置的金字塔（见图3.5），首先把最广泛的选择和策略作为基础，然后把这些策略汇聚在一起。设计决策进程恰好与之相反，像一个直立的金字塔。举个例子，能源设计信息的流动首先以一个净零能源目标和能源战略开始，然后通过日益增多的详细的决策进程来产生项目能源信息的聚积性。重要的是，不能混淆项目信息的聚积性和设计的本身，后者需要关注综合和聚积方面的，目的是实现一个最佳的单一式方案。

然后就是为施工编制施工设计文件，这一步从文字上讲，就是有如下目的的文档开发：沟通施工中选用的设计意图，让承包商和所有交易有案可查。这个进程模糊了施工阶段，因为集成交付方案现在平稳实现了项目信息流从施工文件到商铺图纸的一体化。进一步讲，有了集成型的团队后，就有可能完全用文件来给建筑的琐碎部分单独建档；因此，施工行为常常会与设计同时发生。而在净零能源项目的施工建档阶段，最重要的行为之一是，确保已开发的能效设计的所有技术细节全部包含在内。在施工建档公布之前为热桥复查和解决所有外部建筑装备也是非常危险的。这一能源模型应用在本阶段评估项目细节和规格的任何变化。

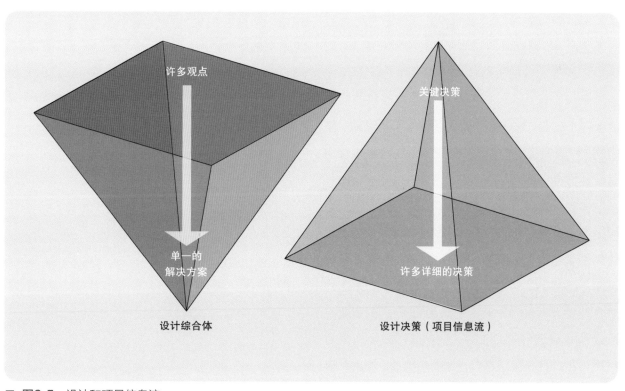

■ **图3.5** 设计和项目信息流

施　工

一个净零能源项目的成功的施工阶段取决于两个因素：项目信息的有效交流，承包商完全与净零能源目标融合。而净零能源项目最重要的建筑行为之一，是在探索和设计阶段由承包商提供的建筑前期的服务。建筑前期使承包商能够取得对项目的更深理解，有助于广泛地推动建筑进程及将来与所有贸易伙伴进行沟通。建筑前期是成本模型和成本控制的开始，能够与对时间表的服从性一样确保施工的可行性。

施工是一个复杂的进程，在这个进程中交付团队的规模激增，加入了所有汇集到项目里来的交易和供应商。成功地维持项目信息的流动和确保其能够被分包商、供应商和生产商网络所理解的关键是，取得准确的细节和管理风险与成本。同样地，获得关键的贸易伙伴也很关键——对净零能源目标影响巨大——早早就与建筑前期的服务融合在了一起。这些重要的伙伴包括了机械的、电力的、日照的系统，以及再生能源系统和建筑包层系统。

细节正如设计的文档编制阶段，也在施工系统中不可或缺。建筑包层在建筑细节中很常见，对建筑能效有直接的影响。确保密封的建筑以减少渗漏，适当的隔声装置和热桥的消除都是生产优质包层的基本元素。温度记录摄影术是识别建筑包层散热问题的有效工具。而一台红外照相机对红外线比可见光波敏感，能产生热影像，使用假色映像描绘表面温度，因此能在建筑包层探测热力的薄弱点。

来自DOE/NREL研究支持设备工程的施工当中的一个简单但富于启迪性的故事突出了每种交易的技艺和奉献的重要性。保罗•陶塞利尼，国家再生能源实验室的商业建筑研究的主要小组领导者，在和组员一起走在总承包商哈瑟登建筑公司的施工现场时，停下来与一个商人攀谈起来。商人在开放的外墙竖了一个重要的隔离立柱，保罗问他为什么这么做，这个商人并不知道保罗是项目组的成员，开始滔滔不绝地讲述他的工作有多么重要，安装隔离多么细心。最后他总结道："能效对业主很重要。"

所有交易和工作人员都被委以净零能源的使命是很重要的；完成这个使命以获得骄傲的资本，提升工作质量。这些细节、合作和各种有关能源建筑系统的整合都有助于一座净零能源建筑的交付。站在总承包商一方的额外合作和专门项目的工程师，则有助于促进质量控制和复杂系统的整合。

入住和运营

建筑的运营，被放在一个已测量的净零能源建筑和最终达到测量目标的环境里。大多数建筑都会体验最佳设计意图和实际应用之间的差距（第十章为弥合净零能源性能差距提供了指导）。按照集成化进程，运营团队和使用者早早加入设计，以及交付团队在入住前保持参与状态，会产生重要的收益。连续性规划应与净零能源性能计划配对，因为这一计划概述了主要的行为和责任，有助于净零能源目标变成运营现实。

集成式设计方法

净零能源建筑的集成式设计是进化型设计法，这是促使行业专家们重新思考办法和设计目标的手法的一部分。通过这个基于革新的新方法，专家们求得导出价值及以目的为导向的结果，以应对研究和数据驱动型的输入项。你可能会说，设计净零能源建筑要求在艺术和科学间达成最优的平衡关系，净零能源建筑师为做简单优雅的设计提供了机遇，这类设计富于目的和意义——使建筑的测算及思考与环境及占用它的人员相得益彰。还因为这个进程是合作性的而不是依赖性的，所以创新和集成就会在设计领导关系的确立下展开。简单地说，作为设计的基础，今天的建筑专家需要再对能源和建筑科学重新发掘；他们需要彻底改造设计进程，将其作为来自所有学科的思想的综合及整合方面的有力工具来使用。

这个进程也包含了可持续设计的全盘观点。设计作为一个集成及基于创新类的进程，探求起来会有许多的模型和方法，本章只讨论其中的几种。

全盘设计

净零能源建筑同时代表了典型的能源利用，它们也应被作为整体的或完整的环保建筑来考量；这意味着追求可持续设计的全盘方法。好的消息是，符合净零能源的集成方法，与符合可持续性及项目的目标的各式各类基本方法都是相通的。

全盘设计的作用优化了3个可持续发展的优先权，通常它们用"二重底线"来定义：环境、经济和社会关系。另一种说法是，全盘设计的作用创造了去除对环境存在着负面影响的建筑；细述起来就是，其目的在于做出可以在环境中更新换代的建筑，即，这里建筑是经济繁荣型的；属于供人们在这里生活和工作的、健康和美丽的建筑。净零能源项目——最显著的一点是耗能的减少——与上述三重关系紧密相连。经济利益来自耗能的减少，以及净零能源建筑市场价值的增加。净零能源建筑通常是巨大的"人类空间"，为人们在这里积累财富和健康提供高质量的室内环境，同时实施像日日照明和自然通风这样的技术。

考虑全盘型建筑的另一个方法是逼真的建筑模型。在这款全盘方法里，大自然是模型，而建筑或社区的目的是，作为生态系统或自然生态系统的一部分去运营。在自然的生态系统里，自然的能源措施是很清晰的——运用再生能源。这看起来，已然是深入全盘可持续发展框架的一个基本原则。在19世纪60年代末，建筑师马尔科姆·维尔斯开发了一套分级系统来评估场所和建筑，使得它们与荒野作比较。这方面的评估观点如："使用太阳能"和"存储太阳能"，抗衡着"浪费太阳能"和"存储非太阳能"。今天，像"居住建筑挑战"这样的分级系统是由国际居住建筑研究所做过推介的，把净零能源作为一项需求来整合。

系统思维

系统思维对于产生成功型净零能源项目必需的集成设计进程是很有价值的；并在这点上，影响了整个系统重新考量个体元素设计的权限。开发系统流动图可以推进这个进程。这类系统进程有助于设计师们探索如何设计和优化整个的系统。

思维类型可以适用于建筑和场所的任何系统流，图3.6阐述了系统图的基本元素。如图3.6所示，所有系统都有一个"堆栈"（能源系统图的能量）、评估系统所需的"分界"、来自分界状况的入流和出流、"修改器"和"反馈环"。

通常以项目场所定义一个系统图的分界线，以分界线定义设计和影响范围；这同时也是用得着的，有时也是必要的，至少考虑了系统会如何按照不同的规模来流动。这种规模式的改变对于能源系统，能够为地区或社区范围的能源解决方案揭示出机遇。如果单一的建筑物不能实现净零能源目标，它在社区规模就可以实现吗？系统规模的探索展现了人类技术系统与自然系统和生态系统相似的特性。事实上，针对建筑系统的深邃思维，就是把它作为一个生态系统思考。自然系统倾向于平衡性的工作；它们在适当的范围内建立一个封闭的环——举个例子，全球水循环是具有限堆栈的大的封闭环。再有，由于自然系统是封闭的，它们的产生不会造成浪费。如果一款系统边界在较大系统内以很小的规模绘成，那这款描述就很难出现作为整体的系统行为。闭环系统在按小规模来检测时，就会以一个简单的线性进出系统的面目出现。

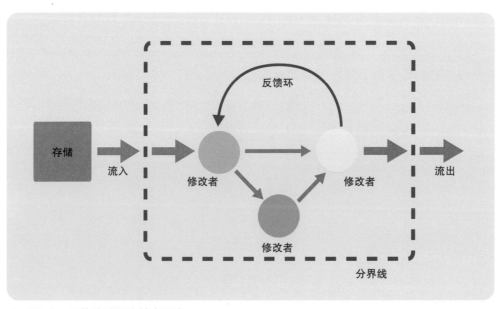

■ **图3.6** 系统流动图的基本要素

净零能源建筑的能源系统图，也有助于设计专家们探索、分析和通报在能源系统流里的诸多详细元素（图3.7）。能量流是在能源系统流里的基本堆栈，如上所述，可以包括量级不等的能源，以及在建筑和场所的界限范围内流入流出的引导式能源。在项目分界线内的是诸多修改器：需要用能量堆栈来匹配的负载。负载被分成日照、制热、制冷、通风和插件或进程负载等类别。通过系统的负载和能量流，基于反馈环而由占用者来改变，占用者则应对了热舒适度的需求，或者遵循了他们的建筑使用（照明、设备等）的模式和时间表。负载也能被天气模式改变。反馈环通过恒温控制器、传感器和建筑管理系统的使用来实现。能源系统图的目的是：作为一个完整的系统，首先是理解能源，然后是设计能源。图解也一样有助于揭示潜在的设计方案，因为当每个个体元素都须获得考量时，这种方案就可能不显而易见。

设计决策

NREL的保罗•陶塞利尼，本章先前引介的人物，经常引用这句关于能源的谚语："每个设计决策都有着某种能源影响力。"其中的含义很明显：要交付一座成功的净零能源建筑，那么每次项目决策所具能源后果的集成式评估和调解手法就是需要的。当然，能源影响力能够基于制订当中的设计决策而大幅地变更，甚至小的决策项目也有此效，问题在于能源评估总体上就是决策进程中绝佳的应用过滤器，强调了一个关于净零能源建筑的事实：见微知著。

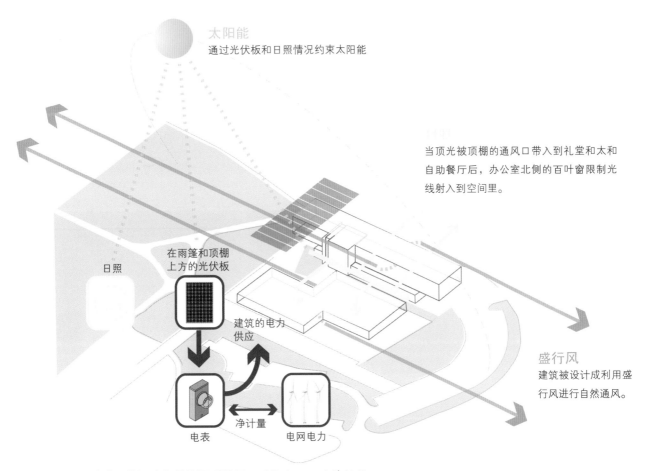

■ 图3.7 一个净零能源竞争的能源系统图。图像由RNL友情提供。

成功的设计决策要素是内嵌于团队组织的动力中的；它们包括团队领导力、等级制度、信任和沟通。关于能源而定的决策的最高要素，是将能源作为一个高水平的决策过滤器（连同成本、时间表和质量）添加到能效中，并使信息得以评估能量的影响。能效作为一个重要的决策过滤因素而得到添加并不是太难；收集相关信息及时做出决策却是件充满挑战的事情。一个原因是，由于每一个决策的形成都会有许多因素，必不可少的信息就有可能在全团队传播。但请记住：决策的质量取决于所使用的信息。这突显了合作的、无等级制度的决策进程执行的重要性。

图3.8阐述了净零能源建筑的能源方面的设计决策进程，它符合设计信息于数量和详细程度上不断增加的原则，努力把项目于单一的解决方案上综合起来。设计是简单的，所有决策的集成和综

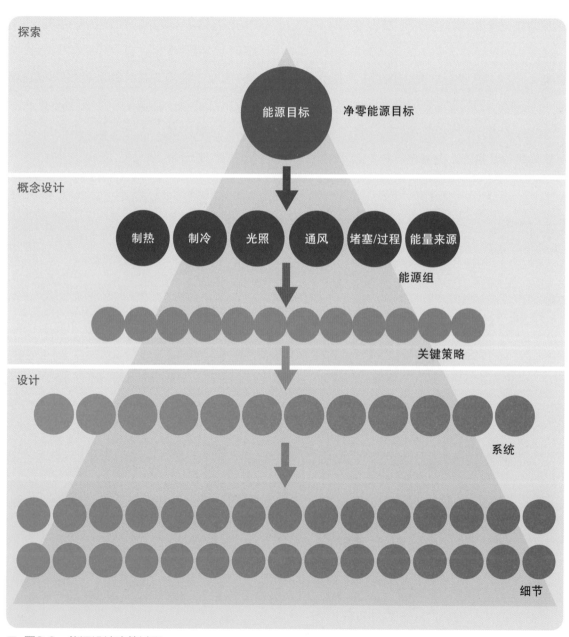

■ **图3.8** 能源设计决策过程

合需要确保一个成功的项目结果。基本的决策流开始在符合净零能源目标和能源目标的项目之初。在概念设计进程中，各种能源的最终使用和能量来源（基于公共设施和现场再生的源头）被作为核心能源组。每个能源的最终使用或能量来源都将有一个基于符合整体目标的能量预算，被开发的策略用于寻址每个能源组和它们在概念设计上的预算，再把系统设计成执行商定的策略。随着设计的发展，系统和设备全部被具体指定为要符合系统性能的要求。

图3.9详述地展示了作为一个主要能源组——这个设计决策进程如何工作——以日照为例。它并非倾向于展示每个所需要的决策，而是要表达一个决策流的层级和互相依赖。这个图表也服务于阐述在设计结束时如何做出许多详细的决策，它们的发生可能是微小的或独立的，但事实上是发生在整个能源目标的环境下。一个决策连接其他一连串的决策，以能源目标开始，被划分成几个主要的最终使用目标，每个详细的决策取决于在前述的决策阶段建立的支持参数，它们轮流支持整体的能源目标和推进建立在概念设计上的关键的设计策略和概念。

一个净零能源项目的决策进程由一个健全的问题解决进程来支持，被能源准则所驱使。设计中的问题解决进程，重点关注了一个定义、分析、评估和提炼的进程的综合和展开。图3.10阐述了这个基本的进程。

区分解决方案和策略，采用的是合作、体验和研究的方法。分析和评估解决方案要求数据和评估的标准。模拟工具和设计研究的使用对于辅助开发设计数据和测试的解决方案是非常重要的，特别是在净零能源项目中，能源模型将成为一个核心的解决工具。评估标准则以符合和支持项目目标为基础，尤其是项目目标将影响可能方案的确认。如果了解期望结果（项目目标）和分析比较的情况，将有助于揭露所有那些被认为是最好的选项。这也证明了最好的选项也需要进一步发展来满足项目的目标。请记住：解决方案的质量以团队的两个能力为基础：第一，识别优质的选项；第二，比较分析选项。

建筑物能源建模

虚拟的净零能源建筑

净零能源的设计、施工和运营得益于模拟和建模建筑的每个设计阶段。随着计算机技术的成熟，在项目周期的所有阶段，潜在地利用一个单一的、全面的虚拟建筑模型，通过辅助设计的整合、培养协作和简化性能的模拟，将极大地加速交付的进程。虚拟建筑是建筑信息模型（BIM）的基本原理。营造虚拟建筑要在实际开始建筑之前实施。合作和沟通明显得益于"测试建筑"和"碰撞测试"项目，在今天已经被许多集成项目团队意识到，他们有效地利用了BIM。

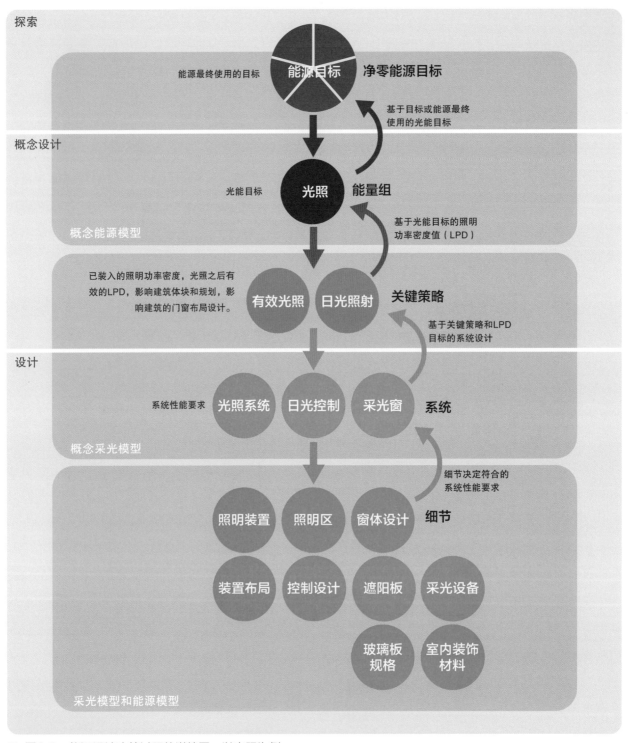

探索

能源最终使用的目标 　能源目标　净零能源目标

基于目标或能源最终
使用的光能目标

概念设计

概念能源模型

光能目标　光照　能量组

基于光能目标的照明
功率密度值（LPD）

已装入的照明功率密度，光照之后有
效的LPD，影响建筑体块和规划，影
响建筑的门窗布局设计。

有效光照　日光照射　关键策略

基于关键策略和LPD
目标的系统设计

设计

系统性能要求　光照系统　日光控制　采光窗　系统

概念采光模型

细节决定符合的
系统性能要求

照明装置　照明区　窗体设计　细节

装置布局　控制设计　遮阳板　采光设备

玻璃板
规格　室内装饰
材料

采光模型和能源模型

■ **图3.9** 能源设计决策过程的详情图：以光照为例

当目标和技术趋势都是开发一个单一虚拟的模型时，它也能处理性能和能源虚拟，现实情况是大多数建筑性能模拟是在各种各样的模型应用中被处理的，它们各自配对。今天我们所看到的虚拟建筑是把不同的模型合并，从实质上去理解和沟通建筑。这个行业重点关注互运营性，在发展文件平台和协议上取得良好进展，并运作在多个建模项目上。

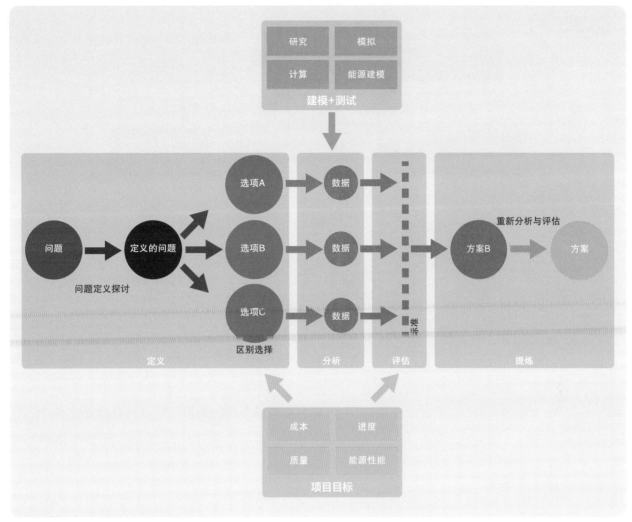

■ 图3.10　能源设计解决问题的过程

注意此处的术语"模型"应用非常广泛，涉及一系列分析数据或信息，可以是模拟建筑或建筑的一个元素或它的性能。一个模型可能是一个建筑的3D展示，一个能源模型，一个日照明模拟，或者甚至是一个Excel数据分析表。考虑一些模拟和个体模型可能包含交付进程中的一个复合的虚拟净零能源建筑模型（也可见图3.11）。

- 气候研究模型
- 体量和设计研究模型
- 3D可视化模型
- 设计和营造BIM模型

- 能源模型
- 日光和照明模型
- 自然通风模型
- 热转移和热桥研究模型
- 热舒适度模型
- 成本模型
- 时间表模型和4D模型

模拟角色

就于净零能源设计进程之中做出有情报依据的设计决策而言，最好的方法是模拟那些对于已落成建筑造成影响的决策。甚至在设计之初，这一

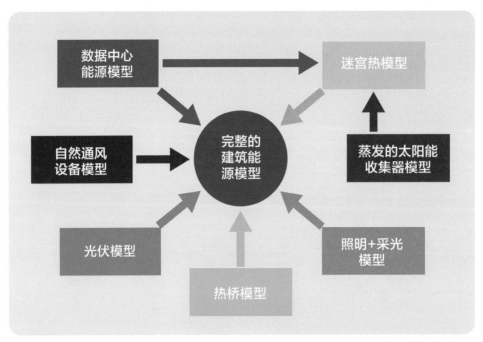

■ **图3.11** 复合能源模型: 这个例子展示了NREL研究支持设备的基本复合能源构造

强效办法就应被启用,然后在整个进程当中持续,再视情况或进一步测试,或增加细节,或评估结果。用这款办法,整个建筑能源模型即变成了净零能源交付进程的核心决策的展示——即便许多其他的模型或模拟都可被用于告知具体的决策及促成能源模型上的输入项。

建筑能源模型和性能模拟服务于多项目的,但最基础的两项是决策和验证。两项行为发生在不同的时期,有很具体的目标。将能源模型用作决策工具的手法虽然贯穿于整个进程,但在设计初期这是最重要和最有效的手法。在探索和设计早期这两个阶段,各种各样的模型被用于研究更广泛宏伟的策略。在设计后期,当主要的能源模型带有高水平的细节时,它就能用于测试孤散的、元素或元素包的选项。例如,玻璃规格或墙体保温水平,就能在模型中孤立开来,或能被决定节能潜力的各种设计选项所改变。由于被分析的选项成本不同,这种孤立也可以引导对于各种选项的成本有效性进行了解。

使用建筑能源模型作为一款验证工具,这在交付进程的关键节点上是很重要的。这是确定这个项目和已建的能源目标相符与否的基本进程;它使关于其潜能的评估得以符合运作中的净零能源要求。节点验证模型依靠了净零能源的平衡运算(参考第十一章)。从这个意义上讲,作为评估工具的能源模型有意要成为预测模型,力求使其自身被开发成实际建筑的封闭表达形式。根据最近的、有关建筑未能按照设计能源模型预测运作的报告,以预测工具来作为能源模型使用看起来不靠谱。当然,与能源模型的预测相比,还有许多影响到实际建筑能源使用的变量,比如入住行为、建筑时间表、天气和施工缺陷。然而,在实际的建筑运营中达到了净零能源建筑的目标,就意味着如果能源模型可以用来告知建筑物的再生能源的设计和应用,它就应该尽可能地被预测。这也意味着要更加谨慎地减少或至少是量化,在现实和模型之间存在变数的可能性——或减少假设性。最后,这意味着要对模型的预期性进行管理,以便建筑业主了解到变数会在哪些地方发生。

能源模型满足的另一个验证角色，是遵守LEED评级系统和叫能效文件归档。一个通常的LEED控制模型是由"ASHRAE标准90.1，除低层居住建筑外的建筑能源标准"管理的，使用了"信息附件G"的性能评级方法。不幸的是，LEED方面的能源建模进程是净零能源建模的附属物。这两个模型使用两种不同的标准来评估两类不同的目标。ASHRAE 90.1模型将基准的能源模型用于对比，其计量单位是意向设计的能源成本高出基准值的节约百分比。最后，净零能源模型这方面若没有基准值，就只剩绝对能源目标了。绝对净零能源目标表示了能源建模的新的进程和目的。

有效模型

能源建模师

主要的能源模型由有经验的建模师建立、维护和分析。这项技术是艺术与科学的混合体，需要大量的经验和创造力去管理。一个有才华的能源建模师有能力了解不同建模软件和方法的优劣，知道如何有效地把设计意图（和它的复杂度）转换到能源模型的框架中去，因此，把它作为一个有效的工具来分析模型，并导出有用的结果。

为了使能源模型能问正确的问题，能成功地口述结果和使用结果，能源建模师也必须有一个深厚的建筑物理的知识基础。随着能源模型软件技术的改进，它与项目的BIM平台的结合更加紧密，某些任务运营更加自动化；但是它不能也不会替代能源建模师的经验。软件或工具的改进仅能帮助有经验的能源建模师更有效地为净零能源项目团队工作。

能源建模师认证

能源建模师的存在没有专业认证的计划，直到2010年年初，ASHRAE引入了建筑能源建模专业（BEMP）的认证。这个计划使能源建模师的认证成为可能，他已经证明了在应用能源建模技术上和评估建筑物和系统能效、经济性和建筑物理的软件的能力。

能源建模师必须整合到团队中来，确保项目信息的稳定和流畅，确保模型能根据设计、施工和入住决策保持更新，设计进程会由实时的能源建模结果通知。进一步讲，使用独立于机械工程师（或其他负责核心设计和管理的团队成员）的能源建模师是更有益的。作为具体的独立的咨询师，他的实践经验需要能指导一个复杂的能源建模进程，能源建模师可以专注于建模进程，对于净零能源项目来说很宽泛，可以替代设计和能源建模之间的角色反复，独立的建模师还可以在设计和工程以及能源分析之间进行有价值的制约和平衡。

之前所述并不表示能源建模就只是能源建模师的领域，虽然能源建模师是基本模型的开发者和管理者，其他的建模和模拟工作也需要与基本模型合作，但其他包括机械工程师、照明设计师和建筑师的设计团队成员也在各种设计模拟中扮演了重要的角色。

准确性

俗语说"吃什么吐什么"是能源建模的真实写照——这并不意味着一定要输入"完美"的信息到能源模型里，意思是把"正确"的信息输入项都需要被用于正在查询的问题类型。在评估能源建模结果时，完全了解信息的假设和限制很重要。

模型中的准确性问题归根结底是为了满足具体的需要，当作为一个决策工具使用能源模型时，准确性通常不重要。模型准确所需要的细枝末节会使模型更笨拙，甚至会延迟或阻碍有效的设计决策。在决策模型中，了解与决策有关的重要变化和设置模型查询很关键。对于某些设计决策，充分了解哪个选项能提供最好的能效和可能的数量级的能量。实际能量的节约的精确预估通常无须做稳妥的决策。

在使用模型评估和预测建筑性能时，准确就变得重要了。在设计和施工进程中，模型的目标更具体了，产生了对实际施工和预期运营的真实表达。在这种意义上说，建模的结果应该比开发时更准确。对于一个净零能源项目，开发一个预测模型的目标和工具可应用于建筑运营。

通常能源建模软件本身会精确，输入的准确性和是否准确捕捉到将来的建筑运营，对模型预测能源结果的好坏会产生最大影响。质量控制步骤用于确保模型准确表达设计和施工。标准包括确保有关建筑物被用于共同的理解和预期——例如：编程元素、已安装的设备、建筑使用的时间表和入住行为。

在设计初期，了解整个能源问题，识别所有细节，组成一个完整的预测能源模型，这是充满挑战的。问题的解决方案是应急情况的战略使用，在设计初期维持一个能源应急储备，或维持一个额外的能源使用。随着能源模型越来越详细，业主和团队的自由裁量权也可以逐步释放。建立能源的应急机制对净零能源项目是一个有用的工具，因为能源使用目标和计划的现场再生能源系统是紧密相连的。任何一边达不到都意味着目标的实现会功亏一篑。

时　效

能源建模有效性最大的影响力之一，是有关核心设计行为的建模活动时效。普遍存在一个问题就是开始能源建模太迟以致影响了建筑的地基设计——它的程序、方向、体量、形式和窗-墙比率都要在进程中早早开发。即使建模阶段不与设计决策同步，时效在后期设计中也将会是一个主要议题，比如影响墙体的装配、玻璃规格的选择和系统选择。能源模型就好比是净零能源项目的脉搏，不断地监测和使用能源模型来保持对目标的紧跟。

能源建模将被规划在整个交付进程当中实行，包括针对净零能源目标来紧跟具体的时间表。一些关键的时间点包括：概念设计、适于每个设计阶段的设计模型（包括一个原样设计的模型），在营造结束时一个原样建设的能源模型，以及一个用于测量与验证进程的、用于各项施工的模型（见图3.12）。

一致性

整个团队应该与能源模型对接，包括通过设计叫模型当中使用的输入项取得一致而确保准确性。例如，建筑物包层的热性能不仅仅要被假定，更应被认真地求得一致。另外的一致性输入项包括了时间表、负载、温度设置点和有关各种系统的细节。团队应是同时围绕输入项和能源模型的结果来整合的，以助做出更好的设计决策。

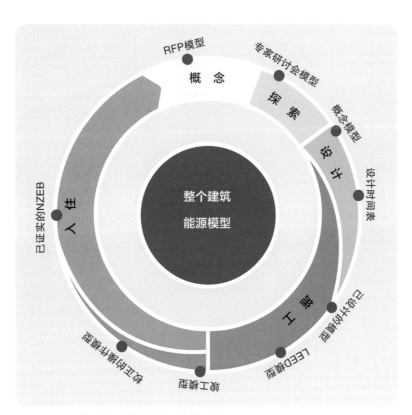

■ **图3.12**　作为部分交付过程的能源模型

良好的沟通是设计与能源之间的一致性的基础。在如下几个重要的信息面，团队全体都要清晰沟通和取得一致：模型输入、模型结果、限制和假设、结果分析。模型只能和它的输入项一样保持良好状态；所以，关键是输入项都表示着设计意图以及业主的预期入住和运营。实时更新输入项并定期对其复核也都是强制性的。能源模型报告是，因这类意图，团队一方可用的基本通信备件。至关重要的一条是，团队了解能源模型的元素和能够影响建模的结果。

有效成本模型

笔者就此宣称，净零能源设计进程的能源模型和其他设计模拟的水平远远超过一般的绿色建筑工程所追求的LEED认证范围。广义建模被视为一种投资，一类增加的项目和建筑物的长期价值远胜于增加的成本的投资。要做出如此理智的投资，重要的是评估建模进程，事先预估范围，并把这些评估工作整合到项目时间表、项目费和费用协商之中。

幸运的是，随着时间的推移，在此陈述的多方面努力会随着建模和BIM集成工具的改进变得更加合理，成本也更加有效。能源建模进程花费的成本归因于，为每个已用的模拟程序建立新模型的需求性。如上所述，未来朝着单一虚拟模型的演变，会叫这种虽然耗时，但导致差异可能性存在的多重模型的建设量实现最小化。同时，我们必须依靠有经验的能源建模师，他们能够有效建模，并且知道如何以设计需要来匹配相应的模拟进程。

白盒模型

笔者使用术语"白盒模型"来描述，由建筑师、工程师、能源建模师或其他团队成员建设的非常简单的能源和日照方式。白盒模型是一个简单的决策工具，于是也被认为是一个设计工具，用于创造性地帮助解决设计问题。术语"白盒"反面就是"黑盒"，暗指这是一个开放的系统或你能看到里面去的模型——不仅仅是输入和输出。"白盒"也讲述了这些模型研究的可视表面，因为建设白盒模型的一个最好工具是Google SketchUp，对对象的默认颜色是白色的（见图3.13）。

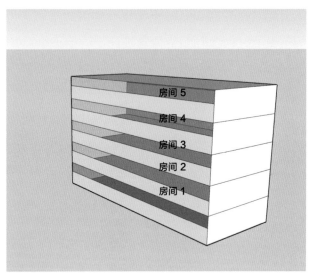

■ **图3.13** 一个五层建筑的简单草拟的基准模型，房间是IES VE可以识别的。

SketchUp本身不是一个能源或日照明的模型程序，然而有助于阴影法的开发和太阳能研究。SketchUp有许多套插件可选，现在允许能源和其他模拟软件的介入并运行模型生成SketchUp。一般的能源建模软件不擅长生成建筑几何体，SketchUp可以——原因之一是它在建筑师和设计师之中被广泛应用（注：目前，在Google的SketchUp的免费版本可用）。

目前，有可用于SketchUp插件的两套引领能源模型的程序是通过OpenStudio插件的IES VE和EnergyPlus，EnergyPlus和OpenStudio这2款软件由能源部和国家再生能源实验室开发，可以免费下载使用。IES也有免费版本的软件和插件，称作IES VE Ware。VE的功能更强大版本需要通过IES购买。

白盒模型的类型和使用

一个净零能源项目由简单的白盒模型开始定义一个能源基准。即使这个基准对设置和达到净零能源目标不是必备的——由于净零是最终绝对独立于基准的——也可以增加能源目标进程的价值。用一个基准模型查询有关能源最终使用的模型是可能的，也可以量化是什么导致了建筑能源负载（见图3.14和图3.15）。记住：这种类型的模型对于总体能源不是必备的好量规；但它确实可以传达关于是什么驱动项目的能源使用这类重要的信息。开发一个简单的基准模型的一个方法是使用基本的施工装配和建筑系统来设置默认颜色最小值。

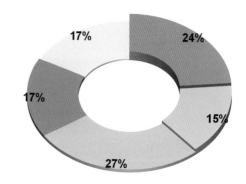

Annual building
energy use:
1446.799MBtu

■ 锅炉　　□ 冷却装置 □
■ 照明　　□ 设备

■ **图3.14** IES VE的建筑工具包的能源饼图报告

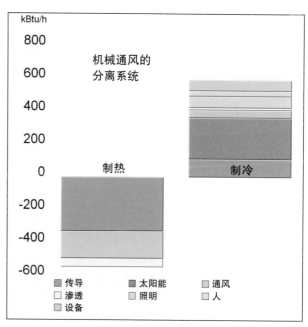

■ **图3.15** IES VE的建筑工具包的制热和制冷工作量的图解报告

研究可选体量的简单模型是可能的，窗-墙比率的模型也同样可能；另外，调整不同装配和系统开始对建设性能产生相对影响时的默认值或模型参数。白盒模型有助于在早期设计中快速评估决策，但进程必须与建筑物理和能源策略的可靠判断匹配。从简单的白盒模型中导出的能源有助于做相关的比较，但不能作为结论解读。

另一个简单有效的白盒模型是单一空间或单位模型，研究一个区域的利益或可复制设计的建筑港。这种类型的流线型模型被用于评估具体的空间性能参数，像日光、温度、热能透过率和日照热量（见图3.16和图3.17），它用于分别测试不同的玻璃装配设计、着色方案、窗-墙比率、建筑装配，以及建筑形式和质量。

总之，白盒模型事实上仅是概念上的，但可以快速简单地寻找早期设计进程的需求。更详细的模型须随着项目的向前推进而被开发，所以能源建模师可能多方面地利用白盒模型来开发更详细的整体的建筑模型。建筑能源建模进程的目标反映了设计的进程，以早期的实验和创新为特点，把概念设计的协同效应和系统的开发和提炼，实际运用到证明对净零能源项目成功的设计中。

能源建模师观点

本书采访了几个得到国家认可的、在净零能源建筑的建模上有深厚经验的能源建模师。以下是他们对净零能源建筑的建模观点的概述。这些观点包括建模进程的考虑和影响这个进程的未来趋势。能源建模师也透露了他们最喜爱的分析工具和允许到他们的建模工具箱一窥。

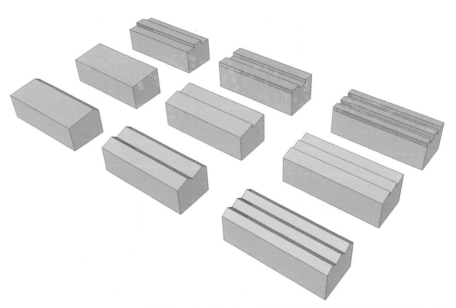

■ **图3.16** 把多重上部照明的策略合并成一个典型的维护设施港的草拟模型。影像由RNL友情提供。

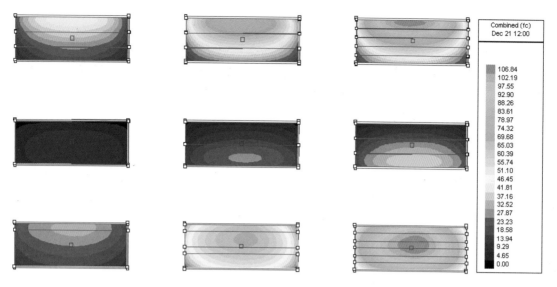

■ **图3.17** 在12月21日IES VE日照明的效果，用不同的策略比较。影像由RNL友情提供。

能源建模师观点

　　笔者采访了两个得到国家认证的、在净零能源建筑的建模上有深厚经验的能源建模师。以下是他们对净零能源建筑的建模各自观点的概述。这些观点包括建模进程的考虑和影响这个进程的未来趋势。能源建模师也透露了他们最喜爱的分析工具和允许到他们的建模工具箱一窥究竟。

受邀人

　　琳达·莫里森，项目工程师(PE)、最佳的环境管理实践师（BEMP）、LEED 项目运营经理(LEED AP)，合约能源管理人(CEM)，来自建筑性能工程团队领导者——环境能源公司。

进　程

　　研究能源模型会发现有许多变化和假设，为了改进结果的使用性和准确性，一个基准测试的进程被推荐作为质量管理和合理性检查步骤中的一步。这里面包含的基准测试有自上而下法、自下而上法、侧向法。自上而下的基准测试是整个建筑的测试，像能源之星或CBECS；自下而上的基准测试是用过去的潜在数据来对比一个具体的终端使用，像照明、进程负载或HVAC；侧向的基准测试是使用常见性能作为行业指标，对比各种模型的一系列合理性(如基本情况对比选项A、选项B，等等)。

开发一个预测性的能源模型代替对比模型（选项A对比选项B，或设计情况对比ASHRAE标准90.1代码兼容的基本情况），把灵敏度和错误公差囊括到结果中很重要。这听起来非常笼统，但由于未来的任何预测都需要评估大量的潜在可能性，在进程初期囊括的范围将变大用以解释更多的未知情况。随着项目开发和不确定性的减少，囊括的范围也将减少。进一步讲，为理解它们对最终结果的影响强度，将在某些模型变化中引入灵敏度分析。

囊括法有助于管理风险和不确定性，但它也应成为交付团队和业主透明化进程的一部分。它为需要进一步定义的能源模型元素和所要应用的安全因素的水平提供了沟通的机会。这种沟通不仅有助于整个设计和运营团队明白能期望从建模结果中得到什么，而且了解其提供的决策和信息会如何来帮助他们开发模型的准确性，最终能够紧密地追踪模型和实际结果。

未来趋势

预测热舒适度，不只对能源适用，更是一项重要的反馈结果。一些性能模型软件如IES VE，今天就可以做到。这个度量标准未来应用将更多，比如我们将得到更精细的关于报告以及团队和业主分享能源模型的结果。会有更好的方法来识别潜在的问题，同时保持与业主和入住者关于他们对热舒适度期望情况的对话。

使用热舒适度建模可以推进用创新的方法进行能源建模。能源模型被用于了解建筑的部分负载条件，反之又可以作为一个适当英尺英寸的机械设备工具，目前用于精简设备以符合设计条件。无论怎样，合理精简都能够明显节约最初成本和生命循环周期的成本。热舒适度分析能确定在不满足最坏情况条件下的设计负载的舒适度暗示行为；也分析一年中，热舒适度可能受到有多少小时的挑战；再结合成本、能源和舒适度，对设备分级做出有根据的决策。

工具箱

- ■ eQUEST
- ■ 杂项自动桌面工具，实际上可选
- ■ IES VE
- ■ 能源专业
- ■ PVWatts
- ■ Retscreen
- ■ 专有工具

建模师的屏幕截图

图3.18到图3.20阐述了环境能源的工作流的3个例子，从Revit软件导入到IES VE的自然通风设计图。

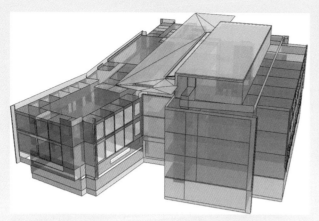

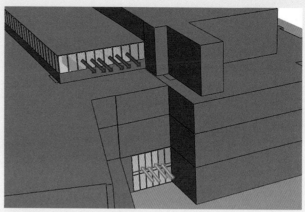

■ **图3.18** 从Revit软件导入到IES VE的CSU二期工程的中庭自然通风研究。影像由环境能源（Ambient Energy）友情提供。

■ **图3.19** IES VE所做的自然通风分析。影像由环境能源（Ambient Energy）友情提供。

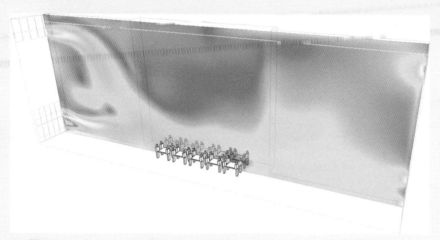

■ **图3.20** 由IES VE所做的通过走廊的气流截面。影像由环境能源（Ambient Energy）友情提供。

受邀人

鲍瑞丝·赛姆·阿妮塔，LEED 项目运营经理(LEED AP)，斯坦泰克公司的建筑模拟项目经理。

进　程

净零能源项目要求详细的能源模型，以便更准确地精简再生能源来源。与以承诺为基础的能源模型比较，像加利福尼亚的T-24承诺，预测性模型的插件负载输入是关键。内部/插件负载可能是恢复正常的最大挑战，它们一直没有被准确算作是能量模型。典型的办公设备像计算机和监控器只能算一个办公建筑的整个插件负载的一小部分。UPS、变压器、通信开关、安全设备、AV设备和安全出口灯等，都能快速增加和明显影响再生能源设备的规模和成本。

一旦所有的设备都得到识别了，最大的挑战就是了解每个具体设备的运营时间表。预测性建模是存在风险的，如果能源被过分重视，就将需要业主和/或设计-建设团队付出更大的再生能源系统，比如PV。如果能源被过分轻视，这个项目又将达不到净零能源目标。

未来趋势

建筑行业将从BIM的无缝集成能源模型获益巨大，我们仍需几年的努力才能获得这种能力。随着能源模型的发展壮大，将会有更多不同的工具箱被简化到单个的软件包里，但目前需要采用多种不同工具来解决不同的问题。不管怎样，我们将看到未来最重要的改进是模拟速度的惊人增长。许多强大的工具因运行时间太长而在一个通常的商业项目的时间表和进程中变得不适用了，净零能源和高性能建筑常常要求诱导式混合系统具有合理水平的复杂性。影响BIM建筑几何体和面组成参数，伴随完整的建模工具箱和快速运行，对支持净零能源建筑的设计将大有助益。

在能源建模软件开发者中有一个趋势：建筑师和设计师将定位产品。他们使用图形和用户友好的界面和新概念设计工具箱把能源模型带到更广阔的市场里。扩大能源建模师团队有利也有弊。

- ■ 优点：行业里有更多的人熟悉工具和进程将有助于每个人都能理解能源建模为什么对设计进程如此重要，它将帮助设计团队达成有效的解决方案。它还能帮助设计师从能源建模黑盒视角中转移出来，它会作为设计进程的一个边缘服务传统地保持下来。
- ■ 缺点：一个核心问题是新界面和新工具的使用者不必具备适当的知识和经验就可以有效地使用它们。这就可能需要花费经历去理解能源模型的结果并能总结出正确的结论，这是成功部署一个项目的关键。

工具箱
- Weather Maker
- SketchUp
- eQUEST
- IES VE
- TRNSYS
- THERM
- Window 6.2

建模师的屏幕截图

图3.21到图3.23阐述了用斯坦泰克的多重建模软件去评估DOE/NREL研究支持设备工程的设计。

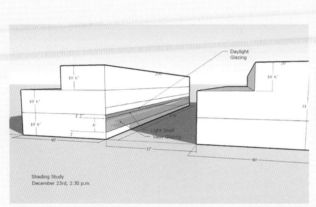

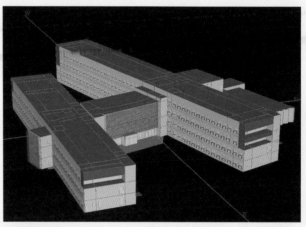

■ **图3.21** DOE/NREL研究支持设备工程用SketchUp，完成了早期阴影法研究。影像由斯坦泰克咨询服务公司友情提供。

■ **图3.22** DOE/NREL研究支持设备用eQuest所做的中心能源模型。影像由斯坦泰克咨询服务公司友情提供。

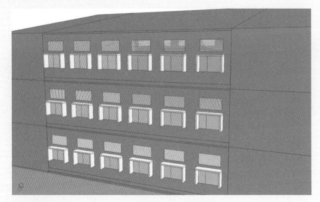

■ **图3.23** IES VE所做的自然通风研究。影像由斯坦泰克咨询服务公司友情提供。

第四章

En　能　量

能量基础

　　能量和建筑通常是盘根错节的，建筑也通常是由能量构成的，建筑又同时被用于调整和利用全世界的能量。但是路易斯•费尔南德斯-利安诺是建筑史上少数探索能量重要性的人物之一。在自己的书《火和记忆：建筑和能量》里面，他谈到了能量和建筑两个基本的相互进程："由建筑达成免费能量的法则"及"由燃烧达成储备能的研究"——或者更简单地说成太阳和火。他进一步举证了勒•柯布西耶用百叶窗作为建筑与太阳的交互进程（图4.1），以及弗兰克•劳埃德•赖特把灶台作为建筑与火的交互进程（图4.2）。

　　最近，能量主要变成了工程师的专业领域，但也应当不会一直都是这样的。所有开发和使用建筑的人士，都会对能量有着一定程度的影响。这是建筑师特别真实的一面：由于廉价的化石燃料能量和机械电力系统的优势，设计在任何气候条件下均能给出解决方案，因此这些人的能量设计取向将逐渐被取代。净零能源设计提供给建筑师，一个重新致力于研究建筑设计基本元素之一的机遇。这款设计包含了建筑科学和目的阐释的严谨性，以及在建筑方面的能量意义。

■ **图4.1**　勒•柯布西耶在德国柏林设计的住房单元。

■ **图4.2**　弗兰克•劳埃德•赖特的流水别墅，宾夕法尼亚州Mill Run。

定义能量

有两种类型的能量：活跃能和潜在能。活跃能是正在做功的能量，潜在能是储存起来的能量。在这两种能量类型框架内，是多种形式的能量，如表4.3所示。能量可以改变形式，但通常会发生转换。能量也能被利用和转化，实现做功。例如：太阳能电池把阳光转换成电能，但同时也会浪费热能（图4.4）。

功和功率均和能量的概念相关。功是能量的转变。活跃能是机械做功，潜在能是功的储备。功的表达是，力乘以距离，或 $W=F \times D$；也可以表达为，功率乘以时间，或 $W=P \times T$。功率就是做功的比率或单位时间内的能量转换，或 $P=W/T$。

能量、功和功率都是以单位来表达的。功和能量都使用了以焦耳（J）为单位的国际单位制（SI），该单位以詹姆斯•普莱斯考特•焦耳的名字命名。焦耳，身为酿酒师，率先将其由工业制程取得的经验，应用于热力机械能等价式的探索方面。他是创造能量守恒定律的先驱，1焦耳是1牛的力乘以1米的距离，也表示为1瓦的功率乘以1秒的时间。把1焦耳单位概念化，即：大约相当于把1个小苹果提高1米使用的能量。

潜在能	活跃能
机械能	动能
重力能	热能
核能	辐射能
化学能	声能
电能	

■ **图4.3** 能量的形式。

能量是做功的能力

能量是生命的基本结构块。宇宙是由物质与能量组成的，能源于物质的核裂变和核聚变，还可以用于生物有机体的生长。阿尔伯特•爱因斯坦用众所周知的表达式 $E=mc^2$ 定义了能量和物质的关系。

理解了能量的本质，有助于了解热力学的两个定律。

热力学第一定律

热力学第一定律指，能量既不能创造也不能消失，宇宙中的总能量通常保持不变。这也称作能量守恒定律。然而，虽然总能量保持不变，但能量的形式还是会转变的。

热力学第二定律

热力学第二定律指，一个孤立系统随着时间的关系向更加混乱的状态迈进。这也称作熵定律，指出热量是从冷物体传向热物体的。

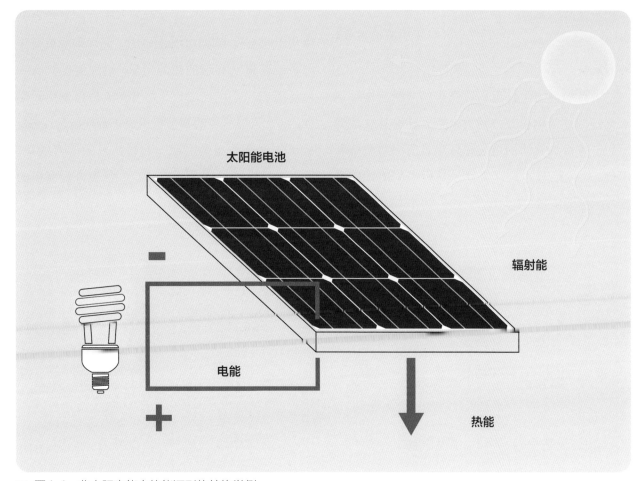

太阳能电池

辐射能

电能

热能

■ **图4.4** 弗太阳光能中的能源形势转换举例

　　功率是能量的转化率，即能量除以时间，因此是瞬间的量度，即可以在任何给定的时间点测量，也可以作为一段时间内的平均量度。功率的SI单位是焦耳每秒，即瓦（W）。灯泡是功率和能量关系的经典实例，如果1瓦的发光二极管（LED）发光1小时，它就消耗了1瓦-小时的能量。额定功率可以用于量化建筑中设备的机械和电力的功率。电功率用瓦来测量，马力和其他各式各样的单位用来测量机械功率。

　　建筑设计中常见的两种能量单位是英国热量单位（Btu），它或应更恰当地被称为MBtu（百万Btu），以及兆瓦小时（MW·h）。还有许多其他的能量单位，针对某些燃料有着更具体的应用，或者在建筑设计之外有所应用。1Btu等于1磅水升高1华氏温度需要的能量（见图4.5和图4.6的基本换算）。因此，MBtu联系着建筑物中的加热和冷却；它也描述着美国建筑物使用的总能量。能量的SI单位，与千兆焦耳（GJ）一起，描述了在采用SI单位的美国中建筑物使用的总能量。

在建筑环境中测量能量

场内能量

场内能量就是在现场被测出的能量，这种相对直接的能量测量方式是大多数人熟悉且普遍使用的，就像在建筑的电表和账单上所列的能量利用值。场内能量也是建筑设计进程中由能量建模软件示意的能量。

举个例子，一个全部用电力作为能源的办公楼从电网接收了其100%的电力，场内能量就等于电表或账单所列示的能源用量。这种情况只有一种能源和一个电表而已。如果建筑物也使用天然气，那么天然气表的量值也构成了场内能量，它要被添加到电力能量中而一起得出总的场内能量。所以，场内能量就是从现场有的能源方面测得的总能量（见图4.7）。

	Btu	kBtu	MBtu	Wh	kW·h	MW·h	J	MJ	GJ
1 Btu	1	1.0×10^{-3}	1.0×10^{-6}	0.293	2.93×10^{-4}	2.93×10^{-7}	1,055	1.06×10^{-3}	1.06×10^{-6}
1 kBtu	1,000	1	1.0×10^{-3}	293.1	0.293	2.93×10^{-4}	1.06×10^{6}	1.055	1.06×10^{-3}
1 MBtu	1.0×10^{6}	1,000	1	2.93×10^{5}	293.1	0.293	1.06×10^{9}	1,055	1.055
1 Wh	3.412	3.41×10^{-3}	3.41×10^{-6}	1	1.0×10^{-3}	1.0×10^{-6}	3,600	3.6×10^{-3}	3.6×10^{-6}
1 kW·h	3,412	3.412	3.41×10^{-3}	1,000	1	1.0×10^{-3}	3.6×10^{6}	3.60	3.6×10^{-3}
1 MW·h	3.41×10^{6}	3,412	3.412	1.0×10^{6}	1,000	1	3.6×10^{9}	3,600	3.60
1 J	9.48×10^{-4}	9.48×10^{-7}	9.48×10^{-10}	2.78×10^{-4}	2.78×10^{-7}	2.78×10^{-10}	1	1.0×10^{-6}	1.0×10^{-9}
1 MJ	947.8	0.948	9.48×10^{-4}	278	0.278	2.78×10^{-4}	1.0×10^{6}	1	1.0×10^{-3}
1 GJ	9.48×10^{5}	947.8	0.948	2.78×10^{5}	278	0.278	1.0×10^{9}	1,000	1

■ **图4.5** 基本能量单位换算。

	单位	1kBtu	1kW·h	1MJ
天然气	立方英尺	1.03	0.30	1.09
	百立方英尺	102.90	30.15	108.56
	立方米	36.33	10.64	38.33
	千卡	100.00	29.30	105.50
丙烷液化气	立方英尺	2.52	0.74	2.66
	加仑	91.65	26.85	96.69
	升	23.83	6.98	25.14
燃油+柴油	加仑	138.69	40.64	146.32
	升	36.03	10.57	38.04
无烟煤	磅	12.54	3.67	13.23
煤（沥青）	磅	12.46	3.65	13.15
煤（木材）	吨	15380.00	4506.34	16225.90
行政区（冷水）	吨小时	12.00	3.52	12.66
行政区（热水）	千卡	100.00	29.30	105.50
行政区（蒸气）	千卡	100.00	29.30	105.50
	磅	1.19	0.35	1.26

■ **图4.6** 燃料和能量利用的转换情况。

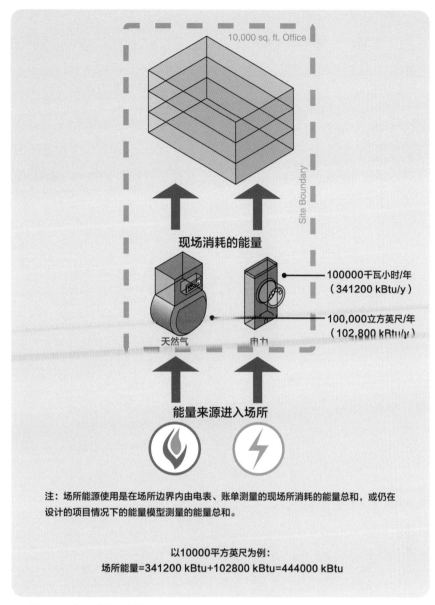

注：场所能源使用是在场所边界内由电表、账单测量的现场所消耗的能量总和，或仍在设计的项目情况下的能量模型测量的能量总和。

以10000平方英尺为例：
场所能量=341200 kBtu+102800 kBtu=444000 kBtu

■ 图4.7 场所能量示例

源能量

源能量，也叫主能量，是在源头被测量的能量。源能量指明了所有需要被交付到现场的附加能量及能量损失。继续以全用电型的办公楼为例，其源能量是应当在电厂测量的（见图4.8）。在这个例子中，源能量大约是场内能量的3倍——事实上在2009年，美国此比值的平均数是3.11，这是《2009年美国能量协会（EIA）年度能量审计报告》复核的数据。源头-现场的这种电能高比值主要归因于在典型燃煤电厂的热能流失。在美国，还是2009年，热能流失占能源产量的63%。相应的是传输损耗占能量产量的3%，电厂的电能使用量则占2%。

电能由各种主要能源生成，每一能源都有自己的能效比。鉴于煤炭伴随着高额的热流失，水力发电是没有燃烧却有高能效比的，电网电力的燃料构成情况从而决定了源头-现场的电能的比率，这个比率也会因地区甚至以一天中的不同时间影响而改变。

源能量是解读一座建筑物使用的总能量和对比不同系统能效的更为准确的方法。源能量对于理解能源选择面之中的总资源消耗问题是很重要的；所以，关键是评估它们的环境影响性。请考虑温室气体的排放问题在燃烧的源头就已产生了，这不是能量利用问题的要点。许多能量评估项目，比如能源部和环境保护局的"能源之星"项目，就使用源能量作为了建筑能量评估的基础。

　　与很容易通过场内电表准确测量的场内能量做比较，源能量就显得很难测量了；它必须在初次测量场内能量后评估，其中一个因素被归于场内能量转换成了源能量，每个能源类型都有独特的源能量系数（见图4.9）。"能源之星"项目使用美国平均源能量系数来衡量所有建筑的电能，以便有关工程在全美持续不断横向做出比较。

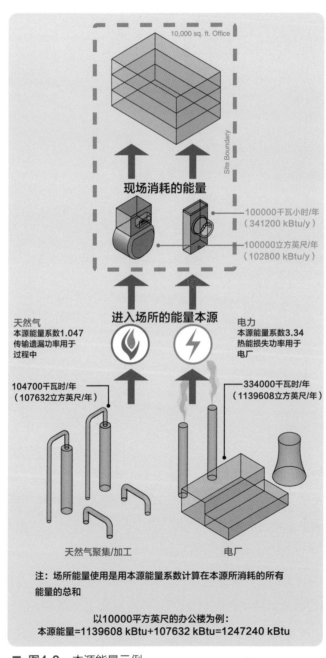

■ 图4.8　本源能量示例

美国平均源能量系数在某些情况下是适用的，然而，决定某个项目位置的特殊源能量因素会引发关于能量利用问题的更为准确的描述。美国电网是分成3个主要电网互联体系的，同时夏威夷和阿拉斯加都是独立的电网而不包含在内。3个电网体系——西部、得克萨斯州和东部——由北美电力可靠性委员会管理，并且被进一步分成8个区，已发展到加拿大及墨西哥。源能量系数取决于这些电网的规模和区域，也可能取决于各个州。

达到准确源能量系数值的挑战之一，是电力能在各个州之间自由转移，同时，在3个主要互联电网体系当中几乎不用互换，尽管体系间的边界有一些模糊。因此，输入了高百分比能效电力的各州，可能更适合在互联电网体系的级别使用源能量系数。请参考图4.10的示意图和图4.11的电网电力源能量系数，注意这些数值也包含了关于电力生产之中燃料开采、加工和输送的预燃系数。

燃料类型	本源能量系数
电力（电网购买）	3.340
电力（现场太阳能或风力安装）	1.000
天然气	1.047
燃油（1, 2, 3, 4, 5, 6，柴油，煤油）	1.010
丙烷和液化气	1.010
蒸汽	1.450
热水	0.350
冷水	0.050
木材	1.000
煤炭/焦炭	1.000
其他	1.000

■ 图4.9 EPA的"能源之星"项目的源能量系数。来源："能源之星之于合并能量利用性的性能评级方法论"表1，所有组合管理燃料的源头–现场比率。

展示了源能量重要性的经典案例是，使得电阻热力效能与高效的天然气锅炉做比较。当机械设备的额定效能是这种比较案例的一部分时，汇总源能量的效能便完成了有关的评估。效能是指能量进出二者之比，一些机械设备的效能被表达为性能系数（COP）。COP是热能被纳入一个空间或从中移除（冷却）的相关量与每单位的能耗量之比；COP越大，设备越有效。

如图4.12所示，比较了使用传统的公共设施能源的不同制热设备，揭示了部分电网电力的效率低下。这里，在做源头测量时，甚至像地源热泵这样非常有效的机械系统也只比商用型天然气锅炉稍微高效一点。

图4.13的案例，阐述了现场再生能量的引入正导致不同的结果，由于现场-源头因素，像光伏板的系数是1.0，超过了用于前述案例的3.34，以电力为基础的地源热泵的真正效能便是能够实现的。请注意场内能量（及设备效能）的测量在这两个例子中均不能改变。

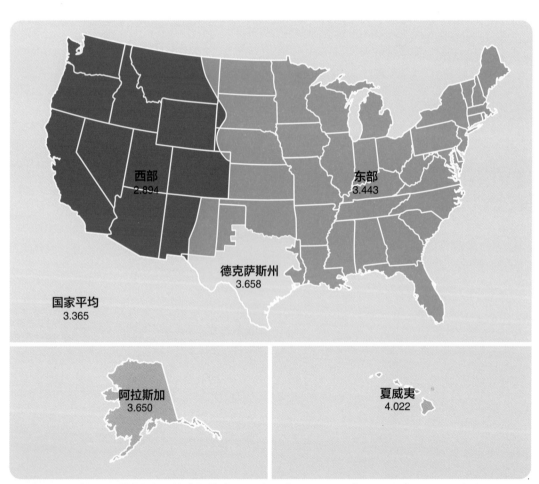

■ 图4.10　电网互联的电力源能量系数（2004）。来源：M.德鲁个P.陶塞利尼，"在建筑物中的源能量和排放系数"，表2，www.ercot.com; www.wecc.biz

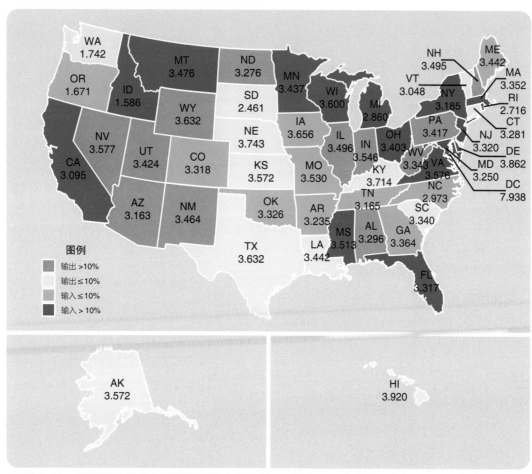

■ **图4.11** 按州区分的电力源能量系数（2004）。来源：M.德鲁和P.陶塞利尼，"在建筑物中的源能量和排放系数"，表B-9和表B-7。

能量来源	制热系统	热能 （kBtu）	能效或COP	场内能量 （kBtu）	源能量	源能量 （kBtu）
天然气	冷凝式锅炉	1000	85%	1176	1047	1232
电网电力	电阻	1000	100%	1000	3340	3340
电网电力	地源热泵	1000	4.0（COP）	250	3340	835

■ **图4.12** 使用本源能量的示例来理解传统的能量来源效能。

能　源	制热系统	热能 （kBtu）	能效或COP	场内能量 （kBtu）	源能量	源能量 （kBtu）
天然气	冷凝式锅炉	1000	85%	1176	1047	1232
现场RE电力	电阻	1000	100%	1000	1.0	1000
现场RE电力	地源热泵	1000	4.0（COP）	250	1.0	250

■ **图4.13** 使用源能量的示例来理解现场再生电力表的效能。

能　源

　　燃料是可以消耗并产生能量的材料，它们是能量的来源，也是能量的储存形式或携带者；术语称作"能源"而不是叫"燃料"，是涉及能量制备的更广泛、更有意义的途径之一；既涵盖了所有的燃料，也包括了非燃料型能源以及像电力或氢气这样的二次能源（见图4.14）。能源是净零能源建筑重要的考量，因为它影响着源能、能散和能量成本——净零能源建筑的4种测量方法当中的3种。简而言之，能源在交付净零能源建筑中扮演着重要角色。净零能源建筑，基本上是非可再生能量净零形式（或100%净再生能量形式）的建筑，但不排除它们利用了一款基于非可再生模式的能源——至少在近期如此。

　　非可再生的能源是有限的；不能再被补充。像煤、天然气和石油等化石燃料，都是非可再生物。化石燃料在被消费时，产生了温室气体的排放性。所以，化石燃料能源的缺陷正是，净零能源建筑对我们的未来如此重要的诸条理由之一。而且除了有限性外，化石燃料还受地理上的限制。这两个因素导致了显著的经济和地缘政治的不稳定性。还有，化石燃料的开采有不利的环境影响。之前有新闻曝光，在2010年的春天，深井油泄漏到墨西哥湾的时间长达3个月，化石燃料的开采产生了一系列恶劣的环境后果。何况，对全球气候变化的推波助澜，也是使用化石能源最大的缺陷之一。

　　铀，作为核能燃料，也是有限的非可再生能源。这种物质元素通过核裂变生成能量，不直接产生温室气体的排放性。核能的缺陷是，产生核废料以及在核电厂发生潜在的不可控的反应。在2011年3月，日本发生了几起海啸和地震，世界已对核灾难表示严重关切。

非可再生能量本源
- 油(和油的衍生物)
- 天然气
- 煤
- 核能（铀）

可再生能量本源
- 水(水力)
- 地热
- 生物能
- 风
- 太阳能

第二能量本源
- 电力
- H₂ 氢气

■ 图4.14　能量本源

可再生能源是具持续补充性的，像太阳能、风能和水力；或具迅速可补充性的，如果适当管理就会无限期持续补充下去，像生物能；而某些可再生的能源如太阳能和风能，是不能一直持续有的。可再生能源也有分布不均衡的特征，通常分布得稀稀落落的。例如，太阳能资源随着每年、每天的时间（夜晚不可用）以及云层而改变，通常不能高度集中。这些动态的特性是某些再生能源得到利用的重大挑战。这些源头被认为是"洁净的"，因为它们的排放物没有温室气体，或者说是碳平衡的。甚至生物能在某些应用中也被认为是碳平衡的，因为燃烧产生的排碳在针对生物长大所封存的碳问题时是得到平衡了的，生物能的真正碳平衡包含了附加的进程和运输问题，这一项将按照生命周期基础来评估（参考第八章，"再生能量"，为再生能量在建筑环境中的应用提供详细指导）。

建筑用的能源通常为100%的电力，或为电力以及用于现场产生热量的燃料这二者的组合。用于建筑的两种主要燃料是煤（用于生成电力）和天然气（用于建筑供热和在公共设施范围内生成电力）。用再生型电力代替传统电力，用再生燃料代替化石燃料制热型的燃料，是从非可再生能源到可再生能源的一个良好开端。由于光伏系统包含了最通用和最普遍的进入现场再生能量系统的方法，全电力型的建筑从能源的角度看，都可以相对直接地形成净零能源建筑。然而，有多种多样的再生能源可供选择，这要根据项目的现场情况和位置，以及在多重性的建筑规模内开发再生能量系统的机遇。因此，净零能源建筑通常要求创造性和有据可依地思考达到净零能源平衡的能源问题（第八章为把再生能源整合到商业建筑提供了详细的指导）。

化石能源的使用渗透到以再生能量为基础的社会元素，这方面的严重缺陷是很清晰明了的；同时，记住它在历史中曾扮演过的重要角色也是很重要的。这些极端有效的和易于使用的燃料在从工业时代过渡到信息时代的进程中承担着人类发展的重任，更具体地说，昭示着我们当前的生活标准，形成了我们的经济基础。

如上所述，化石能源是有限的；但人类又很难预测有多少化石能源消失了、有多少化石能源还继续留存着。基于最近关于煤、油和天然气等的已查明储量和目前消耗量的评估，油和天然气在过去的半个世纪里几乎消耗殆尽了（见图4.15）。相反的是，美国独有的煤炭储量足够维持两世纪。当考虑化石能源的耗尽和再生资源的转换性后，大量复杂的变量浮出了水面，包括：能量消耗的变化率，在技术和效能上出现的改变，新储量的发现和再生能量技术的进度。再生能量的经济地位持续改进，这要感谢科技的进步和市场份额的增加。对于远离化石能源的未来的转换之路而言，最大的影响力是，当再生能源在经济上等价于非再生能源那一刻的影响力。

燃料	存储量	单位	消耗量	单位	年剩余量
煤-世界	930423	不足百万吨	7238	不足百万吨	129
煤-美国	263781	不足百万吨	1121	不足百万吨	235
原油-世界	1354	十亿桶	31	十亿桶	43
原油-美国	19	十亿桶	7	十亿桶	3
天然气-世界	6609	万亿立方英尺	110	万亿立方英尺	60
天然气-美国	245	万亿立方英尺	23	万亿立方英尺	11

*年剩余量基于作者的计算：存储量除以消耗率，仅为比较指定的地理范围内的存储量与消耗量的比较。

■ **图4.15** 化石燃料目前的消耗率和存储率。数据来源：美国能量信息部，2008年的数据，在2010年12月6日进行的评估。

虽然化石燃料的使用有助于快速推进我们的文化、经济和技术的发展，但在人类的历史长河里，化石燃料的优势只存在了很短的一段时期。在大部分人类史里，我们一直100%依赖再生能量生活，选择生物能燃料或更具体地说是选用木材。人类用木材取火的最早记录大约出现在79万年前，建筑史也以让能源资本化、创造舒适和便利作为标志，古代每种大陆型的文化都发展了与气候变化相一致的建筑形式和城市建设，以此来发挥太阳能的资源优势。为楼宇供热型燃料的引入和演化——从户外火到烟囱再到集中供暖，是建筑学的最主要塑造因素。建筑供暖所包含的燃料燃烧，要求引入燃烧用空气及排放燃烧产物。

再生能源的回归是转化能源、发展技术和改进建筑形式的主流趋势的一部分。幸运的是，我们有很长一段对应气候和太阳能的建筑设计先期史。当净零能源建筑代表一种新型建筑时，比较今天的实践，事实上是能量并入建筑的再次整合。下一步就是建筑系统技术的不断演进、再生能量系统的快速推进、响应气候建筑设计的重新考虑和无源能量优势的发挥问题了。

能量和碳

净零能源建筑的主要收益之一是有关建筑业温室气体排放量的减少，建筑业也是温室气体排放的主要贡献行业，温室气体（GHG）则通过温室效应在大气层里形成热量滞留。《京都议定书》列出6种温室气体作为清单报告：CO_2、CH_4、N_2O、HFCs、PFCs和SF_6（见图4.16和图4.17）。

6种温室气体之一CO_2，对全球变暖的潜在影响力在分子-分子的结构基础上相对薄弱，然而按照整个全球变暖潜在影响性来计算，又高过其他温室气体。由于这个原因，温室气体通常被简化为"排碳"，这种简化的特指含义已得到拓展，称为"等价二氧化碳"或表示为CO_{2e}，表达的是所有以二氧化碳的量来计算的温室气体的全球变暖潜在影响力。对排碳在建筑中扮演的重要角色，建筑业现在非常警觉。像"爱德华•马兹瑞的建筑2030"这种组织正在业界做着关于建筑物影响力的培训；尤其是"建筑2030"鼓动着"2030挑战"的改革，务求在建筑中不断削减化石燃料排放量，以期2030年达到碳平衡目标；而建筑环境的影响力从整体上看，则无须在政府数据上按照工业部

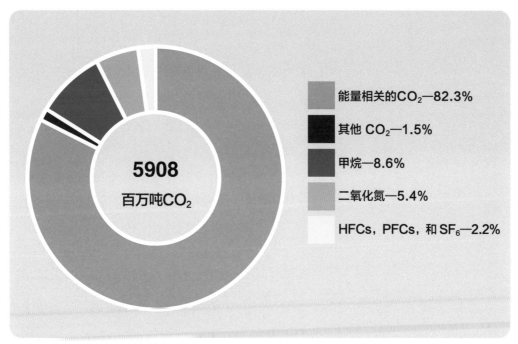

能量相关的 CO_2 — 82.3%

其他 CO_2 — 1.5%

甲烷 — 8.6%

二氧化氮 — 5.4%

HFCs，PFCs，和 SF_6 — 2.2%

5908
百万吨 CO_2

■ **图4.16** 美国的温室气体排放（2006）。*数据来源：美甲能源信息署，2006*

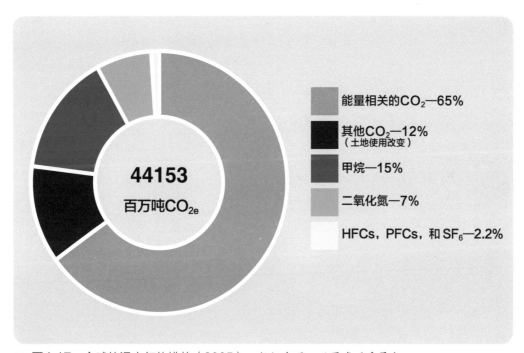

能量相关的 CO_2 — 65%

其他 CO_2 — 12%
（土地使用改变）

甲烷 — 15%

二氧化氮 — 7%

HFCs，PFCs，和 SF_6 — 2.2%

44153
百万吨 CO_{2e}

■ **图4.17** 全球的温室气体排放（2005）。*数据来源：世界资源委员会；www.wri.org/chart/ world-greenhouse-gas-emissions-2005.*

门的排碳量清晰表示出来。美国的数据是鲜明地分成居住和商业建筑两个部分的，这种组织模型标注的商业建筑也是属于排碳比例最小的一部分的；但建筑业是由商业和居住建筑两部分构成的，

如图4.18所示，可以立刻区分它们的不同影响。另外，建筑物包含的排碳来自生产和运输材料，若进一步加以讨论，则可以找出建筑及土地使用规划在自身运输强度和模式中承担的角色。

建筑业对于大部分的排碳负有毋庸置疑的责任；另外毫无疑问的一点是，建筑业提供了我们解决排碳问题的最重要的方案和机会。净零能源建筑为我们转变建筑环境和解决气候变化问题提供了一个架构；而能量排放也提出了衡量净零能源建筑的一种方法（第十一章为净零能源排放、碳平衡、排碳因素和碳足迹计算提供了详细的指导）。

能量利用强度

能量利用强度的使用和限制

能量利用强度（EUI）可能是净零能源建筑设计中最重要、最有用的度量标准，是用年度能量利用总和来除以建筑楼层的总面积的，表示场内能量或源能量，常用的EUI单位包括$kBtu/ft^2$，$kW \cdot h/ft^2$，$kW \cdot h/m^2$和MJ/m^2。在美国，最常用的EUI单位是$kBtu/ft^2$。

EUI的用处在于比较建筑的能效，或采用成型基准比较能效，是能效而不是整体能量利用方法的量度。EUI的一个相似单位是米每加仑（mpg）、用于车辆用燃料效力的测量单位，也是除EUI之外的一个数值更小、建筑能效更详细的单位。

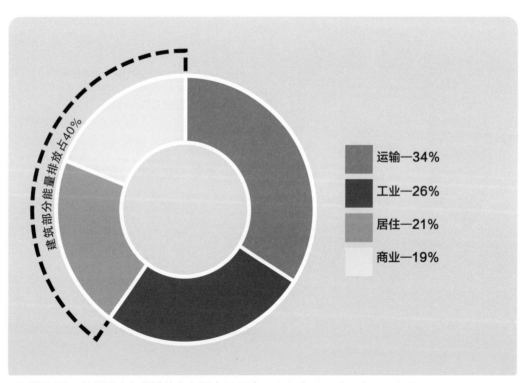

建筑部分能量排放占40%

运输—34%
工业—26%
居住—21%
商业—19%

■ 图4.18　美国温室气体排放分布图（2009）。*数据来源：美国能源信息署。2009*

作为一个性能度量标准，EUI有许多用处。在建筑设计中，某一能效EUI目标可以用于设置和比较EUI性能基准，也用于解读和通报现有建筑物的能效。这对于建筑能效的贴标工作特别有利，EPA的"能源之星"评分基础就是EUI度量标准，ASHRAE所产生的能效标签，也就是建筑能量商（建筑EQ），也同样使用EUI作为测量标准。

EUI也是一个有用的规划工具，它能通过多重建筑的评估或大商业建筑的投资组合来辅助能效的管理。类似地，EUI的价值还体现在掌控未来项目规划方面，这种做法量化了项目计划的能效，按照了一系列广泛的混合用法和建筑类型来进行。一个在大规模的规划项目下执行EUI的绝好例了是芝加哥中心区的碳化计划，执行方是艾德里安•史密斯+高登•吉尔建筑公司，复活了芝加哥的环形区，重点把能量和碳的减少作为首要目标，在不同范围的城市设计度量标准上进行评估、决策和投资（图4.20）。

最好把EUI标准作为一个工具，使相关的比较——比较建筑物之间的能效成为可能。也就是说，重要的是把这些比较的限制记在心里，在比较不同气候或不同类型的建筑物时，EUI并不适用。气候和项目的改变会导致明显不同的能量的利用。因此，比较同样气候、同样类型下的建筑更有意义，这并不是说，同样气候同样类型下的建筑物之间没有重要的区别。考虑同一城市的两座办公大楼：如果它们有不同的占用密度，它们的EUI将会随之改变。有许多这样的建筑项目特性正影响着主类型的商业建筑中的能量利用方式；但若警惕它们的细微差别，还是可以做成牢靠的判断，去比较和解读EUI的数值的。

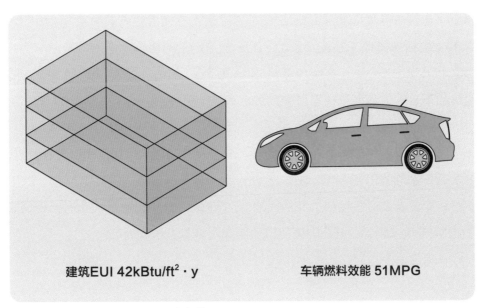

建筑EUI 42kBtu/ft^2·y　　　　车辆燃料效能 51MPG

■ **图4.19** 比较建筑的EUI和车辆的MPG

■ **图4.20** 芝加哥环形区域的参数模型进行能量、碳和其他城市设计标准的大规模分析。2010，艾德里安·史密斯+高登·吉尔建筑。

　　EUI另一个须记在心里的潜在限制是其为基于建筑楼层总面积的测量法。ANSI/ASHRAE/IESNA90.1指出"建筑的能量标准不含低层居住建筑"，却包含楼层总面积的界定内容，这里面有外墙面积的因素和其他细节。建筑准则和其他建筑或房地产的标准都有其如何测量楼层面积的独特定义。比计算楼层总面积的细微差别更值得注意的是，辅助空间如封闭的停车场潜在的包含或排除问题。计算同一建筑的EUI可以出现广泛的变化性，这要根据能量以及这些辅助空间的面积是被包含还是被排除而定。例如，办公大楼的EUI应包含附加的停车库的面积或能量吗？通常的做法是，停车库的能量要包括，面积不包括。这个决定是基于你是如何使用EUI计算的，目的是保持苹果-苹果式（1对1）的比较。

　　由于按照每单位建筑面积的年均能量用量，简单的EUI使用也存在限制，建筑行业专家越来越有兴趣探索建筑具体类型的EUI度量标准，把能量用量的比较考虑到每款建筑类型的有意义的测量中。例如，办公大楼用kBtu/占用小时/年来计算，却不用或不借助另一个度量标准kBtu/平方英尺/年。宾馆可选的EUI度量标准包括了kBtu/住宿夜/年，而餐馆则用kBtu/服务餐数/年这个标准。这些度量标准最大程度上补充了EUI标准的定义，在建筑用量和利益最大化时，使探索缩减能量利用的多重方法成为可能。

除记住EUI存在的限制外，还可以视EUI为非常有用的工具。一个原因是给建筑定准度的EUI值数据库不断增长，还有，EUI度量标准的使用次数在行业内不断递增。美国现今最大的商业建筑能量用途及EUI度量标准之一的源头，来自现存建筑的一场全国综合性调查，简称为商业建筑能量消耗调查（CBECS）。从CBECS衍生出的EUI数值构成了目前有的建筑存量的平均效能，这是经过2003年调查5215幢抽样建筑而来的。在写本书的同时，CBECS的2012版本由美国能量信息署筹划，从2003年调查开始第一次更新，2012年的数据预期在2014年春天发布。CBECS2003是形成"能源之星"标准的基础，因此也是形成"2030挑战"的基础。

能量和气候

气候指示了建筑包层的冷热负荷，在建筑包层发生的热能转换占了整个建筑能量利用的一大部分，特别是在严峻的气候条件下，了解项目的区位气候是了解其能量问题的第一步。

气候分区定义，由能源部建立，由ASHRAE和国际规范委员会（ICC）使用。在美国分成8个气候区，它们基于热度日数和冷度日数，主要的气候类型区划是：潮湿（A）干燥（B）和海洋性（C）（见图4.21和4.22）。热度日数（HDD）是当平均温度低于基准温度或需求热度时，平均日温度和基准温度（例如，65℉）之间的一个差别测量。例如，1天24小时的平均温度是30℉，HDD的值就是35，以65℉为基准。平均热度日数构成一年内

区域序号	气候区域类型	度日标准
1A	非常热-潮湿	9000＜CDD50℉
1B	非常热-干燥	9000＜CDD50℉
2A	热-潮湿	6300＜CDD50℉＜9000
2B	热-干燥	6300＜CDD50℉＜9000
3A	温暖-潮湿	4500＜CDD50℉＜6300
3B	温暖-干燥	4500＜CDD50℉＜6300
3C	温暖-海洋性	HDD65℉≤3600
4A	混合-潮湿	CDD50℉≤4500和HDD65℉≤5400
4B	混合-干燥	CDD50℉≤4500和HDD65℉≤5400
4C	混合-海洋性	3600＜HDD65℉≤5400
5	凉爽-潮湿	5400＜HDD65℉≤7200
5B	凉爽-干燥	5400＜HDD65℉≤7200
5C	凉爽-海洋性	5400＜HDD65℉≤7200
6A	凉爽-潮湿	7200＜HDD65℉≤9000
6B	凉爽-干燥	7200＜HDD65℉≤9000
7	非常冷	9000＜HDD65℉≤12600
8	亚北极	12600＜HDD65℉

■ **图4.21** 气候分区定义。数据来源：布瑞格斯，R.S.，卢卡斯，R.G.，泰勒，Z.T.，2003，建筑能量指令和标准的气候分类：第一部分——发展进程。理查德，WA（PNNL/DOE）

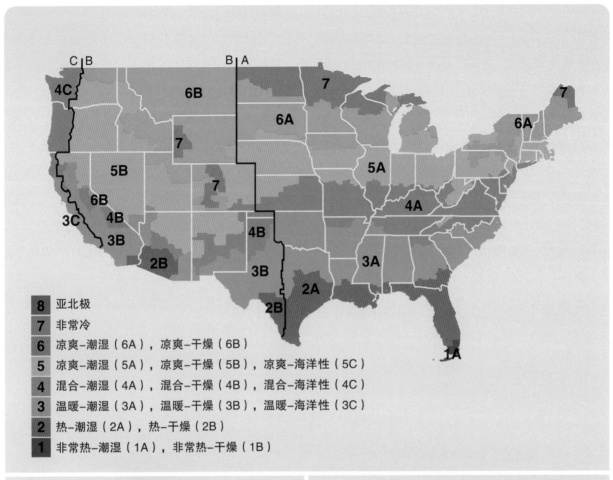

图例：

8 亚北极

7 非常冷

6 凉爽–潮湿（6A），凉爽–干燥（6B）

5 凉爽–潮湿（5A），凉爽–干燥（5B），凉爽–海洋性（5C）

4 混合–潮湿（4A），混合–干燥（4B），混合–海洋性（4C）

3 温暖–潮湿（3A），温暖–干燥（3B），温暖–海洋性（3C）

2 热–潮湿（2A），热–干燥（2B）

1 非常热–潮湿（1A），非常热–干燥（1B）

■ **图4.22** 美国气候分区图。数据来源：DOE，2005，"DOE所推荐的气候区图"；布瑞格斯，R.S.，卢卡斯，R.G.，泰勒，Z.T.，2003，建筑能量指令和标准的气候分类：第一部分——发展进程。理查德，WA（PNNL/DOE）

的热度日数的总和；这个总和是与气候相关的热负荷的指标。同样地，冷度日数（CDD）的总和是与气候相关的冷负荷的指示器。CDD是当平均温度高于基准温度或需求冷度时，平均日温度和基准温度（例如，65℉）之间的一个差别测量。两个与气候相关的、影响能量利用的主要因素是温度和湿度，它们可转换成两种类型的热冷负荷：显性热负荷（sensible heat load）是有关干球温度

的，而增加或移除热度的能量则用来改变干球温度；潜伏热负荷（latent heat load）是有关湿球温度的，有关能量在潮湿的空气环境下引发一个阶段空气湿度的改变，或对空气加湿或除湿。

气候对建筑能量利用的影响方面，能够产生一些共性。由于潜伏热负荷，潮湿气候都比干燥气候需要使用更多的能量。另外还有一个共性是，显热负荷的增多归于：热度日数或冷度日数越高，

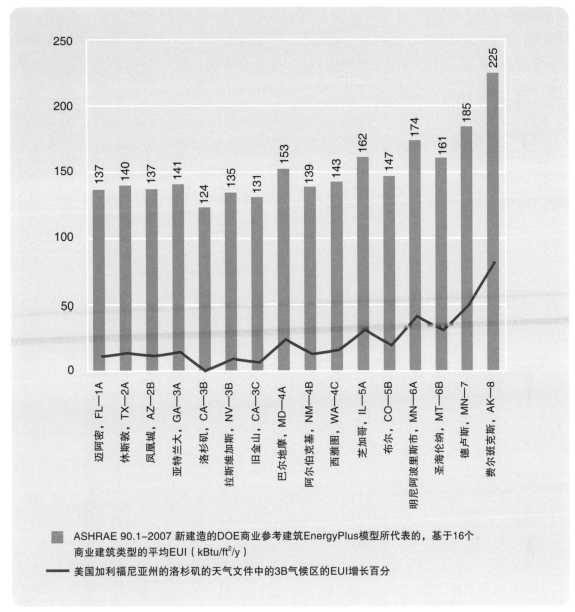

图中柱状图数据：

城市气候区	EUI值
迈阿密, FL—1A	137
休斯敦, TX—2A	140
凤凰城, AZ—2B	137
亚特兰大, GA—3A	141
洛杉矶, CA—3B	124
拉斯维加斯, NV—3B	135
旧金山, CA—3C	131
巴尔地摩, MD—4A	153
阿尔伯克基, NM—4B	139
西雅图, WA—4C	143
芝加哥, IL—5A	162
布尔, CO—5B	147
明尼阿波里斯市, MN—6A	174
圣海伦纳, MT—6B	161
德卢斯, MN—7	185
费尔班克斯, AK—8	225

■ ASHRAE 90.1-2007 新建造的DOE商业参考建筑EnergyPlus模型所代表的，基于16个商业建筑类型的平均EUI（kBtu/ft²/y）

—— 美国加利福尼亚州的洛杉矶的天气文件中的3B气候区的EUI增长百分

■ **图4.23** 比较不同气候区的EUI。

能量利用结果越高。温度较低的气候区——6A、7和8——显示了最高的EUI值；最低的EUI值是在温和的气候区3B和3C出现的。参考图4.23的EUI气候对照表，利用16个气象档案，分析美国15个气候区的商业建筑能量利用密度。EUI的值来自DOE商业参考建筑的EnergyPlus模型，代表了16个不同商业建筑类型。

气候作为建筑能量利用的一个因素，为建筑提供了消除能量的巨大资源和潜力。区分这些资源的做法同区分气候在能量负荷上的影响一样，关键是要符合净零和低能耗的设计（第五章和第六章为低量和净零性能源的气候设计手法提供了详细指导）。

能量和建筑类型

正如气候指示了建筑包层的能量负荷，建筑类型指示的是其内部的负荷。建筑类型或主要的建筑活动决定了进度、占用密度、插件和进程负载的类型、生活热水和来自设备的冷负荷，以及照明内部热增量。总之，建筑类型比气候对能量利用有更大的影响。进一步说，与气候问题通常于外围包层设计上解决相反，有关建筑类型的负载会产生更多的问题。

参考图4.24的EUI建筑类型比较，其中比较了16种不同商业建筑类型。EUI的值来自DOE商业参考建筑的EnergyPlus模型，即16个气象档案所代表的15个气候区的平均值。主要建筑类型分成一个从低到适度的能量利用密度范畴。建筑类型比如大型宾馆、超市和医院等使用的EUI值高，餐饮的EUI值更高。建筑类型对一个净零能源建筑的可行性和方式有较大范围的影响。最明显的是大范围的能量利用强度的变化，通常越高的EUI，对净零能源建筑的挑战越大。另一个明显的影响是建筑类型通常采用典型的、基于功能的建筑形

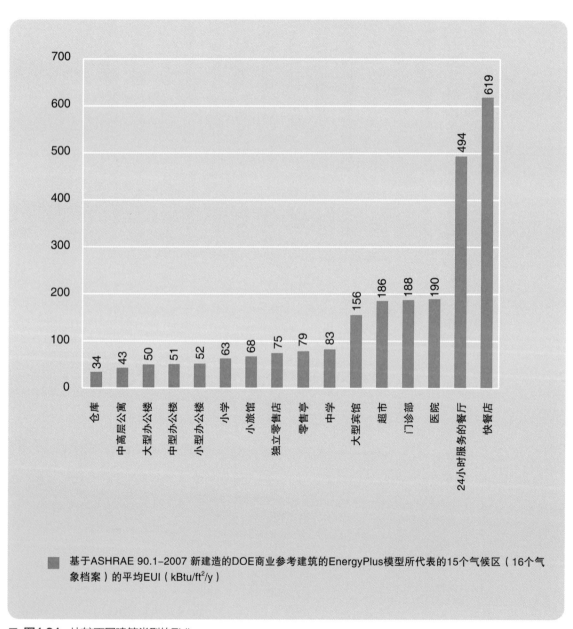

基于ASHRAE 90.1-2007 新建造的DOE商业参考建筑的EnergyPlus模型所代表的15个气候区（16个气象档案）的平均EUI（kBtu/ft^2/y）

■ 图4.24　比较不同建筑类型的EUI。

式和容量。例如，超市、巨型零售商或仓库通常是一个大足迹的单层建筑，这种类型有一个层面积比率大的屋顶面积，潜在优势在于可以放置更大的光伏系统。其他建筑类型，像大型办公楼、宾馆和医院等多层建筑，则都有层面积比率低的屋顶面积（第五章为建筑体块和净零能源设计的关系提供了详细指导）。

能量目标

能量基准

能量使用强度的目标，都是设置低能耗和净零能源建筑设计这些目标的强有力工具，因为它们能使得项目团队和建筑业主建立能效目标，并有助于指导和报告设计进程。净零能源建筑一个独特的品质是它不依靠基准能量利用的比较来量化它的目标。与高于可接受的基准百分比的方法相比，净零能源是一种绝对的能量措施。尽管如此，它仍有助于为一个净零能源建筑开发和解释传统的能量基准，为理解和沟通建筑能效提供附加的方法，成功设置最终目标和实现净零能源目标。

建立能量目标的第一步是为项目开发EUI基准，如此便能引导开发一个能量目标或针对基准支撑型目标群。开发项目的两个通用的能量基准是：CBECS和ASHRAE 90.1（注：ASHRAE 90.1指的是ANSI/ASHRAE/IESNA90.1，"建筑能量标准排除低层居住建筑"，应用于商业建筑能量准则和LEED相关能量的参考标准方面）。

一个CBECS（参考2003版）基准被用于"2030挑战"和"能源之星"，即建立了现有建筑具体类型的平均能效水准，允许针对一个样板或类似的现有建筑而与一款新开工建筑设计（或一座现有建筑）进行比较。如前面部分所讨论的，CBECS调查数据形成了定义了CBECS基准的基础条件。不幸的是，CBECS数据库是非常大的，不容易操作。幸运的是，一些公布的数据表是可用的，它们合并和规范了数据，也有非常有用、免费、基于网络的界面被提供给CBECS数据库，软件也是可选的，像IES的虚拟环境就能生成CBECS基准（同样也能生成ASHRAE 90.1基准）。

ASHRAE 90.1基准为具体的建筑考虑事项建立了规范最少化的性能标准。虽然它不能提供与其他对等建筑物的比较，但可以使不同版本的相同建筑能够比较。用ASHRAE 90.1这样的基准或规范最少的版本后的项目，可利用能量模型进行模拟。基本模型包括了定义后的规范默认型构建参数，比如绝缘水平和机械系统，从而合并了所有的四个方向的建筑物旋转效果。

在项目开始设置ASHRAE 90.1基准的难度在于，能量模型需要被开发成一个非常严谨的工程，通常最终的基准模型直到设计结束才被创造出来。然而，也能使用一个简化模型去建立一个标准。SHRAE 90.1基准对于设置绝对能量目标而言价值有限，因为这一目标作为测量性任务来说，是规定性及抽象性的目标，本质上是区别于绝对性的能源目标测量性任务的。尽管如此，通过另一个过滤器来观察能量问题，也同样又可以增添团队使用ASHRAE 90.1标准的经验值。进一步讲，很有可能为净零能源的进程而追求LEED认证，因此，开发ASHRAE 90.1基准和目标在任何情况下都将会成为这个进程的一部分。

CBECS和ASHRAE 90.1对于建立能量基准有着明显不同的意义和价值，因此要从多重角度看能量基准才会有用。也有另一项规范比较型的基准，它能够提升一个项目，比如加利福尼亚的Title24项目的价值。除了CBECS和基于规范的基准外，研究建筑先例也是建立一个项目的能量基准的办法之一，这可能包括：针对性能最佳的对等建筑，或同一业主拥有的一套现有类似建筑，或由相同设计团队完成的建筑等，去收聚集能效的数据。

"能源之星"目标查询器

可能最好、最容易使用的基准和目标设置工具就是基于网络的"能源之星"目标查询器了（www.energystar.gov/targetfinder）。"能源之星"项目和网站有许多对建筑业有价值的资源，另外目标查询器还提供了一个投资组合经理、教育课程、奖金和识别程序、合作机会和有"能源之星"标签的建筑（后者是核心程序）。

仅需一些基本项目信息和几分钟的时间，目标查询器就能为有关一个建筑工程的能量利用提供有用的CBECS基准、"能源之星"目标和有用的信息，比如排碳量和能量成本。目标查询器使从CBECS到生成具体目标规范的数据标准化，并将项目参数输入到网站。然而有一则警示是：目标查询器只为有限的建筑类型和使用群组工作，但在这些预定义的使用下，你可以定制一个大型综合项目并添加辅助空间，如车库和游泳池。

选择"能源之星"的目标评级或能量减少目标选项后，目标查询器就可用来确定一个能量基础和目标。目标评级又称作"EPA能效评级"，从1分到100分，100分代表了相当于CBECS样本组的能量性能的第100个百分位数，或在小组中性能最好的那个数。50分代表了第50个百分位数，或在小组中表现中等的那个。设置基准能量目标等同于设置CBECS EUI目标，因此选择50分的目标级别须注意：这个目标也适用于"2030挑战"。设置一个更高的能量目标，或者大于等于95分，或者能量减少目标大于等于60分，它们都是定义净零能源EUI目标的很好的起点（参考本章后半部分更多的"净零能源目标"信息）。

注意：目标查询器也允许输入"预估设计能量"这个步骤而无须开发一个基准或能量目标；如果对此输入留空，程序将用燃料类型和能量成本的默认值来填充。这一步是针对已选目标来比较设计能量的目的，而从一个设计能量分析中输入结果的。这一特性也用于开发"能量设计意图陈述"，它可以用来申请美国环境保护局的优秀设计来获得"能源之星"项目，还允许在设计结束后进行项目认证，并包括对建筑图纸标志的一项特殊认证。

图4.25是来自目标查询器性能结果报告的一个样板页面。这个报告支持了大量有价值的信息和基准，以及目标EUI和年度能量利用，包含燃料混合、EPA能效评级、能量成本和碳等量排放。这份报告也有编辑键，当点击时，将会回到项目的输入界面，你可以在此按设想进行输入改动。这个例子显示了目标查询器对位于加利福尼亚州的洛杉矶的75000平方英尺规模小学进行的查询的结果。"能源之星"的目标选定了50分；未预估的设计能量也得到了输入，就因为这一目标是确定项目的CBECS基准。如图所示，年场内能量的CBECS基准EUI为81kBtu/ft^2，年源能量是168 kBtu/ft^2。

目标能效结果

设计必须达到75或更高才有资格
"旨在获得能源之星"

| 能量设计意图的视图状态 |

注：假设购买45%的电网和55%的天然气，这个设备的目标和平均建筑能源值用值基于邮政编码所指定的混合燃料计算。

目标能效结果（预估的）			
能　量	设　计	目标值	建筑平均值
能效比（1-100）	N/A	50	50
能量减少比（%）	N/A	0	0
本源能量使用强度（kBtu/ft^2/y）	N/A	168	168
场所能量使用强度（kBtu/ft^2/y）	N/A	81	81
年本源能量总值（kBtu）	N/A	12585902	12585902
年场所能量总值（kBtu）	N/A	6054262	6054262
年能量成本总值（$）	N/A	$ 125011	$ 125011
污染排放			
CO$_{2-eq}$排放量（公吨/年）	N/A	441	441
CO$_{3-eq}$排放减少比（%）	N/A	0%	0%

设备信息　　　　　　　　　　　　　　　　　　　　编辑
测试K-12学校
洛杉矶，CA90001,美国

设备特性	编辑
空间类型	总楼层面积（平方英尺）
K-12学校	75000
楼层面积总值	75000

*建筑平均值等于EPA能效比率50

预估的设计能量 编辑			
能量来源	单　位	预估年能量使用总值	能效比率（美元/单位）
电力-电网购买	kBtu	N/A	$ 0.035/kBtu
天然气	kBtu	N/A	$ 0.009/kBtu

来源：DOE-EIA改编的数据。见EPA的技术说明

■ **图4.25** 能源之星目标查询器的性能结果报告，以洛杉矶小学为例。屏幕截图来自于能源之星目标查询网站。

劳伦斯·伯克利美国实验室，在加州的伯克利开发了一个基于互联网的能量基准工具，把它称作能量IQ（www.energyiq.lbl.gov），让它执行被称为行动导向的能量基准。能量IQ利用两个数据库：加州商业终端使用调查（CEUS）和CBECS。CBECS数据库认可大量的自定义，包括建筑类型、气候区或地区、建筑年份和建筑面积。CEUS数据库给出了加州项目特征的扩展列表。什么从"能源之星"中分辨出了能量IQ，什么就是采用CEUS数据直接自定义输出及工程的一种能力。能量IQ尽可能用多重方法检查能量利用，包括能量总用量、能量终端使用和燃料类型，结果则以各种单位和图形格式来显示。

图4.26 是来自能量IQ报告的一个样板页面，使用的案例是如图4.25的75000平方英尺的小学，它用了CBECS（美国）数据而非CEUS（加州）数据，所以更符合前面的例子。能量IQ因为举例报告的年场内能量值59.6 kBtu/ft^{2}而生成了适中的EUI，这和从"能源之星"得到的结果不同，主要因为能量IQ使用了原始CBECS建筑的结果，而"能源之星"须规范位置和具体的项目参数。能量IQ在选择的气候区、范围和年份内发现了21座对等建筑，值得注意的是，这21座对等建筑的EUI值是宽波段的，能量IQ也允许用excel格式输出数据，以便做进一步的分析。

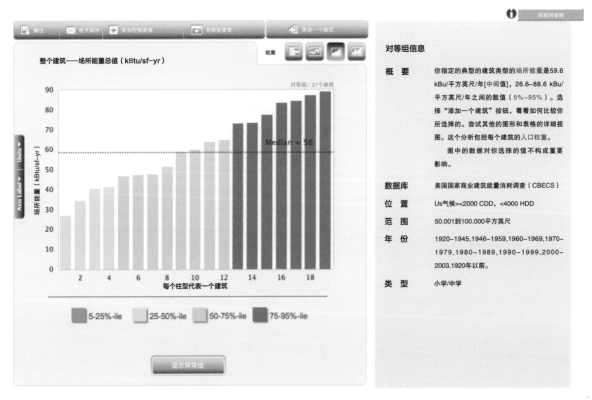

■ **图4.26** 能量IQ性能结果报告，以洛杉矶小学为例。屏幕截图来自于能量IQ网站。

基于CBECS的基准表格

已公布的基于CBECS的能量基准表格有几个来源，"2030挑战"算一个。"2030挑战"的美国商业建筑的目标表格，在有了加拿大的居住建筑表格和项目表格后，都能在"建筑2030"的网站上找到（www.architecture2030.org）。"2030挑战"的目标表格为"能源之星"目标查询器不能选择的建筑类型提供基准数据。如果建筑类型在目标查询器中可选，"2030挑战"会默认回到目标查询器。然而使用"2030挑战"表格的一个明显缺陷是：EUI是基于美国平均水平的，而不是基于气候区的。

DOE已经通过美国实验室开发了各式各样的基准建模工具，在它们之中公开的表格按建筑类型和气候区对CBECS数据进行了总结和分析。这种努力包括根据DOE/NREL所代表的CBECS建筑数据进行一系列EnergyPlus模型的创造，这些模型用EnergyPlus分析，并用CBECS数据对比；更重要的是，分析允许在美国DOE定义的气候区标准化CBECS项目。DOE/NREL从这套模型中开发出一套ASHRAE90.1-2004基准，两种研究的结果都被压缩到DOE/NREL基准能量利用强度的表里（见图4.27）。

再次以洛杉矶的75000平方英尺的小学为例，在气候区3B，CBECS和ASHRAE90.1-2004基准来自DOE/NREL表格。项目的CBECS EUI基准年场内能量是74 kBtu/ft^2；ASHRAE90.1初始的EUI基准是41 kBtu/ft^2。注意ASHRAE90.1基准是必须通过能量模型开发的，是具体到每个独立项目的；但这个表也能在建模实际基准之前作为指导。也要注意ASHRAE90.1基准表格是使用2004标准开发的，后续的更新都提高了对性能的要求。

基于软件的能量表格

DOE/NREL已开发了新一代的能量建模软件，它被称作EnergyPlus，还开发了大量的支持型工具和资源，包括被称作OpenStudio的Google SketchUp的插件程序。DOE已创建了一个建筑业使用的商业建筑EnergyPlus模型档案参考资料库。

使用EnergyPlus建模软件，以及DOE公布的商业参考建筑模型，是开发能量基准的一种方法；另外利用这些预置的EnergyPlus档案，DOE开发了一个基于网络的界面，把它称作EnergyPlus示例文件发生器（http://apps1.eere.energy.gov/buildings/energyplus/cfm/inputs）。NREL也有这种界面，称作"模型师"（http://modelmaker.nrel.gov）。注意使用EnergyPlus建模方法不会导出CBECS EUI基准，但能够生成一个更具体的对等建筑定义的基准，或近似于设计初期的ASHRAE90.1基准。其他能量建模软件，像eQUEST AUTODESK VASARI和IES 视觉环境（VE），都可以用于开发基准建筑模型和研究（参考回第三章关于能量利用和模拟工具的指导，重点在早期设计模拟的设计师和或建筑师）。

建筑类型	气候区																													
	全部		1A		2A		2B		3A		3B		3C		4A		4B		4C		5A		5B		6A		6B		7	
全部	90	71	74	82	72	68	114	73	89	78	70	58	62	62	95	70	108	55	99	56	104	75	87	64	89	76	97	74	71	74
办公	93	57	42	55	82	61	72	65	88	52	70	46	58	44	97	60	143	58	95	53	107	60	66	48	110	62	114	61	68	68
教育	83	52	52	52	73	49	160	57	62	42	74	41	105	54	102	60	38	34	58	43	87	53	79	44	90	60	90	64	84	64
集会	94	62	75	66	60	66	N/A	66	112	72	48	52	45	52	110	54	44	48	249	77	103	68	97	50	88	66	102	51	97	70
公共秩序和安全	116	67	N/A	54	91	54	N/A	54	160	67	79	67	N/A	67	129	60	N/A	60	N/A	60	108	78	94	78	126	73	148	87	N/A	87
宗教崇拜	44	44	N/A	40	31	40	N/A	40	28	29	31	29	N/A	29	47	44	56	59	N/A	59	52	51	39	35	53	57	34	39	N/A	44
服务	77	83	60	83	53	78	N/A	78	49	60	61	63	27	63	82	79	83	52	N/A	52	80	92	101	76	88	102	99	86	65	108
零售（除了商场）	74	68	61	68	63	66	129	66	60	63	50	54	31	54	65	68	100	58	N/A	58	88	73	80	71	93	76	97	91	102	100
食品销售	200	181	N/A	200	166	200	N/A	200	212	190	183	151	120	151	242	188	N/A	188	N/A	188	203	173	147	182	242	208	N/A	208	199	181
食品服务	258	354	393	354	208	354	N/A	354	423	380	393	375	82	375	234	368	N/A	368	260	368	258	336	228	283	203	341	236	341	192	354
住宿	94	55	81	65	91	51	N/A	51	98	52	57	40	N/A	40	92	57	264	61	545	61	89	55	65	51	108	60	93	64	68	63
专业护理	125	131	N/A	132	71	132	N/A	132	84	113	85	102	N/A	103	148	145	N/A	145	N/A	145	148	142	153	106	118	132	134	132	N/A	132
住院医疗	249	111	200	108	246	108	360	108	205	118	257	98	204	97	248	106	163	106	N/A	106	294	115	245	106	240	113	235	116	256	116
门诊医疗	95	76	19	76	77	80	N/A	80	55	64	106	79	N/A	79	70	66	190	66	N/A	66	111	90	120	76	112	82	91	78	166	107
实验室	305	323	N/A	323	N/A	323	N/A	323	242	323	170	369	N/A	369	600	272	N/A	272	N/A	272	370	313	N/A	313	268	323	115	323	N/A	323
制冷的仓库	99	86	N/A	86	N/A	86	N/A	86	N/A	86	N/A	86	N/A	86	120	88	N/A	86	N/A	86	68	85	51	86	62	86	N/A	86	N/A	86
无制冷的仓库	42	41	22	27	16	31	N/A	31	22	37	21	30	20	30	39	42	29	49	37	30	79	47	60	51	37	50	58	47	33	45
空缺	21	30	N/A	30	4	23	47	23	4	30	6	20	0	20	40	41	3	41	60	41	21	21	93	21	22	40	N/A	40	55	40
其他	79	58	N/A	73	48	73	N/A	73	100	58	175	58	N/A	58	71	57	26	57	N/A	57	94	61	92	61	69	63	85	63	57	63

2003CBECS能源使用的加权平均强度。来源：DOE/NREL,B.格里菲思，N.朗，P.陶塞利尼，R.裘德考夫，D.克鲁利，J.赖安,在商业部分的模型建筑能效方法论，2008年3月，表4-1（注意CBECS样本英尺英寸在不同的建筑类型和气候区改变。N/A指在具体分类中无样本。）

ASHRAE 90.1-2004 最低限度地服从能源使用的平均强度.来源：DOE/NREL,B.格里菲思，N.朗，P.陶塞利尼，R.裘德考夫，D.克鲁利，J.赖安,在商业部分达到净零能源建筑的技术潜力评估，2007年12月，表4-10（注：EUI值来自于CBECS2003样本的EnergyPlus模拟，许多分类少于5个CBECS样本，在这种情况下建模结果会通过相邻的气候区进行。）

相关的建筑类型定义，参考：www.eia.doe.gove/emeu/cbecs/building_types.html.

■ **图4.27** 能量使用强度基准，单位：kBtu / ft^2 / y（DOE/NREL）

已举例的小学项目使用了EnergyPlus示例文件发生器，结果也出来了：按ASHRAE90.1-2004基准的结果是32.1 kBtu/ft^2，按ASHRAE90.1-2007基准的结果是30.5 kBtu/ft^2。

对等建筑基准

研究相似的使用、英尺英寸和气候建筑先例可能导出另一种可用的能量基准类型，一种对等建筑基准提供一种有形比较，作为学习工具来理解一个项目的能量潜力。基于一个业主利用通用数据的现有设备来开发对等建筑基准，这可能是有益的和适当的。另外，可用大量高性能的建筑数据库寻找典型的性能对等项目。DOE的高性能的建筑数据库就是这样一种工具，可在http://eere.buildinggreen.com中找到。

使用DOE的建筑数据库搜索我们举例的75000平方英尺的小学的相关对等建筑会出现：在加州的长滩市的一所69600平方英尺的小学，建于2004年，年能量利用强度为33.5 kBtu/ft^2，这基于2007年的费用账单。

基准举例

继续75000平方英尺小学的话题，我们将决定什么是合适的能量基准，在这个部分使用这个例子来讨论基准来源。

多种多样的CBECS和ASHRAE90.1来源和技术用于获得能量基准的一个多视角视图，以下的示例分析总结了在小学案例上所进行的能量基准研究结果。

利用加州洛杉矶的75000平方英尺的小学进行CBECS和ASHRAE90.1基准分析示例

全部范围的能量基准研究有助于理解能量问题和设置净零能源目标。另外，一个净零能源目标、一个项目也可能具有"2030挑战"以及LEED目标和基准。基于此处的研究总结，这个项目的CBECS（2030挑战）基准是81 kBtu/ft^2/y，因为"2030挑战"的结果优先于"能源之星"；前期的ASHRAE90.1基准是31 kBtu/ft^2/y（见图4.28）。

来自"能源之星"目标查询器的CBECS（图4.25）
- 81 kBtu/ft^2/y场内能量基准
- 168 kBtu/ft^2/y源能量基准

来自能量IQ的CBECS（图4.26）
- 60 kBtu/ft^2/y场内能量基准
- 注意范围在27~89 kBtu/ft^2/y之间

来自DOE/NREL表格的CBECS（图4.27）
- 74 kBtu/ft^2/y场内能量基准

来自DOE/NREL表格的ASHRAE90.1（图4.27）
- 34 kBtu/ft²/y场内能量基准

来自EnergyPlus示例文件发生器的ASHRAE90.1-2004
- 32 kBtu/ft²/y场内能量基准

来自EnergyPlus示例文件发生器的ASHRAE90.1-2007
- 31 kBtu/ft²/y场内能量基准

对等建筑基准
- 34 kBtu/ft²/y场内能量基准

项目数据	CBRCS 基准 （CBECS 平均目标评级50分）		ASHRAE 90.1 基准
加利福尼亚州 洛杉矶的一所小学，90001 气候区 3B 75000 SF 1500个居住者 150台电脑 厨房设备 周末不开放 2012年执行数据	**81** kBtu/ft²/y 场所能量	**168** kBtu/ft²/y 本源能量	**31** kBtu/ft²/y 本源能量

- **图4.28** 项目基准举例

设置目标

可能建立一个能量目标最困难的部分是建立一个实际的和中肯的能量基准。如前所述，好的实践是开发CBECS基准和ASHRAE90.1基准，并检查各种来源的基准数据。

在处理净零能源的能量目标之前，让我们看基于美国现今的两个最普遍性能的度量标准设置的目标：LEED和2030挑战。而针对这些目标提供校准的量度设置则用于评估净零能源目标。

"2030挑战"的能量目标通常是相对直接地建立，仅仅适用于项目CBECS基准有关化石燃料消耗的计划百分比的减少。例如，如果一个项目将在2014年完成，适用的减少率是60%，因而目标将会是基准的40%（"2030挑战"的详细叙述在第一章）。

然而，"2030挑战"目标的设置伴随着潜在的并发症，这个目标是作为净零能源目标得到传达的，可合并抵消无限制的再生能量，使绿色能量达到20%。例如，在2020年，化石燃料预计减少80%。如果基准是60 kBtu/ft²/y，目标就是12 kBtu/ft²/y。但建筑的实际能量利用是22 kBtu/ft²/y，需要再生能量抵消10kBtu/ft²/y才能达到目标。12 kBtu/ft²/y是挑战目标，但不是建筑的实际能量利用目标。问题在于，最好清晰地定义包含再生能量在内的"2030挑战"目标，并进一步设置一个净零能源的使用目标，把能量利用和可再生能量发电的目标区分开。

"2030挑战" 目标举例

仍以75000平方英尺的小学为例，图4.29显示了年场内能量的"2030挑战"目标是32.4 kBtu/ft²，假设这个项目到2012年完成。自从基准从"能源之星"目标查询器衍生出来后，一个初步的EPA能效评级制度（1–100）也被确立下来。

项目数据	2030挑战目标 （CBECS 基准的60%减少）		EPA性能评级目标
加利福尼亚州 洛杉矶的一所小学，90001 气候区 3B 75000 SF 1500个居住者 150台电脑 厨房设备 周末不开放 2012年执行数据	**32.4** kBtu/ft²/y 场所能量	**67.2** kBtu/ft²/y 本源能量	**99**

■ **图4.29** 项目目标举例：2030挑战

LEED目标

一个LEED能量目标是基于多少个"能量和大气，优化能效分（EAc1）"证书，是业主及设计团队计划追求的。而LEED EAc1正是基于与ASHRAE90.1基准比较后的能量成约情况的。在设计初期，当能量目标被建立后，ASHRAE90.1基准仅仅是预期性的评估。进一步讲，能量成本节约情况几乎都不会被用于基本的度量标准。为了在开发一个LEED能量目标时力保事情简练，应把LEED EAc1理想的能量减少换算为能量利用的百分比（而不是能量成本节约的情况）。（注意由于一个建筑的不同燃料混合，能量成

ASHRAE90.1目标举例

注意这是一个设置LEED目标的例子，而不是净零能源目标的例子。

一个普遍的LEED能效目标是ASHRAE90.1的30％。在LEED"建筑设计和建造，EAc1"中，新开工建筑的30％性能改进值10分。加州洛杉矶的75000平方英尺小学的项目中，能量（不是能量成本）的30％减少等同于年场内能量的EUI目标22 kBtu/ft^2（见图4.30）。（注意基准建立在本章之前所说的基于ASHRAE90.1–2007的31kBtu/ft^2/y。）

■ 图4.30 项目目标举例：ASHRAE 901.

本节约很难等同于等量节约。）

再生能量值得LEED EAc1特殊考虑；现场的再生发电可以突破LEED EAc1能量成本节省费用计算的底线。另外"2030挑战"目标部分所列的建议，有助于分别设立能量利用目标和再生能量发电目标。

净零能源目标

对于净零能源建筑，设置和理解建筑的"2030挑战"和LEED能量目标仍然十分有用。两个系统都可以用于评估项目目标和建筑的净零能源目标。这两个目标也用于建立净零能源目标时提供有用的参考点。

设置能量目标是交付净零能源建筑进程的一个重要部分，它有助于量化净零目标。有一个具体的目标并为之努力奋斗，这是非常强大的；在这种意义上讲，它能团结整个项目团队追求净零能源。

设置净零能源目标时，先要为这个项目设立起码可行的能量利用预算目标。"可行的"意指成本和预算，同样目前的技术状况也要重点考虑。这可能是个艰巨的任务，经验可能是最好的向导。高性能的对等建筑基准可能会证明这份努力是非常有价值的，至少在研究什么是被出色完成的事情方面具有价值。也要尽可能地"增进"一个净零能源目标，即便已充分了解了这个项目预期的最终利用能量（本章的下一将具体讨论"确立能量的最终使用"）。

另一种达到目标方面归零的方法是，对于已建立的CBECS和ASHRAE90.1基准，使用强制性的降百分比手段作为概算法。作为概略算法的基准量有两种：60%的减少量或优于CBECS基准的量，以及40%的减少量或高于ASHRAE90.1-2007基准的量；均可能代表了一个合适的净零能源目标。请注意有一个实际的极限：一个能量目标有多低才能满足气候、建筑类型和具体项目变化（见图4.31）。

定义净零能源目标的另一种方法是，先考虑现场再生能量发电的潜力，再实现它的净零能源目标值。记住增长的能效比采购更大的再生能量系统的成本效益更好，因此，优先级目标是建立一个尽可能低的能量利用目标。也就是说，一个再生能量目标或覆盖目标，都是一个净零能源使用目标的有用附属物（第八章为评估再生能量能力提供了指导）。

下面的例子使用第八章所讨论的技术去确定贯穿于本章的虚拟洛杉矶小学项目的一个再生能量目标。

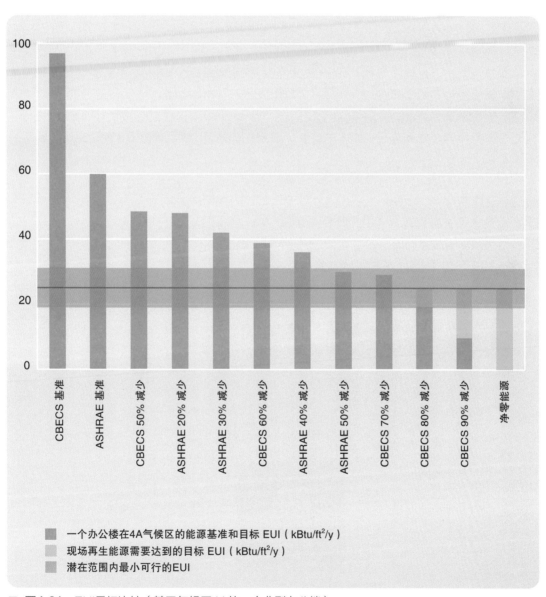

■ **图4.31** EUI目标比较（基于气候区4A的一个典型办公楼）

净零能源目标示例

开发一个净零能源目标需要进一步分析聚集在项目里的能量基础数据，在CBECS和ASHRAE90.1基准中使用进取性减少率是一个好的开始。

CBECS

- 81 kBtu/ft^2/y的65%是28 kBtu/ft^2/y
- 81 kBtu/ft^2/y的75%是20 kBtu/ft^2/y

ASHRAE90.1

- 31 kBtu/ft^2/y的65%是19 kBtu/ft^2/y
- 31 kBtu/ft^2/y的75%是16 kBtu/ft^2/y

观察对等建筑物基准也是有益的；这种情况下，应在DOE的高效建筑数据库中找到一个类似的对等建筑物。这个分析执行使用基于网络的工具EnergyIQ，使识别对等建筑物成为可能，在EUI21这条粉色线对应的最低能量利用是27 kBtu/ft^2/y，EnergyIQ也能用于检测个体建筑和能通过加州终端使用调查（CEUS）来定义对等组，一个EnergyIQ查询在25000和150000ft^{2}之间、位于加州南部海岸的小学，结果有5个对等建筑物，建筑能量利用最低的是20 kBtu/ft^2/y，最高的是34 kBtu/ft^2/y。

对等建筑物分析

- DOE高性能建筑数据库对等在34 kBtu/ft^2/y
- EnergyIQ CBECS最低能量对等建筑物在27 kBtu/ft^2/y
- EnergyIQ CEUS 最低能量对等建筑物在20 kBtu/ft^2/y

基于这个基准分析，一个净零能源目标可以建立起来。注意，没有唯一正确的答案；结论是基于专业的判断，有基准的分析支持。最低的对等建筑物在20 kBtu/ft^2/y，CBECS和ASHRAE90.1基准以及目标分析都趋向20 kBtu/ft^2/y。在这个例子里，净零能源目标定为20 kBtu/ft^2/y可能是最合理的（见图4.32）。

■ 图4.32 项目目标举例：净零能源。

再生能量目标示例

假设75000平方英尺的小学有40000平方英尺的屋顶可供架设光伏系统，假设光伏模型无倾斜，规划确定范围内的模型效能、潜在的再生能量系统规模和项目发电量如下：

- 高效模型=18瓦/平方英尺×40000平方英尺=系统规模720千瓦。
- 中效模型=15瓦/平方英尺×40000平方英尺=系统规模600千瓦。
- 低效模型=12瓦/平方英尺×40000平方英尺=系统规模480千瓦。
- 位于洛杉矶无倾斜的模型的性能系数=1293千瓦时/千瓦或44120 kBtu/ft^2/y（PV 瓦网址：http://rredc.nrel.gov/solar/calculators/PVWATTS/version1/）.
- 高效模型的发电能力是42 kBtu/ft^2/y
- 中效模型的发电能力是35 kBtu/ft^2/y
- 低效模型的发电能力是28 kBtu/ft^2/y

因为低效模型的再生能量发电能力是28 kBtu/ft^2/y，超过净零能源目标的20kBtu/ft^2/y，这个项目达到它的净零能源目标将有一个很好的缓冲，因而可以稍微放松能量目标，或者，最好安装一个小型的再生能量系统（见图4.33）。

■ **图4.33** 项目再生能源目标举例。

理想的是，现场再生能量的预估潜力将超过预估的、最小的潜在能量利用目标。传播得越广泛，满足一个净零能源目标就有越多的选项和灵活性。当这个预估的最小的能量利用目标超过了现场再生能量的预估潜力时，能量利用目标为匹配再生能量的能力将被降低，或进一步研究时将被引导去确定附加的再生能量选项。

能量的终端使用

在开发适合的EUI基准和一个项目的净零能源目标后，下一步就是指出什么有助于建筑中的能量利用了。能量的终端使用这个术语用来描述建筑使用、进程和功能有助于能量利用的范围，以及每个终端用量到总用量的百分比，这些都会更为有效地管理能量的使用和减少情况。对能量利用的透彻了解对于实施能量减少的对策研究很关键；在一个净零能源建筑中，每一项终端使用都为总用量的减少提供了机会。

大多数商业建筑的能量终端使用是相似的，可以按不同的方式将它们归类，主要包括以下类型：

- 内部和外部照明
- 空间制热
- 空间制冷
- 排气
- 热水供暖
- 设备（包括办公设备）
- 烹饪
- 冷藏

能源部通过商业建筑部门追踪了能量利用数据，根据具体的终端使用分类，图4.34总结了2006年商业建筑能量利用的分布比例，可以概览能量通常在商业领域的使用情况。

常见的建筑活动和气候都会影响能量的终端使用，因而更详细地检测能量终端使用也是必不可少的。然而，这项任务超出了能量之星以及大多数能量目标数据库的范围和能力，因此，它将需要原始能量建模的一些形式，或有相同气候相同建筑类型的经验（参考第三章对于设计早期的集成能量建模的指导）。作为一种选择，基于网络的能量IQ允许按能量的终端使用检测对等建筑组，这是设置分割能量终端使用的起始点的一种快速方法。图4.35显示了贯穿本章的有关小学的能量IQ的示例中基于CEUS数据库的一份终端使用的分解图。

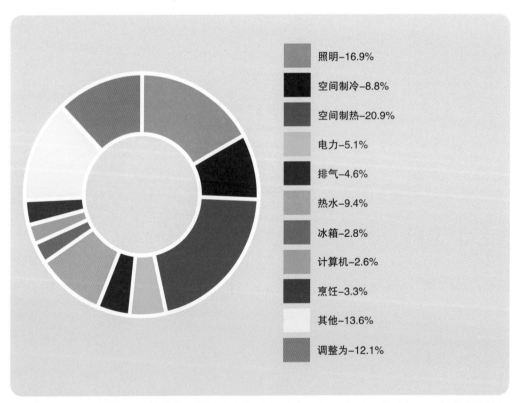

照明-16.9%
空间制冷-8.8%
空间制热-20.9%
电力-5.1%
排气-4.6%
热水-9.4%
冰箱-2.8%
计算机-2.6%
烹饪-3.3%
其他-13.6%
调整为-12.1%

■ **图4.34** 商业建筑能源终端使用饼状分布图（2006）。*数据来源：能源部2009年建筑能源数据书籍，表3.1.4，场所能量。*

终端使用分割点——场所总能量（kBtu/ft²/y）

对等组：5个建筑

视图

绝对值 | 百分比

场所能量（kbtu/ft²/y）

Axis Label ▼ | Units ▼

混杂的（0.51）
办公设备（1.57）
进程（0.00）
空气压缩机（0.19）
发动机（0.02）
厨房（1.58）
冰箱（1.13）
服务热水（2.44）
照明（8.53）
制冷（2.89）
排气（2.41）
制热（3.13）

对等组信息

概　要 你指定的典型的建筑类型的场所能量是24.5 kBtu/平方英尺/年[中间值]，在20.3-33.9 kBu/平方英尺/年的范围内的值（5%-95%）。选择"添加一个建筑"的按钮，看看是如何比较你所选择的。尝试其他的图形和表格的详细视图。这个分析包括了每个建筑的人口权重。

数据库 仅是加利福尼亚（CEUS）

位　置 加利福尼亚州南部海岸

范　围 25001-150,000平方英尺

年　份 1901-1940,1941-1978,1979-1990,1991-至今，未知

类　型 小学

■ **图4.35** 虚拟的洛杉矶小学的EnergyIQ能源终端使用报告。屏幕截图来自EnergyIQ网站。

为了阐述气候一方面对能量终端使用的影响，此图让我们看到了不同的例子——在两个不同气候区1A和6A内同是25000平方英尺的独立的零售店。使用DOE的商业参考建筑EnergyPlus模型档案后，我们可以比较出图4.36和图4.37两种截然不同的结果。注意在整体用能方面，气候6A区要高得多；在两个气候区，内部和外部照明以及设备的使用以总能量而不是百分比测量这一点是相同的。6A区的建筑物处在寒冷的气候下，所以要通过一个高的热负荷来控制。

功率强度

一旦你已经设置了一个EUI能量目标，并理解了建筑物的能量终端使用和在总用量中所占的比例，下一步就是检测能量利用强度，或个体终端使用的功率强度。

终端使用绑定的最通用的度量标准是安装设备和照明的功率强度，功率强度预算是有用的，因为它们允许你计划管理设备和照明的能量减少目标。

照射功率强度通常使用建筑行业内的度量标准，并被列入能量守则和ANSI/ASHRAE/IESNA90.1"除低层居住建筑外的建筑能量标准"里，用安装的照明装置功率总和除以楼层面积得出。它对在一个建筑内的不同类型的空间里建立个体照射功率强度是一个很好的实践，整体照射功率强度也适用于整个建筑。

照射功率强度只是安装的功率的表达，而不是能量的表达。然而，它是照明系统的能效的指示器，因此被用于开发照明的EUI。伴随一个照明进度，解释采光和灯控感应，可以把用瓦表示的功率转换成用瓦小时表示的能量。

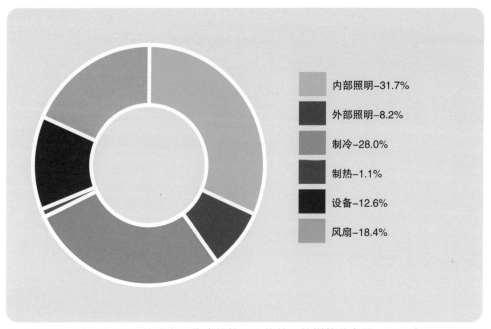

■	内部照明–31.7%
■	外部照明–8.2%
■	制冷–28.0%
■	制热–1.1%
■	设备–12.6%
■	风扇–18.4%

■ **图4.36** 在气候区1A的独立零售店的能量最终使用的饼状分布图。*数据来源：产生于DOE的商业参考建筑模型档案的EnergyPlus建模。*

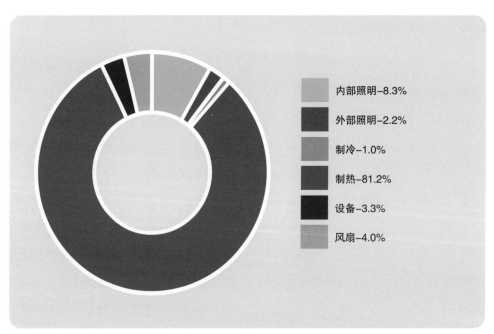

■	内部照明–8.3%
■	外部照明–2.2%
■	制冷–1.0%
■	制热–81.2%
■	设备–3.3%
■	风扇–4.0%

■ **图4.36** 在气候区6A的独立零售店的能量最终使用的饼状分布图。*数据来源：产生于DOE的商业参考建筑模型档案的EnergyPlus建模。*

用为建筑设计开发照射功率强度预算的同样方法去开发设备负载强度预算，有助于规划管理插件负载和进程负载的能量减少。插件负载强度在商业建筑中建立起来，对像有大量计算机和办公设备使用的办公楼这样的建筑类型尤其重要。对于具体进程负载，像餐厅里的商业厨房这类建筑，需要开发一个进程负载强度预算。数据中心是能量密集型的，应该规划使用一个负载强度预算——请记住数据中心安装的设备功率只讲了一半，另一个度量标准称作使用效率

（PUE），是用数据中心的能量总用量（包括冷却和配电）除以数据中心安装的设备功率（第十章为净零能源建筑的插件和进程负载管理及操作提供了详细的指导）。

能源和热舒适性

热舒适性的机会

建筑能量利用的实质部分，要归因于热舒适性这个重要的功能，这也是建筑中最复杂的交互作用之一。诱导式的建筑设计和有效的建筑系统对能量利用和热舒适性的质量有显著的影响。另外这门复杂的科学包括了理解人类如何感受热舒适度的问题，许多文化的和个人的特质也会起到一定的作用。

在建筑中，人们常常会忽略热舒适性的表现机会。丽莎•汉斯通在她的书《建筑中的热愉悦》中通过热感应和热体验，探索了人类与建筑的意义深远的联系。热感应的质量可以被理解为视觉和听觉上的美感、价值感和重要性。美感来自热的多样性和对比性，而不是恒定的72℉内部环境，还有来自审美优势和从热的多样性获得的能量节约的优势。

通过热多样性，指的是一个可以影响热舒适度的广义策略，比如空气的移动、湿度和辐射温度，而不只是空气温度。这些因素使达到热舒适成为可能，同时要考虑每日每个季节的室内温度的变化。总务管理局（GSA）的研究"在GSA建筑中能量的节约和性能的获得：7个有效成本的策略"，证实了在夏季的空调温度每升高2℉，大多数的联邦设施就会减少4%的能耗。

应考虑到物体显著具有通过热力法适应环境的能力；然而，当代美国人已经适应于一个持久不变的72℉环境，最近，在建筑设计中使用适应热舒适性模型的势头在大增，ASHRAE标准55，"人类居住的热环境条件"是美国建筑热舒适性的基准。这个标准的2004版合并了一个附加的适应热舒适性的方法，意识到了热力控制和自然通风改变居住者的预期效应，因此可以使人在更广泛的室内温度范围内感受到舒适。

净零能源建筑需要利用适应型热舒适性设计的节能潜力。适应型热舒适性和净零能源建筑之间，有着强大的协同增资作用，因为它们的设计都倾向于运用大量的无源能量策略，比如自然通风和蓄热体，不仅辅助提供了热舒适性，而且也创造了一个增强意识，改变预期，并允许居住者参与控制和改变个人热舒适度的环境。

首要目标是，利用人类体验热环境的许多种方法，减少能耗和改变热舒适度。这是很重要的，因为热舒适性已经紧密地与办公大楼里的生产力联系在一起；总之，这对人们的安居乐业有直接的影响。在使用适合的热舒适方式时，建筑业主和居住者都要接受咨询、培训和指派，适合的热舒适度可以被看作一个长期的、渐进的目标。人们需要花时间在身体上和精神上适应热环境，需要花时间去适应夏天的热和冬天的冷。同样地，建筑内的热舒适标准也会随着时间的变化而调整，使居住者放松地适应新的热舒适条件和策略。可能更多的人变得更重视热舒适性的新方法，改变社会预期的建筑热舒适性的更深远的目标。这些方法完全不是真的创新型的；仅仅是最近，人类才期待生活在封闭的、有空调箱的恒温的室内环境里。

热流基础

热力学第二定律和熵定律都说明了，热流动是从物体的高温区流向低温区的；热舒适性以及建筑的制冷和制热都是由建筑热流动学管理的（见图4.38）。

热流动的3种方式：

1. 传导
2. 对流
3. 辐射

传导是通过物体和物体之间的直接接触，将热能量从较暖的粒子转移到较冷的粒子，例如，当外部温度不同于内部温度时，热流的传导通过建筑墙体发生；因此，墙体和屋顶的高耐热性可有助于保持内部的温度。对流是通过液体和气体的移动来转移热量。空气虽然不是一个很好的导热体，但它可以通过移动来转移能量。空气流动增强，由于空气变暖而上升。辐射或辐射热流量不会通过液体和气体的接触或移动而发生；恰恰相反，热是通过电磁波转移的。一个物体能够向一个较冷的物体辐射热量，只要两个物体同在一条直线上。电磁波以直线的方式向各个方向辐射，太阳是通过辐射进行热流动的经典例子。

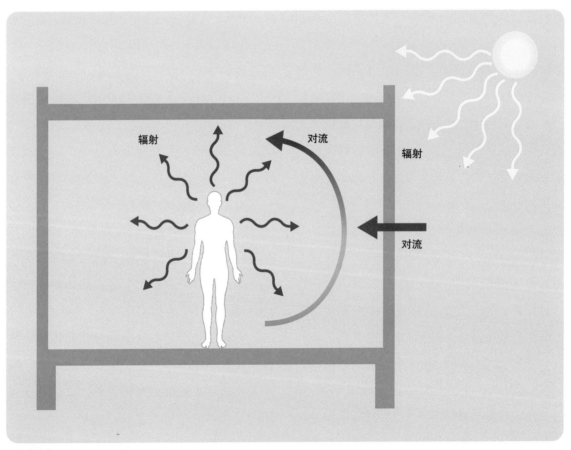

■ 图4.38 建筑热流量。

人类因素和热舒适性

对于人类如何调节温度的基本了解，是建筑上成功设计热舒适性的基础。人体的热设计集中在保持身体的核心温度98.6 ℉。我们人类持续产生热，体内燃烧从食物中获得的卡路里。根据大量的环境、行为和个人因素，我们需要调节人体自身大量的热损耗来维持我们的核心温度。

热损耗的调节主要通过我们的皮肤表面，血液是主要的热转移媒介。血液流向皮肤周围的温度被降低，这样就需要减少通过皮肤的热损耗；血流增加周围的温度使皮肤变暖，这样皮肤就需要拒绝更多的热量。物体内部的温度只能在一个狭窄的范围内运行，而我们的皮肤温度可以在一个广泛的范围内运行。

人体与周围环境的热转移有4种方式(图4.39)：

1. 传导
2. 对流
3. 辐射
4. 蒸发

传导是通过较暖或较冷物体的接触发生，例如接触地面。当周围温度是寒冷的时候，对流和辐射是失去热量的有效手段。当周围温度变暖的时候，以流汗的方式蒸发很有效。流汗使用潜在的能量从皮肤转移热量——就是说流汗蒸发，通过流汗转移潜在的能量是调节人体热能的一种高效的方法，即使在温热的气候里可能会被阻碍。

行为因素

有3个行为因素影响热舒适：

1. 活动水平或代谢率
2. 衣料的等级
3. 迁移

像我们的活动水平提高的情形，都会生成更多的热，需要得到调节来保持热舒适性。大多数人都以不同方式体验过这种现象。运动和强劳力将提升人体温度到这样一个点，流汗就成了拒绝热量的唯一有效方式。

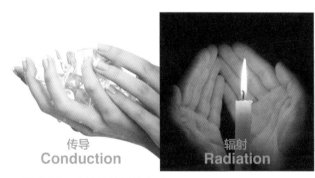

传导 Conduction   辐射 Radiation   对流 Convection   蒸发 Evaporation

■ **图4.39** 人体热转移的方式。

甚至活动水平的微妙变化也会导致热量生成，用以适应热条件，比如发抖就是对于寒冷的一种自然反应；通过反射性肌肉收缩生成热量。通过身体生成的总热量变化可能会超过10倍。当睡觉时，一个成人能产生约245Btu/h的热量；相反地，当剧烈运动时，像篮球比赛，人体能产生约3000Btu/h或更多的热量（见图4.40）。

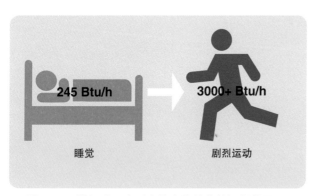

■ **图4.40** 按活动程度对应的身体热能的近似范围。

我们的"第二皮肤"是指我们的衣料层。为匹配环境条件，衣料是非常有效的热适应策略；相反地，为了不匹配环境条件，衣料也会成为热舒适的障碍。根据气候和季节穿着将是非常有效的热适应策略。社会规范和趋势在人们的穿着选择上扮演着重要的角色。最近，某些规范已经向积极的方面改变，例如男人的传统商业服装是西服和领带，在夏季和炎热的气候里是不适应的，所以向休闲商务装演变。一个明显的例子是日本的"清凉商务"运动，在2005年，日本政府发起了声势浩大的文化规范改革，夏天在办公楼里的空调温度控制在28°C（82.4℉），同时发起了新的商务装守则，鼓励工作者在家脱掉他们的领带和夹克衫。这个项目追踪实质化的能量和排碳节约作为活动的结果。事实上随着日本2011年3月11日地震的发生，耗费了美国的大量脱机电力，日本政府加快了这场运动，把它称作"超清凉商务"运动，希望降低能量的需求。

在某些文化里，长期的传统时尚是基于适应气候的服装。迪沙沙，阿拉伯男人的传统服装就是一个例子，其材料为白色的棉布，轻薄、宽松的连衣裙上衣反射并带走了身体的热量，使空气流通，得到一个额外的冷却效应。迪沙沙的颜色、重量和材质在冬天那几个月会发生变化。甚至阿拉伯的传统头巾也允许随着夏季和冬季的不同温度变化而适应了热度。

有时，热适应的最好的行为改变是迁移或重新安置，找一个热条件更良好的地方。这是动物王国的一个经典的季节变化策略，但有些人类也采用了迁移这种模式；他们在夏天里享受更凉爽的气候，在冬天里移向更温暖的气候地区。然而，生活习惯让我们大部分人一年到头固定在一个地方，但如果是暂时地固定，人们还是会迁移。例如，如果你夏天在外面感觉太热了，你就会选择重新找一个提供阴凉的地方。这个策略需要在建筑环境里完成，能在改变了热条件的内部环境工作，为热适应提供额外的机会。

环境因素

有4个环境因素影响热适应：

1. 空气温度
2. 湿度
3. 辐射温度
4. 空气移动

空气温度是影响热适应的主要环境因素。大多数人都会通过空调显示的温度来选择一个期望的热舒适度。湿度影响着热舒适度，因为作为相对湿度——空气中上升的水蒸气数量比保持的水蒸气数量——增长，人体就会有效地减少流汗。湿度是一种关系，因为它耗费了大量的能量，移除了空气中的潜伏热，因而压缩了空气的水分。加热1磅水升高1 ℉需要的显热是1Btu。对比970 Btu潜伏热可以把1磅水转化成介于液体和气体之间的212 ℉。这些能量可以煮水或蒸发潜伏热。

通常在室内环境，空气移动是保持在一个低的速率，辐射温度对比空气温度改变非常小。在这种条件下，空气温度和湿度都是影响热舒适的主要因素。也就是说，当身体所体验的平均辐射温度不同于周围空气的温度时，辐射温度可以对热舒适性具有主体的影响。请思考一个壁炉的升温效应或夏季允许从临近窗子获取太阳能的不受欢迎的升温效应。在冬天，上釉玻璃的内部表面低温对于热舒适也是一种不受欢迎的辐射效应。

空气移动以及它的速度对热舒适也会有一个明显的影响。空气移动通过对流和加强蒸发与流汗转移热。空速从50～150英尺每分能够提供从1～5 ℉的冷却区段。ASHRAE标准55，为利用空速提供热舒适给予了详细指导，如果空气移动可以被业主控制的，就限制空速在160英尺每分，最大可等同于5.4 ℉的温度区。空速的用处由于平均辐射温度和空气温度的关系被加强了，如果平均辐射温度的增高超过了空气温度，空气移动变得更有效了。当需要制冷时，空气移动可以明显地改进舒适性，但是在寒冷温度中的一种变化。在建筑里设计的寒冷性和在寒冷、大风气候中体验的风寒性都是负面影响的例子。

湿度测定法

湿度测定法是研究潮湿空气中的热力学特性的。湿度测绘图（图4.41）是了解温度和湿度在热舒适中充当的角色的有效工具，也是一个评估既定的热舒适设计策略的有效性的设计工具。当需要评估诱导式设计策略时这个表是特别有用的，它也是一个净零能源设计的基础。

一个湿度测绘图包括并定义了潮湿空气中的许多热力学相关的变量：

- 干球温度（水平轴线）
- 绝对湿度（垂直轴线）
- 相对湿度
- 湿球温度
- 露点
- 比容
- 显热
- 潜伏热
- 热含量（包含显热和潜伏热）

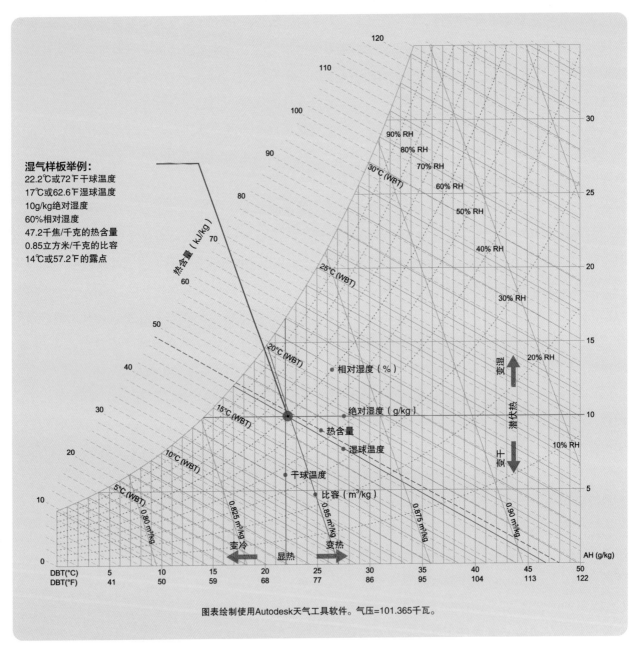

湿气样板举例：
22.2℃或72下干球温度
17℃或62.6下湿球温度
10g/kg绝对湿度
60%相对湿度
47.2千焦/千克的热含量
0.85立方米/千克的比容
14℃或57.2下的露点

图表绘制使用Autodesk天气工具软件。气压=101.365千瓦。

■ **图4.41** 阅读一个湿度图。

使用湿度测绘图的第一步是，标记定义了热舒适度的区域，从而热舒适区变成有关热舒适设计策略的首要目标。下一步是，绘制具体项目位置对应的气候条件，利用天气数据档案和湿度测定分析软件工具，像天气工具，可以加快绘图和进一步分析。比较全年气候中温度和湿度的等级范围以找到舒适区，对于解决建筑设计中的热舒适问题有很大裨益（第五章进一步探索了关于气候、舒适性和诱导式设计策略的湿度测绘图的使用）。

热力的控制及适应性

为维持热舒适度，我们人类使用广泛的湿度测定法和行为适应策略，但我们还要依靠建筑环境，以此作为热力的控制及适应性的首要方法。建筑居住者达到热力控制目标，最通用的方法是通过空调，通过调整空调温度可以满足个体热舒适度的需要。适应热舒适度的目标是，利用多种适应策略提供热力控制，以减少按惯例所需的适应空间的能量。另外，适应策略可以提供给居住者更多的控制选择。热力控制是提供热舒适的一个重要变量，能够增加居住者的空间满意度。

热力分区是HVAC系统设计中一个非常重要的概念，因为一个建筑物有各种各样的热负载和各个方向的外侧暴露区，例如，一个建筑物有四个方位的内部空间区（比如北、南、东和西）和内部负载区（见图4.42）。

热力分区对于建筑计划的设计也是非常有用的；它也能影响建筑程序和诱导式设计策略的使用。这对寻求优化诱导式设计策略的净零能源建筑特别重要，在一个建筑计划里，往不同的热条件下将或可能保持多个空间。利用建筑程序可以识别每个空间的热需求和热机遇，包括识别空间的活动类型、具体的热负载和空间的使用进度。结合这种方法基于建筑方位的热能区开发一个空间所计划的热力分区策略。

热力分区也包括热能缓冲空间和微气候这样的策略。热能缓冲空间通常分过渡空间、非占用空间或轻度占用空间，或充当更多热力控制空间与外部空间之间缓冲性的热弹性空间；或者如日光室这样的热能缓冲空间，向临近的空间提供热源。创造建筑物外部的微气候，是直接影响外部热负载的一种方式，就像阔叶树在夏天提供阴凉，但在冬天，要能获取诱导式的太阳能。热力分区的空间计划的目标，是提供增强了的热舒适性和降低能源用量（第五章将进一步详细探究热力分区策略）。

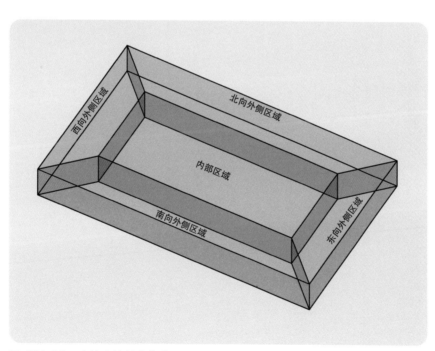

■ 图4.42 建筑中的基本热分区。

第五章

DF

设计的基本面

能源设计条件

正如第三章所言，于净零能源项目探索阶段，重要的是须在最紧迫的设计阶段开始前建立根本性的能源设计条件。这是关键性的研究和评估活动，将给设计进程提供有关的设计数据，奠定实现净零能源的基本准则。能源设计条件包括：对项目所处气候的理解；场所资源和局限性；建筑类型、体量和方位；建筑程序和建筑占用。

这些基本因素构成了涉及任何项目能源问题的大局。具体做法是：阐明引发了外部能源负载、内部能源负载以及能源存取量等问题的动因。还有个重点是，理解建筑类型的需求如何通过项目和场所，影响和调解能源流的这一问题。从能源的角度，探索建筑的体量和方位，则使得能源设计研究在第一时间转换到设计提案之中。

能源设计条件或气候、场所、体量和程序这些设计的基本因素，构成了第六章讨论过的诱导式设计开发的基础，还可以作为有效能源建筑系统的设计基础。相关内容可以在第七章的现场再生能源系统规划一节中和整个第八章中查找。

气候评估

气候是一个净零能源项目设计中的关键变量，影响着一个项目的外部热负载，并且是免费的能量来源。免费能量的这份大礼可以在任何气候下以不同的形式和数量获得。简言之，一个净零能源项目一定是气候响应性的，能够在利用气候和场所方面所有的免费能量的同时，诱导式地迁移热负载。

虽然气候对能源使用有明显的影响，但并不是达到净零能源的必要的主导因素。通常，建筑程序类型学和程序对于符合这个目标会有更深远的影响。净零能源建筑可能适应所有气候，但所有的建筑类型都达到净零能源将是一项更为艰难的挑战。

气候定义

马克·吐温在得知气候和天气的核心区别后曾经说道："气候是我们所预期的；天气是我们所掌握的。"气候被定义为一个地方主要的天气条件，或很长一段时期内的平均天气状况。按照自然和人类对气候的应对面来讲，气候是定义一个地方在天气问题上的质量和特性的主要的输入过程，是这个地方的主流建筑（至少是本土建筑）、城市规划和生态系统中的表征。如果气候在定义某地方的生态系统中扮演了主要角色，亦如果气候影响到这个地方的生活方式，那么紧接着，气候就会成为基本的建筑形式驱动力。

正如气候影响了某地的特征一样，这个地方——或者较为具体地说，地球上的这个位置——反过来直接影响着气候。经纬度也直接影响着气候。就像你沿纬度的方向从赤道离开一样，太阳照射角的减小也导致了太阳辐射量的降低。当你来到海拔更高的位置后，空气压力下降，随即导致气温下降。地理特征也会影响着气候，比如地形、山脉、水体，特别是大洋，对气候都有着动态的影响。就全球范围来说，大气模式和洋流的交互作用在决定整个气候特性方面扮演着领导者的角色。

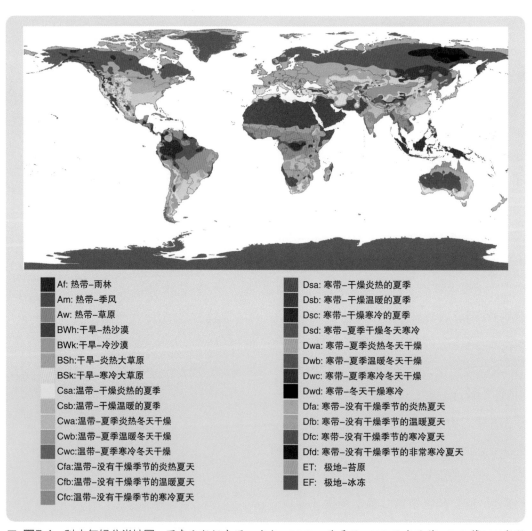

Af: 热带–雨林
Am: 热带–季风
Aw: 热带–草原
BWh:干旱–热沙漠
BWk:干旱–冷沙漠
BSh:干旱–炎热大草原
BSk:干旱–寒冷大草原
Csa:温带–干燥炎热的夏季
Csb:温带–干燥温暖的夏季
Cwa:温带–夏季炎热冬天干燥
Cwb:温带–夏季温暖冬天干燥
Cwc:温带–夏季寒冷冬天干燥
Cfa:温带–没有干燥季节的炎热夏天
Cfb:温带–没有干燥季节的温暖夏天
Cfc:温带–没有干燥季节的寒冷夏天

Dsa: 寒带–干燥炎热的夏季
Dsb: 寒带–干燥温暖的夏季
Dsc: 寒带–干燥寒冷的夏季
Dsd: 寒带–夏季干燥冬天寒冷
Dwa: 寒带–夏季炎热冬天干燥
Dwb: 寒带–夏季温暖冬天干燥
Dwc: 寒带–夏季寒冷冬天干燥
Dwd: 寒带–冬天干燥寒冷
Dfa: 寒带–没有干燥季节的炎热夏天
Dfb: 寒带–没有干燥季节的温暖夏天
Dfc: 寒带–没有干燥季节的寒冷夏天
Dfd: 寒带–没有干燥季节的非常寒冷夏天
ET: 极地–苔原
EF: 极地–冰冻

■ **图5.1** 科本气候分类地图。图表和数据来源：皮尔、M.C.、斐雷逊、B.L.及麦马荷、T.A.等2007年所著的"科本–盖革气候分类系统更新的世界地图"（《水力学和地面系统科学》，11，1633-1634）。

理解全球环境下的气候，对于参考一个气候分类系统大有裨益。最通用的区分做法是科本气候分类系统（见图5.1）。这个系统最初在1918年公布，随着时间的推移不断改进，今天仍在使用。系统的方案基于5种主要的气候区划（以大写字母A~E区分），然后它们再细分成类型和子类型（以小写字母区分）。第6个主要气候类型H，指山地方面的高原气候，用于几个不同版本的科本系统，高原区划也用于E型气候，标记为EH。5种主要的气候区划如下：

A：热带
B：干旱
C：温带
D：寒带
E：极地

气候分类和设计反应

下面将介绍的是科本气候分类系统和典型的诱导式低能源设计响应。关于气候分类标准的详细信息，可参考皮尔、M.C.、斐雷逊、B.L.及麦马荷、T.A.等2007年所著的"科本–盖革气候分类系统更新的世界地图"（《水力学和地面系统科学》，11，1633—1634）。

气候分类A:热带

气候特征

热带气候是以长年炎热潮湿的天气为特征的，伴随着显著的降雨和湿度。热带气候位于赤道附近，几乎无季节变化（除某些季节性降水量的变化之外）。

示例位置：佛罗里达州的迈阿密（热带–季风气候；见图5.2）

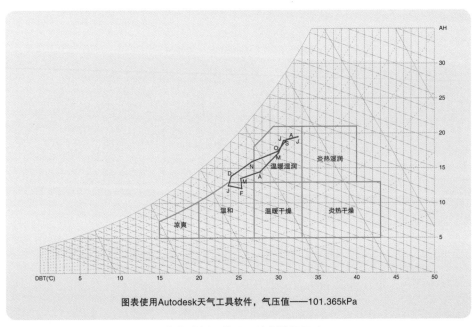

图表使用Autodesk天气工具软件，气压值——101.365kPa

■ **图5.2** 温湿图气候分类A：热带举例，佛罗里达州的迈阿密。

- 重点关注采取诱导式策略，来减少制冷的负载，比如：通过100%的太阳遮蔽减少太阳辐射，通过包层减少热传导，通过日照和减少设备负载来降低内部热能获取量。由于位置靠近赤道，因此阳日照射角度高，使用屋顶遮蔽就是一个潜在的好办法。
- 鉴于水的丰富性和长年的季节性增长，将植物种在外边的阴凉处或在建筑包层内集中种植，都是提供遮蔽的有效方法。
- 外侧表面刷成浅色，结果可以少吸收太阳辐射热，鉴于常年的阳日照射角度高，这种做法对于屋顶是非常有效的。
- 自然通风依靠选用的机械系统，对于热带气候以及日或年的某段时期是非常有益的。
- 日照减少了照明能源的使用及内部热量的增益部分，日照策略要与遮蔽策略谨慎结合使用。
- 诱导式去湿干燥剂有助于控制内部的湿度水平，并允许空气以不常见的和自由冷却的方法来冷却，例如蒸发制冷。诱导式太阳能或废热防潮珠（desiccant）的干燥或补偿法都可以考虑。

气候分类B：干旱

气候特征

干旱区的特征中缺少冰雹，干旱或半干旱气候不是冷就是热。

示例位置：埃及的开罗（干旱–沙漠，炎热；见图5.3）

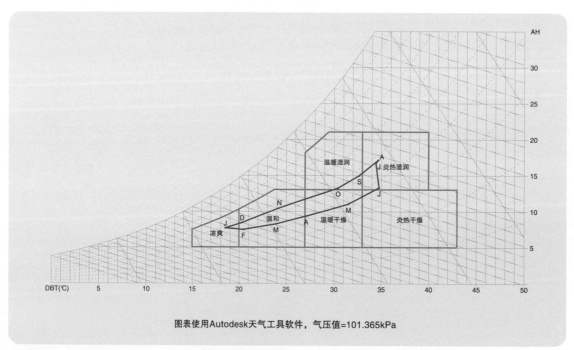

图表使用Autodesk天气工具软件，气压值=101.365kPa

- **图5.3** 温湿图气候分类B：干旱举例，埃及的开罗。

诱导式设计响应

■　热干旱气候主要需要冷却降温，冷干燥气候主要需要制热。

■　宽泛的日间摇摆温度状况便于通过夜间对冲方式有效利用热容量。

■　没有夜间对冲条件的热容量也可通过适度的冷却变得有效。

■　在寒冷季节提供太阳暖棚。

■　在寒冷季节提供自然通风。

■　通常低水平的湿度允许不常见的制冷方法，例如蒸发制冷。

■　在炎热季节的诱导式太阳能：在获得太阳能的制热周期中小心不要过热。

■　日照降低了照明能源的使用量和内部热量获取性。

■　通过拥有了完全隔热型建筑包层的传导方式，来减少热转移性。

气候分类C：温带

气候特征

　　温带气候特征是从温和到非常温和的温度（与其他气候类型比较），包括温暖的夏季和凉爽的冬季。它们展示了大范围的冰雹和湿度，温带气候区的位置受温带海洋性气候的影响。

　　示例位置：美国加州的圣·弗朗西斯科（温和–干燥及温暖型夏季；见图5.4）

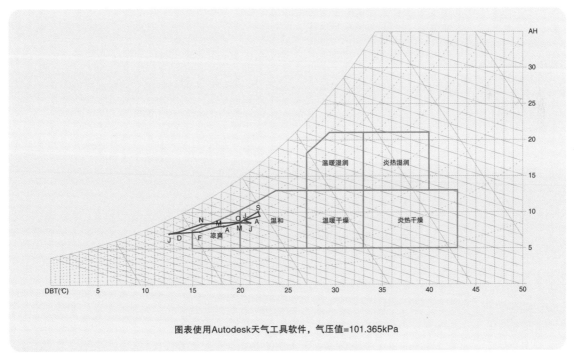

图表使用Autodesk天气工具软件，气压值=101.365kPa

■　**图5.4**　温湿图气候分类C：温带举例，美国加州的圣·弗朗西斯科。

诱导式设计响应

- 温带气候变化明显，虽然它们没有特别冷或热的周期，但它们有明显的冷热季节。湿度在炎热的夏季变化差值极大。
- 宽泛的日间摇摆幅度，使拥有夜间对冲条件的热容量得以有效使用。
- 没有夜间对冲条件的热容量也可通过适度的冷却变得有效。
- 在寒冷季节提供太阳暖棚。
- 在寒冷季节提供自然通风。
- 在炎热季节的诱导式太阳能：在获得太阳能的制热周期中小心不要过热。
- 日照降低照明能源的使用量和内部热量获取性。
- 通过拥有了完全隔热型建筑包层的传导方式，来减少热转移性。

气候分类D：寒带

气候特征

寒带气候区展示了大范围的季节温度变化，但特征是伴随着降雪的寒冷冬季。寒带气候区通常位于大陆的内部区域。

示例位置：美国阿拉斯加州的安克雷奇（没有干燥季节的寒带–寒冷型夏季；见图5.5）

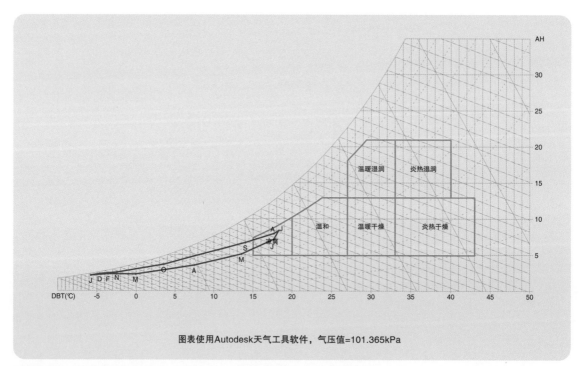

图表使用Autodesk天气工具软件，气压值=101.365kPa

- **图5.5** 温湿图气候分类D：寒带举例，美国阿拉斯加州的安克雷奇。

诱导式设计响应

■ 夏季也很寒冷的寒带主要需要制热。
■ 湿度在炎热的夏季变化差值极大。
■ 通过一个完全隔热的建筑包层的传导减少热转移。
■ 宽泛的日间摇摆温度状况，便于通过夜间对冲方式有效利用热容量，以及在温暖或炎热的夏季制冷。
■ 在寒冷季节即使夏季是热的，提供太阳暖棚。
■ 在寒冷季节提供自然通风。
■ 在炎热季节的诱导式太阳能：热容量不能用于储存无源热量的增益部分，在获得太阳能的制热周期中小心不要过热。
■ 日照低于照明能源的使用及内部热量的增益部分。北部位置大幅度减少了年照明时间。

气候分类E：极地

气候特征

极地气候的特征是温度特别低，通常没有夏季，没有树木。

示例位置：北极（南尼斯维克机场）（极地–苔原；见图5.6）

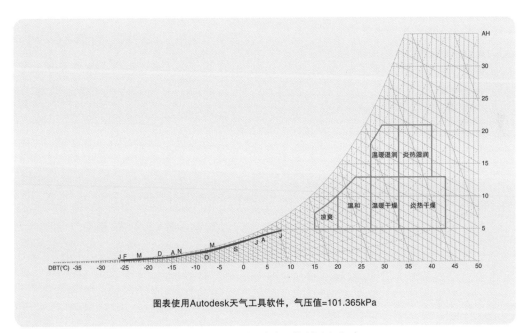

图表使用Autodesk天气工具软件，气压值=101.365kPa

■ **图5.6** 温湿图气候分类E：极地举例，北极（南尼斯维克机场）。

诱导式设计响应

■ 极地气候非常寒冷，几乎没有人居住，所以要重点关注通过一个完全隔热的建筑包层，减少传导过程中的热损耗。

柯本气候分类系统激发和影响了今天美国目前仍在使用的气候分类系统。第四章就阐释了由能源部和ASHRAE以及国际规范委员会指定的、基于气候区定义的美国气候区划地图。在各种各样的建筑能效资源用途上，能源部提供的规范能源的定义是非常重要的。这个部17个气候区的定义与柯本系统紧密相连，使得就美国建筑的外部环境而部分利用这些资源成为了可能（见图5.7）。

区域序号	气候区类型	柯本分类
1A	非常热-湿	Aw
1B	非常热-干	BWh
2A	热-湿	Cfa
2B	热-干	BWh
3A	暖-湿	Cfa
3B	暖-干	BSk/BWh/H
3c	暖-海洋	Cs
4A	混合-湿	Cfa/Dfa
4B	混合-干	BSk/BWh/H
4C	混合-海洋	Cb
5	冷-湿	Dfa
5B	冷-干	BSk/H
5C	冷-海洋	Cfb
6A	冷-湿	Dfa/Dfb
6B	冷-干	BSk/H
7	非常冷	Dfb
8	亚极地	Dfc

■ 图5.7 气候区的定义和柯本分类。

用气候来对项目的位置分级，这对于了解项目的气候条件和启动气候响应型净零能源建筑的研究迈出了非常有用的第一步。而了解更广泛的气候区及其特征，便能有助于认清其他有着相似气候的区位的气候响应建筑的百分比。

气候数据

不仅仅要了解一个项目大致的气候分类，重要的是要做深入调查，开发出项目的气候数据综合汇总集，并通报气候响应型的设计。

有许多参数组成了气候和天气的定义。气候数据的最好的来源，是被用于能源建模上的天气数据档案。天气档案的通用格式包含了CZ、CZ2、WYEC、WYEC2、TMY、TMY2、TMY3和EPW等。其中，WYEC代表了由ASHRAE开发的天气数据库；CZ是基于加州的天气数据标准；TMY代表典型气象年，使用了按小时汇总的天气数据，定义"典型"年的几个10年期的综合天气数据。EPW是能源部EnergyPlus软件的天气档案格式，可兼容其他格式，或者可转换成气候分析软件和能源建模软件。DOE的EnergyPlus网站是天气档案的极好来源；它包括了2100个世界范围的位置，可供免费下载。除了EPW天气档案外，每个气象站都配置了概要数据的STAT文档。

若着手气候数据的气候研究和分析，将需要一个可读取天气档案格式和提供存取、编辑、形象化显示和研究天气数据界面的软件程序，可利用、有特色的天气文档数据集界面程序有 如下几类：

■ 气候顾问是一个免费的程序，可以在Windows和Mac系统下操作，由加州大学、洛杉矶大学和UCLA能源设计工具组共同开发。

■ 商业性可选的气候分析软件包括Autodesk的EWcotect天气工具和Meteotest气象测试的METEONORMT以及其中的其他软件。

■ 气候顾问：www.energy-design-tools.aud.ucla.edu

■ Autodesk的ecotect天气工具：http://usa.autodesk.com

■ METEONORMT：www.meteonorm.com

■ EnergyPlus的天气档案：http://apps1.eere.energy.gov/buildings/energyplus/cfm/weather_
data.cfm

用于开发气候的研究和能源模型的天气档案通过全球的气象站编辑起来。在大多数情况下，是可以假设从附近气象站测算的天气与实际项目场所经历的天气大致是相同的，也可以认为既定城市或位置的天气档案会作为一般天气条件在那个区域持续。幸运的是，大多数城市的天气档案是可用的。然而，当一个项目场所的位置的天气档案不能从附近的天气站得到的话，气候和能源分析就是一场挑战。在这些情况下，就要接受使用最近一家可用的气象站或利用临近气象站进行推断。

METEONORMT

METEONORMT有遍及全球各个位置的气候学数据，它们被囊括在其广泛的数据库中。METEONORMT的一个最有用的特性是：有能力为任何卫星定位的位置生成一个定制的天气档案，从附近气象站进行自动推断。从METEONORMT输出的档案用于和其他软件程序一起进行气候和能源的分析。这个程序生成自己的图表结果，显示一些简单的气候数据图（见图5.8）；另一种核心能力是可以计算地球表面任意方向太阳辐射的数据。

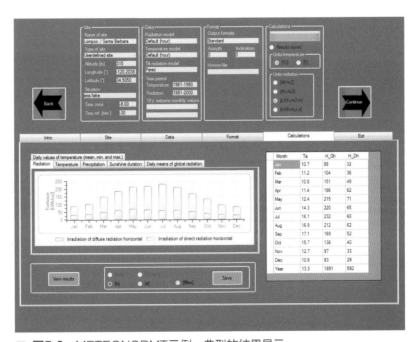

■ **图5.8** METEONORMT示例：典型的结果显示。

在比较气象站位置和进一步远离这个位置时，场所附近明显的地形学特征或水体特征天气数据会发生变化。临近建筑也会影响位于城市密集区的场所。风和太阳能的加入也是特殊的变量。具备这些特征的场所要求用附加的具体的场所分析来评估诱导式设计策略的影响。METEONORMT有能力定义场所地形参数和设置定制的场所水平线，解释建筑地平线或地形学特征（见图5.9）。

气候变化

对于评估未来天气数据的气候变化和未来天气如何影响建筑物的能源使用的兴趣正不断在增长，例如：若想评估小型的冷却系统、再生能源系统或其他相关能源系统的的风险，则要确定气候变化的影响需要典型的气象年。另外，作为典型的可持续建筑，净零能源建筑应该有一个长期的服务周期，并因此会在存在过程中直面气候变化的真实性。未来天气档案将创造几个十年期。英国的几所大学使用气候变化模型来变换天气数据档案的研究方法就很先进。埃克塞特大学为英国的定位点提供了未来天气数据档案；南开普顿大学开发了一种通过IPCC DDC 哈德利CM3 气候方案数据的使用，把目前的天气档案转换成未来天气档案的工具。温湿图5.10展示了伦敦目前的气候分类，比较了两个气候变化场景：分别取2050年和2080年这两个年度的情况。

METEONORMT也生成全球定位点的未来天气档案的能力，这个软件使用哈德利CM3模型，使用一个通常的商业情景生成数据，参考对应2010到2100年间每十年的可用分析。

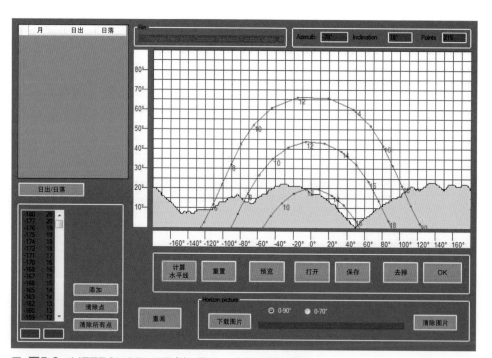

■ **图5.9** METEONORMT示例：显示一个场所的水平线。

净零能源建筑建模的目标很可能是可预期的。但警惕一词又接着出现在这里：使用建筑的早期能源模拟转换未来的天气档案可能会有问题。未来天气档案基于一个模拟的预期，而不是历史数据，意味着使用变形的未来天气档案大量存在着很大的不确定性。另外，未来的天气档案不适合预估当前和不久的将来的能源使用，很难证明大型的机械系统和相关的能源系统就可以解决变幻的未来天气问题，特别是已知合理精简设备的重要性。一个建筑的机械和能源系统随着时间的发展需要升级和替代，它允许按所评估的个体系统的服务周期来分级，以便为在未来升级过程中的系统分级提供机会。

未来天气档案的使用在建筑业里仍是一种新现象；因而，舆论不能成为设计未来气候变化的最有效方法。最好是引导比较在目前天气和多重未来天气档案之间能源和气候的研究，随着时间的推移不断地了解气候变化的强烈潜在影响。最重要的是，要假定诱导式策略如何对应着气候的变化而变化。先假定诱导式策略是建筑的一部分，未来不允许做简单的升级。因此当开发诱导式策略时，考虑做大范围的气候场景将是弹性十足的设计方法。

另一个弹性的设计方法是提供未来建筑的系统升级，具体操作有设计简单的未来升级内容，或在需要时做英尺度的更新。可能最重要的一点是，使设计的弹性策略适应气候变化，简单地讲就是实现这种气候改变是不可预期的，很可能会导致更大的极端和严峻的气象事件。诱导式生存性（passive survivability）的设计就捕捉到了这种想法：一个建筑物是具有丰富资源的和弹性的，可以应付暴风雨和随之而来的电力供应中断和公共设施中断。净零能源建筑则是诱导式能源策略和再生能源系统的独特综合体，本能地倾向于诱导式生存性。事实上，净零能源建筑是建筑业对气候变化的最终响应。

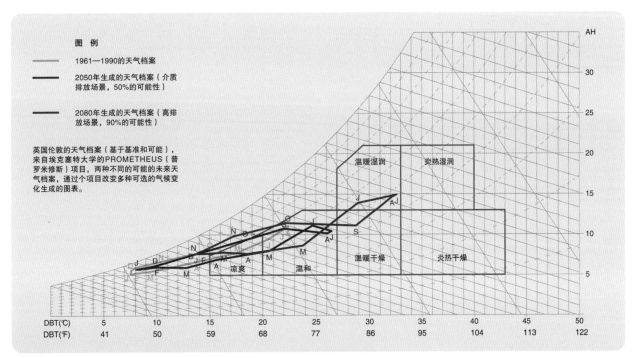

■ **图5.10** 评估英国伦敦可能的未来天气。

气候分析

一旦获取了一个适合的天气数据档案，就可以将其用于操办项目的气候分析。气候分析包括开发关于一个项目场所的气候参数的大体解读性，再利用其来生成和测试诱导式策略和再生能源策略。气候响应是设计净零能源建筑的核心重要性，作为减少建筑能源负载的最有效的方法之一。天气数据档案也用于所有的能源和日光模拟。气候顾问、气象工具或其他气候分析软件工具，也可用于创造各种气候参数的图表研究。

气候顾问

UCLA的能源设计工具组件中的"气候顾问"，是索引一个项目的气候数据的简单快捷的方法。开始有EPW档案格式的天气数据档案，然后选择用纸张英尺英寸或SI单元继续进行，在EPW天气档案被下载后，开放的屏幕会出现一个有价值的基于月平均值的气候参数的概观。如图5.11，

使用的是美国俄勒冈州的波特兰市的一个天气档案。

继续"气候顾问"的下一个屏幕，选择热舒适模型来做分析。选项包括：加州能源准则舒适度模型、基本舒适度的ASHRAE指南模型和ASHRAE标准55适合的舒适度模型。选择了项目设计的预期热舒适度模型后，"气候顾问"便覆盖了那些进行气候分析的具体的舒适度标准；而且也预先提示下一个定义了气候分析的设计标准的屏幕（图5.12）。"气候顾问"的用户帮助在标准的变量上提供了有价值的指导，解释如何使用和说明纪录图表。请注意内部热增益标准实际上是建筑类型的一个函数，而户外温度平衡点是内部热增益能提供舒适度的预估户外温度，或不需要加热的最低户外温度。户外温度平衡点若降低，说明建筑从人类和设备获得了较高的热增益，增高则说明建筑从人类和设备获得了较低的热增益。平衡点温度也是建筑体量和建筑包层的热性能的一

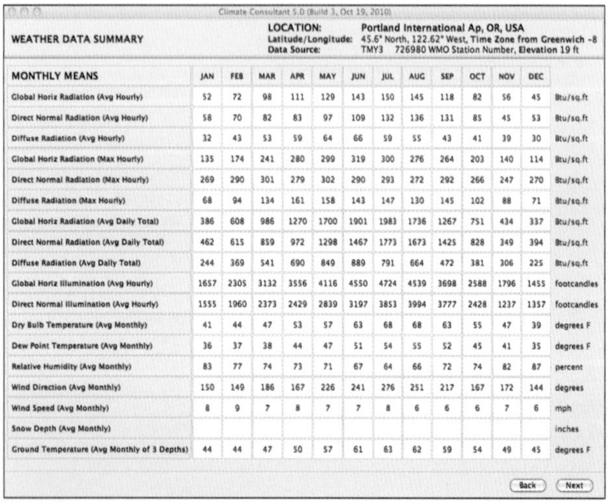

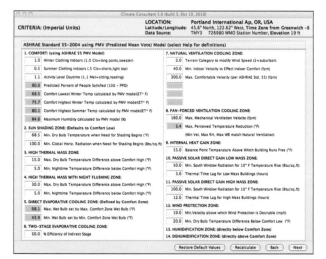

■ **图5.11** 气候顾问示例：美国俄勒冈州的波特兰市的天气数据概要。

■ **图5.12** 气候顾问示例：美国俄勒冈州的波特兰市的舒适度标准，ASHRAE 55 PWV。

个函数。

随着热舒适模型和气候设计标准的选择,"气候顾问"能够创造更多种类的气候数据的图表表示法。见图5.13,这是数据类型的一个举例,"气候顾问"将其以图表来表示。

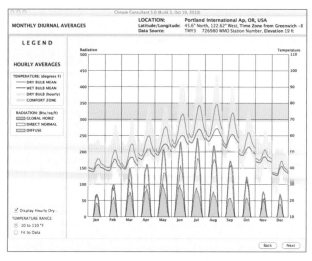

■ **图5.13** 气候顾问示例:美国俄勒冈州的波特兰市月度的每日平均值。

气象工具

另一个生成气象数据平面图的有用工具是Autodesk's Ecotect的天气工具。天气工具本身的天气档案格式是WEA。然而,它可以转换成和使用EPW文件。一旦EPW文件被转换和公开,就存储为WEA文件。当一个天气档案被用天气工具公开了,一个总结页面就会生成,它提供1年内的日照小时数、太阳能辐射、温度、冰雹、制热/制冷/太阳度–日数和风的简单图表。如果某种总结数据没有输入天气档案,月度数据通过月度数据表手动输入。天气工具的单位是度量标准,如图5.14,使用美国凤凰城和亚利桑那州的天气档案。

天气工具有对天气数据的大量的图表分析选项。天气工具的一个优势是可能打印成PDF格式,文件保持矢量信息,满足图表和描述高度定制化的需要。分析选项被安排成位于窗口左边的可视菜单,每个菜单选项提供用户化数据。图5.15是在天气工具具备条件下可用的图表气候分

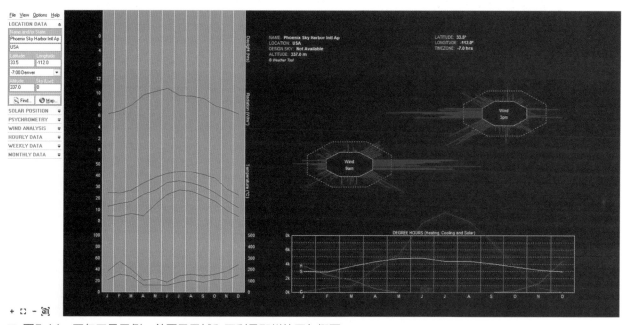

■ **图5.14** 天气工具示例:美国凤凰城和亚利桑那州的天气概要。

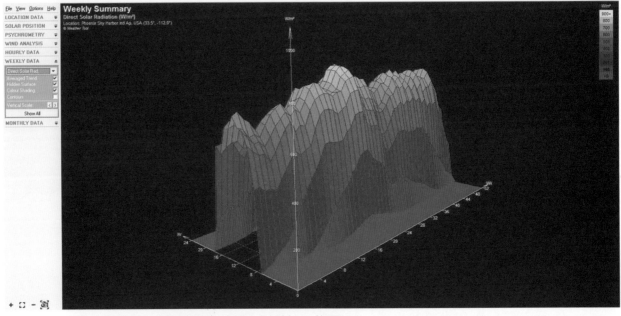

■ **图5.15** 天气工具示例：美国凤凰城的直接太阳辐射3D时间图。

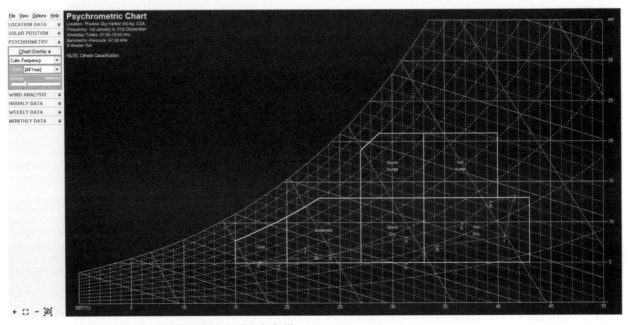

■ **图5.16** 天气工具示例：美国凤凰城气候分区气象图。

析类型举例。

　　作为气候顾问里的热舒适模型在天气工具里是不能调整的，天气工具使用了月度热中立（thermal neutral）范围的模型（热中立指基于每个具体位置每月的平均室外温度，达到热舒适所需要的室内温度）。基于在各种位置不同步的自由移动的建筑的感知舒适度研究，热中立模型就诱导式策略的有效性而论是有价值的。

在湿度测定法标签下的选项，允许进行基于1年内按每小时气候数据的诱导式策略的分析或按不同月份和季节分析。另外当用天气工具引导温湿图分析时，用户可能输入以下的附近事项：

■ 图表的默认设置可以调整，大气压的默认设置可以通过具体定位改变（基于海平面）。
■ 小时的操作可以设置成默认的24小时一天、7天一周，使用诱导式设计分析对话框安排适合的进度表。
■ 占有者的通常活动水平可以调整成移动的数值范围。

气候工具的温湿图功能包括一个诱导式设计分析工具，可以绘制温湿图的诱导式策略的优势或创造每种诱导式策略的舒适度百分比块状图，展示每年每月的舒适效应。图表也可被设置成气候分区图，利用简单的月度平均状况的平面图（见图5.16）。

气候评估

研究气候数据有助于报告和评估诱导式策略的设计和辅助规划再生能源的资源和系统。编辑和评估几套主要的气候数据可以辅助这个过程，接下来的指南逐条列记了如何发展净零能源项目的综合气候评估和如何达到诱导式设计、有效建筑系统和再生能源系统的建议。

气候数据设置

温　度
术　语

■ **干球温度**：用没有暴露在直接的太阳能辐射或湿度下的标准温度计测量的大气温度。
■ **每日温度**：24小时温度循环。
■ **热度日数（HDD）**：当平均温度低于基础温度时，测量平均日温度和不需要制热（例如65℃）的一个基础温度之间的不同。年度HDD是每日测数的汇总。
■ **冷度日数（CDD）**：当平均温度高于基础温度时，测量平均日温度和不需要制冷（例如50℃）的一个基础温度之间的不同。年度CDD是每日测数的汇总。

步　骤
1. 收集和绘制图表：
   ■ 舒适度温度范围
   ■ 干球温度——月度高、低和平均值
   ■ 干球温度——月度的每日平均值
   ■ 每月每日的每时的干球温度
   ■ 场所气候区的热度日数和冷度日数

2. 行为分析：
    A. 开发关于场所气候热条件的整体解读内容（见图5.17）。
    B. 比较年度温度范围和热舒适度范围的关系（见图5.17）。
    C. 评估每日温度的摇摆幅度，尤其是超过15℉范围的摇摆温度，暗示了热容量的有益利用。
       在夏天的夜晚，每日温度降到舒适区以下，暗示热容量夜晚净化的有益利用。

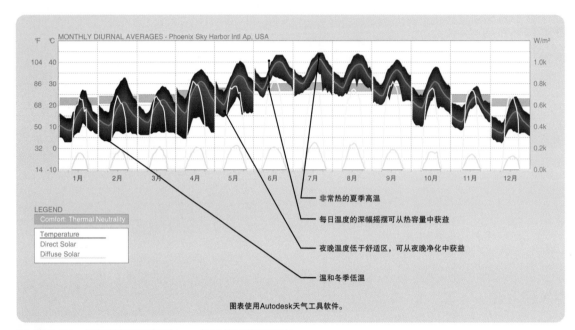

■ **图5.17** 气候数据设置温度——每月的平均日温度。

湿 度

术 语

■ **相对湿度：** 空气中水的百分比与空气中最大含水量比较，能得到一个给予的温度。

■ **湿球温度：** 湿球温度计测量的温度（裹有一块湿布的球自由蒸发水分）。湿球温度代表了通过蒸发效应或蒸发冷却后空气中的最低温度。

■ **湿球低压区：** 湿球温度与干球温度之间的不同。

步 骤

1. 收集和绘制图表：

    ■ 每月每日的每时的相对湿度水平。

    ■ 每月每日的每时的湿球洼地。

    ■ 每月每日的每时的湿球温度。

2. 行为分析：

　　A. 开发关于场所气候的相对湿度水平的整体解读内容。

　　B. 评估湿度水平和温度水平的关系，决定湿度是否是一个热舒适度和潜在的能源关注。

　　C. 评估和绘制湿球洼地，在凉爽季节里的一个深度湿球洼地，暗示蒸发制冷的有益利用（见图5.18）。

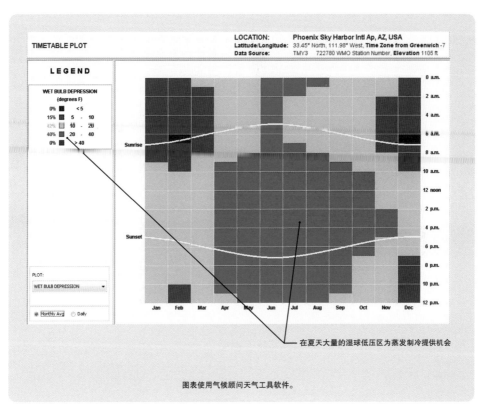

　　■ **图5.18**　气候数据设置——湿球低压区。

风向图

术　语

■　**风向图：** 一个以风的数据为特征的图表，例如具体一段时间内的风速、风向和风频。风向图图绘制了风是从哪个方向吹。

步　骤

1. 收集和绘制图表：

　　■　季节风向图，包括风速、风向和风频的目前的时–天的变化。

2. 行为分析：

A. 开发针对1年内风向和风速的整体解读内容。

B. 通过自然通风评估在潜在无源制冷时段的风向和风速（见图5.19）。

C. 当期望做防风（强风和/或寒冷的温度）处理时评估这个时段里的风向和风速。

D. 在一年的过程中在有利用场所或整合在建筑里的风力涡轮机再生能源发电潜力的时段评估风速（评估和规划再生能源发电将再第八章讨论）。

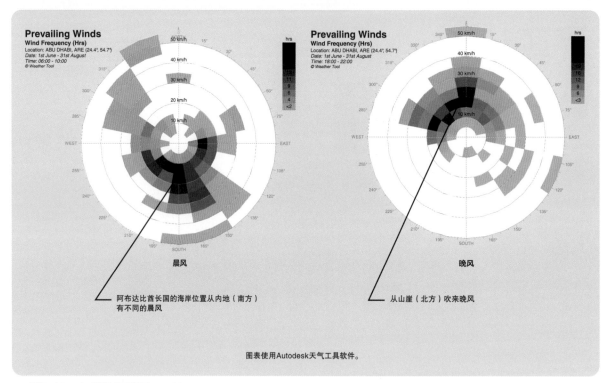

■ **图5.19** 气候数据设置——风。

地面温度

术　语

■ **地面温度：**土壤在具体深度的温度。

步　骤

1. 收集和绘制图表：

■ 在1年内不同地面深度的月度平均地面温度。

2. 行为分析：

A. 评估不同地面深度的温度摆度和温度范围。决定地面温度摇摆的幅度变得相对平坦（图5.20）。这个条件揭露了地面温度和外部大气温度在冬天和夏天的更大不同。

B. 比较1年内户外大气温度和地面温度，在冷热季节温度的显著不同暗示了地面连接策略的有效使用，例如地面管道、地面遮蔽和地表热泵。

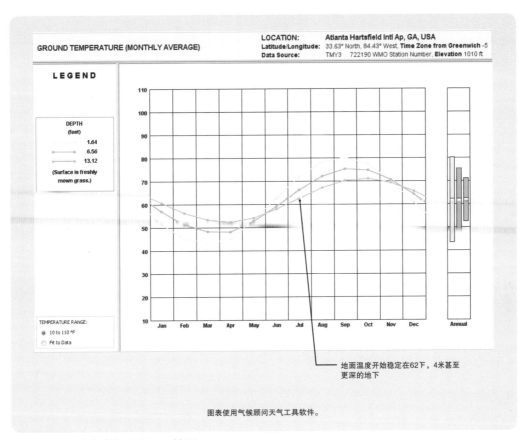

图表使用气候顾问天气工具软件。

■ **图5.20** 气候数据设置——地面。

太阳辐射

术　语

■ **直接常规的太阳辐射：** 定向光束垂直表面测出直接太阳辐射。

■ **全球水平面的太阳辐射：** 直接和扩散的太阳辐射的组合，在一个水平表面测量。

■ **扩散辐射：** 辐射的测量来自反射和分散的定向光束的辐射。

■ **全球入射的太阳辐射：** 直接和扩散的太阳辐射的组合，在一个倾斜表面测量。突发角度不同于表面倾斜角度与太阳射线的垂直线。

■ **放射：** 辐射的测量单位是每个面积的瓦数，或瓦/平方米，或Btu/h·ft^2。

■ **暴晒：** 辐射的测量单位使用每个面积的能源单位（或具体暴晒时间的瓦数），或瓦/平方米，或焦/平方米，或Btu/h·ft^2，这些通常按每年或每天来表达。

步　骤

1. 收集和绘制图表:
   - 直接常规的太阳辐射按年度和月度的小时平均值。
   - 全球水平面的太阳辐射按年度和月度的小时平均值。
   - 扩散辐射按年度和月度的小时平均值。
   - 关键建筑物或太阳能源技术方向的全球突发的太阳辐射按年度和月度的小时平均值。

2. 行为分析:
   A. 开发针对1年内太阳辐射水平的整体解读内容,注意季节变化。
   B. 评估1年内全球水平面的太阳辐射的水平,直接常规的太阳辐射和扩散辐射,确定扩散辐射和定向光束辐射的相对捐献。
   C. 比较1年内全球水平面的太阳辐射和户外温度,在寒冷季节评估太阳辐射的可靠性,在炎热季节评估太阳辐射的价值。
   D. 评估关键建筑物或太阳能源技术方向年度和月度的全球入射的太阳辐射,确定太阳能获取和玻璃设计的影响(见图5.21)。
   E. 评估再生能源的年度和月度的全球突发的太阳辐射,比如光电和太阳热(评估和规划再生能源发电将在第八章讨论)。

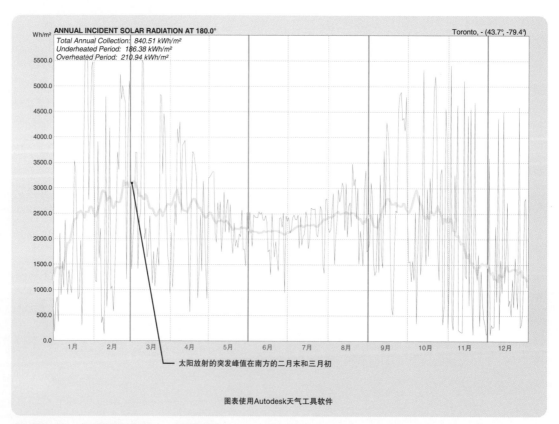

■ 图5.21　气候数据设置——太阳辐射。

太阳几何学

术　语

- **太阳方位角：**根据北向或南向太阳的定向光束的水平角度。
- **太阳高度角：**太阳的定向光束到水平面的垂直角度。
- **设计遮阳日期：**建立在每个方向的上釉表面的遮阳设计的时间和日期。
- **遮阳中断角度：**建筑的上釉玻璃遮阳的太阳高度角和方位角，基于每个侧面设计太阳遮阳日期，这些阴影中断角度指导每个侧面的深度设计和几何设计。

步　骤

1. 收集和绘制图表：
   - 太阳行程图捕捉太阳的方位角（水平角度）和太阳高度（垂直角度）按1年内每月的小时值绘制。
   - 太阳行程图比较1年内（每月和每时）的太阳辐射比较。
   - 太阳行程图比较1年内（每月和每时）的温度比较。

2. 行为分析：
   A. 开发针对1年内太阳行程图的整体解读内容，注意季节差异和极值（见图5.22）。
   B. 基于最早或最晚日期来确定遮阳日期的设计，完全遮阳的玻璃认为严重限制了建筑物太阳能热量的获取度。
   C. 利用太阳行程图设计太阳遮阳日期，确定每个侧面的遮阳中断角度。
   D. 利用遮阳中断角度决定每个侧面的每个玻璃配置需要的遮阳平面几何。设计太阳能日期通常会影响需要的遮阳装置的深度。
   E. 计算机模拟软件的使用，像Autodesk Ecotect，可以帮助解决有效的遮阳设计的建筑几何学和太阳能几何学。

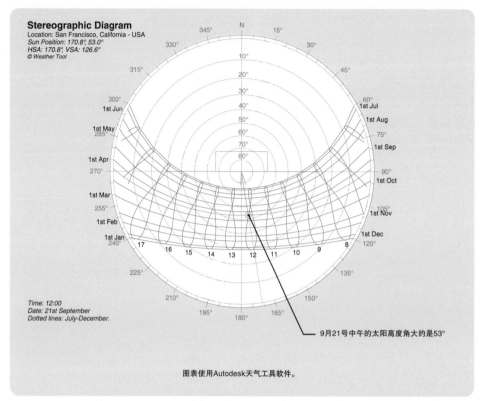

Stereographic Diagram
Location: San Francisco, California - USA
Sun Position: 170.8°, 53.0°
HSA: 170.8°, VSA: 126.6°
© Weather Tool

1st Jun
1st May
1st Apr
1st Mar
1st Feb
1st Jan

1st Jul
1st Aug
1st Sep
1st Oct
1st Nov
1st Dec

Time: 12:00
Date: 21st September
Dotted lines: July-December.

9月21号中午的太阳高度角大约是53°

图表使用Autodesk天气工具软件。

■ **图5.22** 气候数据设置——太阳几何学。

云 量

术 语

■ **CIE：** 国际照明委员会。

■ **晴空：** 完全无云的天空。

■ **阴霾天：** 天空被阴云覆盖，在天空最高点的照明(天穹的顶端)和在地平线上最低的天空照明。

■ **中间天：** 基于外加大气雾霾的晴空。

■ **匀称天：** 一个理论的天空条件定义为在整个天空穹顶的均匀照明。

步 骤

1. 收集和绘制图表：

   ■ 1年内的云层百分比

2. 行为分析：

   A. 开展对1年内云量状况的整体解读内容，注意季节的和每日的特征（见图5.23）。

   B. 基于CIE对晴空、阴霾天和中间天的定义，确定天空条件或利用日光分析这些条件的集合。阴霾天的CIE定义代表日照的最差条件，用于分析日照因素；但显著的阴霾天条件也需要明显不同的日照策略，它不适合明显的阳光明媚的气候。

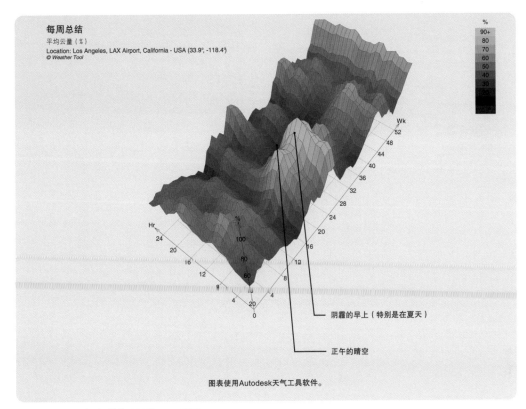

■ **图5.23** 气候数据设置——云量。

照 明

术 语

■ **直接常规的照明：**定向光束垂直表面测出直接的外部常规照明，单位用英尺烛光（流明每平方英尺）或米烛光（流明每平方米）。

■ **全球水平面照度：**外部直接的和扩散的天空总照明在水平面的测量，单位用英尺烛光（流明每平方英尺）或米烛光（流明每平方米）。

■ **日照因素：**在建筑物的任何特殊点的室内照明，作为在那时在那个天空条件下户外照明水平的百分比。

步 骤

1. 收集和绘制图表：

   ■ 直接常规的照明按年度和月度的小时平均值。

   ■ 全球水平的照明按年度和月度的小时平均值。

2. 行为分析：

   A. 开发针对1年内外部照明水平的整体解读内容，注意季节变化（见图5.23）。

   B. 比较1年内直接常规照明下的全球水平面照度，确定分散照明和定向日照的相对贡献。

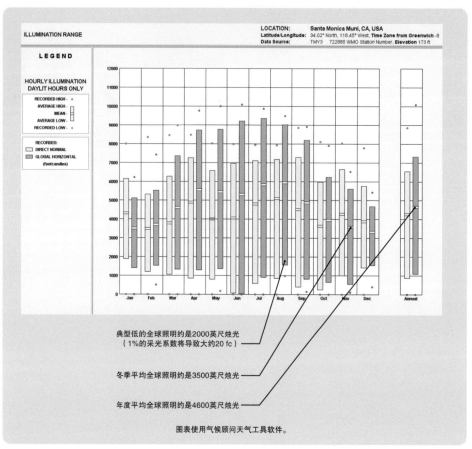

■ **图5.24** 气候数据设置——照明。

C. 把云量条件和外部照明水平联系起来，理解设计最坏的、最好的和典型案例的天空条件，以及理解天空条件怎样随季节的变化而改变。

D. 通过划分所需的室内照明水平评估采光系数的设计或最差阴霾的外部照明水平的需求。（第六章为采光系数和日照射提供指导。）

E. 按小时、月或季节评估日照，并确定日照的用途。

湿度图

术 语

■ **湿度测定法：** 潮湿空气的热力学性能研究。

步 骤

1. 收集和绘制图表：

■ 基于项目的天气数据档案的气候，全年逐时的热力学空气性能的块状湿度图。湿度图也可基于项目的热舒适标准绘制热舒适的条件。

- 基于诱导式设计策略的热舒适区的扩展，例如：
  - 遮阳窗子
  - 高热容量
  - 伴随夜晚冲刷的高热容量
  - 直接蒸发冷却
  - 间接蒸发冷却
  - 自然通风
  - 内部热增益
  - 诱导式太阳能的直接获取
  - 防风
- 热力学大气性能的季节和/或月度的平均值，太阳辐射的季节变化。

2. 实施分析：
   A. 开发针对1年内基于气候的空气条件的时间曲线图的整体解读内容。
   B. 利用月平均值或季平均值发展时间曲线图，解释在空气条件下的季节变化。
   C. 应用诱导式设计策略后评估热舒适区的潜在增长，确定哪些诱导式设计策略对项目是最有益的（见图5.25）。

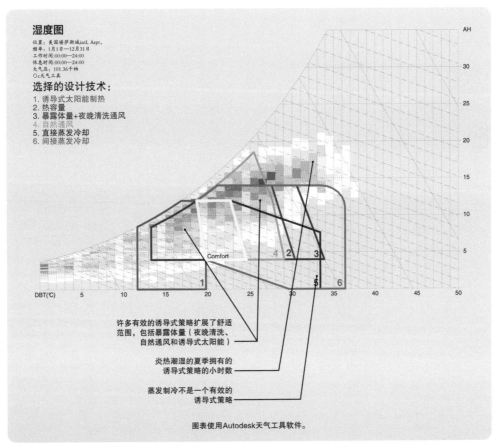

- 图5.25　气候数据设置——湿度图。

季节的思考

按季节组织气候数据是构建、分析和交换数据的一种有效方法。按季节组织能够把月度数据合并到有意义的时间单位里，这样也可以倾向于区分开气候的基本制热季、制冷季或平季（冷热季节的过渡月）。请开始思考关于按季节设计一个净零能源项目的过程，按季节组织允许识别值得关注的季节特征，这可以辅助气候响应的开发，并开始诱导式设计策略和再生能源系统的合理整合，见图5.26。

场所评估

净零能源项目的场所评估，建立在气候分析过程中收集的信息上，通常一个气候研究的参数，需要在场所具体特征的更多细节中得到分析。事实上，建筑场所均能有或被设计成独特的微气候。场所也需要得到评估从而局限性和机遇，因为这些都与贯穿场所的能量利用及能量流有关。这样

做的目标是评估可以被整合到设计里的免费能量的类型和流动。评估场所引发了对于如何在其中定位建筑物的解读。而方位和体量的环节也将在场所评估开发的参数下得到分析。

进一步讲，在创造一个气候响应建筑时，建筑程序整体的组织和开发延伸了气候和场所数据的使用。而把气候数据和再生能源资源数据应用到场所和建筑规划进程中，对于净零能源建筑设计则是最基本的。

机会和限制

所有的项目场所都有它们自己独特的机会和限制，机会和限制的类型分析则依赖项目的目标，囊括了经济、房地产和土地使用各种可持续设计的参数，比如碳、能源、水、物质、废物或居住地。所有这些对于一个成功的整体建筑来说都是最基本的，但能源分析是开发净零能源建筑的关键；因此，这一部分是焦点。

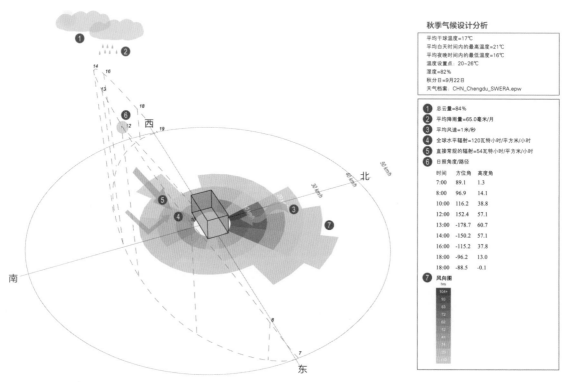

■ **图5.26** 中国成都秋季的季节概要图。图片由RNL友情提供。

库存清单

以场所的库存清单来开始场所能源的分析，这影响着能源设计。库存清单包含场所规划和计算机场所模型、摄影、图表和数据收集的开发。有关能源的库存清单通常被合并到或成为较大的场所库存目录的一部分，作为整个场所评估的功能之一。

能源和气候设计的场所目录

- 场所边界/界址线
- 地形
- 景观/地理/周围的开发
- 相邻建筑物
- 传统能量来源/公共设施
- 气候数据集/评估

最重要的是识别场所边界，因为这基本上划定了工作的限制，然而，超过场所边界或界址线的库存清单和场所分析也很重要。从能源和气候的角度看，周围区域的许多特征也影响着场所。

一个场所的地形是基本的特征体，但在地平线上的地形对于场所的太阳能介入也是关键的。周围的景观和地理情况能够影响场所的微气候。周围的开发的明显特征和特性，比如水体和大景观区域，都将被记录下来。从相邻的公园或景观区吹来的微风可以转换成怡人的凉爽感觉，相反从邻近的大柏油停车场或主要车辆通道吹来的污浊空气就是一种负担了。周围的建筑物不但直接影响着阳光的射入，而且也通过场所创造了独特的风力模式。

从场所库存清单的角度看，经过当地公共设施的传统能量来源可用性也必须被确定下来。还要查明是否可通过核心电厂或地方能源系统访问能量来源；评估往场所里导入传统能量来源的费用。净零能源建筑是不需要离网的；它们使用传统能源作为平衡现场再生能源发电的动态可行性。接入有流量监控能力的电网对于净零能源建筑是一个有效的策略。

场所分析

利用场所计划、场所目录和气候数据分析场所关于被评估过的能源流的机会和限制性，这个过程使气候分析项目具体化，在一个场所和一个建筑的水平建立气候参数的评估。从诱导式设计策略和再生能源的角度看，在太阳和风带来的机会和限制这两个方面的场所评估，定义了为数不少的主要设计驱动力。

场所分析也包括其他再生能源策略的评估，这将在第八章中讨论。如果一个项目访问了适用于微型或小型水力发电的水路，或在一个区域有好的地热或生物能资源，这些机会就需要被进一步地探索和利用起来。

场所的机会和限制的分析

太阳和日照
图和模型

- 在场所规划里绘制季节性太阳路径图。
- 在立体太阳路径图、平面地形图、建筑物和其他障碍体组成了场所的范围。重叠场所天空的影像，用圆形的鱼眼镜头映射到立体太阳路径图里，是绘制范围内障碍物的有效方法。水平线也能通过测量场所范围内的一系列点状的方位角（水平的）和高度角（垂直的）手动绘制。
- 每年都要研究相邻建筑物或显著特征体的阴影，关注夏至、冬至、春分和秋分。
- 在冬至日（1年内太阳直射角度最低的一天，通常是在12月的21日或22日）的9:00—15:00之间绘制进入现场的太阳能。
- 在场所的地表绘制季节性太阳能辐射，在潜在的建筑位置处绘制简单的体量/白盒模型。
- 在场所的地表绘制地表温度，在潜在的建筑位置处绘制简单的白盒模型，注意对应季节的大气温度。
- 绘制太阳能控制和日光收益的最佳场所方位，识别场所具体的方位环节。

机会和限制的分析
日　照

- 在1年内的任何时间，场所的范围是否会限制太阳能的进入？是否会改变可用的日照小时数，是按季节还是按年度变化？什么是场所的季节性日照小时数？
- 天空状态和全球范围的外部照明代表了什么？平均的季节状态、平均的年度状态还是最差的日照设计情景？
- 从现场或相邻建筑物以及其他场所特征中会得出：场所的哪些区域是在阴影中？一年中的什么时间目前是在阴影区？

太阳能控制和诱导式太阳能
- 一年中的什么时间很可能是过热的？什么时间可以利用太阳阴影？在这些时段里现有的阴影会带来哪些益处？
- 需要热量和诱导式太阳能时，一年中的什么时间会是有益的？
- 在这段需要热量的周期里，场所的哪些区域有太阳能进入？

再生太阳能

- 在冬至日的9:00–15:00之间，场所可以接收多少太阳能？太阳能电池板和光伏的指导位置在哪里？
- 确定场所每年每平方英尺的太阳辐射能源和太阳能源的可行性。

风
图和模型

- 在场所计划里定位风向数据，包括季节的甚至是每天的白天和黑夜的风向，即使它们透露了主要的风向模式。
- 确定有益的风向、频率和速度。有益的风有助于一个建筑的自然通风，并在温暖或炎热的周期里为行人在外部空间步行提供舒适度。
- 确定风向、频率和速度，把凉爽或寒冷的温度周期定义为不受欢迎的。
- 图表中潜在风向的修改器（城市或自然的地势和特征）。
- 绘制自然通风的最佳方位或方位的范围。
- 在制热周期里绘制防风的方位。

机会和限制的分析
自然通风

- 1年内的什么时间有益于项目（建筑和场所）获取自然通风冷却？
- 夏季的日间温度大范围的摇摆对于夜间对冲是一个有益的策略吗？当对于自然的日间通风来说温度过高时，甚至在夏季最热的天气里，夜间对冲仍是一个可行的策略。
- 什么风向、频率和速度的风是在制冷周期里（白天和/或夜晚）流动的？

防　风

- 1年内的什么时间项目需要防风？辨别符合凉爽或寒冷温度的风，这些疾风或阵风会让人类长年感到舒适。
- 什么风向、频率和速度的风是在制热周期里流动的？

再生风能

- 什么是平均的年度风速？在1年内的风速会发生多少变化？
- 相邻建筑或场所的特征会在场所区域内引发潜在的飓风吗？

总　括

■　相邻的或附近的地貌或水体会影响场所的风的移动和温度吗？

■　相邻的或附近的开发会影响场所的风的移动和温度吗？

图5.27到图5.29展示了3种项目场所和气象分析，首先用图形表示在场所规划内的主要气候数据，然后量化了太阳能和风能的各自效应。

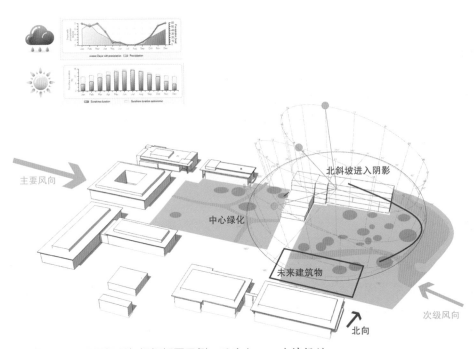

■　**图5.27**　项目场所气候解析图示例。图片由RNL友情提供。

太阳

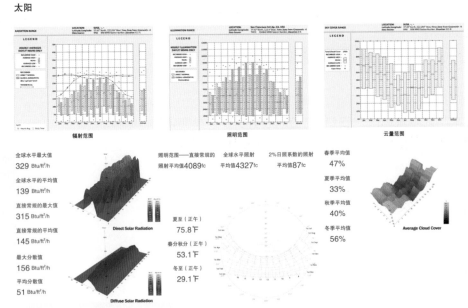

■　**图5.28**　项目场所的太阳能和日照分析。图片由RNL友情提供。

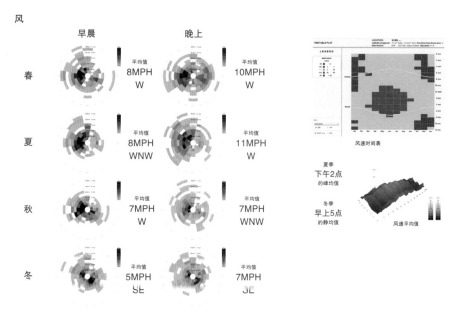

風

	早晨	晚上
春	平均值 8MPH W	平均值 10MPH W
夏	平均值 8MPH WNW	平均值 11MPH W
秋	平均值 7MPH W	平均值 7MPH WNW
冬	平均值 5MPH SE	平均值 7MPH SE

风速时间表

夏季
下午2点
的峰均值

冬季
早上5点
的静均值

风速平均值

■ **图5.29** 项目场所的风能分析。图片由RNL友情提供。

微气候

源于天气数据档案的气候数据，使一个位置上的大概或基本的气候条件能够得到重要和有用的评估。然而请记住，实际气候条件是基于具体地点特征而改变的。微气候这个术语用于描述基于具体地点特征的局部气候参数。一个场所的分析透露了能够影响微气候的许多特征，比如自然和建筑的特征影响阳光射入、风力模式和温度。场所分析的一个目的是定义场所的现有微气候，另一个是在项目中开发和在设计进程中探索区分潜在的微气候设计策略。

开发优化或调整过的微气候包含了对太阳能和风能控制，与景观元素的设计和建筑元素的设计及形式一致。设计场所的微气候的一个简单有效的例子是执行城市热岛效应的策略。城市和高

度开发的区域的表面通常吸收了大量的太阳辐射，例如柏油路、柏油停车场以及黑色屋顶，使市区温度升高的太阳辐射的存储也应该列在场所分析的考虑中。

一个场所的微气候设计包括建筑学、景观建筑和城市设计的一个深度、有效的整合。它为免费能量创造了机会，它大大增强了一个场所和建筑的诱导式热舒适度，它也能减少一个城市的热负载，因而减少了能源的使用。一个场所的微气候设计对应这个场所和建筑的季节性气候的分析和程序。从公开场所到封闭的庭院、甚至针对建筑的外侧包层，微气候能在各种英尺度和配置下被创造出来。微气候的设计也可能有助于划分场所的微气候区，每个区有各自的一套策略，以此来优化整个场所的效益。

凉爽的微气候

在温暖或炎热的天气周期中，创造凉爽的微气候对场所和建筑是有益的。从植被中提供遮阳处、日光反射、凉爽的微风、水和蒸散量，都归功于凉爽的微气候。凉爽的微气候开发的区域像在夏季行人频繁出没的庭院和广场（见图5.30）。这些外部区域能够减少建筑的热负载，使人们在建筑物里感到凉爽、微风拂面。有大量技术用来开发凉爽的微气候；通常这些选项只是限制了所应用的解决方案的创造程度。

提供遮蔽处是一个基本的策略。从直接切实的经历中很容易感受到遮蔽处，当温度太高时这便明显地降低了温度而增强热舒适感；它作为一个凉爽的微气候策略，通过建筑形式提供遮蔽和增加遮阳元素到外部空间被完成。遮蔽处的构成服务于它的目的，就好比策略性地植树。然而警告一词又出现在这里：确保遮蔽处不会干扰日照策略，太阳能能够持续入射到所有太阳能电源板里。

减少被建筑的外表面吸收的太阳辐射总量和降低硬景观的环境温度，使用高日光反射率或高反照率的表面，是减少太阳辐射吸收的通用方法。LEED评级系统是有关屋顶和硬景观区域日光反射的有用指导。

■ **图5.30** 在中东这样炎热气候下的庭院里创造微气候可以增强室外和室内的舒适度。图片由RNL友情提供。

利用微风对于在外部区域行人的舒适度和创造更冷的微气候都有显著的效果。建筑体量和建筑方位可以应用于促进低速风在希望的区域里的流动。风，虽然有着高度复杂的表现特点，还是能够通过科学来了解的；风能专家可以根据经验法则的相似条件进行详细地分析，为行人舒适度而开发详细的设计响应和量化预期结果。外部微环境舒适的微风也能为相邻建筑物提供自然通风。

树木能提供更多阴影；它们和其他植被也能积极地蒸散湿气到空气中，制造凉爽的效果，尤其在较干燥的环境里，蒸发是较有效的制冷方法（图5.31）。景观设计则是成功设计微气候的最重要元素，因为植被影响了太阳的反射、阴影和蒸腾。景观设计也被并入了自然或人工的水特征体。水被用于多种途径创造凉爽的微气候，区域的水资源和水保护都将在规划场所水的特征体时考虑。

外部包层的设计包括创造紧挨建筑包层的具体微气候的次级装配。其中的大部分策略也被认为是好的诱导式设计建筑策略；在此总结这些是因为理解这方面的原因很重要，有效是因为它们直接改变了相邻建筑的气候。

考虑直接创造相邻建筑的微气候能够产生潜在的解决制冷或制热问题的创造性解决方案。创造成功的场所规模的制冷微气候，相同的技术能被用于相邻建筑。外侧的遮阳结构不仅遮挡窗边的太阳辐射，较大的外遮阳结构还能遮挡整个建筑物外表面以降低表面温度、减少包层的太阳辐射和传导负荷。这种超遮蔽类型的策略更适合需

■ **图5.31** 纽约时代大厦的景观庭院，由伦佐·皮亚诺建筑工作室设计。

要常年制冷的炎热气候。植被和水一直被用于创造外墙和屋顶表面的微气候，绿色屋顶和屋顶池塘也是普遍的例子。新加坡的BCA学院把现有的建筑翻新成一个净零能源建筑，能源减少的策略之一是在建筑的立面，利用光电一体化的植被墙和遮阳百叶窗开发制冷微气候（图5.32）。

温暖的微气候

在凉爽或寒冷的天气中，创造温暖的微气候有益于场所和建筑。提供太阳能存取、吸收和风力防护都为致力于温暖的微气候，通常这个策略可以在冬季推进升温，与在夏季降温是有差异的，因此应该小心地考虑微气候的主要目的和外部空间设计。当然有一些例外：阔叶树在夏季遮阳，在冬季提供暖阳。然而，总要小心保持日光窗可以常年

■ **图5.32** 在新加坡的BCA学院立面的光电一体化的遮阳百叶窗和植被墙的特写镜头。图片由帕特里克 M.麦凯尔维提供。

自由遮阳。与夏季风相比，冬季的风通常来自不同的方向。在这种情况下，把体量和方位设计成夏季接受微风但冬季可以挡风。防风有助于行人的舒适感，同样有助于减少建筑外围的渗透损失，多出的正向和负向的压力使空气通过建筑中的所有孔隙流动。

建筑体量和几何学

项目可用的诱导式策略通过气候分析得出，场所的分析和设计有助于形成大多数气候。下一步是决定如何开发建筑体量和几何体以优化已认同的诱导式策略。不同的诱导式策略或保证了建筑体量和几何体的不同响应。

方　位

建筑方位是大多数净零能源建筑最根本、最重要的决定层面之一，因为诱导式策略和再生能源依赖于对气候的访问和控制力。方位也强烈地受到其他许多城市的设计和场所参数的影响，像视角、所有权界限、区划规则、通道、地形、建筑环境和城市环境、现有的场所特征以及现有建筑等。面对如此多的竞争计划，对于净零能源项目，解决建筑的方位环节可能是非常具有挑战性的，但基本可以被正确地解决。

太阳能

从气候的角度看，方位需要与太阳和风对应。风的情况是变化的，但趋势是可以预测的，而太阳照射的路径也可以确定。太阳照射路径的确定性让相应的太阳能设计不再瞎子摸象，太阳方位具有高优先级，因为日照、太阳辐射的控制、现场光伏或太阳热能系统的阳光入射，都是驱动能源负载减少和允许诱导式策略和可再生能源策略的优化主导型策略。

在北半球的地理位置，太阳遵循着一系列南侧天际从东到西的季节路径（见图5.33），夏季太阳照射角度最高，冬季最低。太阳的照射角度直接影响着在水平和垂直表面接收的太阳辐射总量（见图5.34）。低入射角度让辐射集中在垂直表面，高入射角度让辐射集中在水平表面。

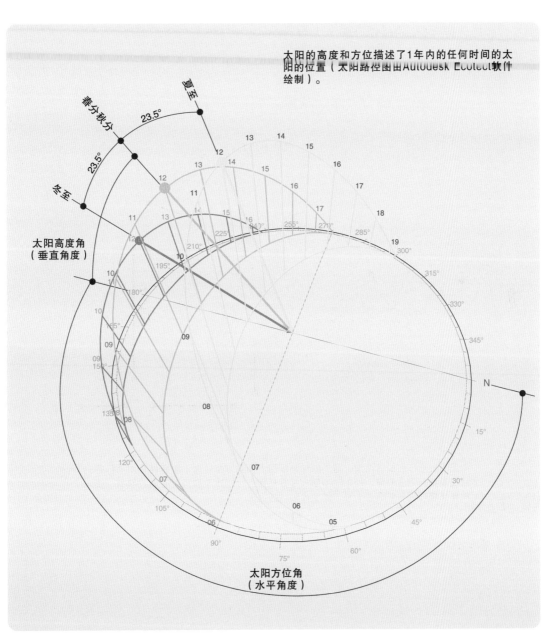

■ **图5.33** 基本的太阳几何学。

大多数建筑应用中，一种长型建筑是沿东-西轴线延长，南-北向扩大的，这是对太阳能控制的最佳实践形状。根据经验法则，最多是变化15°内的方位仍允许太阳射入。在南向天空的太阳比在东/西向的日出和日落更容易遮挡，东/西向的日出和日落时角度极低。西向的太阳问题最多，因为在外部温度几近最高值的黄昏时分，它会明显地增加太阳能的获取和热量。在夏季，东/西向的太阳辐射高于南向的。另外，夏季太阳角度最高，使建筑上南向的夏季遮阳可行。北方只接收了最小的直射阳光（清晨和傍晚），在这种情况下不需要控制太阳能的接收。

风

根据风来决定建筑方位，首先要决定什么时候及在哪里出现的风是受欢迎的，什么时候又是不受欢迎的。自然通风对于建筑和气候是否是种有效的策略？考虑风的控制是否需要开发怡人的室外空间和微气候，是否需要建筑的保护？利用风向图分析研究建筑体量、方位和几何体，把风力作为资源优化。建筑科学家和风力专家们使用风向模拟软件和风洞试验对建筑体量和方位的相互关系进行了更详细的评估（见图5.35）。

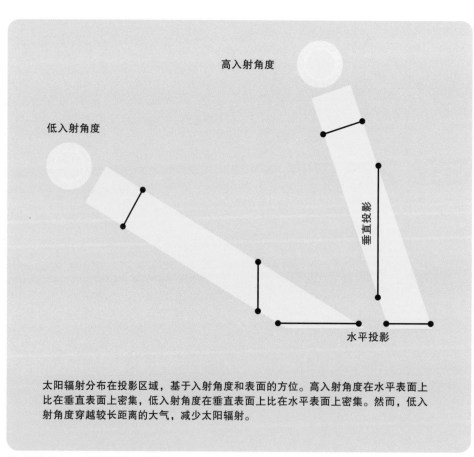

高入射角度

低入射角度

垂直投影

水平投影

太阳辐射分布在投影区域，基于入射角度和表面的方位。高入射角度在水平表面上比在垂直表面上密集，低入射角度在垂直表面上比在水平表面上密集。然而，低入射角度穿越较长距离的大气，减少太阳辐射。

■ **图5.34** 太阳辐射和入射角度。

风速和风向是变化的，但如上所述，总体趋势是可识别的。设计自然通风时，建筑方位应允许建筑物的狭窄部分可通过这部分的长向立面交叉通风。交叉通风利用不同的压力移动空气；它需要一个正风压在接收（迎风）建筑面和一个负风压退出（背风）建筑面（见图5.36）。方位是不需要十分垂直的；根据经验法则，可以有30°的变化范围。另外，立面上的竖向条板用于打开可操作的窗子时可以直面微风。考虑大气涡流的来源也很重要，例如相邻建筑和其他场所特征。

堆栈通风（stack ventilation）对于建筑物的自然通风是另一种有效的方法，利用了不同的空气温度移动空气（见图5.37），即使在建筑内空气遇热会上升。建筑体量和设计中也可能包含了垂直的通风路径，便于形成有效的堆栈通风。自然通风能够利用压力和温度的不同，还可以得到机械风扇的风量补充和助力。至于对建筑整体自然通风情况详细做的分析，可以使用计算流体动力学（CFD）模拟软件来完成（见图5.38）。

■ **图5.35** 阿卜杜拉国王科技大学（KAUST）的RMDI风向分析，由美国霍克公司使用Virtualwind设计审查建筑的形式和优化风力流动以及自然通风。

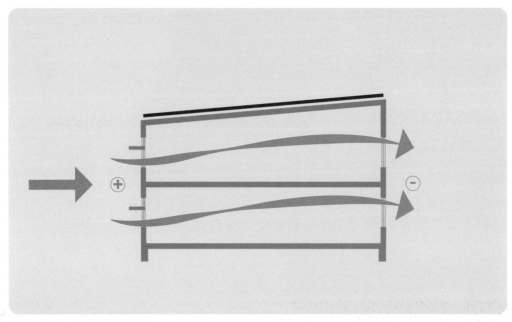

■ **图5.36** 交叉通风原理。

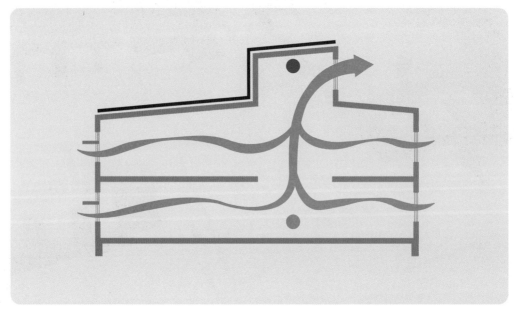

■ **图5.37** 堆栈通风原理。

外墙面积与建筑面积的比率

关于能源和建筑外部包层的关系有两种争执不下的观点：第一种观点认为缩小外表面面积与封闭空间的体积，才能减少经过包层的热转移。毕竟，建筑包层和外部气候是建筑热负载的关键驱动力之一。第二种观点认为增加外表面面积与封闭空间的体积后，才能扩大诱导式策略可利用的面积，因而能满足内空间最大面积的热量、通风和照明条件。减少保护包层可以保存能源，同时增大的外部包层可以最大化地取得免费能源。在大多数情况下，免费能源最大化有许多优势，因此，这种方法将成为净零能源项目的起点。关键是通过平衡包层或减少渗透，传导与辐射的热负荷，缩减大的表面区域的障碍。

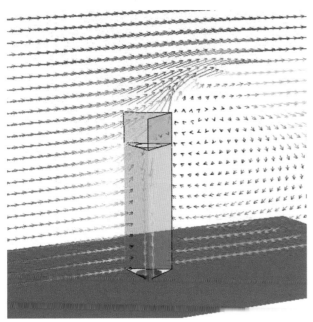

■ 图5.38 RMDI使用计算流体动力学（CFD）进行的风塔分析。图片由RMDI友情提供。

　　表面积与体积比（S/V）通常采用国际单位制，把平方英尺/立方英尺转化成平方米/立方米，简单地算法就是乘以3.28英尺/米。S/V的变化范围通常在0.10～0.60之间。S/V值低说明设计得更紧凑，S/V值高说明有更多的外表面利用诱导式策略。然而当量化诱导式策略所应用的建筑形式时，这个比率会有些误差。鉴于见方的建筑物都是紧凑的，导致它的S/V值会比狭窄的建筑物低，建筑层数明显影响着S/V值，层数越高，S/V值越低。这说明单层和低层建筑最适用于诱导式策略，但这是把大的屋顶和地面面积这些因素都包含在S/V值内的结果。

　　对于被动式建筑，实行诱导式策略的外墙通常比屋顶更有用。进一步讲，减少屋顶面积有助于减少热损失和热增益，对此高层建筑物明显更有优势（注意：屋顶面积是太阳能的一个重要参数）。可能对于诱导式策略，测量建筑几何学的更好的度量标准是用外墙面积（暴露的墙表面）与建筑面积的比率（EW/F）。这个比率也利用同样的经验单位和国际单位。图5.39的矩阵提供了25000平方英尺建筑的一系列体量选项，比较不同体量的度量标准。在这个例子里，4层的细长体量的EW/F最高，最可适用于诱导式策略，同时也是在矩阵中最紧凑的（S/V值最低）。这种高层的主要劣势是建筑面积与屋顶面积的比率（F/R），它会限制安装光伏系统的屋顶的潜在面积。

字母型建筑

　　历史城市的鸟瞰图，比如柏林（见图5.40）或巴黎，透露了建筑体量和城市设计优化日照和自然通风的一种方式。图中描述出一些建筑物的外形被设计成字母形状。这种设计是像字母L、H还是E？建筑之间的（形状）也大约呈现了这种字母形状。下一步确实要做的是为具有指状侧翼和庭院空间的狭窄楼板来创造日光入射和自然通风的条件。建筑的这些共同特征早在电灯和空调出现之前就有了，它们的EW/F值高，是用诱导式策略建成的体量和几何体。有兴趣的话可以关注这些类型的现有建筑，它们是改造成净零能源建筑的优良候选者。

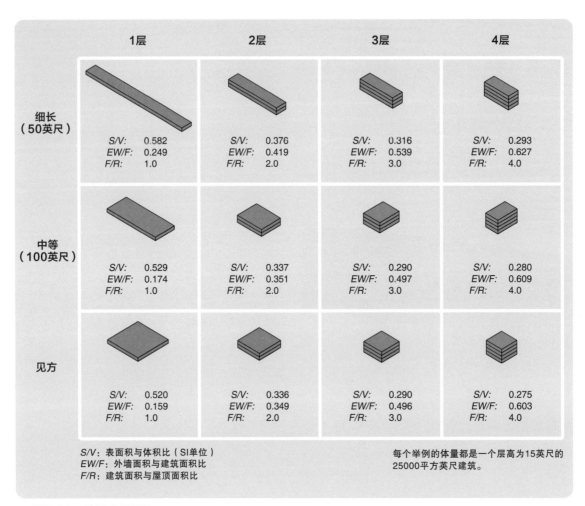

	1层	2层	3层	4层
细长 （50英尺）	S/V: 0.582 EW/F: 0.249 F/R: 1.0	S/V: 0.376 EW/F: 0.419 F/R: 2.0	S/V: 0.316 EW/F: 0.539 F/R: 3.0	S/V: 0.293 EW/F: 0.627 F/R: 4.0
中等 （100英尺）	S/V: 0.529 EW/F: 0.174 F/R: 1.0	S/V: 0.337 EW/F: 0.351 F/R: 2.0	S/V: 0.290 EW/F: 0.497 F/R: 3.0	S/V: 0.280 EW/F: 0.609 F/R: 4.0
见方	S/V: 0.520 EW/F: 0.159 F/R: 1.0	S/V: 0.336 EW/F: 0.349 F/R: 2.0	S/V: 0.290 EW/F: 0.496 F/R: 3.0	S/V: 0.275 EW/F: 0.603 F/R: 4.0

S/V：表面积与体积比（SI单位）
EW/F：外墙面积与建筑面积比
F/R：建筑面积与屋顶面积比

每个举例的体量都是一个层高为15英尺的25000平方英尺建筑。

■ **图5.39** 体量度量矩阵。

体量和几何体的诱导式策略

我们已经建立具体体量的几个核心策略，合适的方位和增高 EW/F 值，以此扩大免费能源和气候的联系。但许多诱导式策略，像日照和自然通风，都只对周边区域有效。日照光也只能穿透到空间的纵深中。

建筑或楼板深度是净零能源建筑的另一项重要考虑。狭窄的建筑适用于诱导式策略，有多种方式制造狭窄状况，最终的解决方案要依赖其他变量，比如场所和项目。最基本的诱导-响应形式是一个合适朝向的简单、狭长的长方体。对于诱导式设计这的确是重负荷的，其他大多数形式都是由此衍生出来的。软大的建筑物需要由中心脊柱连接的多重东-西轴向的狭长指翼，它与场所和建筑程序一样有许多变量。以上讨论的字母建筑形式，或这种类型的混合体。字母型建筑通过指翼接收光、空气和视角进行庭院的开发。庭院也是开发有利的微气候的绝佳方式（见图5.41）。

■ **图5.40** 德国的柏林市鸟瞰图，展示了欧洲城市典型的字母形状的建筑。

■ **图5.41** 在DOE/NREL研究支持设施的庭院。图片由RMDI友情提供；弗兰克·欧姆斯摄影。

设计微气候庭院的想法引导了另一种诱导驱动形式，建筑的中庭（见图5.42）基本是封闭的庭院，应用于把日照和自然通风带进空间，也是打破楼板深度的有效方法，尤其适合在建筑项目和或场所中设计。

中庭与庭院有同样的诱导式设计功能，但又因中庭是封闭的空间而明显不同于庭院，这里介绍了多种额外的设计关注。中庭作为一个封闭的空间会产生成本分枝，也会增加建筑面积，这可能

会，也可能不会成为建筑项目的一部分。中庭空间受制约的程度，决定了获得能源的多少。不好的中庭设计会增加相当多的太阳能。它们也代表了大量的调节空间，但根据不同的用途，确实需要作为典型的占用空间而得到调节。

直立是因为封闭，中庭为创造具体的微气候提供独特的机会，这为相邻空间或建筑周边系统提供协同效应。中庭也可以为建筑居住者的独立使用和空间创造了机会。

■ 图5.42 在柏林国会大厦（reichstage）的大厅和大玻璃圆顶，由Foster+Partners建筑事务所设计，使用一系列的镜子把日光带到国会下面的空间里。

■ 图5.43 30圣·玛丽·艾克丝外部视图，由Foster+Partners建筑事务所设计，螺旋采光井清晰可见。

有中庭的建筑物的一个变化是在建筑足迹里，利用非占用或半占用区域提供日照和自然通风。采光井和通风井都是建筑形式中的策略定位。然而，采光井表现了它们自身内在设计的挑战，因此应该谨慎模仿。解决这个问题就决定了如何有效地利用一个水平面积有限的纵向体积带来合理数量的日光。深度或层数，所服务的是另一个主要因素。另外移动光、通风井可以用来移动外部空气通过周边的窗户进入建筑物。垂直的通风井也会产生积极的堆栈通风效应。

采光井和通风井都是应用于整个建筑的主要设计理念，像Foster+Partners建筑事务所在伦敦设计的30圣·玛丽·艾克丝楼，使用了6个螺旋采光井和通风井辅助办公楼塔的照明和通风。采光井和通风井也被策略性地应用于对楼板面积诱导式的挑战，超越了通行的策略。

体量和几何体的再生能源

再生能源系统的几种类型都被添加到或整合到一个净零能源建筑里，比如光伏板、太阳能热板以及楼载风力涡轮机。当整合时，把再生能源系统与建筑体量和几何体结合在一起，是成功应用和优化能源系统的关键。

太阳能

光伏组件与太阳能集热器都需要接入太阳能，在得知太阳路径是高度动态的但可预测其变化之后，使用太阳能分析就能够帮助优化太阳能的安装位置（有关太阳能系统的规划将第八章展开详细讨论）。首要的决定是，满足净零能源平衡的光伏板和太阳能热板的必要数量。一个建筑使用太阳能作为其首要的再生能源系统，通常要求大面积的光伏板并用体量计划出开始的位置。

F/R值是一个净零能源建筑使用太阳能的所有因素中的决定因素；它通常导致了一个相对底层的建筑体。每个项目都有它自己的界限，通常取决于这个建筑的EUI和光伏板的有效性。在大多数气候下，如果屋顶所载的光伏板是一座办公大楼的唯一再生能量来源，那么这个建筑顶多是3层或者更少。随着太阳能板的有效性改变，建筑能源使用量减少，F/R值有能力增加层数和允许符合净零能源的较高层建筑。注意：可以最大化屋顶接收的太阳能源的低F/R值的优势和高层建筑的优势之间存在的明显差异，在之前的EW/F部分已经讨论的。平衡这些权益的核心在于设计一个净零能源建筑。

建筑方位也是一个有关太阳能的关键的大决策。把太阳能电池板固定在朝南的位置并有一个等同于建筑地点所在纬度的倾斜（在北半球），通常可以优化全年的生产量。北方的建筑倾斜角度会大一些。如果最佳倾斜不能达到，一般倾斜可以，那就提供合算的那种。每个项目都有自己的限制，倾斜的细节需要基于每一个项目逐个分析。如果屋顶已提供倾斜或者这种倾斜适用于太阳能电池板的托架系统，建筑的取向应该允许倾斜的电池板面朝南向。如果电池板无倾斜，方位就不能考虑了。设置一个可自由遮阳、太阳可射入屋顶表面的建筑也是很重要的。

使用锯齿模式的太阳能板能够为大块平整的屋顶提供有益的倾斜。当有坡度的屋顶不是最佳选择时，这就是一种优化能源生产的好方法。然而，锯齿状安装在既定屋顶面积太阳能板，与水平安装的太阳能板比较，几乎不能优化总的能源生产量。锯齿状安装时，每一排太阳能板都必须留有一定的空隙，防止下一排的遮住了上一排的。倾斜角度高，需要的空间就大（参考第八章对这个环节的分析）。

遮蔽物的研究应该着眼于所计划的体量设计，重点是考虑护墙的高度，任何坐落在屋顶的体量，或任何会遮住屋顶的体量。位于屋顶的机械设备是一个主要环节，因为它会遮盖屋顶的大部分位置。有关机械系统的讨论将发生在建筑体量评估阶段，这也是团队承诺不把机械设备置于屋顶的好时机。如果团队不承诺，那就要考虑谨慎地规划决定机械设备的位置和估计规模。

一个净零能源的设计可能需要使用附加安装在场所的光伏板来满足能源的平衡。这使高F/R值（或其他环境会限制可用的屋顶面积）的建筑具有能够达到净零能源目标的优势。相同类型的分析着眼于位于场所的光伏板，确保最佳的方位和所需的倾斜，防止建筑或其他元素的遮蔽现象。

楼载风力涡轮机的使用，尽管人们对此的兴趣有所增长，可还只是生态能源系统的一项生态位的应用（见图5.44）。楼载风力涡轮机的应用引起了相当激烈的争议，归于它们的显著缺点，通常这些涡轮生成的能源只能满足建筑的一小部分需求。这些也是有关风对建筑结构、建筑以及临近建筑的影响的技术环节。风力涡轮机还会产生大量噪声，打扰建筑物中的居住者。另外，在高海拔的风速是有利的，所以明显要在场所的高度安装涡轮机。

可能这些技术问题会随着应用程序发展而被解决，一个有趣的解决方法是集成风力涡轮机。这个应用的例子包括巴林世界贸易中心（见图5.45）和珠江城（见图5.46）。想法是把风力涡轮机集成到建筑中和设计把风力流动增强到涡轮机的建筑形式。这种集成形式的应用可能对于塔或高的建筑物更可行，但它仍旧只能生成建筑所需能源的一小部分。

■ **图5.44** 亚利桑那州立大学的小型集成建筑的风力涡轮机。

从建筑体量的观点看，请考虑建筑体量、周围建筑和地形，还要考虑涡轮机可能的位置。建筑物周围风力移动一般性原理的使用，可为建筑上的风力涡轮机的应用提供一些指导。而风力设计方面的专家在远没有进行到建筑装载或场所装载风力涡轮机设计之前，就应该完成缜密的分析（第八章为净零能源建筑的风力应用提供了详细的讨论，重点在场所装载的风力涡轮机和风塔上）。

■ **图5.45** 由阿特金斯设计的集成在巴林世界贸易中心上的3个29米的风力涡轮机。

■ **图5.46** 中国广州珠江城的集成风力涡轮机的风力分析，由SOM设计；由RWDI分析。图片由RMDI友情提供。

建筑类型和分区

建筑类型

所有建筑类型都有一个朝向某体量特征发展的趋势，这些特征受到了程序、编码和区划规则的驱动。反过来，建筑的这个体量也强烈地影响着净零能源的目标，比如影响着能源负载、诱导式策略和再生能源。体量和堆栈研究都将被采纳，研究如何有效地符合项目纲领性的需求。本章讨论的能源和气候的基本要素也将被会进一步探索。这是一种把纲领性需求、早期的设计概念和能源策略整合为单一解决方案的有效方法。

如果按照满足建筑类型学和程序的体量和几何条件，以EW/F和F/R这两种比例值来评估建筑体量，那么在以开发净零能源为核心建筑时就会找到机会，同时也暴露了局限性。当一个概念上的建筑形态开始了优化诱导式策略、再生能源生成和纲领性需求的时候，理想的解决方案出现了。事实上，形态周围的功能、能源和美丽的这种协同效应是设计净零能源建筑的核心。对项目气候、场所、程序以及能源的调查和研究的积累，把由此产生的建筑表达作为单一的解决方案。

许多建筑类型都有普遍的建筑体量的条条框框，它们可以相对容易地被调整成达到净零能源需要的屋顶装载光伏板的类型。事实上，NREL发现62%的商业建筑有达到目前可供使用的技术和设计实践的净零能源的技术潜力。许多商业建筑类型固有的低层和相对低的EUIs，使得更容易达到净零能源。列入目录的建筑类型包括低层和中层的多户家庭的建筑、低层办公楼、学校、独立的零售店、低层宾馆和仓库。相反地，大型宾馆和医院都是很有挑战的，因为它们的高EUI值和多层的高度。同样地，餐馆和餐饮服务，除了通常是单层、独立的建筑外，由于它们极高的EUI值都是极具挑战的。超市也出于同样理由难以被调整。

热分区

一个建筑范围内的热分区指的是利用空间的热能协同性和质地性及其与其他空间的关系，而进行的空间策略安排。正如外部的微环境可以新创出来，从而受益于外部甚至是内部的舒适性一样，内部空间或热能区也能基于热能需求和内外部的热关系而被开发和安排。这是规划热分区的两种基本方法。首先是考虑有关外部空间的热需求，其次再考虑有关内部空间的热需求。

借助建筑项目，分辨每一个空间所需的或容许范围的热条件，也需要分辨基于使用性的空间的热负载。而借助气候分析，可识别气候的温度范围和太阳辐射。研究这些热条件可以确定最佳的热分区，帮助减少热转移量，创造热缓冲性，允许有益的热转移或存储。建筑规划和体量的热效应，也都是有效的诱导手法：通过减少热负载而减少了能源使用量。在项目空间之间的空间规划和邻近区域的开发则有许多额外的考虑，热分区应当作为其中的一项。不应用其他诱导式设计策略走捷径也是很重要的，比如日光和自然通风，强烈地依赖于建筑外围临近位置的空间。

鉴于调整性的热舒适度和空间的各种利用问题，热条件和空气温度在内部空间不同的设置点很可能会被改变。房间能提供大范围的热舒适感，同时能在大的温度范围内发生温度浮动，比如临时空间和循环空间，于是可以作为存在于更极端的外部温度以及内部空间之间的热缓冲带，而这时，热舒适性方面的需求更严，温度设置点的范围也更窄（见图5.47）。

一些空间存在高的内部热增益性，比如计算机服务器机房、数据中心、机械房和商用厨房。在一些热主导的气候里，这些高热增益的空间通常位于建筑周边（明显是北侧周边地带），空间在此的制冷会更加无源。这些高热增益的空间也是有热负载的空间的热源，这时如果在建筑中设计一个适合的热存储空间，热量就能被存储（见图5.48）。这个热存储空间对于以下远程热容量区的情形都是最有效的：远程热容量区为非占用型，能保存热量（或冷气），以备建筑的其他区域额外使用一段时间，或者准备在白天或夜晚的任何时间内使用。

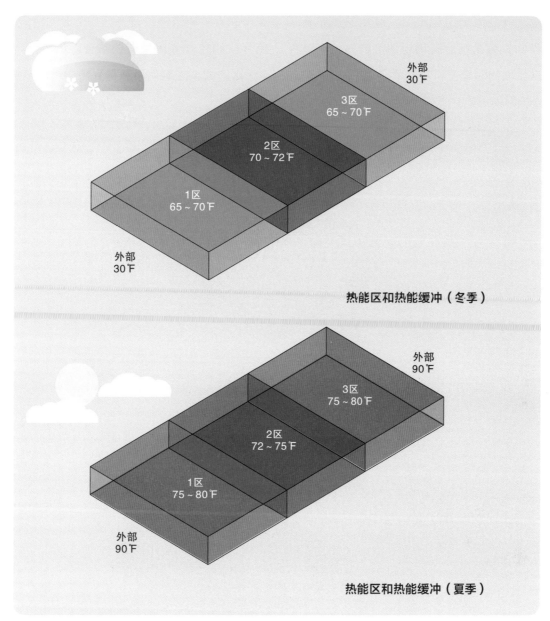

外部
30℉

3区
65～70℉

2区
70～72℉

1区
65～70℉

外部
30℉

热能区和热能缓冲（冬季）

外部
90℉

3区
75～80℉

2区
72～75℉

1区
75～80℉

外部
90℉

热能区和热能缓冲（夏季）

■ 图5.47 热能区和热能缓冲。

日光室和阳光地带可于热主导型的气候里应用，为诱导式地加热相邻空间提供了一种手段。这类技术包括高热增益性空间的创意，也常因为以下情况而更加有效：在夜间使用的空间中，为了储热而集结了热容量。因此需要在阳光地带和附近需要热量的空间里控制和调整热转移（见图5.49）。当建筑中不需要热能时，阳光地带也有一种防止获取太阳能的方法。另外，需要有效地谨慎设计和充分控制阳光地带，确保在凉爽季节不引入热力负载（见图5.50和图5.51）。

以建筑规划来优化热流动，这样的热能分区也需要告知机械系统的区域规划，因为这个过程会趋向以相似的热增益和热舒适需求来组织空间，并考虑有关建筑外围及外部热负载的空间的位置。热分区和建筑外围平衡的结合，如第六章所讨论的，则会减少能源使用并得到高质量的热舒适度。

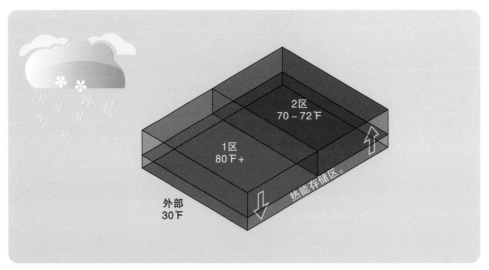

■ **图5.48** 热能存储区的高的内部热能获取（冬季）。

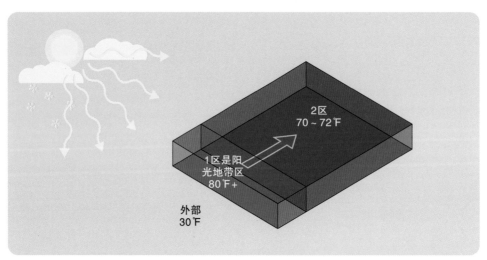

■ **图5.49** 阳光地带热能区（冬季）。

■ **图5.50** 净零能源奥尔多·利奥波德的遗产中心的热流空间，分立各门都是关闭的。库巴拉·沃夏科建筑事务所/马克 F.赫夫隆。

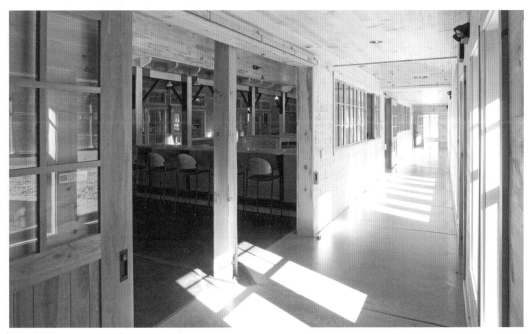

■ **图5.51** 奥尔多·利奥波德的遗产中心的热流空间，分立各门都是打开的。库巴拉·沃夏科建筑事务所/马克·F.赫夫隆。

第六章
PA 被动建筑

诱导式设计

一款新建筑

被动建筑是净零能源建筑的基本的先决条件，带来了融建筑能效于建筑物表里内外的重大机遇。诱导式设计强烈影响了建筑的形式和细节，它是很具体的项目参数的响应，例如气候、微气候、场所和程序。从这种意义上说，诱导式设计不仅是一个能源的机会，也是建筑学的一个机遇。它表达了能源与地点及程序的联系，并使这种联系变得美丽、功能化和意义化。这是净零能源建筑的特征中最显著的一个。

建筑能效目前的重点，以及气候变化中的建设环境的角色，都是革新最强大的动力。今天最著名的建筑物都成功采用了诱导式设计策略，并因势利导，带动了那些为维护行业领导位置而投资于这一设计方法的公司。在响应能效建筑的今天，少数的实践先行家们为低能耗诱导式设计解决方案提出了引人注目的新例证，使得建筑行业达到了一个突破点（见图6.1）。这个突破点是主流化采纳净零能源建筑方式的关键，标志着一款新建筑的形成。

■ 图6.1 伦敦的市政厅，由Foster+Partners建筑事务所设计，一种极端的、以减少建筑外围太阳辐射为特色的设计建筑形式。

历史情境

诱导式策略作为中世纪前期世界建筑的基本特征得以确立。事实上，大多数的诱导式策略千百年都在建筑界普遍存在着。20世纪的时光中，随着空调的普遍采用和廉价能源的开始供应，建筑不一定再受气候条件的左右了。控制建筑内部环境严格达标的人为能力，几乎可以促成所有的建筑解决方案。当然，这也导致了对新建筑形式和材质的探索，更导致了有关能源和诱导式设计的建筑专业知识和过程的缺失。进一步讲，这促成了建筑居住者期望的内部环境的控制和条件的改变。人们变得习惯于全年人工调节温度和照明水平。可能诱导式设计和净零能源的重现影响了新一代的建筑趋势。

古代文明通常以非常简单巧妙的示例法，利用诱导式设计改变热舒适度——如科罗拉多州梅萨维德的阿纳萨奇崖民居（见图6.2）。这些悬崖民居公元1100—公元1300年就被建成和使用了，它们是由悬崖峭壁边的天然形成的砂岩壁龛组成的。外悬的峭壁不但在夏天提供阴凉，保持屋子的凉爽，而且在冬天允许阳光的渗透，保持屋子的温暖。外悬的峭壁和柱子还能防风、防雨和防雪。石制的悬崖壁龛和石头结构拥有大量的热能，有助于调解温度变化，其重要的功能是，在吸收冬季的太阳能的同时再将其热量辐射到屋子里。墙上都开有孔洞，这些开口和通路促使气流进入房间。不难想象，这样管理下的民居是如何提供微气候，使得屋内冬天相当温暖、夏天相当凉爽的。这是所有建筑师都应该上的一课。

一个区域的本土建筑为研究如何应用气候响应法建房提供了线索。对于了解新的项目定位，甚至有人在做的重新调查定位工作来说，研究本土建筑的工艺都是有效的方法，这方面的例子随处可见。中东地区的温度非常高，最大程度地打造遮阳处和优化气流的建筑传统，已有很长一段历史了。庭院和紧凑空间的建筑物创造了阴凉的微气候和建筑表面，同时也便于自然通风。高高的风塔加强了通风性，因为这里可以捕捉和重定向屋顶轮廓线上方的习习微风（见图6.3）。大量吸热的建筑材料，有助于对一天中的温度最高峰值起缓冲作用。

■ **图6.2** 科罗拉多州梅萨维德的阿纳萨奇崖民居。

净零能源建筑代表了重现和合并过去建筑的最好策略的绝好的机会；记住：很久以前所有建筑就都是净零能源了，因为那时它们没有使用化石燃料能源。当然，意图也不是复辟过去的建筑，因为有关建筑的当代想法已经进化了。进一步讲，这些建筑利用诱导式设计，但它们的确不必要一直要保证最好的内部环境质量——也肯定不能与今天的标准比较。净零能源建筑给我们机会来应用最好的久经考验的诱导式策略和今天最好的确保未来能源安全的技术，同样也设置了舒适、愉悦和具建筑价值的新标准。

■ **图6.3** 伊朗的亚兹德的庭院和风塔。

诱导式设计定义

诱导式设计被定义为利用建筑和气候提供制热、制冷、通风和照明，另一种定义的方法是建筑利用来自环境中最丰富的免费能量。诱导式设计使提供符合低能耗需要的高质量的内部环境成为可能，这个无源系统的经典或技术性的定义是一个不要求输入任何有源系统或额外操作常规能源（制热、制冷、通风和照明）的策略。

一个诱导式净零能源建筑的目标是无论是否可行都基于建筑使用和天气条件自由滚动叠加。自由滚动的意思是传统的有源系统不使用，诱导式策略本身就可以满足建筑居住的需要。然而，鉴于它们的动态本质，诱导式策略通常不能被指望符合制热、制冷、通风和照明的需要。因此，建筑将仍需要有源系统支持无源系统或当诱导式策略不可用时可以调节建筑。诱导式策略基本上不能替换主动的建筑系统，但在一年的大部分时间里，它们通常取代主动策略或与其合作。这种有源、无源混合式的解决方法导致混合模式的建筑，它们被设计成在各种模式下操作，这意味着诱导式策略的优化，基本模式包括了无源模式（自由滚动）、有源模式或有源、无源混合模式。

实际上在好的低能耗的诱导式设计里，主、无源系统之间的界限一直是模糊不清的。在本章中所讨论的许多诱导式设计策略都包含有源系统的合成。我退回到作为这些策略对诱导式设计的定义，这些策略需要建筑上对气候提供制热、制冷、通风和照明的响应。在这些情况下很难定义一些混合策略主要是有源的还是无源的，区分不是非常重要。一个成功的净零能源建筑将是不可分的，有时是不易察觉的有源、无源系统的集成。

设计一个只有有源系统的传统建筑肯定要比设计混合模式的建筑要简单得多。部分原因是建筑专向的诱导式及混合型设计的系统知识很少。诱导式设计知识的缺乏，与设计100%的主动建筑的精通和轻松相比，真的是被动和混合建筑中最大的障碍之一。诚然，这个障碍我们必须克服，我们有相当大的有价值的机会改进建筑的质量和有效性。

诱导式设计一个最突出的、最重要的特性是艺术和科学的完美结合。事实上这是建筑设计的基础。建筑设计学作为建筑基础的重新定位有益于诱导式设计实践的进步。

本章作为初级读本旨在为一个建筑体的诱导式策略提供设计学服务。重点关注作为基本的建筑设备的建筑包层使用气候响应的诱导式策略。因为大量优秀的文献已经存在诱导式策略的实施，本意集中指导开发一个净零能源建筑的诱导式策略，努力帮助建立一个设计学概要的架构。

推荐的诱导式设计读本包括：G.Z. 布朗和马克·迪科所著的《太阳、风和光：建筑设计策略》；诺伯特·莱奇恩《制热、制冷和光照：建筑的可持续设计方法》

设计学

热能设计学

对于诱导式策略和低能耗系统应用到净零能源建筑中的做法而言，能够掌握建筑中管控热力流体的基本参数和公式是基本功。最重要的是，这给设计者设定了广泛的背景，它会在能源建模和建筑系统设计中无处不在。其中概念和简单的计算能用于快速测试不同的设计决策，尤其是那些触及了建筑包层的设计。它们也能用于发现不同时期建筑中相对量级的热流动，并可以列举基本的热能设计准则。

热力也是由于传导、太阳辐射、渗透、通风等过程而流动的，所以内部热增益是可整合起来的，决定任意时间的热增益或热损耗总量。通常把设计温度或极端接近的夏季和冬季温度等因素计算在内，但这不可能顾全任何所研究的温度情况。设计温度以及相关的热流动很重要，因为它们代表了峰值负载和决定了系统的规模。冬季热损耗峰值的查证相对简单，因为假设了太阳辐射在最冷的温度里并不影响热损耗，而整体的冬季热流动是会受到太阳辐射影响的。太阳辐射是夏季温度设计的主要因素，正如它全年影响着热流动，很难使用简单的计算方法来证实。任何表面的太阳辐射量都是高度动态的，会根据表面处的照射方向和一天中的不同时段发生改变。

除以上本书讨论的简单做法外，另外也有几种被用于评估阐释太阳辐射性的热流动的计算方法，比如太阳-气温法。ASHRAE便开发了转换功能法和制冷负载温度差异法（CLTD）作为可用的太阳-气温法。幸运的是，能源建模和负载计算软件，使得解释热流动的动态性质及热能峰值的更准确计算手法变得相对简单了，而评估年度的使用能源也变得轻松许多。

热能负载

任何建筑的热能负载都是内外部热条件的复杂组合，建筑包层性能能够缓和两者的热能负载（见图6.4）。外部环境能生成一个建筑的所有热转移模式的热能负载——传导、对流和辐射。通过建筑包层的热能传导、通过玻璃的太阳辐射增量及空气的渗透，都创造了建筑周边区域的热负载。撇开周边负载不谈，内部的主要热能来源是从人类、照明和设备中的内部热增益。热能设计则是根据外部的环境，控制周边的热负载和控制内部热增益的负载。

热传导

通过包层的热流动是整个建筑能量使用方面的一个主要因素。这在拥有高热或高冷"度日"（degree-day）计数的区位的建筑里显得尤其真实可信，因为那里内外部的温度明显不同。通过建筑包层的热传导包括来自传导、对流和辐射的影响。注意这个性能排除了通过玻璃的太阳辐射影响和通过空气渗透的对流影响，这两种影响需要分别来量化。

通过建筑包层的材质产生的传导、对流和辐射驱动着热传导。如果外部比内部热，热就通过建筑包层的材质从外部传导进来，创造热增益。如果内部比外部热，热就通过建筑包层来传导并变成热损耗了。对流通过建筑包层的气膜和气孔引发热流动。太阳辐射能够增加外部表面温度，使之高于相邻的外部气温，因此，要通过包层增加热传导。为了通过包层了解热流动的目的，太阳-气温的概念是外部气温的一个代表，意味着等同于在外表面太阳辐射的附加效应。

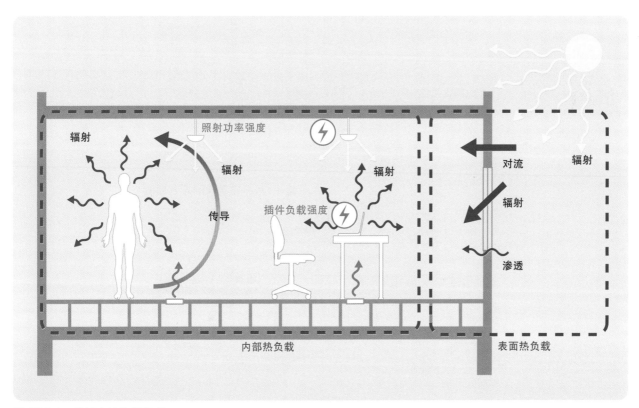

■ **图6.4** 建筑中的热能负载。

影响热传导的主要因素是建筑包层的内外表面温度差异和建筑包层阻止热能流动的能力。通过材质和装置的热能阻碍及转移由3个相关因素定义和量化：热传导、热绝缘能和热传导。

材质的热流动性能

- **热传导系数（C值）**：测量通过1平方英尺规定厚度材质的每小时热流的量度，单位为Btu，材质的两个表面有1℉的温度差。C值是每小时Btu热能的量度，单位是Btu/h•ft²•℉或SI单位W/m²•°K(见图6.5)。

- **热绝缘系数（R值）**：C值的倒数；因此也是，测量经规定厚度为1平方英尺的材质发生的1Btu热量传导所需的量度，会有1℉的温差。R值的单位是h•ft²•℉/Btu或SI单位m²•°K/W(见图6.5)。

- **传热系数（U值）**：通过装配材质的每小时Btu热能传导，包括装置两侧的空气膜。U值与C值有同样的单位，通过1平方英尺的建筑装置来测量，有1℉的温差。U值通过装置的总R值的倒数来计算。注意U值的总值不尽相同，并会导致装置的误差值。

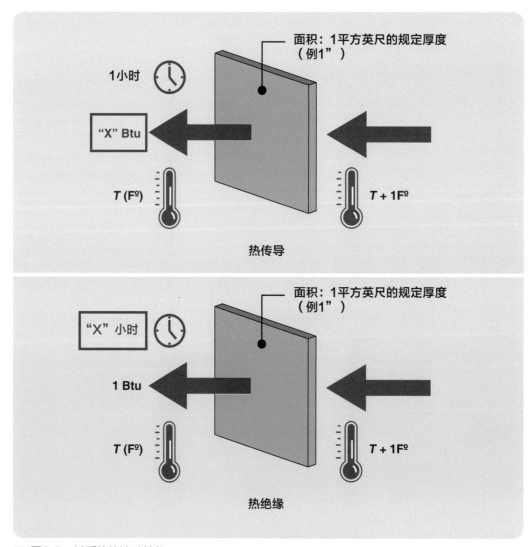

■ **图6.5** 材质的热流动性能。

U值是通过1平方英尺的建筑装置内外表面有1℉温度差时每小时热量的传导Btu，所以以下的基本等式可用于量化通过建筑包层的装置或组件时的热增益或热损耗。在这个等式中，Q指Btu每小时的热增益或热损耗，U指装置的传热系数（U值），用Btu/h·ft²·℉作单位，A指每平方英尺内的装置面积，ΔT指内外温度差，用华氏度表示，如果已知太阳-气温，就可以算出外部温度：

$$Q = U \times A \times \Delta T$$

图6.6的例子阐述了通过1平方英尺建筑包层的热传导R值为10.0这种时候的热损耗，设计温度基于科罗拉多州丹佛市的冬季。ASHRAER指南——基本元素是不同位置设计温度的来源。这个例子是在墙体的条件下，屋顶条件也是同样的步骤。

不同的温度可以反映不同的研究条件，可成为制热或制冷日的设计，它们能够提供热/冷负载峰值。另外，热/冷度日可用于量化每年的热/冷能值。为评估度–小时（DH），许多地方的年度日数是24小时，确保了使用有关你的项目温度平衡点的基准温度。冷度-小时不能反映太阳-气温的影响，因此使用会谨慎的。

$$Q = U \times A \times DH$$

在许多来源中发现热/冷度日，这两个都是ASHRAER指南所说的——基本元素和在线资源www.degreedays.net。后者能够计算不同基准温度的度日数。

渗透和通风

所有居住的建筑都需要有新鲜的空气，因此建筑物必须提供与外部空气的交换。外部空气通

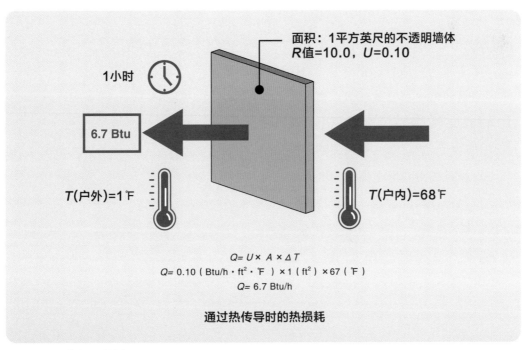

面积：1平方英尺的不透明墙体
R值=10.0，U=0.10

1小时

6.7 Btu

T(户外)=1℉   T(户内)=68℉

$Q = U \times A \times \Delta T$
$Q = 0.10 \, (Btu/h \cdot ft^2 \cdot \text{℉}) \times 1 \, (ft^2) \times 67 \, (\text{℉})$
$Q = 6.7 \, Btu/h$

通过热传导时的热损耗

■ **图6.6** 热传导举例。

过渗透和通风进入一个建筑内。通风是受外部空气的引入控制；渗透不受通过建筑包层的外部空气的引入控制。当外部空气现有的温度与内部的设置温度有差异时，外部空气无论以哪种方式进入建筑都能变成热能负载。

随之而来的、大力减少渗透和优化新鲜空气需要的通风，成为低能耗和净零能源建筑的一个重要策略。由于通风受控制，有大量机会可减少有关通风能量负载。首先，把外部空气比率降到最小，提供并保持健康舒适的内部环境。这是能量使用和通过加强内部环境质量而提高空气流通率的一个微妙平衡，而且必须在每个项目基础中解决。需要控制通风是基于监管空间中二氧化碳而调整空气流通率的一个策略。为进一步节能，排气能够无源地制热或制冷，热恢复系统是限制排气的热能需求的常见方法。

渗透和通风的另一种重要影响性是潜伏热，当外部的湿气进入空间时，潜伏热也被转移到建筑内。在某种气候或某个季节里，引入外部湿气是一种载荷。渗透是不受外部空气的引入控制的，不能被除湿。受控制的通风能被除去湿气，如同所需要的热舒适，减少空间中增加的潜伏热。当排气从初始热量和建筑的制冷系统里减少，就可以达到高级别的降能。这种方法包含了外部空气系统（DOAS）使用的功劳。由于有大量所需的空气可以提供通风，这种排气明显低于传统空气系统在一个空间制热或制冷需要的能量，一个DOAS是降低了的潜伏负载，也是一个降低了的显负载，因为排气不用调节制冷或制热供应所需的温度极值，即使它也需要调节空间（这是低能耗的概念，将在第七章讨论）。

空气流通率也能在整个建筑体积内每小时空气变化（ACH）中量化，或每平方英尺面积或每分钟立方英尺（CFM）中量化，或CFM每个人中量化。空气渗透率在每平方英尺包层每分钟立方英尺中量化。下一个基本等式通过空气流通或渗透量化热损耗率或热增益率，其中Q指Btu每小时的热增益或热损耗；1.08代表平均条件下以体积度量的空气的热能力，乘以每小时60分钟，用Btu•min/h•ft³•℉作单位；CFM指每分钟立方英尺空气流通或渗透的体积（乘以每平方英尺CFM率除以面积）；△T指内外温度差，用华氏度表示：

$$Q = 1.08 \times CFM \times \triangle T$$

图6.7的例子阐述了通过1平方英尺建筑包层，空气渗透率为0.40CFM每平方英尺包层时的热损耗，设计温度基于科罗拉多州丹佛市的冬季。

这个等式也能基于空气变化每小时来使用。注意：空气变化每小时•空气体积=立方英尺每小时：

$$Q = 0.018 \times ACH \times V \times \triangle T$$

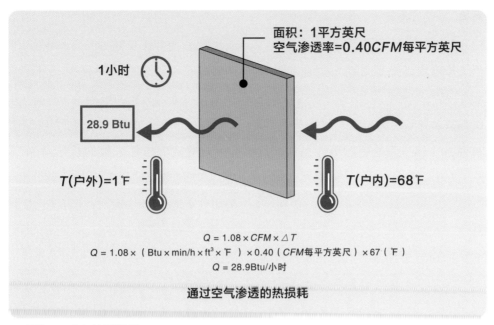

■ 图6.7 空气渗透举例。

太阳辐射

透过玻璃的太阳辐射是转移到建筑内部的显著热能来源。当辐射通过所有的建筑包层装置、包括通过太阳-空气效应的不透明和透明的建造驱动热传导时，太阳辐射的主要影响是来自玻璃的辐射。无论户内外温度是否存在差异，透过玻璃装配系统的太阳辐射创造了内部热增益。当建筑在制冷模式下，太阳辐射增加了更多的制冷负载。当建筑在制热模式下，太阳辐射变得受欢迎了，但要谨慎设计防止过热。

玻璃容易接受太阳辐射这种传导，玻体部分的设计可以减少辐射转移。透过玻体部分的太阳辐射主要影响热增益的因素有，太阳辐射直射玻璃表面的总值和玻体部分的性能，特别是玻体部分的太阳热增益率，或SHGC。SHGC是通过玻体部分入射太阳辐射传导的百分比，用小数表达（玻璃装配系统设计的更多细节将在本章"建筑包层"的部分讨论）。

另外染和涂都可以应用于玻体部分来减少太阳辐射的转移，玻体部分的物理阴影能够减少或消除直接的热增益。物理阴影效应也需要考虑，结合玻体部分的SHGC效应，决定如何减少太阳热增益总值。

下面的基本等式可用于量化通过窗户的太阳热增益。Q指Btu每小时的热增益率，G指入射玻体表面的总辐射值，单位是Btu/h•ft^2，A指玻体面积。

$$Q = G \times A \times SHGC$$

图6.8的例子阐述了通过1平方英尺建筑包层玻体部分的SHGC为0.30时的热增益，总体入射值来源于科罗拉多州丹佛市8月份南向垂直的窗户。NREL在建筑物的太阳辐射数据手册中公布了太阳辐射值，是免费可用的，在线网址http://rredc.nrel.gov/solar/pubs/bluebook/bluebookindex.html。像METEONORM 和Ecotect这样的气候分析软件也能生成不同方位的太阳辐射值。

内部热增益负载

建筑程序影响从居住者、照明和设备而来的内部的热增益源。每项内部热增益的负载都能被分别得出；或它们被合并起来量化总的热增益。注意照明和设备负载会导致电力负载及附加热负载，这两个负载可经过工作中有价值的节能见效而得到减少。

居住者热增益

居住者的热增益与居住人数、居住密度和他们的身体活动性质有关。居住者增加了内部的显热和潜热，两者合在一起就提供了总的热增益；但对于诱导式策略和某些低能耗策略，比如蒸发制冷和辐射制冷，只移除了显热。

居住者的热增益直接与程序有关，通常不代表热增益减少或控制的机会，因为从大局来看，低的居住密度要求更大的建筑，因而对整个资源的使用会有更大的负面影响。

以下3个基本等式量化了居住者的热增益。Qos是既定的居住人数的显热增益，SHG是每个居住者的显热增益，O是居住者数量。Qol是既定的居住人数的潜热增益，LHG是每个居住者的潜热增益。Qot是合并的、总的既定居住人数的显、潜热增益之和。注意如果不知道居住人数，就由预期的居住密度×面积得出。另外，等式能使用作为居住密度（每平方英尺人数）的O决定每平方英尺居住者的热增益。

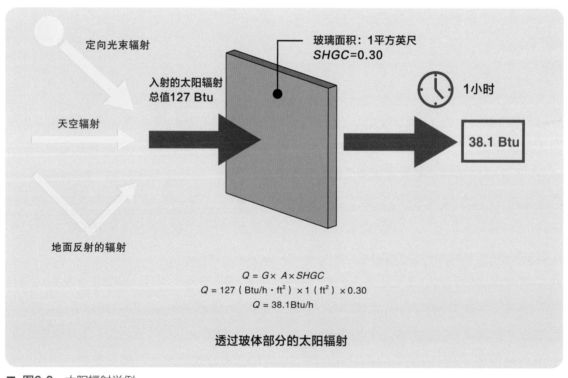

玻璃面积：1平方英尺
$SHGC=0.30$

定向光束辐射

入射的太阳辐射
总值127 Btu

天空辐射

1小时

38.1 Btu

地面反射的辐射

$$Q = G \times A \times SHGC$$
$$Q = 127\ (\text{Btu/h} \cdot \text{ft}^2) \times 1\ (\text{ft}^2) \times 0.30$$
$$Q = 38.1\text{Btu/h}$$

透过玻体部分的太阳辐射

■ 图6.8 太阳辐射举例。

$$Q_{os} = SHG \times O$$
$$Q_{ol} = LHG \times O$$
$$Q_{ot} = Q_{os} + Q_{ol}$$

图6.9阐明了1平方英尺空间内人们生成的内部热增益。例子假设一个办公类型的居住密度是固定的，他们工作轻松，显热和潜热增益值基于人们的活动水平，可以在"ASHRAE指南——基本元素"中找到，同样在"建筑的机械和电力设备"中找到，作者是沃尔特 T.格朗德内克，艾莉森 G.考克，本杰明•斯坦和约翰 S.雷诺兹。

照明的热增益

照明可作为内部热增益的一个主要来源，照明功率强度和内部热增益之间有着直接的联系。安装更有效的照明装置会减少照明热辐射，所以要安装低强度的照明装置。进一步讲，利用基于天然日光可用性或占用性的关灯或降低亮度的灯控策略也可以减少热增益。简单地说，节能也将减少内部的热增益。

量化因照明而起的内部热增益，就须把考虑安装于建筑或空间里的电灯的瓦数计算单位改成Btu/h，如下面的等式所示。注意这会导致因照明功率强度而起的内部热增益，所以计算被调整为：通过应用一个适合的百分比来解释照明的规程和控制情况，特别是在观察这类计算一段时间后要用到这个百分数。Q 指照明的热增益率，用Btu/h表示；LPD指每平方英尺瓦特的照明功率强度（如果必要，可以解释照明的规程和控制）；A 指每平方英尺面积。

$$Q_l = 3.412 \times LPD \times A$$

图6.10阐述了照明的内部热增益，假定了典型办公楼建筑的照明水平。

设备的热增益

安装在建筑里的设备生成内部热增益。典型的例子是办公大楼里的计算机和服务器设备。与减少照明功率强度同样的逻辑应用于设备，通过选

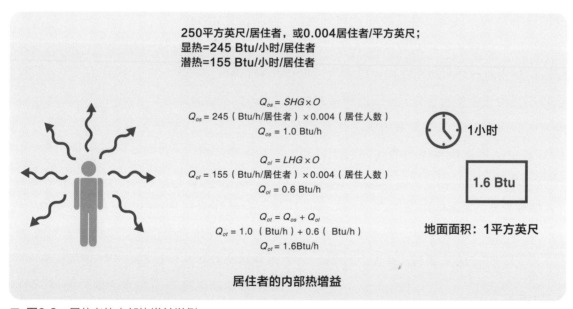

250平方英尺/居住者，或0.004居住者/平方英尺；
显热=245 Btu/小时/居住者
潜热=155 Btu/小时/居住者

$$Q_{os} = SHG \times O$$
$Q_{os} = 245$（Btu/h/居住者）$\times 0.004$（居住人数）
$Q_{os} = 1.0$ Btu/h

$$Q_{ol} = LHG \times O$$
$Q_{ol} = 155$（Btu/h/居住者）$\times 0.004$（居住人数）
$Q_{ol} = 0.6$ Btu/h

$$Q_{ot} = Q_{os} + Q_{ol}$$
$Q_{ot} = 1.0$（Btu/h）$+ 0.6$（Btu/h）
$Q_{ot} = 1.6$ Btu/h

1小时

1.6 Btu

地面面积：1平方英尺

居住者的内部热增益

■ 图6.9　居住者的内部热增益举例。

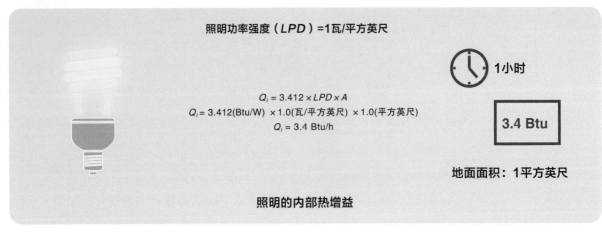

照明功率强度（*LPD*）=1瓦/平方英尺

1小时

$Q_l = 3.412 \times LPD \times A$
$Q_l = 3.412(\text{Btu/W}) \times 1.0(\text{瓦/平方英尺}) \times 1.0(\text{平方英尺})$
$Q_l = 3.4 \text{ Btu/h}$

3.4 Btu

地面面积：1平方英尺

照明的内部热增益

■ **图6.10** 照明内部热增益举例。

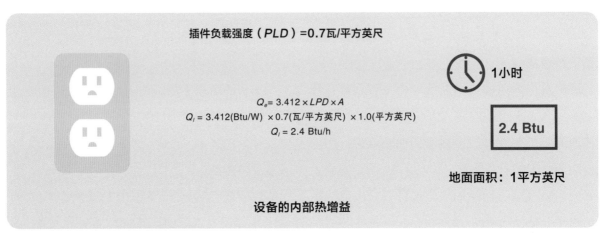

插件负载强度（*PLD*）=0.7瓦/平方英尺

1小时

$Q_e = 3.412 \times LPD \times A$
$Q_l = 3.412(\text{Btu/W}) \times 0.7(\text{瓦/平方英尺}) \times 1.0(\text{平方英尺})$
$Q_l = 2.4 \text{ Btu/h}$

2.4 Btu

地面面积：1平方英尺

设备的内部热增益

■ **图6.11** 设备内部热增益举例。

择节能的设备和应用减少插件负载和过程负载，在不使用的时候保持关闭将减少内部热增益。设备和应用的热增益计算与照明相同，要求用量化安装设备的瓦特得出使用进度。一个插件负载的强度或安装设备和应用的总量被用于量化负载。下面的等式中Q_e指设备和照明的热增益率，用Btu/h表示，*PLD*指每平方英尺瓦的插件负载功率强度，*A*指每平方英尺面积。

$$Q_e = 3.412 \times LPD \times A$$

图6.11阐述了使用一个典型的办公建筑的插件负载强度，设备的内部热增益。

内部热增益总值

内部热增益总值（Q_i）是人、照明、设备和应用的总和：

$$Q_i = Q_{os} + Q_l + Q_e$$

见图6.12。

比较建筑中几种热增益和热损耗的不同来源的相对影响是有价值的。注意在前面的例子里，每种热增益和热损耗都基于不同的面积单位；例如：不透明的墙体面积对玻璃的面积。如果各自的面积已知，那么各种热增益和热损耗建筑的地面面积就可以标准化了。进一步讲，这些例子的看

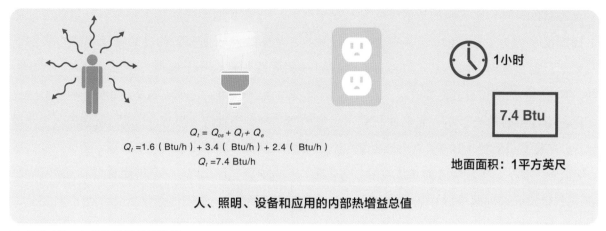

$$Q_t = Q_{os} + Q_l + Q_e$$
$$Q_t = 1.6 \text{ (Btu/h)} + 3.4 \text{ (Btu/h)} + 2.4 \text{ (Btu/h)}$$
$$Q_t = 7.4 \text{ Btu/h}$$

7.4 Btu

1小时

地面面积：1平方英尺

人、照明、设备和应用的内部热增益总值

■ 图6.12　内部热增益总值举例。

法是以数　　可能是峰值负载次数。实际年度的能量计算包括更多的变量。这种简单等级的计算是为理解概念等级的建筑能源问题和比较不同热流动的相对重要性。在考虑一个建筑的温度平衡点时，须进一步讨论这个观点。

平衡点

当建筑物在制热和制冷模式下转化时，平衡点温度指外部气温。户外温度在平衡点以下，建筑将制热；相反地，户外温度上升在平衡点以上，建筑将制冷。另一种说法是，平衡点温度是建筑不需要制热和制冷时的条件。

平衡点概念一个有趣的元素是基本上只考虑气候和建筑，这个概念对建筑师和设计师在早期的设计进程中的考虑非常有用，它有助于定义气候、程序和温度的热能交互作用。平衡点依赖气候、建筑程序、体块和建筑包层的设计。所有这些因素都影响着建筑内的热流动。由于许多因素是变量，比如建筑使用和天气，所以平衡点温度也不是静态的；它随着这些变量改变。此外，这是一个热平衡概念，因此可用于测试基于不同天气和建筑使用场景下的体块和建筑包层的决策。

探索更多有关平衡点温度的细节可参考G.Z.布朗和马克·迪科所著的《太阳、风和光：建筑设计策略》和密尔沃基州的威斯康星州大学的米歇尔·尤雷格和詹姆斯·韦斯利在1997年题为"建筑平衡点"的论文。论文被作为美国加州大学——伯克利重要标识系列的一部分出版。

光能设计学

光能或照明，同热能一样，是建筑设计学的中心。理解光的主要性能形成了应用日光策略和实施能效照明系统的基础。另外知道关于光的基本物理现象，对光的基本测量和度量标准有一个了解很重要，尤其是对建筑环境中的日光的了解。

光的性能

光是能量，光是电磁辐射的可见光谱，是全部电磁光谱中一小块光带，包含的波长约在400~700纳米之间（见图6.13），在这个范围里，光的所有颜色都能产生。所有的可见光波长都包含白光，相反，所有的可见光波长都缺少黑色光。日光相对统一颜色的光谱产生高质量（全色）白光，能够透射出彩虹的所有颜色。

光的颜色和波长比正确的透射表面颜色更重要；控制能量也是最基本的。当具体的波长或颜色从表面反射出来时，颜色是可以通过眼睛感知到的。不能反射的波长被表面吸收。

白色表面反射的光最多，光的波长范围反射得越广，热能量反射得也越多。黑色表面却完全相反，吸收最多的光，因此吸收的热量也多。这个原则在一个建筑外部的热负载中扮演重要角色。高反射率的颜色在分散的日光中也扮演了一个角色。

光与表面和物质在多种可以计量的方法中相互作用。从表面反射的光总量除以直击表面的入射光总量作为一个比率，称作反射率，或反射系数，值域在0~1之间，或0~100%。不反射的光被吸收了。当直击表面时，光反射所在的那个角度称作入射角，然而反射本身会反射、漫射或把两者结合起来，见图6.14。一个粗糙的或不光滑的表面质地漫射光，由于表面角度有许多微小的变化，反之，一个绝对平滑的和抛光的表面会引发直接的反射。

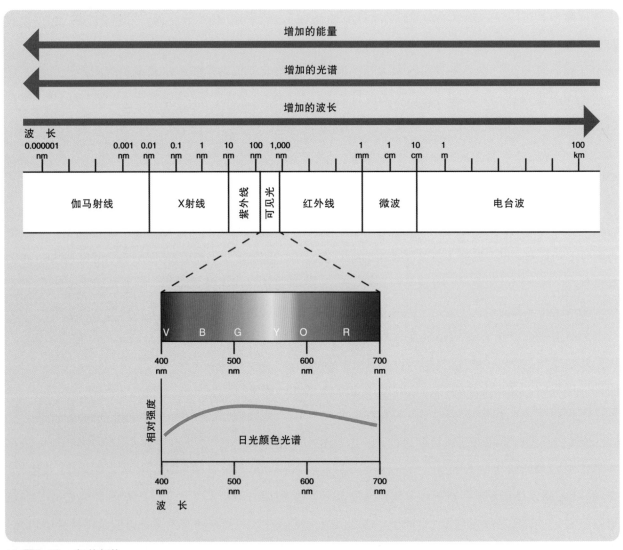

■ **图6.13** 电磁光谱。

物质可以反射和吸收光，但清晰的和半透明的物质也能传导光。传导或传导系数，等于传导的光总量与光通过这个物质时直击表面入射的光总量的比值。半透明的物质像传导一样漫射光，也会模糊透过物质看东西的能力。

另外要定义光的颜色和表现，能够定义光的数量是重点。光效是视觉可以感知的辐射能量或数量，光的测量单位是流明•秒（lm•s）。光效的时间或流动是指发光的流量，用流明•秒或简化为流明（lm）表示。光通量也是用功率测量，但不同于辐射流量（电磁辐射的总功率用瓦来测量）。测量人类双眼可以感知光能的功率基于波长。例如，波长555纳米，683流明就等于1瓦。一个光源的有效测量称作光照度，是光通量的输出与输入功率的比值，用瓦或流明每瓦为单位。光强是基于方位测量光流动的强度。光源能够分散光或窄的流量（光斑）变得更高密度或更宽泛的低密度（溢满）。光强单位是坎德拉，指1流明每球面度（固定角度），见图6.15。

以上这些经过描述的概念，仅仅量化了从一个光源散发出的光。在建筑光照设计中，表面光的测量须首先被关注。照明度是每块表面上光流量的量度，勒克斯指每平方米1流明，英尺烛流明（fc）指每平方英尺1流明；1 fc=10.76 lux，我们在工作平面上测量用英尺烛数据，但被反射到眼睛的光则用照明度来测量，照明度指我们感知到的光强的等级，用每单位面积的光强来测量（见图6.15）。

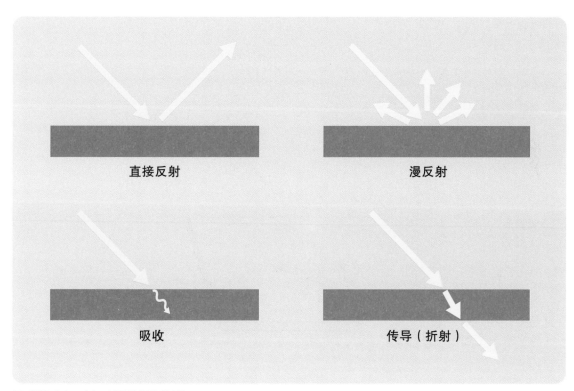

直接反射

漫反射

吸收

传导（折射）

■ 图6.14 光与表面的相互作用。

始，以英尺烛光(fc)或勒克斯lux（SI单位）为单位的光照度是照明等级的测量。光照要求能够按照其中发生的活动空间和类型而改变，光照要求也是主观的，个别需要可基于寿命和其他个人因素改变。其他因素，比如对比和眩光，也是成功的日照设计的重要考虑。

许多空间的一个重要的设计策略是分清楚环境照明和工作照明的光照要求。在像办公室这样的空间里，整体空间的环境照明低于在工作任务桌旁的照明等级。这为降低整体照明水平和节能提供了好机会，同时促使居住者需要在办公桌前有一个单独控制的任务光。

日照等级

日照设计由理解空间里的日照照明的需要开

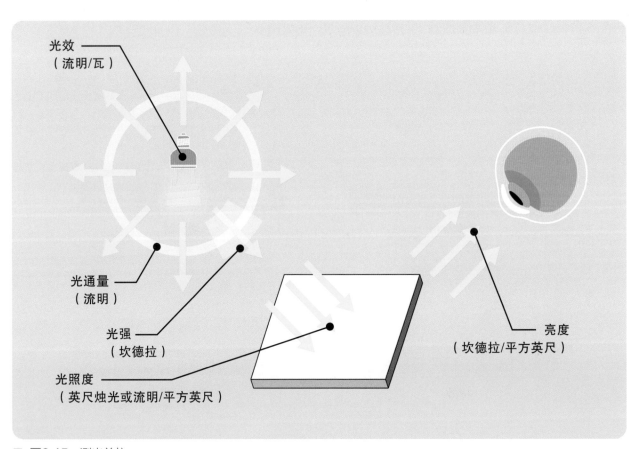

光效（流明/瓦）

光通量（流明）

光强（坎德拉）

光照度（英尺烛光或流明/平方英尺）

亮度（坎德拉/平方英尺）

■ 图6.15　测光单位。

当目标锁定为以空间使用和活动为基础的照明等级时，请记住照明等级是高度主观的，被表达为可接受的照明等级范围。日照是高度动态的，将在每天每时发生变化。过分高等级是不必要的；高的照明等级被保留在具体的照明需要区。照明需求的一个最好来源和个体空间的一个标准来自北美照明工程协会(IESNA，简称IES)。图6.16基于活动简要列出了照明等级的推荐范围，它能够指导日照设计。

LEED2009、IEQ认证8.1的日光认证要求通常被用来做日照空间的设计需求。LEED2009要求常规的占用空间在9月21日的上午9：00下午3：00在明朗天空条件下的日光照明的最小值达到10英尺烛光和最大值达到500英尺烛光。注意美国绿色建筑委员会（USGBC）只在最近使用了10英尺烛光作为最小值，替代之前要求的25英尺烛光。内部照明的25英尺烛光等级是办公室或类似空间类型的好的设计目标。

日照的质量，加上日照的数量是另一个重要的设计需要。带进更多日光或不可控的日光可能会导致高对比区和眩光区。眩光是一个特别棘手的问题，归于电脑显示器屏幕的光幕反射。眩光的控制将是任何光照策略的一个集成部分。

外部光照

外部光照和天空条件的范围以位置为特征，为日照带来可用的机会和策略。外部照明根据天空条件、一年之中的时间和一天之中的时间高度变化；它也会基于纬度和对应的太阳角（高度和方位）变化。在晴朗的、阳光普照的一天里，外部光照的范围从几千到几千万英尺烛光。一个晴朗天空的最亮的区域直面太阳，水平方向比顶点的亮度提高了3倍。在阴天，顶点是天空中最亮区，亮度会提高3倍。阴天的外部光照的范围从几百到几千英尺烛光。

天气分析软件　比如在第五章所讨论的气候顾问，是确定一个既定场所和气候的外部光照范围的最便利方式。来自天气数据文档的云量范围也是普遍可用的，理解在天空条件下的和外部光照下的范围将有助于最差条件下的开发，使得照明策略的出现解决了一系列条件。光照建模软件将使选择在任何既定的模拟运行下设计天空条件成为可能。

活　动	英尺烛光范围
方位/限制细节/偶尔使用	3~10fc
基本视觉任务/中等细节/常规使用	20~30 fc
基本视觉任务/高细节/常规使用	50 fc
具体视觉任务/极端的高细节	100~200 fc

■ **图6.16**　推荐的内部照明等级。

日照因素

日照因素（*DF*）是在阴天下建筑内部与外部的光照等级某一点的比率，它以百分比来表达。在下面等式下，*DF*是日照因素，E_i是在某一点的内部水平光照，E_o是阴天下的外部水平光照。

$$DF = \frac{E_i}{E_o} \times 100\%$$

例如，给定一个教室桌旁的照明系数是5%，阴天的外部光照是1000英尺烛光，在桌旁的光照就是50英尺烛光。系数是在建筑的某一点测量的，或者表达为整个空间的平均值。照明系数是一个有用的设计标准，因为它量化了一个空间的日照设计性能。阴天的光照一直在变化，然而光照系数是固定的；因此，如果已知所需的内部照明等级和最坏条件下阴天的外部光照，设计目标的照明系数就能够被决定和被用于测试设计选项。

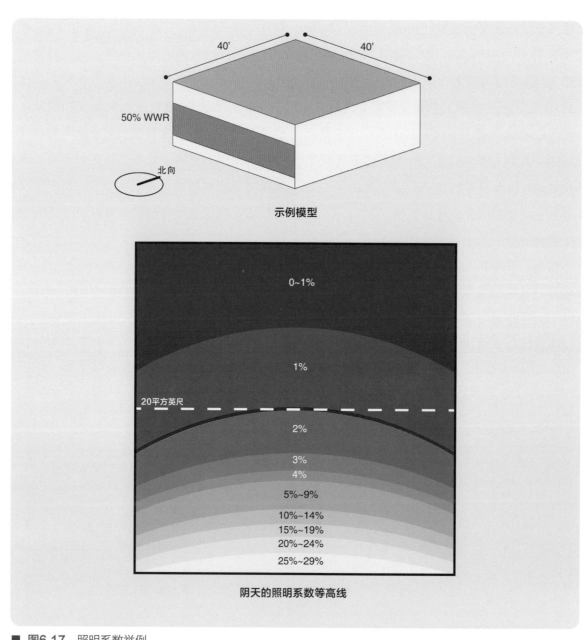

50% WWR

北向

示例模型

0~1%

1%

20平方英尺

2%

3%
4%
5%~9%
10%~14%
15%~19%
20%~24%
25%~29%

阴天的照明系数等高线

■ **图6.17** 照明系数举例。

照明系数是天空组件的总和,外部反射的组件和内部反射的组件。许多优秀的书籍,包括由葛龙德兹克等人编纂的《机械的和电力的建筑设备》一书,重点研究了日照设计和提供计算与评估照明系数的方法。日照建模软件成为确定照明系数的常见做法,照度、眩光分析和其他日照属性也是如此。见图6.17利用日照建模软件计算照明系数的例子。

照明系数的一个主要缺陷是它不能量化照明策略并利用晴朗天空或控制直射日光。在冬天的一个低太阳角度下,阴天条件代表照明等级最低的一个最差天空条件;晴天条件和直射阳光的穿透周期代表眩光和视觉舒适度的一个最差的天空场景。单一依赖照明系数作为设计性能的度量标准,会潜在地导致强光照明和眩光问题。

动态日照性能

有许多动态变量直接影响日照性能,包括变化的太阳角度、天空条件、居住模式和可操作的窗帘使用模式。照明系数提供一个长久的静态的度量标准,重点考虑长久的日照性能。由于日照的高动态性质,使用计算机模拟已经是测试设计解决方案和评估性能的主要手段。

评估一个空间内日照的年度性能的普遍方法是测试季节条件。这样做能够给设计者一个对设计日照性能的年度变化的理解。季节变化通常在夏至日、冬至日、春分和秋分日被测试,这些季节性周期将在阴天和晴天条件下被测试,也被用于在上午(9:00)、中午和下午(3:00)的情况下检测。

日照自治

如前所述,日照系数是日照性能的一个静态标准;但也有关于日照自治的一系列的动态日照性能标准能为长久的日照性能和节能提供更深理解。

日照自治是一个测量设计等级的空间拥有日照时间百分比的度量标准,这项措施只能测量空间某一点;但是多个点可以聚合为整个空间。通常认为的公制小时数是指考虑拥有日照的小时数,而不是1天24小时。然而,为符合具体的项目需要可能会修改小时数。

对于基本日照自治措施的一个有益的修改,是按设计照度等级下按比例计算所获的全部光照。这种度量标准被称为连续日光自治,在2006年由扎克·罗杰斯开发,他是《可持续建筑设计的动态日照性能标准》的合著者。另一个有用的修改是考虑日照自治最大值,在这个案例中,基于一个空间的所需的最高照度等级去评估设计照度的最大临界值,以时间的百分比计算,最大设计照度高于日照值,是眩光问题和定向光束的表示。LEED2009已建立500英尺烛光为最大值。其他专家,像约翰·马达捷维克(mardaljevic)和阿扎·那比尔(azza nabil),建议最大临界值低到2000lux(约等于200fc)。另一个方法是使用所需的对比率设置一个光照等级的最大临界值,例如1:10。在这种情况下,如果设计照度是25fc,那么最大值就是250fc。

建筑包层

建筑包层是建筑界面的外部环境和气候的前线，这意味着它在诱导式策略的实施中扮演着重要角色，因此被整合关于方位和体块的决定，同时还有机械和电力系统的整合。建筑包层必须平衡诱导式策略的需要，诸如日照和自然通风要求气候渗透到内部，从热能角度看整合和性能的需要。建筑包层是任何建筑能效的关键因素，但它对于净零能源建筑的性能更是绝对至关重要的。

使包层中性化

使包层中性化的概念意指，使包层中性化的热负载是净零能源建筑的诱导式设计方法中的关键元素。建筑包层的设计需要寻址和中性化热能的传导、对流和辐射负载相关的热传导、太阳辐射和渗透。

解决净零能源建筑包层的中性化的技术话题让人眼花缭乱，甚至更大数量的技术和新兴技术都能提供解决方法。一个整体的指导方针试图使建筑包层中性化的设计变得尽可能简化和直接，细节上的综合和遵循很重要。谨慎地选择使用技术，关注成本效益和整合方法。使用蛮力的技术方法，一层一层的技术附加到建筑上，导致一个过度复杂的建筑，也将是一个昂贵的建筑，也很难维持下去。这不是说创新将会受阻；创新是更多关于如何应用和整合技术而不是技术本身的问题。

使包层中性化从优化建筑体块和方位开始。场所的太阳和风的情况将影响基于方位、包层英尺英寸和遮挡太阳辐射或阻止风渗透的场所障碍物的热负载。玻璃的遮挡能力也直接受方位的影响，另外在高水平的太阳辐射下的炎热气候里，太阳-空气效应会对建筑物表面产生剧烈的影响。事实上，位置也具有高的太阳角度，在屋顶的太阳-气温就会极高，大屋顶面积的商用建筑是一个主要的热增益源。使用凉爽的屋顶、绿色屋顶和遮荫的屋顶都会降低太阳-气温和生成热增益（见图6.18）。

适当的方法、体块和场所规划，都会使热负载易于克服；当匹配设计上清晰而详细的建筑包层时，这些也都是让包层成功中性化的关键。设计包层通过叫墙体高度隔热得以在低传热系数（U值）的状况下组合成功，其中就包括使用高R值的绝热材料和消除热桥。屋顶将具有建筑包层的最高R值，因为它表明，热主导气候中的一个热损耗主要位置，以及冷天主导下的、即与太阳辐射的太阳作用气温影响力相关的气候中，一个高热增益性主要位置。

对流也有助于通过建筑包层进行的热损耗和热增益。通过建筑包层间隙的空气渗透能够引发建筑和外部之间的热渗漏，引发寒冷季节的热增益和炎热季节的热损耗。风和压力的区别在于是从内部还是外部驱使的渗透损耗。创造一个密封的建筑包层是控制热对流负载的主要方法。建筑包层的一个最重要的设计功能是釉面开口，从热能上讲，这里是建筑包层的最弱环节，玻璃和窗户框架是建筑装配的几乎所有材料中的最低热阻。玻璃，鉴于它的透明性，也会从太阳辐射中产生热增益。此外，窗户以及窗户开口都是建筑包层空间渗漏的主要点。同时，玻体也是建筑的一个重要设计元素，带来许多建筑、程序和性能上的增量。因此，安装大量的玻璃同时减少相关的热荷载，是使

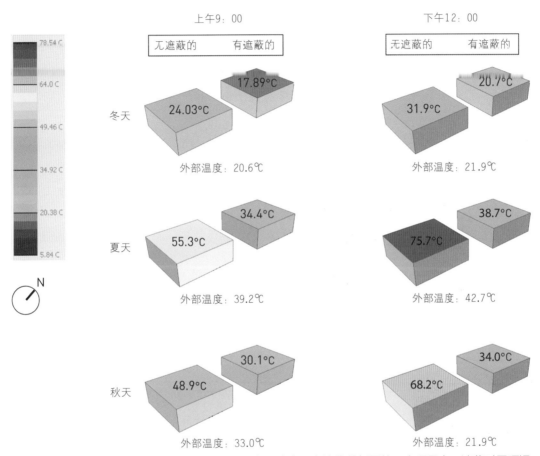

■ **图6.18** 利用OpenStudio软件绘制表面温度，确定阿布达比酋长国的一个项目中，遮蔽对屋顶温度的影响。图像由RNL友情提供。

包层中性化的一个基本部分。

本章描述了有关处理玻体的多种策略，关键是玻璃装配系统能效性能的优化，比如低热能传导和低太阳能增量的协同因素。窗户与墙体的比率（WWR）可以帮助平衡有效性能所带来的热荷载，比如日光和视野。大量的遮蔽策略、日照加强设备和窗户的附件有助于增加绝热、遮蔽和眩光控制。整个窗户的设计受方位、气候、建筑程序和响应建筑控制，通常会并入各种的眩光和遮阳方案来解决每个窗户方位的具体需求（见图6.19）。

使包层中性化可减少周边制热和制冷负载，有几个系统和热舒适益处。中性能消除建筑周边常见制热和制冷需要；另外，由于只产生微小的周边负载，它也允许极低能耗的机械系统的解决方案，比如辐射制热和制冷。中性立面也能加强热舒适度，因为如果高性能的玻璃装配系统低于玻璃内表面的温度，会引发冬天的不舒适性，如果减少太阳能热增益，会引发夏天的不舒适性。

正如下一部分所讨论的优化诱导式设计，对于有更大 EW/F 值的净零能源建筑，使包层中性化是关键，以便最大化诱导式设计策略。这种方法限制了热载荷，能与这些建筑类型一起，成为优化净零能源建筑的诱导式设计过程的一部分。

■ **图6.19** 美国国家资源密苏里部的刘易斯和克拉克州立办公大楼充分整合了控制太阳能的玻体策略。图片由BNIM友情提供；图片©2006，阿萨西。

诱导式设计优化

当设计和优化净零能源和诱导式能源的建筑时须落实几种二分法。首先，从建筑体块角度看，由于减少的包层负载，一个紧密体块会被主动机械系统优化。一个狭长的、突出的体块有大量明显的包层，或 EW/F 值，因此有附加的包层负载。然而，附加包层有利用诱导式设计策略的优势，比如日照和自然通风。小型建筑使结构能保持相对紧密，同时它的覆盖区容易获得日照和自然通风。而大型商用建筑将面临更多挑战，因为紧凑的体块通常会导致覆盖区的深入而不能入射阳光和自然通风。它遵循成功商业建筑的诱导式设计会并入狭长体块的安排，然后再寻求中性建筑包层以限制它所表现出的荷载。

下一个主要的二分法要解决的是，一个密封的包层与一个开放或有孔的包层之间的差异性。高度绝热和气密性的设计得到主动机械系统设计的优化；然而，当被平衡的诱导式策略替代了机械系统后，密封的建筑会限制与环境的有益交换。使用有可操作部分的优质玻体装置，连同一个气密的超绝热的包层，能够交付一个改进的方法。另外，动态立面元素能够进一步加强一个建筑包层的能力，能够诱导式地适时推动建筑包层开启功效。

图6.20显示了优化净零能源建筑被动能源策略的基本步骤，并进一步整合低能耗的主动再生能源系统。注意每一步图表的旁边都有一个能量饼状图，概念化增加的能量减少率，最终会附加再生能源到建筑物上。

建筑包层设计

热传导

建筑包层的各种装配的热传导或U值，对于净零能源建筑都是一个重要的设计考虑。建筑物包层将被设计和建造，利用低U值的墙体装配、基础墙装配、屋顶装配、地面和板坯装配、玻体装配、门和其他开口的装配。本章前面的设计学部分将会形成建筑学的基础，为建筑包层设计这部分提供指南。如前所述，U值装配决定了通过装备的热增益或热损耗。

建筑物有青睐更高绝热水平的趋势，因为它们是减少热能负载和使包层中性化的经济有效的方法。这种趋势产生了一种策略称作"超绝热建筑"。被动房屋的标准是推进这个策略的一项主要措施，至少在住宅市场上是；而且，被动房屋标准也用于指导商用建筑。例如，一个典型的被动房屋墙体的R值将超过40，屋顶明显高于R-60。虽然商用建筑编码不能匹配被动房屋标准的高端要求，但它们一直在加强建筑包层的热传导的规范措施。ASHRAE标准90.1为商用建筑的设计师提供了一个宝贵的指导，基于气候区列举屋顶、墙体、地面、板坯、门、玻璃和天窗这些建筑包层的最低化需求。也有一种开发着重于持续的绝缘，通过完成各种墙体装配来减少热桥。对于一个净零能源项目，考虑把这些价值作为建立建筑包层的能效起始点。

另外建筑装配的热传导性能、建筑包层的详细设计和热桥的消除，在通过包层减少热流动中扮演着重要角色。热桥是热传导物质的桥梁，创造绝热层的间断性并通过装配连接其内外部环境。传统的热桥包括金属窗框架、典型棉絮绝缘墙的钢立筋、护墙、混凝土板边缘或暴露在外部的结构。外部装配的热桥开发能够稍微降低一些装配的R值，导致更高的热传导或更低的R值。甚至高绝热水平的最好预期的装配也会变成性能差的装配，除非谨慎地对细部设计和建造加以关注以消除热桥。

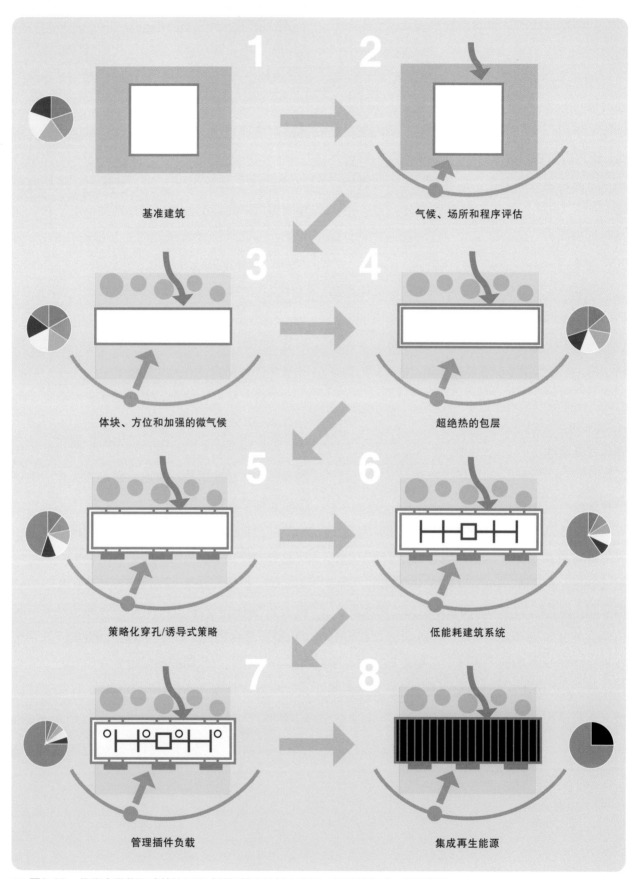

■ 图6.20 优化净零能源建筑的诱导式能源策略的基本步骤，低能耗集成，净零能源。

重点要注意的是：一个建筑装配的实际U值或总R值的计算比简单地把各种个体物质的R值添加到一块要复杂得多。对热桥和装配的间断性的解释也是必要的。如图6.21所示，钢立筋结构墙引发热桥，明显地降低了一个基本净墙壁装配的R值。这个例子用于橡树岭国家实验室的在线修正区的方法计算手段，确定钢立筋结构墙的净墙R值。

以下情形都极大地影响了整个墙体并进一步让其因受到扰动而失效：在明净的墙体里开孔，以安装窗、门、拐角和镶嵌在墙里的结构元素。

不仅有这些框架内元素引发的失效，而且附加的立柱通常也导致了这些扰动，从而进一步造成构造的失效。

细节重复了一遍又一遍，比如外金属墙立柱和外侧的框架式开口，比如窗和门，都是当务之急要解决的，因为它们是大英尺英寸的。然而其至有些小细节，比如通过外墙的管道渗透也要考虑。通常从视觉上审查外部包层装备图纸的细节能够发现有问题的热桥，解决方案的每个条件也都可以直接在图纸上列出（见图6.22）。

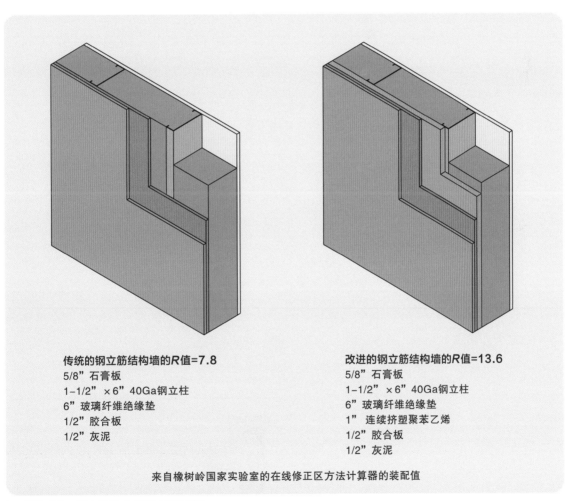

传统的钢立筋结构墙的R值=7.8
5/8" 石膏板
1-1/2" ×6" 40Ga钢立柱
6" 玻璃纤维绝缘垫
1/2" 胶合板
1/2" 灰泥

改进的钢立筋结构墙的R值=13.6
5/8" 石膏板
1-1/2" ×6" 40Ga钢立柱
6" 玻璃纤维绝缘垫
1" 连续挤塑聚苯乙烯
1/2" 胶合板
1/2" 灰泥

来自橡树岭国家实验室的在线修正区方法计算器的装配值

■ 图6.21 钢立筋结构墙的R值比较。

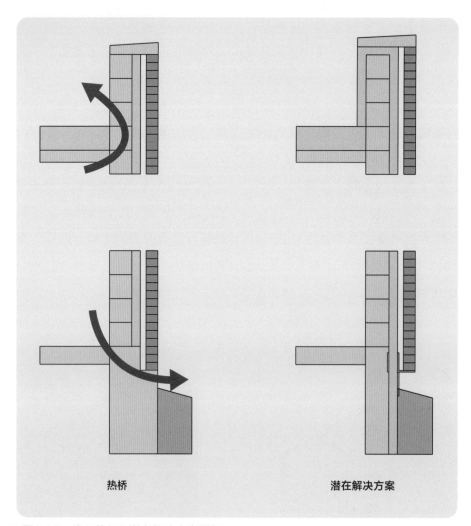

| 热桥 | 潜在解决方案 |

■ **图6.22** 常见热桥和潜在解决方案举例。

利用热能模拟软件，比如THERM，由劳伦斯·柏克莱国家实验室开发，外部装配设计和热桥的启示可以被量化和测试解决。量化的结果用于确定外部装配U值的实际值。图6.23展示了用THERM识别热桥的分析结果。

空气渗透

直到最近，商用建筑中的空气渗透才不再得到广泛关注。2005年美国国家标准技术研究所（NIST）报告，"商用建筑包层在HVAC使用能源上的气密性影响调查"由史蒂文·艾默里奇，蒂莫西·麦克道尔，瓦格迪·阿尼斯编写，报告透露了商用建筑通常不具气密性，适当的详细设计节能率可以高达36%，在冬季，温度和空气密度的大的差异和烈风驱使空气渗透和外部渗透。在夏季潮湿的月份里需要关注湿度和潜在热能通过渗透不受控制的引入。

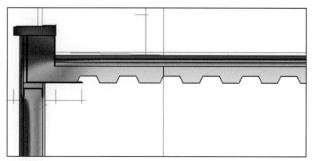

■ **图6.23** 用THERM分析热桥的建筑包层研究。图片由斯坦泰克咨询服务公司友情提供。

空气渗透，像热桥一样，根本上都是建筑包层外部的热洞。在空气渗透情况下，包层中的小间隙允许空气在内外部环境中直接通过，引发热增益或热损耗。经过包层的空气移动由压力差引发并驱动气流，压力差由风的堆栈效应、机械系统或这些效应的组合引发。

详细谨慎的建造气密性可以极大地减少渗透的负面影响，气障是解决任何密封建筑气密性的一个基本因素。气障必须作为一个完整而持续的系统被设计和建造，并扩展到整个外部包层，尤其关注不同包层装置的连接点，比如保证EW/F和墙内开门，因为这些界面更为复杂，会包含不同的气密产品。总体上，所有的气障连接点都要求被设计成耐用、有弹性和气密性。气障材料要有最大透气性：在压力差0.3英寸或水压75Pa下的外部面积0.004CFM/ft²，作为每个ASTM E2178的测试。建筑包层的各种装配以及与主气障系统的连接，应遵守ASTM E2357，在压力差0.3英寸或水压75Pa下的外部面积0.04CFM/ft²的最大透气性。

与热传导一样，从空气渗透的角度看窗户、天窗和门也是潜在的荷载。另外气障连接每个开口的周边，元件本身也应设计成气密性。空气渗漏的质量指标应在所有的开窗和开门术中考虑。门是主要的渗透来源，尤其是当它们被频繁使用时。门廊和旋转门的引入创造了能够限制渗透的热缓冲区。

整个气障系统都应使用风机加压法测试空气的渗漏，作为每个ASTM E2178的测试。商用建筑的共同标准是在压力差0.3英寸或水压75Pa下的外部面积0.04CFM/ft²的最大气体渗透率。承认的商用建筑基准大约是1.8CFM/ft²，然而美国陆军工程兵团标准要求的气体渗透率是0.25CFM/ft²，意味着所有的商用建筑中有大量改进了性能的房间（图6.24）。

建筑坚持使用空气渗漏法和风机加压法测试的设计标准，能够确保达到高水平的气密性。可以在能量模型中解释设计的渗透率，也可参考本章前面的"设计学部分"通过渗透的热增益和热损耗的基本计算。为达到高水平的气密性需配合使用有效的通风系统，确保一款健康的建筑拥有高质量的室内空气。

玻璃的装配系统

玻璃装配系统对于伟大的建筑是绝对必要的，在净零能源建筑中扮演着非常重要的角色，因为它们被集成到许多诱导式策略里，比如光照、自然通风和诱导式太阳能。进一步讲，玻璃装配系统被集成到能源发电系统里，比如集成建筑太阳光电。这部分为基本玻璃装配系统的总结和玻璃能效的讨论服务。主要关注垂直的玻璃，但原理也可以应用到天窗上。

另外为了建筑内部的美感和表达，玻璃装配系统设计应该用集成的方法考虑玻体的功能和诱导式性能。玻璃装配系统有大量的功能元素，包括日照、自然通风、诱导式太阳热能、视角、隐私、安全、湿度控制和音响效果。这些元素基于方位和建筑程序，可用来分别解决每一个功能。事实上，好的玻体设计特意把每个功能都整合和优化到建筑的玻璃装配系统里。

玻璃装配系统被安装了大量传导材料，比如玻璃和金属，本身固有高的热传导性。然而，两个或多个窗格的玻璃窗体形成的气孔大大降低了玻体的U值。多层玻璃窗的边缘会被密封并使其边缘空间的结构保持稳定，通常使用铝合金结构。然而，边缘空间创造了多层玻璃窗周边的大量受热的弱区。窗框通常也是铝合金的，所以把弱区延伸到其周边。多层玻璃窗越小，边缘热条件影响整个窗体的性能就越大。玻璃装配系统通常只提供玻璃中心的U值，排除边缘和框架的性能。整个窗体的U值更好地反映了窗体的实际性能。

■ **图6.24** 在科罗拉多州卡森要塞商用建筑中正在进行的气体渗漏试验。尼古拉斯 亚历山大，美国陆军工程兵。

透明玻璃允许可见光的引入，但也把太阳能形式的热能引入到建筑内。太阳辐射必须谨慎控制，以减少对能量和热舒适的影响。同时，太阳辐射也被用于作为一个诱导式的太阳制热策略。可见光的传导是光照设计的一个重要参数。选择性地控制光照和太阳能是玻璃装配系统设计的一项挑战。

玻璃能源性能属性

- **可见光传导系数（VLT或VT）**：通过玻璃传导的可见光的百分比。

- **太阳热增益系数（SHGC）**：二分法表达通过玻璃传导的入射太阳辐射率。

- **光热比(LSG)**：可见光传导系数与太阳热增益系数的比值（LSG=VLT/SHGC），这个比率是玻璃性能的表达，这些特性很难相互优化和尊重。通常VLT最大，SHGC就最小。LSG越高，每SHGC下的VLT越大。LSG对光照至关重要。

- **传热系数（U值）**：通过玻体装配的按小时Btu的热能传导包括装配两侧的气膜，U值的单位是Btu/h•ft²•℉或国际单位制W/m²•°K，通过1ft²的玻璃装置产生1℉的温度差时测量。U值也是在玻璃中心测量（排除边缘和框架效应）或作为整个窗体或作为包括边缘和框架损耗的总U值。总R值是U值的倒数。

- **夏季的U值**：夏季条件下的传热测量，包括太阳辐射。

- **冬季的U值**：冬季条件下的传热测量，包括高速的风力和无太阳辐射（夜晚）。

"设计学"部分为计算太阳热增益或热损耗系数提供了简单的等式，玻璃的能效属性被用于比较不同玻体部分的能量结果，产生的能量影响也是复杂的。幸运的是，劳伦斯•柏克莱国家实验室已经开发了一个免费项目，称作COMFEN，分析商用门窗布局能量的相互作用。

COMFEN是量化和比较一个项目中的门窗设计场景的有力工具（见图6.25）。门窗设计的许多变量需要测试，比如玻璃和框架类型、窗户英尺英寸和位置、遮阳设备和窗户的遮蔽。COMFEN使用EnergyPlus对任何给定的场景进行分析，该程序有一个庞大的图书馆窗口组件可供选择，和创造自定义窗口组件和装配的能力一样。COMFEN 4.0的能量分析为任何给定的方案内的能量使用、峰值负载、热增益、热舒适、视觉舒适和光照提供反馈，并创造同时比较4个场景的图表。COMFEN可在http://windows.lbl.gov上被下载。

玻璃装配系统设计的一个重要因素，是建筑及不同方位的窗墙比（WWR），图6.25展示了COMFEN的应用。WWR需要能提供不超过光照和自然通风所需的必要水平，也应该把WWR设计成与户外的连接和优质的视野。许多高性能建筑的WWRs在25%～35%。最终，气候驱动了建筑的低WWR的重要性。另外，东西向的方位对WWR很敏感，因为太阳热增益在低太阳角度的早上和傍晚很难控制。此外，夏季月份里，东西向方位比南向的热绝缘系数高。北向的玻璃装配系统对太阳热增益最不敏感，但对热传导较敏感；在一些气候里，北向可以承受更高的WWR。较大的北向窗体提供更多的日照性能，南向窗是日光窗的黄金地段，观察窗可以有效遮阳。对于南向窗，WWR通常通过日照的优化和太阳辐射的减少来控制。

低*WWRs*帮助缓解气候中的大量热和/或冷度日数和高太阳辐射水平。进一步说，低*WWRs*通常会帮助缓解窗体的不良热性能，包括关于玻璃装配系统的空气渗透。最重要的是减少*WWRs*意味着较小的窗体面积，并转化成较低的建造成本。节约下来的成本可以再用回玻璃装配系统进一步增强它的热性能，最终降低*HVAC*的成本。

当看着大面积的玻璃和高*WWR*，玻璃装配系统的设计要承担更大的重要性、复杂性和成本。

玻体面积的设计目标建立与不透明墙体相似的热性能，意味消除太阳热增益和开发极低的*U*值装置。平衡大的玻体面积的一个策略是使用双重幕墙（见图6.26和图6.27）。这种策略的优势是内外幕墙的孔隙促进太阳能的控制和开发高隔热系数。太阳能的控制能够通过多种方法提供完全的遮阳，包括遮阳设备、遮阳伞或自动遮阳。双重幕墙间的空气间层是好的绝缘体，因为暴露在太阳辐射下的空气会变暖，通过装置进一步绝缘热流。

■ **图6.25** COMFEN截图显示了对洛杉矶南向的4个不同窗墙比的分析和比较。

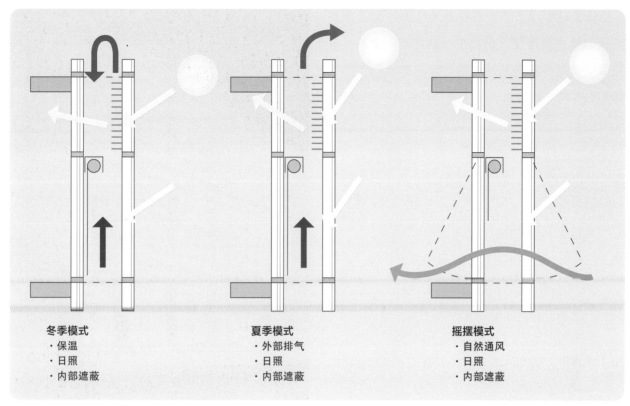

冬季模式	夏季模式	摇摆模式
·保温	·外部排气	·自然通风
·日照	·日照	·日照
·内部遮蔽	·内部遮蔽	·内部遮蔽

■ **图6.26** 双重幕墙概念显示其季节性运行。

玻璃和窗框技术和更高的性能标准相呼应在快速进化，绝缘组件从双层窗到三层窗甚至是四层窗，附加的玻璃层或薄膜层创建了新的窗体，要保持把组件的英尺英寸和重量降下来。低e涂层在一个更广泛的波长范围内改善光谱的选择，允许更多的可见光传导，但限制紫外线和红外线，同时改进玻璃的*U*值和太阳热增益系数。材料和建造的双重边缘间隔和框架也根据热性能进行改进。保暖边缘间隔是采用比传统铝条低的导热材料的新一代的间隔。铝框在商业建筑中非常普遍，是改进热敏断开技术的开始。低传导性材料的使用，比如纤维玻璃，以它显著的热优势变得越来越普遍。

■ **图6.27** 双重幕墙被整合到现有建筑里来增强能效和提供新的建筑表达。*由塔尼亚·萨尔加多摄影。*

除了这些实质性改进的能效性能，大量新兴成熟的技术推进了玻璃的整体性能和功效。许多技术能够减少玻璃的热荷载，导向建筑包层中玻璃的更多使用机会。

改进的玻璃技术

- **显色玻璃**：又名智能变色玻璃，显色玻璃能基于环境的变化而改变属性，类型包括电显、气显、热显和图显。

- **气凝胶**：气凝胶是新一代绝缘材料，允许光传导同时提供超级热传导性能。气凝胶也应用于玻璃组件的气隙，导致玻璃呈半透明。目前U值达到0.05（R值-20）的玻璃组件是可用的。

- **热容量**：被加到玻璃组件中的半透明相变材料为玻璃装配系统提供了热容增量。

- **动态遮阳**：自动（手动）的遮阳设备被包含在多层玻璃窗里或安装在玻璃装配系统外。当需要相对的自由视野时或当不需要遮阳时，它们能提供完整遮阳的重要优势（见图6.28）。

- **照明装置**：大量光能反射装置能够并入玻璃组件或内外部玻璃装配系统。最新的光能发电装置是反光的抛物面形状的天窗系统（见图6.29）。

- **棱镜玻璃**：被加到多层玻璃窗中的玻璃或塑料的棱镜窗格(有棱纹的/锯齿表面的)可以重新定向光束。棱镜玻璃过去被用于改变太阳光束使之深入到空间内，也可以用于在夏季反射高太阳角同时允许用较低的太阳角增强太阳的热增益。

- **集成式光伏发电**：各种各样的光电技术可以整合到玻璃装配系统里，包括晶体硅太阳能电池板和薄膜。可以达到各种透明或不透明的等级，也可改变形状以达到遮阳和视角的要求。

■ **图6.28** 在德国的施特劳宾科学中心玻璃系统的动态遮阳技术，由Nickl &Partner设计。图片由柯尔特集团友情提供。

■ **图6.29** LightLouver照明装置能够把光线反射到顶棚，提供更多的日光渗透。图片由LightLouver有限责任公司友情提供。

诱导式策略

应　用

一个净零能源建筑的整个交付过程大量应用和整合了诱导式设计，进一步讲，诱导式设计策略与早期的建筑设计决策绑定在一起；因此，投入到早期的气候和纲领性的能源研究中的前载交付过程对适当的建筑体块和方位是必要的。诱导式设计不能作为事后想法被有效整合；设计前首先要告知建筑的具体形状。因此，用诱导式设计策略考虑机械系统和照明系统是最基本的，并把这种混合法运用到建筑控制系统中来。被动建筑的建造需要注意细节，尤其是建筑包层的质量。最终，为了使它们更有效，建筑操作者和居住者也需要了解诱导式策略。为了这个目的，优先可用性和简化功能，复杂的控制系统和居住者的繁重需求能够确保诱导式策略的成功应用。

诱导式策略应用的主要挑战围绕着一个中心：气候中的可用免费能源具有高动态性。气候的季节变化显著，天气模式可以每天甚至每小时变化。理解气候动态本质关键是，设计诱导式策略被作为一个资产时它有能力响应和优化气候使用价值，当作为荷载时它能限制气候的危害。把诱导式策略作为实践——最小化气候的负面影响同时利用它的正面影响——都是重要的。

开发一个项目合适的诱导式设计策略包括多重元素的评估、以气候和场所开始和分辨诱导式策略的机会。针对这个项目的预期能源的终端使用匹配可用的策略。确定策略所需的时间也很重要，同时时间将基于气候和场所条件可用。

建筑的性能需求从多种观点中可以了解到：热舒适、通风需求和照明水平。性能需求也可以理解为它们如何在建筑项目的不同部分变化。诱导式策略，比如主动策略，需要被设计成能够符合这些性能。但由于诱导式策略是动态的，最好量化性能需求的方法是区分最小和最大等级的接受范围。

如上所述，诱导式策略从最开始就被整合到设计过程中，当需要做出快速的通常是广义的决策时，调用简单有效的经验法则和在设计的形成阶段使用合适的工具是个良好的实践。关键是建筑要通晓诱导式设计的基本原则，以便有效地做出这些早期的设计决策。诱导式策略的分析可以增加设计过程专属性，尤其当有源系统被更全面地开发以及能源模型被提炼时。

诱导式策略类型

有许多可用的诱导式策略，也有许多变量和混合体从普通设计中衍生出来。通常，使用的诱导式策略会提供一种或多种4个基本建筑服务：制热、制冷、通风和照明。图6.30的模型突出显示了世界上最常用的几种诱导式策略和有关制热、制冷、通风和照明的划分。它不是一个详尽的列表，也不是适合任何气候的一般应用。在评估潜在的诱导式设计策略之前研究每个项目的气候和场所。

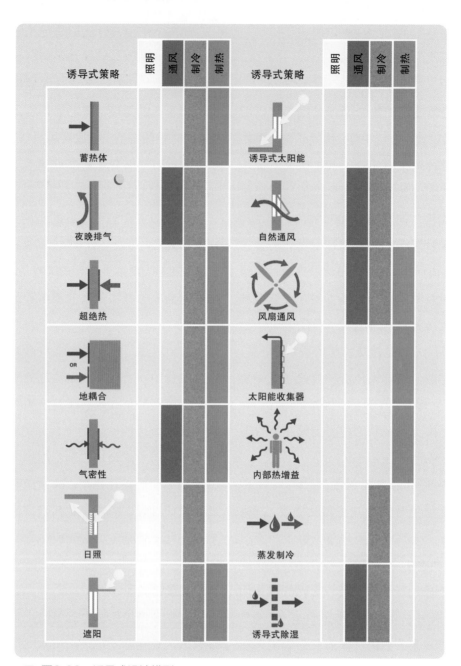

■ **图6.30** 诱导式设计模型。

制热、制冷和通风

蓄热体

蓄热体

蓄热体具有高密度和高比热容。像水泥、石头、砖石和水这类物质都有储热能力；同时，一旦环境温度降低，它们也能把热量退回到环境中。这种短期的热存储有许多无源的制热和制冷应用，作为本章中所列的其他几个部分诱导式策略被实施。

蓄热体的一个主要用处是平衡内部环境中的昼夜温差的能力。在常规内部环境内有效的蓄热体，体块需要暴露在内部环境中。蓄热体也能用于热气候下的外部包层，作为减少包层温差的工具。

诱导式设计应用

1. 评估诱导式资源的可用气候和场所。

2. 确定建筑需求和性能需求/模型。

3. 研究诱导式策略选项。

4. 针对性能需求评估可用的诱导式资源。

5. 测试和提炼建筑程序、分区、体块和方位的诱导式设计的应用方法。

6. 测试和提炼建筑包层的诱导式设计的应用方法。

7. 开发、量化和整合具体项目的诱导式设计策略。

8. 整合诱导式和主动型策略。

9. 为居住者的相互作用和控制做计划。

超绝热

外部包层的设计极度地减少了通过建筑表皮的热增益和热损耗。超绝热的主要方法是开发具有高R值的装置，但外部包层的所有元素的整合和协作创造了一个持续的高集成的建筑表皮。减少热桥与细化高R值的组件和设备同样重要。超绝热包层对寒冷气候下的高热能需求至关重要。它也能在较温和的气候下扮演一个角色：控制环境的热交换和操纵建筑平衡点的温度（本章前面的"建筑包层"部分为建筑的热传导和超绝热提供了指导）。

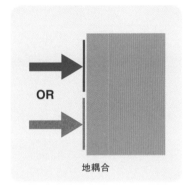

地耦合

土地是一个大的散热器，可以被全年相对一致的温度调节。事实上，在夏季土地温度比气温低，在冬季气温比夏季温度高。地面温度开始稳定，作为地表下土壤深度的一个功能体。某种程度上，温度全年波动不大，大约等于所在位置的年平均气温。年度的外部温度十分能够影响地面温度以及土壤和地表的特征。

地耦合，或土地遮蔽，把建筑物埋入土壤或建立坡台，就可以利用较温和的内外部温差，这是减少建筑物热传导策略的一部分。地耦合也用于寒冷的空间，为实现远程地耦合创造了掩埋的长接地导管，是在寒冷空气进入建筑以前平衡地面温度的另一种方法。同时，注意解决潜在的地耦合荷载，比如水和温度环节、建筑环节和氡气的引入环节。

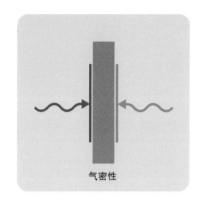

气密性

气密性

建筑物的气密性与超绝热紧紧联系在一起，消除与外界环境不可控的空气交换是中性立面的一个关键部分（本章的"建筑包层"部分也为气密性提供了指导）。

诱导式太阳能

遮 阳

遮阳是这里最基本的久经考验的无源制冷策略。避暑通常在制冷策略中占第一优先权，遮阳很大程度上要根据具体的气候和建筑物，意味着遮阳设计应该响应建筑物季节制冷的需要、建筑方位和全年的太阳路径。因为玻璃是太阳热增益的最大贡献者，玻璃装配系统的设计主要考虑遮阳性。但遮阳也会整合到许多其他的诱导式策略里，比如光照，应该以允许光照技术保持全年功能性的方式实施。

遮蔽建筑物和遮阳作为场所微气候的一个元素也是有价值的无源制冷策略。遮蔽建筑物可以通过多种多样的方法完成；选择的方法通常成为最终建筑表达的一部分。

诱导式太阳能

诱导式太阳能

太阳能，可用于建筑所需的光和热；也能用于其供暖。诱导式大阳能在可持续的住宅中普遍使用，但通常不会加入到商业项目中。原因是商业建筑倾向于大面积的、内部负载主导的和一年内多数时间在制冷模式下。虽然如此，高EW/F的被动建筑和减少内部负载可以使表面负载建筑产生温和的内部热增益，在某些气候下会有实质性的供暖季节。

集成的诱导式太阳能技术要求特别关注避免过热，并应与诱导式太阳能策略谨慎合作。蓄热体是诱导式太阳能策略的一个重要部分，就好像空间也需要热储存。诱导式太阳能直接或间接用于空间供暖，例如空间里的特朗勃墙（太阳能吸热壁），它也尽可能地集成远程的热储存，像日光室或热迷宫可以为建筑物其他受控分配的部分收集和储存热能。

自然通风

自然通风

自然通风是为建筑居住者提供凉爽新鲜的外部空气的简单有效的方法。可控窗在商业建筑中一度是司空见惯的东西，但现在很少用了。今天的商业建筑通常有完全的设计环境，可控窗妨碍了许多常见的基于空气的HVAC系统的操作。虽然如此，自然通风使用许多低能耗的HVAC系统运作，比如蒸发制冷、辐射制冷和解耦通风系统。

无论何时建筑物处在制冷模式下，以及外部气温低以致不能给空间添加热力，自然通风都是一个有效的制冷策略。它需要通过建筑的空气流动产生制冷效应，或者为居住者的舒适通风或建筑结构的夜晚排气。依赖风的压力和气温差流通空气，使用交叉通风和堆栈通风这样的技术，考虑合适的通风路径，来达到建筑的这个谨慎设计的要求。可控窗是最普遍的技术，但其他策略也尽可能利用，比如通风孔、建造风塔和太阳能烟囱。自然通风对于居住者是一类重要的热舒适设施，使新鲜空气流入和对现有环境进行控制

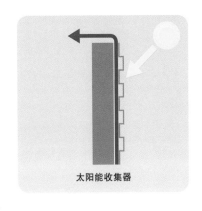

太阳能收集器

对于在建筑的排气或制热系统中使用外部空气无源预热，蒸发式太阳能收集器是一种符合成本效益的技术，它通常由布满小通孔的波纹状深色金属板材组成，面朝南向，优化太阳能热增益，同时金属板被安装在金属板和主要建筑外墙间的空气间隙。通常在建筑物顶部收集空气，小通孔间的空气由于太阳辐射而升温，已预热的空气再用于加热排出的空气。风扇也可以用来把空气推向收集器的任意点。在冷却周期里，蒸发式太阳能收集器在顶部外侧排出空气。

风扇通风

虽然风扇通风需要能量输入功能，这是一种创造舒适度和支持自然通风技术的能耗非常低的方式。足够的风速通常不能供自然通风和夜晚换气，当这些策略有效时，风扇能够延长有效时间。风扇有助于控制和保持空气移动，通过增加蒸发提供冷却效果。风扇也用于在高空合并空气，用顶棚快速分层时所保存的暖空气辅助制热，并通过回风系统排气。

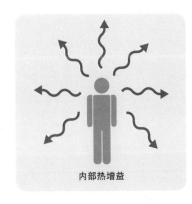

内部热增益

每个建筑都会从人类、照明和设备中获取内部热量，通常这些热增益会变成制冷负载。然而内部热增益不会一直是载荷的。当建筑在制热模式时，内部热增益就是一个有益的无源制热策略，尤其当匹配超绝热和气密性建筑围墙以保持热获取时。一个高质量的建筑包层，它的热负载将会很小，因此建筑的内部热增益很大程度上解决了包层的热负载问题。通过一款热恢复通风系统从返还的空气中重新获得热量，使这种技术得到了加强。当然，为了有效利用所有废热气的目标，必须首先强制性减少照明负载和设备负载。

蒸发冷却

大的干球温降的蒸发冷却在炎热干燥的气候下有效。水被蒸发到外部空气的供给中，随着蒸发的水被吸收到空气中这个过程，空气中的显热转换成潜热。显热的减少导致更低的温度（可能接近湿球温度），潜热的增加把潮湿带到空气中。

蒸发冷却与机械冷却相比是一种低能耗的方法（如第七章所讨论的），通过冷却塔的实施，它也能用于诱导式地冷却空间，冷却塔可以把水引到排气塔顶部的外部空气中，冷却的空气再滴落回下部空间。

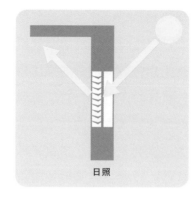

光 照

光和净零能源建筑

光和具体的日照引起许多伟大建筑家的沉思。另一些伟大的建筑家阿尔瓦·阿尔托和刘易斯·卡恩（见图6.31）用他们的毕生精力掌握了光和建筑的相互关系。日光的质量通过土地变化，这种独特和动态的属性增加了建筑物视觉上的美感和复杂度。

对于净零能源建筑，日照是建筑形式强有力的驱动者，它服务于一个富有诗意的目的，表现出一种富于美感的建筑形式。为同时满足美丽和统一性，必须激发建筑的方位、体块、颜色、包层以及内部规划都与日照之间有一个谨慎的响应。建筑设计也应被激发出与场所和项目一样地对气候的响应。建筑是空间的塑造，因此受日光的优化。目标是约束太阳、天空和反射面的外部照度——在所有高动态属性中——实现内部空间照明的利益最大化。建筑是自然照明资源和照明需要之间的相互作用，在这种方式下，建筑成为了开幕，渗透器、反射器、扩散器和日照的塑造器。

诱导式除湿

在高湿气候下，湿度本身会阻止热舒适并要求解决额外的能量。诱导式冷却热干空气中蒸发的水和额外的湿度恰恰是可能的，同样使用专业干燥剂从空气中诱导式移除湿度也是可能的。水分的移除增加了显热同时降低了潜热，因此气温上升，同时湿度下降。硅胶是一种常用的干燥剂，应用于各种水分吸收当中。干燥剂必须在每次除湿循环后进行干燥；然而，理想的一个过程是使用太阳能或废热。诱导式干燥剂除湿仍是相对罕见的，但对这种技术的关注一直在上升。

净零能源建筑不仅控制日照的美感和统一性，而且还平衡日照的能量。当早上的第一缕曙光直射建筑物时，一幢净零能源建筑发出它生命的低哼声。日照比光照提供更多的能量；它也能够生成电力和有用的热能。日照多于免费能量；它是净零能源建筑中减少能量使用的一个基础建筑块。这是净零能源建筑的一个重要区分点：它们必须被设计成一种控制日照的节能策略。大多数照明建筑实际上使用的日照策略并不能节能，因为它们不能成功地整合到建筑的照明系统加以控制。

日照是净零能源建筑最重要的一个策略，因为如果使用正确它就可以从实质节省能源。适当的日照可促成关闭或调暗人造光的形成条件，适当的日照还包括测量一个日光的控制系统和相应地控制人造光等级。

日照还有许多串联收益，当灯光变暗或关闭时，大量光能就被存储起来；此外，当正确使用时，与人造光比较日照会提供冷光，因此在有人造光的位置有效日照可以减少空间的内部热获取和冷却所需能量。日光灯会产生3/4的热和1/4的光，日照与之比较能够提供3/4的光和1/4的热。

根据2009年能源部的建筑能源数据书籍中有关美国商业建筑的能源终端使用的内容，照明是第二高的能源终端使用，占平均建筑能源利用总量的16.9%。照明是通过商业建筑类型和气候区的一种持续的终端使用。实质上在所有气候区内所有建筑都在使用光照，几乎在每个项目中都要把日照纳入考虑。

侧窗照明

侧窗照明是通过外墙的缝隙把日光带进空间的技术，由于窗户可以提供视角，这是一种常用的策略，建筑物的许多空间接近外窗。在众多应用中，侧光被反射到顶棚或被扩散，防止眩光和定向光束渗透（见图6.32）。侧窗照明策略寻求优化日照质量同时减少太阳能热增益。

■ **图6.31** 刘易斯·卡恩设计的金伯尔艺术博物馆。归功于莉塞特·丽贝丽芙—摄影：丽贝丽芙。

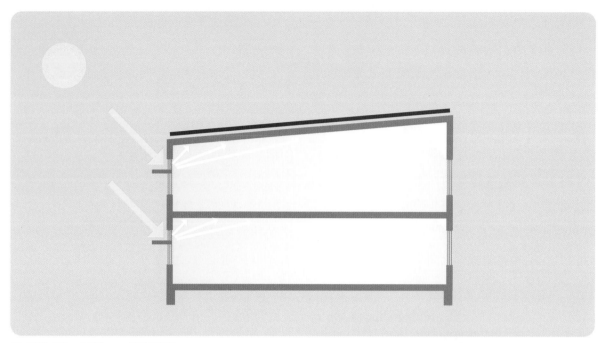

■ 图6.32　日照——侧窗照明。

　　建筑方位对技术和侧窗照明的成功应用上有明显的影响。东西朝向挑战最大，因为清晨和傍晚的太阳角很难控制，西向在夜晚时间里贡献的是不需要的热量，南北向是侧窗照明应用的理想方位，北向（北半球）可提供扩散的高质量的光照（见图6.33）。通常北向不能提供附加的遮阳控制，南向可提供可控的直射光。南方天空下的太阳光能够被安装的遮阳设备和光反射设备有效操纵。对于一个南向侧光的应用，最好是区分不同类型的窗户：视界窗是遮阳的，阻止太阳能热增益；日照窗通常允许光照进入，还会使光照被反射到顶棚。日照窗需要位于墙壁的高处，直射顶棚防止眩光。高的顶棚和开放的内部空间受益于侧光的应用。

■ 图6.33　在DOE/NREL研究支持设施北区的侧窗照明。图片由RNL友情提供；劳·波拉德摄影。

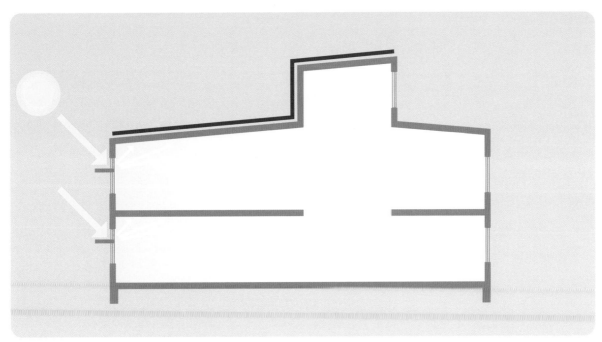

■ **图6.34** 日照——用侧光的顶窗照明。

顶窗照明

顶窗照明是一种从屋顶的缝隙把日光带入到空间的技术，它对屋顶以下的空间直接有效；但顶光也能通过中庭、照明井或其他设备的使用致力于低层照明。顶窗照明均匀地分配一年中的日照，尤其对深层楼板有效（见图6.34和图6.35）。

顶窗照明通常包括水平的、倾斜的和垂直的玻璃装配系统，常用的技术有天窗、管状设备、屋顶监控器和长廊。定向光束和太阳能获取的控制对于顶窗照明的应用尤其重要。天窗、管状设备、和水平装配的玻璃一般不特别强调方位，任何倾斜的或水平向的玻璃系统都可以根据之前侧光应用所述的考虑被定向。倾斜的或水平向的玻璃装配系统确实存在问题，因为夏季的高太阳角允许强烈的直射光束渗透。顶窗照明的应用通常利用半透明的和超绝热的玻璃组件或天窗分散日光和防止热损耗。清晰透明的玻璃反射和遮阳的元素已经被包含在太阳能的控制和光照的分配里。在阴天主导的气候里顶窗照明（尤其是水平成分的）是有效的，因为外部光已经被分散，只在天穹处最亮。

■ **图6.35** 格林斯博格的基奥瓦国家体育馆的顶窗照明。图片由BNIM友情提供；摄影©2010，阿萨西。

照明设备

今天的市场上，有不断新增的大量照明设备类型可供选择，目的在于解决许多商业建筑中典型的照明问题。一个照明设备是这样一种装置：操纵和控制光照的交付，以增加其性能或分配其到具体的途径或具体的空间里。

一些照明设备只能简单地反射或再分配收入的日光到一个空间里。例如：光梯常常被用于把收入的日光反弹到顶棚并防止直射的光束穿透到已占用的空间里。光梯功能的一个改进是在日光窗的整个框架或玻璃组件中安装一个反射的百叶窗装置，百叶窗在形状和光谱上呈抛物线状，能够把光反射到更深的空间里；百叶窗片的间隔为直射光束渗透创造了捷径。

照明设备也用于将光传送到更远的建筑物里或不同的空间里。镜面反射光管道、输送管和导管能够把光传送到合理的距离，甚至允许绑定在导管里。光导管的末端被透镜或装置固定住，用来分散光和控制眩光。管状照明设备是最常用的一种应用，以安装在屋顶的小型的圆形天窗为特征。

日光也可以通过光纤光传送，在这种情况下，日光用外部接收器收集，并被分配到光纤电缆里，供给和照亮具体的装置，光纤电缆是小巧有弹性的，并且能够在任何建筑物里实际安装。

照明分区

在评估不同的方位、体块和包层选项时，照明分区是一个有用的概念，它能用于规划一系列光照设计参数，包括照明等级区、控制区和照明应用区或战略区。区域被分成全日照、部分日照和无日照区。在早期设计阶段按照照明区思考对于把日照成功整合到净零能源项目里是非常有益的。

建筑程序基于空间类型和程序化的活动被照明需求所分析，相似照明水平需求的程序要素聚集在一起是会很有益的。重点关注在早期的整体照明和环境照明上是一定的，因为某些工作照明的功能更难日光实现。也要考虑每个空间对日光使用的适用性，某些空间类型和用途将需要特别对待，或高度控制，或变暗空间。在常用占用空间里优先使用日光是很普遍的，不仅因为人类的健康利益，也因为占用等级也要求光照持续出现在白天里。许多非常规占用的空间，比如储藏室和休息室，也能从日光中受益。然而，这些空间也能够通过占用控制节能；灯光在大多数时间保持关闭状态。当建筑物中的这些区域反对光照时，这些非常规占用的空间就会位于被限制或无光照区。

建筑物中能够完全得到光照的区域越多，依靠光照节能的潜力就越大。这种理念下，设计所有区域全光照的目标就成为一个很好的起点（图6.36）。利用照明区设计建筑体块和空间，一种有益的考虑是各种照明策略如何或者影响到实际的区域或者创造出实际的区域。照明建模是一种测试各种照明策略和确定建筑物有效分区的理想方式。先有研究基本体块的想法，再继续更精练地研究玻璃装配的英尺英寸和类型，最后决定策略的细节。

最终，照明分析将定义和量化这些区域，然而经验法则遵循的是基于侧窗照明和顶窗照明的应用建立照明区。

侧窗照明区通常不是很深，因为很难从外部窗体把光照来到深处空间。通常南向区域是最深的，通常在15~20英尺的范围。南向区的深度能够通过有效的照明设备，比如反射的百叶窗设备，根据一年中的时间和天窗状况被大大扩展。通常北向区域是浅的，只有10~15英尺的范围。见图6.37，在阴天状况下，侧窗照明区的方位一般是统一的。

顶窗照明区是非常有弹性的，能够创造任何深度的区域，提供的区域直接在顶部照明应用的下方，中庭和照明井能够在它们的下方创造内部照明区。中庭也用于毗邻空间的水平照明，但这些区域都很狭窄，因为光反射到中庭后变得更分散，间接进入毗邻空间挑战更大。

有许多建筑设计变量影响一个照明区的深度，包括日照孔径的英尺英寸、玻璃可见光的传导、窗户的位置、顶棚的高度、颜色和内外表面的反射，同样地，墙体和高隔离物的引入也能够限制照明区的深度。在侧窗照明应用中，想要扩展沿外墙的一排私人办公室的照明区充满了挑战。全部或部分的玻璃办公墙有助于实现这个目标。一个北面的侧光区通常是私人办公室的理想位置，因为它通常是最窄的区域。南面区通常是理想的开放区，可以通过使用照明设备，使得日照区段既有所扩大，又总是在内部隔断的助力下畅通无阻。

■ **图6.36** 有侧窗照明和顶窗照明区的夏威夷预备能源实验室的净零能源内部照明。图片由布诺·哈波德和弗兰斯博格建筑事务所友情提供，马修·米勒摄影。

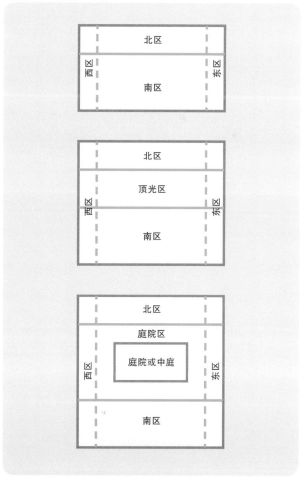

■ **图6.37** 典型的日照区划策略。

控制开关和感应器

对于照明节能，规定当有日照出现时必须关闭或调暗人造光。照明控制的关键是感应器的使用，这些设施被安装在空间里，空间里被能测量可用日光的全球外感应器控制或绑定。根据感应器的读取和控制设置照明等级，可以开/关，逐级调高/降低，调亮/暗照明装置。通常完全光照区的照明，比如直接毗邻南向的侧光应用，仅需要简单的开/关或逐级控制。用调光控制可以更好地服务于较多照明的变换区。

照明控制和感应器必须被整合到整个照明区的光照控制里，结合其他功能，比如空置传感器和照明进度安排。照明传感器和控制开关在可靠性、用户友好性和成本有效性上飞速发展。所有的照明区都需要整合照明控制系统，生产出有效的节能策略。

相似照明等级、占用率、程序和光照策略的区域，都是组成照明控制区的好选择。由于照明控制是基于光照感应器的输入，所以创造类似照明条件的控制区可以产生强大的协同效应。通过不同照明条件的空间组织控制区是很难有效控制的。

未来趋势

诱导式设计未来将从动态立面和屋顶的演变看得出来，一个建筑物适应天气预报的动态变化的潜力取得了重大进步，用这种方式与更多的静态的固定的方法比较，建筑可以利用气候的自由能，毕竟它是季节性的，不是每天的天气条件都是高动态性的。动态立面和屋顶都允许控制外部包层介入气候的方法，通过像遮阳、透明化、热传导和通风口这些调整元素介入。进一步讲，动态立面和屋顶也可以允许主动式的光伏发电系统并入追踪系统，用以调整后追踪太阳路径，这大大增强了能源发电量（见图6.38）。

实现动态立面和屋顶的两大主要挑战来自这两种技术所需的系统控制和长期维护。系统控制非常简单——手动，占用者自己响应环境来完成或占用反馈显示的其他一些形式。许多相对静态的无源技术利用占用者控制，像开关窗户、百叶窗或遮蔽，这种想法被进一步利用，增加了内外部立面的滑动或太阳能电池板的打开功能。还可以被进一步用于监控操作，同时允许占用者维持对这个操作的控制。计算机化系统控制是最好的优化，然而由于按照天气和建筑自动化系统数据，系统的移动会实时发生变化，全自动化也能为占用者提供最大的便利，同时赋予他们超越系统的能力；因此，这种建筑可以通过自定义符合他们的要求。

■ **图6.38** 动态的光伏建筑一体墙在德国奥尔登堡的 EWE竞技场追踪太阳，每30秒移动7.5度；由ASP 建筑师设计。图片由库特团队友情提供。

然而自动化的发展伴随着复杂程度的增长；因此，当更多的自动化提供了重要优势的同时，也潜在引发了更多系统问题和维护问题。随着动态立面和屋顶变得更加普通和可靠，这些技术障碍也能够被克服（见图6.39和图6.40）。进一步讲，当动态立面和屋顶的元素变得有能力减少建筑中必要的机械设备时，结果将会是整个建筑维修的纯粹需求量在减少。

相变材料和性能变化的技术早已开始用于开发新一代的气候响应材料和组件了，这个类型的技术被应用在智能玻璃上，创造了电反应变色玻璃、气反应变色玻璃、光反应变色玻璃和热反应变色玻璃，它们可以对应一个环境的输入而改变性能。

迄今为止，电反应变色玻璃是最适用于建筑的，也是建筑材料市场上最先进的变色玻璃技术。它使用低压电荷改变锂离子或氢离子的状态，从存储层移向电显色层（例如氧化钨）来改变玻璃的颜色和色泽（见图6.41）。这种电荷通过玻璃组件里的相反的透明的导电层导电。电荷由占用者控制开关，所以是一种主动技术。当直接受外部温度响应或照明等级响应时，把电反应变色玻璃设置成无源触发传感器的功能。根据电反应变色玻璃的一个主要厂家提供的数据：太阳能热收益率的范围是从清晰的0.48到着色的0.09。这些玻璃板可以是双层或三层的绝热板。

相变材料正在被纳入到常见的材料中来，例如干式墙、灰泥、混凝土块和玻璃；也有许多具体

■ **图6.39** 在德国博霍尔特市的格林瓦尔德社区的动态玻璃百叶窗幕墙，呈闭合状态；由德国人Atelier Jorg Rugemer设计。图片由库特集团友情提供。

■ **图6.40** 在德国博霍尔特市的格林瓦尔德社区的动态玻璃百叶窗幕墙，呈打开状态；由德国人Atelier jorg rugemer设计。图片由库特集团友情提供。

的相变材料的包装薄膜被应用在建筑组件上。这项技术持有的希望巨大，因为与传统的水泥、砖石和石头这些大块材料相比，它允许蓄热体块使用常见建筑材料，从这项重要的诱导式设计策略中受益。通常蜡基或盐基的材料可能先吸收热能稍后再释放出来，在材料变相阶段，它们吸收潜热，同时温度保持不变。水是典型的相变材料，熔点温度是32℉时，它或结成冰，或融化成水。建筑物的理想相变材料要求与室内温度较上部的舒适区有相似的熔点。

■ **图6.41** 在DOE/NREL研究支持设施的Sage电致变色的玻璃从有色到清晰的变化。图片由弗兰克·欧姆斯友情提供。

第七章

EE 建筑节能系统

有源系统

正如第五和第六章所述，建筑节能系统或净零能源项目有源系统的设计，是在诱导式设计策略和气候响应型建筑的相互呼应中完成的。诱导式策略作为项目的制热、制冷、通风和照明的基础，有源系统则被统一到现场再生能源系统的设计中，详见第八章。

对于大多数商业建筑类型而言，我们不能寄希望于使用诱导式策略的气候响应型建筑，能够一直符合所有的照明、舒适度、空气质量和热水等期待的功能。当诱导式策略本身都显得不敷使用的时候，用于照明、供暖通风和空气调节（HVAC）及水暖设备的有源系统则需要提供这些功能。

这些有源系统的使用能源，参考术语"常规使用能源"，代表了建筑中50% ~ 75%的能源。使用能源的剩余参考"插头负载能源"或"过程能源（见第十章）"。术语"常规使用能源"来自这些曾经按电力、机械、水管、火、能源和建筑准则规定的有源系统的事实，插头负载和过程设备现在也依然存在于监管法规和允许进程的范围之外。

对于一个净零能源项目而言，用有源系统明显减少使用的能源是很有必要的。与传统惯例或一个CBECS基准建筑相比，目标是常规能源的整体用量减少40% ~ 60%，达成一个净零能源项目的成本有效性。为达到这个节能目标提供指导，本章讲述了总体概念，预示了设计策略，并考虑到了低能耗有源系统的陷阱。

被动建筑的整合

脚踏车的类比

想象一个自行车手骑行两座山之间的一段路，开始下第一座山时，本能地采取空气动力最大、最紧凑的姿态以减小空气阻力。如果她加速蹬车，空气阻力是会减慢她的速度的；望着第二座山，这个自行车手会想："在必须蹬踏板前，我能冲上多远的坡呢？"在谷底时她达到了最大的速度，第二座山她越行越高，便开始减速。当自行车还在以一个舒适的骑行速度移动时，她就开始蹬踏板，首先在全速档，然后速度不断减慢这才到达山顶。

有源系统保存能源，就像这个自行车手为她骑自行车获得最大重力的过程，也需要二次，并结合了无源系统。重点是缩短使用能耗系统的时间，在它们持续运行时功率降低。

对于这个自行车手，优先处理她的诱导性资源并有效地结合她的主动性工作，以减少她的使用能源是很自然的；但是在设计一款建筑时，这种结合要求额外的注意。虽然一个有经验的自行车手不会在下山时急刹车，但在户外比室内冷的情况下，使用机械制冷处理太阳能和内部热增益并不少见。同样地，当自行车在全速行驶时，车手会无意识地疯狂蹬踏板；当空间里有足够的日光时，建筑物也会出现频繁地亮灯。知道"什么时候开始蹬踏板"可能是建筑系统的最大挑战之一。

无源系统和有源系统的关系

诱导式设计策略的主要角色作用是避免负载，比如：遮阳可以减少制冷负载，或强力保温建筑物包层可以减少热负载。然而诱导式策略也约束了：气候的免费能量诱导式地提供制热、制冷、通风和照明的服务性。从一个实际的集成角度来看，建筑构造的诱导式性能应该被列为建筑系统的第一操作模式。主动策略必须结合诱导式策略实施。如第六章所述，在低能耗和净零能源建筑中，无源和有源系统的结合应该是相当常见的；这也生成了混合建筑系统。一款混合模式的建筑是利用混合系统方法的佳例；它也同时使用自然通风和主动冷却通风（见图7.1）。

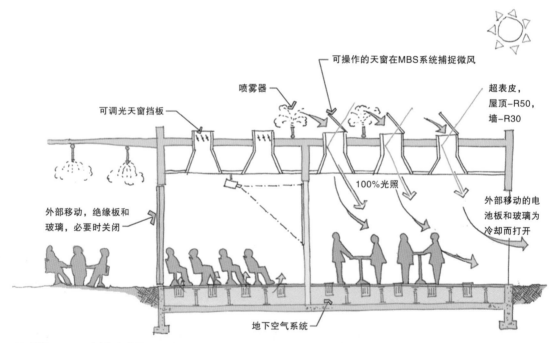

■ 图7.1 混合模式建筑利用自然通风和机械调节提供冷却和通风。图片由斯坦泰克咨询服务公司友情提供，绘图：吉姆·伯恩斯。

诱导式设计策略的成功引入为建筑设计带来许多明显的提示。诱导式策略也会影响概念图、建筑深度、方位和包层设计，所有这些都能使得建筑从以内部负载为主导，转为以表皮负载为主导，建筑的平衡点温度也改变了。当然，热负载也将明显减少。简言之，诱导式设计改变了建筑的热表现方式。这意味着有源系统也必须适应这种新的热能设计环境，打开大门来迎接更广义的创新和低能量型解决方案。

把有源系统结合到诱导式策略中的最大好处或许是，最终降下来的能源负载为有源系统的选用带来更有效的参考项。恰如其分的例子是使用辐射型的冷暖。辐射系统都是非常有能效及热效应的；然而它们是不能快速反应的，还可能在高热负载下发挥不了作用。高效包层、内部蓄热体和内部热增益控制的引入，使得辐射系统成为一个完美的匹配方案（辐射系统的更多细节将在本章稍后部分讨论）。

可再生能源的集成

机械系统集成

可再生能源的集成以及净零能源建筑中的策略，都能影响建筑物有源系统的设计和选择。主要的问题是机械系统与燃料及能源选取的协调性，这里有两种非常基本的方法：一种是全用电型建筑；另一种是同时使用了电力及现场燃烧供热型燃料的建筑。有多种再生和非再生能源可用于用电和现场燃烧方案。这里的一个变量是应用太阳能供热，方案本身无须燃料现场燃烧。如第五章早已讨论过的和第八章中将详尽说明的，研究可选的能源对于项目场所很重要。

对建筑供暖、家用和程序化的水热供暖等系统的选择，是需要考虑与现场燃烧用燃料的选择密切配合的。选择的设备需要兼容已划定的燃料源。例如：如果生物能燃料可用，但天然气也被计划补充或支撑生物能燃料，那么，设备选择和系统设计应该容纳多重燃料。请注意如果现场燃烧的是非可再生能源，比如使用天然气，建筑则须从一个再生能源生成器变成一个能源的净输出者，以维持净零能源的平衡——当然要依靠地方公用事业的电力回馈（net-metering）政策。

具有机械系统协调性的再生能源整合，这方面的用电问题是相对简单的。再生电力与电网的机械设备并没有区别，也就是说，再生电力不影响本源电力措施相关的机械系统选择，如第四章所述。就本源能源的观点看，与现场燃烧的选择相比，现场再生电力能够使以电力为基础的供热系统更加有效。土工交换系统或地源热泵系统，都有非常高的性能系数（COP），都是全电力系统，但地源热泵系统确实需要一个特定场地土壤条件的研究（这些泵体将在本章稍后部分详细讨论）。

有时，有源系统和设备的选择对现场再生能源系统会产生间接的影响，一个非常重要的例子是，屋顶装载的设备和屋顶装载的太阳能系统（都是光伏热和太阳能热）之间存在的冲突。屋顶装载的设备不利于太阳接近屋顶，它遮蔽了大面积的屋顶空间。阴影是动态的；在一天之内会从设备的西边移到南边再到东边。进一步讲，由于冬至日的太阳角度最低，这一日产生的阴影深度会高过设备的高度许多。这种遮蔽是基于典型的晶体光电板的内部线路的，所以普遍的问题是，实际由于它而致无效的光电板比那些处于阴影下的光电板数量还要多。解决这个难题的最好方法是避免使用屋顶设备，或尽可能少的留下屋顶设备。如果设备须用于屋顶，那么在遮阳策略的研究中应考虑优化位置的做法。

电力系统集成

现场再生能源系统对建筑的电力系统会产生大量的集成影响和机遇，最明显的一项是附加的电力服务设备，比如变频器和断开开关。计量器，尤其是监控再生能源系统的净计量器和辅助计量器的使用，能够在净零能源建筑的设计中具一致性是非常重要的。（注：虽然建筑电力系统的设计指导说明超出了本书的范围，但大范围的再生能源系统的基本系统元素将在第八章讨论。）

净零能源建筑的一个特征是，通过降低的照明使用量和有效的插头负载管理，当会明显减小电力负载。这些整体建筑方面的减负，导致了建筑物电力需求的削减，以及电气规范范围内更小的电力服务设备及变电站的英尺英寸。在评估净零能源建筑的电力服务组件时，要记住的一个机遇是，高能效的变电站的谨慎选择能够减少整座建筑的使用电量。如果十分注意不要让电气规范范围内的变电站英尺英寸过大，能效自当会加强。

净零能源建筑的再生能源系统的集成提供了几个有关电力生产的机遇，行业对这方面才刚刚开始发生兴趣。一个热点概念是，直流微电网的集成作为了净零能源建筑的交流电供应手段。节能的潜力是可持续的。首先，光伏系统生产了通常用变频器转换成交流的直流电，这种转换在系统中是效率不佳的源头。其次，在商业建筑中有多少设备是基于直流的，有多少设备是使用一个电源适配器把交流电转换直流电的，很明显都成问题。应当专心考虑连接到建筑物内所有电力线的"变压器"数量和种类，把建筑内的交流电转换成直流电。能源在这种转化中也会流失。未来创新潜在的一个主要来源是以直流为基础的照明系统，例如：LED技术是以直流为基础的，其驱动程序把交流转换成直流了，便会构成LED系统的大部分成本，所以能削弱效率。

虽然相对于个体建筑或小群体建筑，直流微电网是小规模的，但是大规模智能电网的开发对为其服务的净零能源建筑和电力设施也将产生一定影响。智能电网是一个配电网上的双向通信的集成。附加的通信技术允许大范围的能源技术应用，包括加强的和自动化的需求响应，以及分布式再生能源系统的管理。为了连接智能电网，建筑能源相关的系统需要大量设施来为了建筑和电网的需求响应而监管和控制设备。随着现场再生能源系统的发展和分布式能源的存储，以及智能电网和微电网的开发，建筑物的电气景观将会大大改变，提供给净零能源建筑更高的效率和额外的优化能力。

基本概念

了解你的能源图

有关零能源建筑的经验，显示了达到必需的能效是没有捷径可循的。在建筑中使用的所有能源都必须被检查和削减，但从哪开始呢？这个过程的第一步是确定怎样在建筑中使用能源。如第三章和第四章所述，通过分析能源的终端利用问题，会了解一个项目能源问题的开发需求，这也正是能源目标集成过程的起步点。能源终端利用的分析或能源饼状图分析，在低能量式的建筑系统设计初期也是很有价值的。能源饼状图对于把能源问题分成多个角度是很有用的。各种能源和利用的相对重要性，比如制热、制冷或照明，需要首先了解，然后再策略化地解决。特别要关注最大的能源利用，确保它们在设计过程中最先被解决。图7.2展示了一个办公大楼在能源终端利用上的分类示例。

图7.2所用的分类公正地代表了大部分建筑；但对于既定项目，它可能是合理地添加了特别的类别或子类，举个例子，合理地把能源分成单独、具体的项目元素，比如厨房和IT空间。一种推荐的分类如图7.2所示，把制热和制冷的能源利用方式分开，分别归到排气和空间子类里。分述这则信息很有用，因为下游的制热和制冷设备需要不同的策略来节能，调节外部空气，带之进入建筑物维持占用空间本身的温度。对于办公楼，制热和制冷趋向于排气和空间的平衡。对于医院、图书馆和餐饮设施，制热和制冷则趋向于受排气主导。反之，住宅应用趋向于空间主导的制热和制冷。

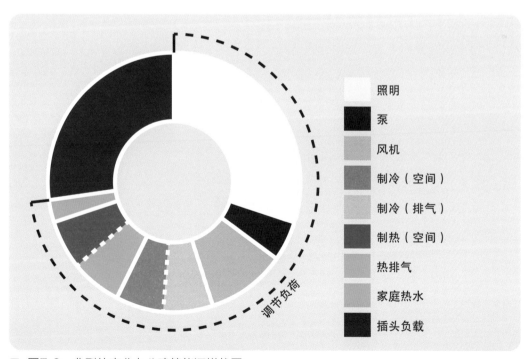

照明
泵
风机
制冷（空间）
制冷（排气）
制热（空间）
热排气
家庭热水
插头负载

调节负荷

■ **图7.2** 典型的商业办公建筑能源饼状图。

没有哪两款建筑有完全一样的能源分配。建筑的一般用途、特殊程序、本地气候和场所限制都将影响建筑的使用能源和终端利用的相对分布。设计团队对常规使用能源有实质性控制：家庭热水、制热、制冷、风机、泵和照明。建筑开发商和设计师分享了各种插头负载类别设备的使用能源的责任。为了达到净零能源，团队期望在"常规的"使用能源中尽可能地减少使用能源，也能帮助开发商节约插头负载的能源。

能源饼状图对于各种项目利益相关者都是有效的视觉试金石，帮助他们了解他们的工作作为整体是如何影响建筑的，有一个共同的减少使用能源的目标感。随着项目的开发和被定义变得更清晰，更新能源饼状图是一个好主意，保障所有的项目利益相关者都在整体设计和有关每个能源的个体学科的消息圈内。

减少，再利用，再生

口号"减量，再利用，再生"是一个常见的、被即兴重复的有关再循环利用的座右铭，"减少，再利用，再生"用来提醒我们更大优先地寻找消耗以及如何实施。它也建议在实现一个项目的净零能源平衡的过程中建立一个重要的等级制度：

- 减量是第一位的，理想地减少或规避了负载，还沿用了有效的措施。
- 紧接着是再利用，核心是创造性地把系统中的能源废物返还到有益的使用方式上。

这两步包含了一个低能耗方案，能够抵消现场可再生能源发电。清记住，设置能源消耗预算也是为一座净零能源建筑建立可再生能源发电设施的需要。

能源消耗=能源生成

净零能源建筑不是简单地把再生能源系统添加到典型的建筑中便成功的。为达到成本有效性，能耗被降低到一个使可再生发电变得可行的点上——在成本和空间的双重约束下。按照成本有效性，许多能源减少和再利用策略都是，比增加可再生能源发电环节更好的投资。

在有源系统中减少和再利用能源是本章的重点。有许多方法接近这个目标，其中的一些会在下面的章节中体现。对待这些从不同角度来观察你的建筑系统的想法，就像雕塑家在从许多方面检查其作品，逐步分解，并形成了最后的形状。

从下游开始，在上游工作

当能源流经和通过有源系统时，包含许多步骤；能源从一种形式变化成另一种形式，每一种废物都与那个步骤固有的无效性相关，如图7.3所示。

在图7.3中，化学能（这里的形式是煤）被燃烧生成蒸气，蒸气进入涡轮，推动发电机旋转，再产生电力，分配给建筑物，在变压器中的电压下"下坡"，供给发动机动力，带动风机旋转，散发出冷气来调节空间。无效性混合在每一步里，作为它的一个结果，260瓦形式为煤的化学能，最后只有50瓦用于移除建筑中的空气。

在既定步骤里，废料减排意味着之前的所有步骤均须减少能源，这就减少了被上游设备浪费掉的电能。比如，如果风机的效率能从60%提高到70%，通过所有上游设备的电力需求将下降27%。同样方式下，效率并不能流向下游。如果变压器的效率提高3%，它会减少上游电力系统的功率需求，但对风机的功率没有影响。这意味着大多数解决能效的有效方法都集中在尽可能远的下游所需的功用上，再通过支援设备的能源进行上游的工作。

深入检查需求

最远端下游的答疑点是：什么是这个系统建议去做的？有时，浪费的出现是因为解决了错误的问题。我们一直在使用能源但几乎看不见，所以，我们做的影响能源的所有决定很容易被忘掉。因此，问题（由含糊的预期和正式的设计标准引起的）通常出现在内建的能源浪费上。

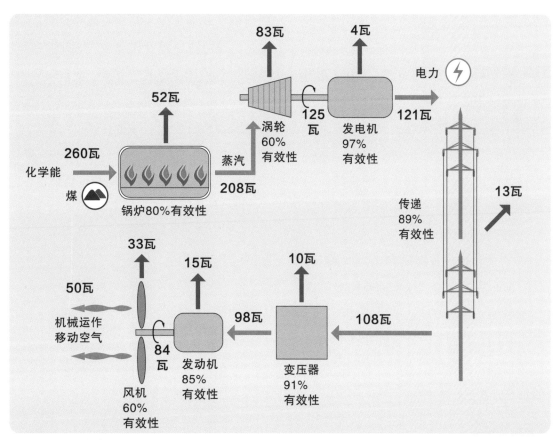

■ **图7.3** 理解能源流的上游工作。

检查设计标准是否匹配一个净零能源建筑，最划算的方法是项目的节能；它必须尽可能早地发生，为项目设置定义一个清晰的净零能源路径。通常微妙的要求会有明显的影响，例如：计算当地空气移动的舒适收益常多于单独关注空气温度，这意味着是否需要基于压缩机制的冷却。

检查项目需求部分是帮助建筑开发商更好地诠释设计标准——它们的实际意义是什么？例如：设计1%的户外设计参数意味着，1年内平均88小时可以有超越系统的能力。是否接受呢？另一个例子能帮助开发商认识到辐射空调和舒适的空气温度的合并效应，如果使用的是辐射系统或明显暴露的内部蓄热体。但可能最好的例子是以检测IT设备的温度需求为中心。目前的工业标准比之惯例，为更大范围的包层提供温度和湿度。能源策略，像空气和水的节约装置，当需要调用这些更宽泛的温度条件时，会节约大量能源。

检测项目需求的另一方面是理解这些设施的细节，理解它们是如何将被使用的。这个议题的一个好例子是室内舒适度标准。室内设计温度设置点在使用能源中会产生实质性的差异，甚至在系统所需的类型中也会产生实质性的差异。

理解一款建筑内不同空间适合的使用和功能通常是很重要的，这对一个净零能源建筑甚至是更重要的。不同的使用模式、热能需求和条件，都能在策划主动性和诱导式策略和系统时被利用。如果特殊空间与建筑物的其他空间有明显不同的小时数，系统将需要有效地适应机械设备的调节以服务于这个空间。如果一款建筑有许多大区广泛地需要不同的热能和排气功能，这些区域能够由不同的系统方法更好地服务。

最后，关键是能够向客户提出以下这个问题：你真的需要吗？所有包含在一个净零能源建筑中的股东都是要信奉少即是多的哲学的。这里的一个观点是，不剥夺这些人他们需要的，但也不消除他们不介意的。削减不必要的设备和功能可以创造上游节能的多米诺效应。

合理精简的系统

如刚刚讨论的，深入检查实际的设计需求，减少或移除不必要的需求，都是合理精简系统最基本的。合理精简的目的有两重：一、优化能效（尤其是部分负载的运行）；二、减小设备英尺英寸和成本。目前在建筑业，合理精简的概念被重新制订了，规模和效率之间的平衡很重要。合理精简并不是一味选择小规模的系统。

合理精简系统要从缩小规模开始，缩小系统的规模是避免负载和减少负载建设到项目中的结果——连同诱导式设计策略、高效的建筑包层和内部负载的减少一起的结果。设备筛分集中在峰值负载（功率）的减少上，而不是整个能源的使用上，因为系统被筛分为符合峰值的负载或设计案例的负载。所以，当开发一个项目的节能策略时，请记住减少峰值负载的策略也很重要。

除了集中负载减少策略外，非实际的峰值负载假设和安全因素也是问题所在。这是符合有源系统下谨慎定义项目需求的一部分，这也是一个有意义的问题，确定峰值负载的传统做法是假设存在同时加载的不可能组合，事实上在完全光照的建筑里，人造照明的峰值负载根本不可能与太阳能热增益的峰值负载同时发生，因为在有充足的阳光获取热能峰值负载时，所有的灯不会全开。除了定义峰值负载的策略外，使用合理的安全因素和努力工作以减少有关负载的假设和不确定性也是很重要的。

合理精简系统可能会导致小规模的系统，因而产生低成本的系统。合理精简是管理整个净零能源项目建造预算的一部分，减少的成本能够用于抵消其他诱导式策略的投资；或节约的费用可以再投资到系统里，节约的费用允许购买一个升级且高效同时仍能首先控制成本的系统。

合理精简系统的一个关键是设计部分负载效率。显然传统系统经常在半峰值或更少的状态运行；一些系统组件不能在部分负载有效运行。幸运的是，效率能够通过使用调整速度传动装置和并行组件来改进，能够在全负载或部分负载状态下逐步实现有效操作。变速泵和风机可以全面利用流、压力和功率的关系，参考切割定律。根据这些定律，泵和风机的功率是流或速度的立方的一个函数，意味着减少流动在功率上有一个指数的降低。如以下等式所示的关系，$P1$和$P2$代表两个不同的泵/风机，基于流（$F1$或$F2$）或泵/风机的速度（$S1$或$S2$）。

$$\frac{P_1}{P_2} = \left(\frac{F_1}{F_2}\right)^3 = \left(\frac{S_1}{S_2}\right)^3$$

合理精简的最后部分是如何扩大规模。分布因素，比如通风管道和热转移因素，比如冷却塔和辐射光电板，通常随着他们英尺英寸的变大而增强系统的能效。最终，合理精简将成为效率和成本的一种平衡，且必须在项目级别加以解决。

能源再利用

能源再利用被作为能源减少手段的一个子集。这一手段要通过再利用及以下做法获得成功：在系统里使用"废"能源服务于另一个系统的生产性能。技术设施包括冷却器、热泵和传导风力（使用废热为空间制热或为通风预热）。

在能源利用和再利用的考虑当中，一个想法是为建筑物创造一个能源生态系统。在一个生物学的生态系统中，能源以光能进入植物中，并在植物中转化成化学能。植物被食草动物吃掉，食草动物靠植物实现了生命，又被食肉动物提供了能源。最后，所有生物都成为食腐者和分解者的能源，它们在生态系统里服务于自我的生命机能。在一个稳定的生物学的生态系统中，以光能形式进入的总能源等于离开的总能源；在两者之间，能源被用于数不清的功能。在建筑中，能源以光能、电能和热能形式进入，但有可能之前就使用了它不止一次。

另一个想法是能源除了数量外，还有质量或有效性。这是热学第二法则的核心。例如：在冷却器中，在160 ℉的 100加仑的水可用于把100加仑的水从50 ℉加热到90 ℉。在这个过程中，4000Btu的热能转移到冷水中，160 ℉的水降到120 ℉。热能自然地从高温源（较好的质量）流到低温源（较差的质量）。用等量（4000Btu）的热能可以把100加仑的水从160 ℉加热到200 ℉，我们不能简单地从50 ℉的水中转移这部分热。在再利用能源中，我们想要确认使用我们首先需要的最高质量的来源，然后尽可能再利用第二高质量的来源。

例如，在DOE/NREL研究支持院中，电力（最高质量的能源）被用于电能数据中心设备；每个热学第一定律中，热能（较低质量能源）从数据中心设备中等量释放，以热空气的形式，大约是95 ℉。这个热能用于加热通风空气，大约是55 ℉。

考虑如何再次利用建筑中的能源，成为了一个项目中的几个最具创造性的工作，并举例证明了这种集成方法的设计（能源再利用的更多具体策略——冷却器、热泵和运风——将在本章稍后讨论）。

HVAC概述

热舒适度和空气质量

HVAC系统的目的是确保空间里足够的热舒适度和空气质量。认识到热舒适度和空气质量是主观问题很重要。个体生理机能和热敏感度的复杂动态伴随着不同的文化标准和偏好，使尝试满足普遍认可的热舒适度和空气质量充满了挑战。另外，目前的设计标准不足以解决这种复杂性；因此，为了满足这种统一标准的需要，它们的范围通常是狭窄或过分简单的。

普尔•奥立•方葛尔，一个室内环境健康效应领域的专家，他的研究集中关注了一个人在达到他或她的主观舒适感的稳定状态下的整体热平衡。北美洲热舒适度的行业标准是《ASHRAE标准55》，这也是从他的研究衍生出来的。这个标准涉及下列舒适体验的条件：

- 代谢率
- 着装等级
- 空气温度
- 周围的表面（辐射）温度
- 湿度
- 空气流速
- 心理状态（不能控制，因此常被排除掉）

此外，标准还区分了冷气流和"辐射不对称"的界限——当一个人相反两侧的体表温度截然不同时的界限。标准则集中在，从一个条件开始再到一个可接受的、通常为20%的水平，分别限制了不满意者的人数。

在过去的几十年里，我们把舒适的定义范围扩宽了一些；热舒适度的新模型产生了，比如加州大学伯克利分校的热舒适度模型，更准确地表现了人们对环境条件的心理反应。这些新模型考虑了瞬时（非常态）条件，这是在真实生活条件中相当普遍的，人体的每个部分（局部舒适性）如何影响整体舒适体验；它们也能把一个空间里的非统一状态解释得更准确。这对于考虑近窗舒适度特别适用，因为这个位置创造了一门相对复杂的热力几何学。

在2004年，为说明使用者在控制可操作窗户时的心理收益，《ASHRAE标准55》做出了实质性的补充，这个补充被称为自适应舒适模式。以条款适用于自然通风建筑的一个相当有限的条件，不能应用于使用自然通风和机械冷却的一个混合模式建筑。虽然这种新自适应舒适模式不能发现所有的机遇，也不能发现所有的复杂性，但它是向实现热舒适度、朝向更复杂和更多样化的解决方法的正确方向迈出的一步。

建筑中的通风和空气质量标准可能比热舒适度的标准更加过时和随意。值得注意的是，空气质量的开发标准被定向到对讨厌的（身体）气味无声的抱怨，而不是指向更复杂地优化居住者健康的问题。尽管《ASHRAE标准62》把国际规范中陈述的要求做了几分改动，但它仍是北美洲商业建筑的主要通风标准。

总之，这些基本问题的研究需要广泛和高代价地投入学习，目前的标准做出了最好的研究结论，这已经逾越了人类主观反应和可在空间里创造难以估测条件二者之间的障碍。要建筑实现净零能源，应诠释出什么标准对这个项目真正意味着重要。为对的标准（如ASHRAE与默认标准之比较）提出有利理由，以及为建筑物中具体位置的舒适性实行更复杂的计算，可能都是要去做的事。

HVAC系统基础

为满足舒适度和空气质量的需要，组件和系统的谱系早在100多年前就被设计出来了。不同的系统有不同的收益，其中的一些更适合特殊的气候以及建筑的类型、规模和场所。然而所有这些系统均为调节空间遵循了相同的基本"架构"，这种HVAC系统高级别的审查如图7.4所示。

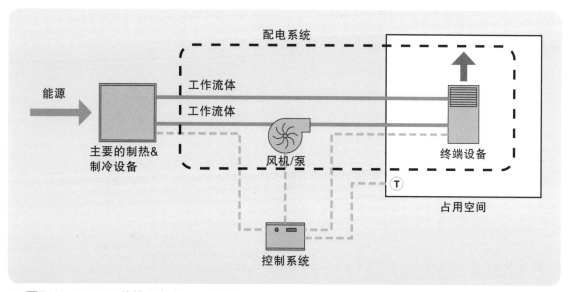

■ **图7.4** HVAC系统简化为它的基本组件。

从下游开始，就有了被调节的占用空间。从能源的角度看，调节空间意味着进入空间的热量等于离开空间的热量。如果空间环境失去热量的速度大于得到热量的速度，系统就需要供应更多的热量，防止空间里的温度降低。如果空间从内外来源（太阳能受热等）获取的热量大于外部环境失去的热量，HVAC系统就必须从空间里移除热量。空间的热平衡原则是负载计算的基础，后者则是制订HVAC组件和系统标准的基础。

为控制一个空间的热平衡，需要对舒适条件进行监测。这就需要温度传感器或恒温器了，在一些情况下恒湿器也是需要的。这些组件是控制系统的一部分，而控制系统管理着这些组件的操作。

被占用空间的上游是终端设备。这类设备从系统中得到热力后，把这些热力配给占用的空间。终端设备有多种多样的风量盒、翅片管散热器、辐射板，冷却梁和分布式热泵等。

终端设备的上游是工作流体，它是从占用空间传送热的介质，通常的工作流体是空气和水。对于变化的制冷流动系统，制冷剂是工作流体，所以须有让工作流体循环的一种模式。在现代建筑中，风机或泵是典型的模式。在变化的制冷流动系统里，压缩机驱动流体循环；在蒸汽系统里，分配现象的基本原理是水发生膨胀而成为锅炉中的蒸汽形式；水的回归则由重力或泵送的作用产生。

上游流体和它的循环器是主要的制热和制冷设备，对于制热和制冷，这些一般指锅炉、冷却装置和辅助设备。也可以自定义这些组件，让它们集合打包成空气处理设备，以形成燃烧器和膨胀冷却的形式。主设备则在HVAC系统和燃料源或外部环境之间转移能源。

相同的基础系统组件用于维持通风空间有足够好的空气质量。在某些情况下，用于通风的空气也是制热和制冷的空气流体。然而在某些情况下，如本章稍后所讨论的，通风气流是一个单独的系统。

低能耗系统设计

刚刚描述的基本HVAC系统的架构是用传统的构件，以及创新性、低能量型方法来进行HVAC设计的。净零能源建筑的低能耗机械系统是真正的创造性和革新设计尝试。这个过程不只是选择高效的机械系统；它还有关整个系统机械服务的设计（参考第三章关于设计方法和系统设计思考的讨论）。

一个净零能源项目的机械系统的选择和设计很可能包括非常规的组件和系统。非常简单地说，在今天广泛使用的大多数常规机械系统对于净零能源建筑方法不是足够有效的。本章已总结了许多较高效的备选方案。请注意在美国市场上的许多备选系统都是非常规的；它们在欧洲和日本市场上则更常见些。

需要重点重申的是：整个系统的设计与系统的选择是同等重要的。事实上，系统的考虑有助于通向更好、更集成化的系统选择。在本章开始讨论过的应用低能耗有源系统的原则，也能应用于HVAC系统设计。

进一步讲，低能耗HVAC系统方法可以分成两个主要方式：通过配电系统减少能源和通过主设备减少能源。有发展前景的配件和系统很有可能为净零能源建筑带来能源收益，这些例子将在以后的部分呈现。

低能量配置

概念和指南

HVAC的服务——制热、制冷和通风——需要被有效交付到建筑的每个空间里。完成它有不计其数的方法——太多了，事实上要充分地讨论每种方法的度量标准和限制。因此这部分关注的，是于众多的商业建筑中代表着重大能源效益的方法。

低能量配置策略

- 避免热分布方面介入空气
- 解耦通风和温度控制
- 使用温和的温度
- 尽量减少复热式能源

避免热分配方面用到空气

对于一个低能量式的建筑，热分布系统里的能源效率和能源有效性将成为一个基本的设计考量。对于许多建筑，这意味着以水为基础的热能转移与以空气为基础的热能转移的比较。水的体积热容量是4.1796J/cm^3·K，空气的体积热容量是0.0012J/cm^3·K。这意味着同样的体积条件下，水的热容量是空气的3500倍；因此，一个非常小的泵体分配的热力值就可以与较大的管道比肩。而泵送较小体积的水的做法，比用管道运输较大体积的空气会消耗更少的能源。这个无法抗拒的理由让我们考虑以水为基础的分配更多一些。

解耦通风和温度控制

水对转移热量的作用巨大，但不帮助一个空间排气或除湿。我们仍需要借助空气，但通常我们很少使用全气化的HVAC系统。通过用温度控制水来分别排气或除湿，我们实际上能把整个设施控制得更好，从中获取能源、热舒适度性和空气质量效益（见图7.5）。

吉尔·莫伊在他的书《建筑的热表面活性》中做了启发式类比，他把人体比作建筑，他指出在人体内的空气（呼吸）和热能系统（循环）的解耦是非常有效的，建议建筑设计从这堂重要的仿生课中学习。

这种推荐表明了建筑是由制热和制冷需求，而不是通风和排气需求主导的。如果空间的通风和排气比制热和制冷需要更大的气流，那么使用气流制热和制冷也没有什么损失。

使用适合的温度

传统的HVAC系统在工作流体中使用相当极端的温度。普遍的空气制冷温度是55℉，制热温度是90℉。冷水和热水通常被用于制热和制冷空气，水温更是极端，通常需要的冷水温度是45℉；热水温度范围在160℉到200℉之间。通常使用温水制冷，凉水制热，我们能够更多地依赖自然资源制热和制冷，主设备在操作中不用必须卖力地工作。

使用不那么极端的温度意味着你需要更多的工作流体分配同样多的热量，这将导致更多的泵

■ **图7.5** DOE/NREL研究支持院的地板下送风系统，为了排气交付和从辐射制热制冷系统中解耦。由玻璃制成的几块"真实"的地板展示了抬高的地面的内部运作。图片由RNL友情提供，罗恩·波拉德摄影。

体/风机能源。这些附加能源以避免空气作为工作流体而被减少，它们远远超过免费制热源和制冷源的使用。如果基于具体项目的限制显得免费制热源和制冷源不可用，那么就意味着要落到"适合的温度"哲学头上了，在液体循环系统中最大化温度差异以减小泵功率。

复热能源最小化

这听起来是不合逻辑的，但商业建筑中的一个大的能源消耗体是能够把冷却下来的空气再加热的。它被建立在大多数基于空气的HVAC系统的操作中。使用适合的分布温度和从温度控制中分离出排气部分，能够让因复热而浪费的能源量最低甚至是全面防止。

系统和策略

一个独立的外部空气系统的辐射制热和制冷

辐射制热和制冷依赖空气中暴露的表面交付加热和冷却。通常顶棚或地板被作为热交换表面，地板更倾向于制热，顶棚更倾向于制冷。这都是由于人类自然的生理反应，喜欢下部温暖，且自然对流能够增强这种配置的热转移。除了这种理想的配置，在许多情况下不理想方位能够证明这是更好的方法：例如，从顶棚提供制热和制冷，因为你不想为另一套管道付费（见图7.6）。

对于新建筑，使用这种构造本身作为辐射表面通常更有成本效益的。在一个混凝土的地面或顶棚，板材本身是在表面和工作流体之间热转移的正中央。在工作流体通过板材运行的时间和在空间感觉到这种效应的时间之间，会引发一个"时差"。从这层意义上说，辐射板最适用于预计是稳定状态的空间。

■ **图7.6** 使用辐射制热和制冷板材的液体管道系统。图片由RNL友情提供。

悬浮在这种结构下的金属辐射板是另一种方式。虽然它们每平方英尺的安装费用更高，但它们比板材的反应要快得多，所以更适合改造中的应用以及占用空间和其他制冷负载波动范围广的空间。无论哪一种方式，空间温度在非占用的时间里，没有任何风机是打开状态时，也被制热和制冷所控制。这对热主导的气候特别有价值。

因为辐射系统处理制热和制冷，空气系统致力于排气和湿度控制。这个系统通常只处理外部空气，不在建筑内再循环。因此可以作为"一个独立的外部空气系统"（DOAS）参考，DOAS系统比传统的空气系统更小，消耗更少的风机功率。

辐射方式的一个主要限制是辐射表面的热能数量会发生变化。制冷中的地面仅能从空间里移除13Btu•h/ft²，一个顶棚大约能从活跃的表面移除25Btu•h/ft²。幸运的是，对于一个好的低能耗设计，架构、照明和插头负载减少使这些有限的能力足够应付许多的应用程序。

辐射方式的另一种限制是湿度。制冷能力被空间里的湿度所控制，以便阻止板材上的冷凝。对于空间的实质内部湿度源（例如：高占用度的会议室），辐射制冷要求非常干的空气充分运行，使辐射不能实现。

周边热量的置换通风

置换通风是空间冷却和排气的一种方法，早在1970年的瑞典就被开发出来。与之截然相反的是美国的传统空气系统，它试图彻底把空间里的空气混合进供气中来，创造统一的条件和稀释空气污染物，置换通风的想法是在人们生活的房间底部创造一个更冷、更清洁空气池。这导致房间分层区域高的部分更加温暖，污染物都移向这个区域，然后再被移走（见图7.7）。

置换通风，空气被引入到68℉的房间周围，最低气流速度为40英尺每分钟或更少，空气沉淀到地面或传播开。热源，比如人类和设备，生成一个堆栈效应，被称作"热柱流"，先吸引了更冷的、更清洁的空气进入呼吸区，然后随着空气被加热和变成"有气味的"上升到分层水平。依赖房间排气需要和热源的平衡，置换通风通常提供大于一个高空混合系统1.2~2.5倍的有效性排气。这意味着同样的空气质量被提供到外部空气减少了15%～60%。这在夏季和冬季是高度有益的，这时外部空气调节成为了一个主要的能源吸引。因为置换通风使用这样一种温和的供应温度，所以通常能通过低能量型方法实现它。

由于置换通风使用自然的浮力在占用空间里创造更清洁的空气，所以它不能更好地制热。事实上，在一个置换通风中提供暖气将导致比一个混合系统的排气有效性差30%。由于这个原因，把周边的液体循环供热合并到置换通风中是一种很好的实践。周边供热有许多种形式，包括辐射板，或翅片管"散热器"。像辐射法/DOAS法，夜间加热可在空气系统完全关闭时被提供。

置换通风系统的一个限制是使用空气冷却工作流体——事实上，在大多数情况下它比传统的混合空气系统的空气稍微多一些。通过谨慎的设计，外部空气需求的减少和制热/制冷源的降低，这些收益将超过略有增加的风机能源。

冷 梁

冷梁是为一个辐射/DOAS系统提供收益的一种策略，但成本通常很低。冷梁分两类：无源和有源。

无源冷梁类似于一个热翅片管"散热器"（这些"散热器"实际上使用对流）的倒置。这种冷梁由高悬在空间的液体循环管道组成，通过自然对流滴落到占用空间里。无源冷梁不能很好地制热，正如它们恰恰会引发暖气到房间顶部的池子。然而它们适用于内部不期望需要制热的位置。类似辐射板，无源冷梁需要DOAS系统来排气和除湿。

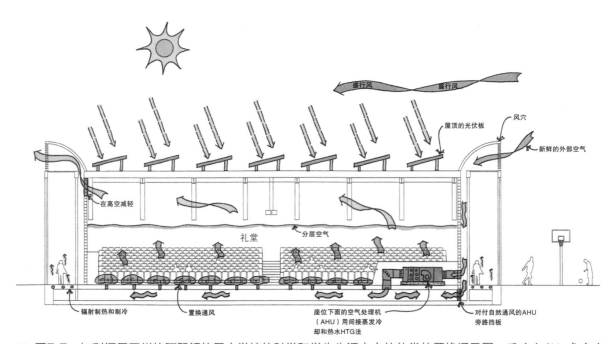

■ **图7.7** 加利福尼亚州的阿瑟顿的圣心学校的科学和学生生活中心的礼堂的置换通风图。图片由斯坦泰克咨询服务公司友情提供。

主动式冷梁利用排气加强翅片管的输出，冷梁的喷嘴在翅片处喷出空气，增加热转移。这些系统完全适用于有着相对恒定的排气需求的空间。由于被迫对流，主动梁同时用于制热和制冷，但需要空气系统在业余时间调节空间。冷梁系统的一个缺点是梁上喷嘴会引发大量的附加压力下沉到排气系统里，必须用附加的风扇电源来克服。

可变冷媒流量

可变冷媒流量（VRF）或可变冷媒体积，系统是北美从亚洲引进的相对的新型方法，在亚洲是普遍应用的。一个VRF系统产生一个冷却循环（传统上它是被其他HVAC途径的主设备限制的）并扩展到整款建筑的循环。冷却剂本身成为建筑的热传递流体。这种冷却循环是一个既能提供制

热又能提供制冷的热泵系统。热泵终端分布在整个设备里，通过循环制冷剂吸热或排热来提供制热或制冷（见图7.8）。用这种方法，热量移向整个设备，从过剩区域移向需要的区域。制热或制冷的净剩余从外部经由一个或多个室外热泵机组吸收。VRF尤其适合一些空间很可能要保持长时间制热同时另一些空间又很可能要保持长时间制冷的这种应用。像我们之前所描述的一些系统中，DOAS系统就需要通风。

VRF系统的一个限制是系统中需要大量的制冷剂。VRF系统的一个设计挑战是普通的能源分析软件不能计算它的性能。幸运的是，为了应对在这些应用上日益增长的兴趣，设计工具和资源以及对这些系统的培训在美国市场上迅速发展。

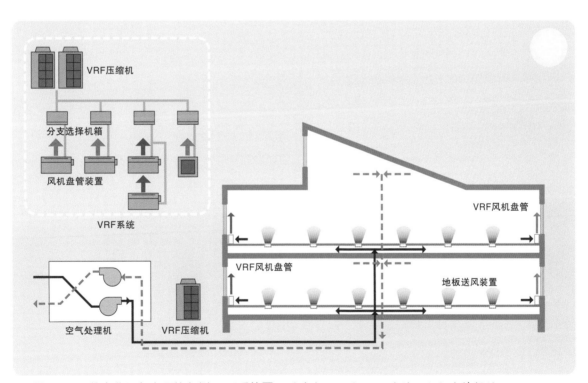

■ 图7.8 公共事业服务大厦的东侧VRF系统图。图片由RNL和MKK咨询工程师友情提供。

低能量主型设备

刚刚描述的策略通过解决如何从主设备到占用空间的制热、制冷和排气分布，引向了低能量型解决方案。用于系统的热转移介质在系统效应和有效性上扮演了主要角色，就如同配送系统的温度和体积。

低能耗HVAC系统的另一个重要机遇，是解决主设备如何生成制热和制冷能源的问题。低能耗主设备的起点是提供有限的制热和制冷，或者不生成附加的热能或冷能，或者寻找能利用免费能源的系统。那就是说，气候或场所的免费能源能用于提供舒适性？免费能源的另一个来源是废能。所有HVAC系统有废能来源，表现为废热形式。问题是，这种废热流体能够作为有益的使用直接返回系统吗？使用废热的一个普遍障碍是它不能在特定时间或地点生产并随时可用。热能存储能作为后续捕捉废热能的一种方法被开发吗？热能存储的概念对于捕捉废热能有着重要的意义，而且可以使用它从气候和场所中利用可供选择的免费能源。

以下的策略集中在低能耗主设备的概念上。有许多机遇可以匹配低能耗主设备策略和低能耗配电系统，事实上，许多低能耗和净零能源建筑包含了定制的混合型低能耗和免费能源策略，以达到一个项目的个别需要。

系统和策略

节能装置

节能操作，也称为免费冷却，在许多气候区是一种极好的策略。想法是利用1年中外部空气足够冷可以获得明显制冷收益的时间——可能地，不需要打开基于压缩机的制冷设备就可以获得全部冷能。在这个国家的许多地方，节能器都是按准则被需要的。

最普遍的通常最有效，空气节能装置是常用方式。在一个空气节能器中，当外部空气在某一偏向回归系统的温度和湿度下时，额外的超出排气需求的外部空气在机遇条件下被带入到空气处理机中。一个空气节能器的操作可以与置换通风很好地匹配，因为置换方法供应更暖的温度时，节能器就能实现更长时间的节能，尤其是在相对干燥的气候下。

一个水能节约装置，顾名思义，在外部空气适宜的情况下为HVAC系统生产冷水。通常在系统里用水冷式制冷机和冷却塔完成这项任务；当冷却塔有了独自生产设备需求的冷却水的能力时，它就在寒冷条件下绕过了制冷机工作；节水装置尤其适合辐射制冷和冷梁的有关系统，因为它们都需要更温暖的冷却水。这大大增加了一年内系统能够使用节能器的运作时间。

使用节能器的一个明显有价值的机遇是以技术为主的空间，比如数据库和服务器房。冷却数据中心的史上手法是，依靠冷却剂大范围地散布冷气，而这混合了空间中被电力设备拒绝的暖空气。目前为IT空间制冷的节能策略是，依靠密封热通道控制暖空气保持房间内的冷气，允许更高的供气温度来充分使空间冷却下来。诸如英特尔、惠普和微软公司的研究所示：现代的IT设备远不像之前IT和HVAC行业所认为的那么容易受高温、湿度和空中悬浮微粒的影响了。

热回收

热回收对于减少净零能源建筑中的通风制热和制冷要求是一种极有价值的策略。对于热回收，热在进入和离开建筑的液体流（通常是空气）中被交换，没有任何能源从主制热和制冷设备中预热和预冷空气（见图7.9）。根据热交换机使用的类型和通过热交换机的气流速度，50%～80%的能源从一个气流转移到另一个气流。热回收的缺点包括这些组件放入空气系统所增加的压力，增大的空气处理机规模和更复杂的管道。

有许多可实现热回收类型的设备，常见类型按照性能由弱到强分别为：绕循环运行，横流式换热器，热管和热轮。它们提供不同级别的换热效果，但是也增加了气流在传出和传入过程中被污染的机会。

刚刚热交换策略描述的转移"显"热——也就是指没有水分。焓轮是热轮的一个修改，利用干燥剂（吸水）涂层转移气流间除热量外的水分，以便预先加湿和预加去湿空气。这种方法同时对冷干气候和热湿气候都有益处。

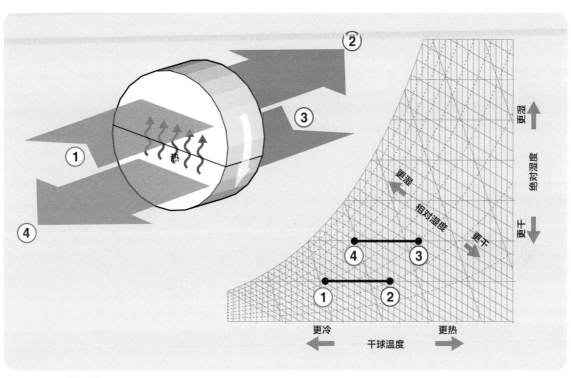

■ **图7.9** 热回收。

虽然常见的是使用从排气和返回流（图7.10）里获得的热量，但热交换也可以由其他流体组成。甚至厨房排气也被成功用在一些应用中。

蒸发冷却

正如人们出汗能使身体变得凉快一样，建筑也使用水吸热的自然冷却效应，把吸收的热量蒸发到空气中的水分（蒸汽）里。蒸发冷却在HVAC行业里并不新鲜；事实上它是所有的冷却塔操作的原理。

蒸发冷却的最简单形式称作直接蒸发制冷（见图7.11）。在这种方式下，水分附带了建筑中提供的空气，气流冷却后使它变得更潮湿。空间的外部湿度限制了这个过程的收益，因此这是一种适宜干燥气候的策略，在潮湿气候下很少使用。

间接蒸发制冷，蒸发制冷的变形，把水分加到从进入建筑的空气中分离出的"净化剂"气流里（见图7.12）。净化的空气变冷变湿，然后路过显热交换器，交换器从用于通风建筑的室外气流中吸收热量。这种方法中变冷的室外气流没有增加湿度。由于热交换器的有限有效性和有关的压降，间接制冷降低室外气温的能力更加有限，比直接蒸发制冷的风机效率损失更高。

一家名叫酷乐拉多的公司提供了间接蒸发制冷过程的一个有趣的扭曲。在酷乐拉多开发的蒸发制冷介质中，间接蒸发制冷的许多阶段连续地发生。通过这个举例，说明这比常见的间接蒸发制冷安排能达到更好的效能。

有大量方法增加蒸发制冷空气中的湿度，最常见的方法是在气流中增加水的多孔介质，也可以通过添加喷雾或经由超声波振动或细喷嘴直接喷洒到气流里来完成。

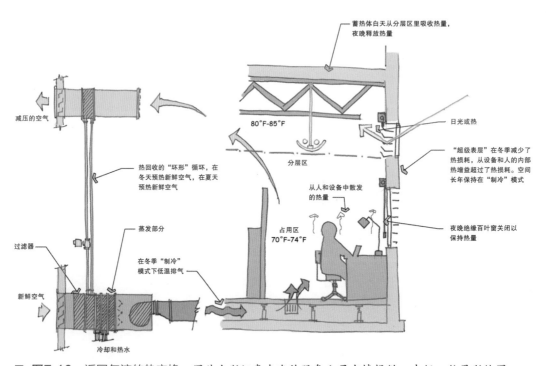

■ **图7.10** 返回气流的热交换。图片由斯坦泰克咨询服务公司友情提供；吉姆·伯恩斯绘图。

蒸发制冷在适当的位置获取收益远比在建筑中的空气供应中大得多。在某些情况下，直接在空间里应用蒸发制冷更有意义，比如下坡的冷却塔。

在另一些情况下，蒸发制冷也被直接应用于压缩机，空冷式空调系统的一部分，可以把不想要的热量拒绝在外。

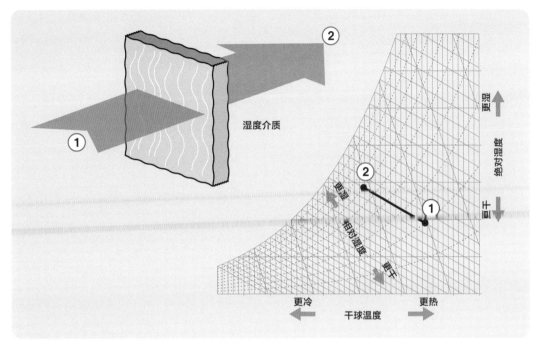

■ **图7.11** 直接蒸发制冷。

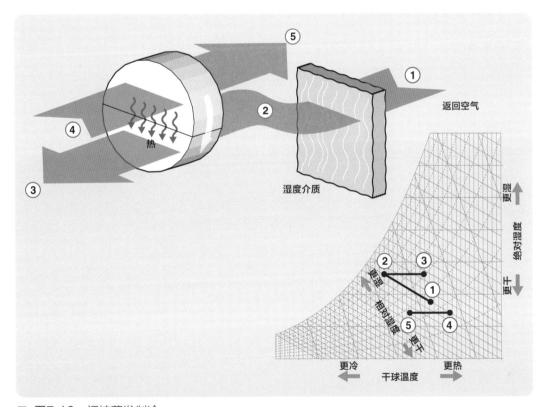

■ **图7.12** 间接蒸发制冷。

干燥除湿

蒸发制冷和节能器都能在干燥气候下很好地工作,但在潮湿气候下该如何节能呢?在这些气候下,更多冷能被用于绞出空气中的水分,而不是控制空间温度。一个有效的低能耗方法是干燥除湿。

干燥除湿的操作类似于之前所讨论的熵轮。这个过程的关键是干燥材料的使用,基于气流的温度吸收和释放。当干燥剂在外部气流中时,它吸引水分;把它暴露到热气流中被"再生成",吸收干燥剂中的水分。因此,与传统的冷却循环不同的是,一个干燥系统使用热,而不是冷,从空气中释放水分。使用热的一个好处是当需要除湿时,便会有更多的免费热源。太阳能和从冷却设备被拒的热能都是免费、丰富的热源,它们也能用于干燥除湿。

诱导式预热和排气预冷

如早期讨论能源饼状图中所解释的,大量的热能和冷能用来调节大多数商业建筑的外部空气;因此,寻找制热制冷免费空气的方法是种很好的实践,不同的项目有自己独特的机遇。预热来自从建筑中的废热来源捕捉的热能,因此寻找建筑内部能持续生成热能的过程或空间。数据中心、服务器室、IT议事室和主变压器的电力室都是"我的"热能空间的例子。

预热也能从集成建筑和建筑包层的通风口空气中衍生出来,这样包层(使用一个太阳能空气热收集器)吸收太阳能源,并把热量转移到气流中。收集器选择的方位将基于制热所需时间、可选的直接太阳能资源、热收集和发电的太阳能收入平衡而改变。建筑物集成太阳能空气预热的经典例子是特朗贝墙体概念,由工程师费利克斯•特朗贝在20世纪60年代的法国开发。另一个例子是发生式太阳能收集器的使用(第十二章中的案例研究中讨论发生式太阳能收集器预热通风气流的操作)。

对于制冷,一种无源手法是利用自然摆动的温度差。暴露在占用空间里的蓄热体的夜晚对冲策略的一种方法正是利用了这种温度差;或把"远程"蓄热体引入到建筑通风口,用于存储夜晚的冷气,以便第二天预冷。如图7.13所示的东方圣荷西卡内基的附属图书馆,使用建筑物下方的爬行空隙(crawlspace)在空气进入建筑物前实现预冷。

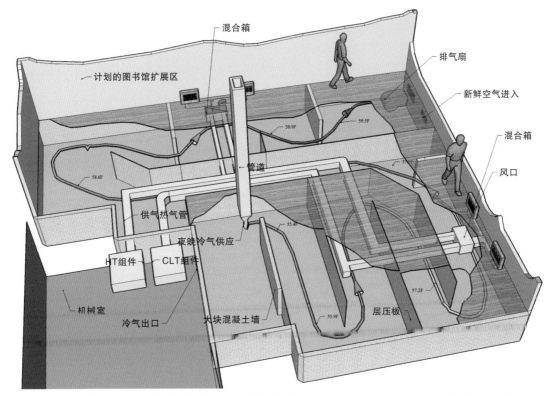

标注（图中）：
混合箱
计划的图书馆扩展区
排气扇
新鲜空气进入
混合箱
风口
管道
供气热气管
夜晚冷气供应
HT组件
CLT组件
机械室
冷气出口
大块混凝土墙
层压板

■ 图7.13 东方圣荷西卡内基的附属图书馆，特色是用一个远程的蓄热体预冷通风。图片由斯坦泰克咨询服务公司友情提供；绘图由普鲁斯·安尼塔提供。

因为土地经历了一个比外部空气更稳定的温度，它对于预热和预冷通风都是好的来源。远程爬行空间利用地面连接，外加昼夜温差的摆动。接地管的概念，描绘了通过土地的非绝热管道的空气，是预先调节空气的另一种方法，使用土地的适中的温度。把这个策略使用在商业建筑上的内在挑战包括大量的关于从空气引入和处理设备中搜寻管道作业的实践关注；有足够的管道表面积与土地联结；平衡气流以减少额外的通过接地管吸引空气所需的风机能源；处理冷凝；防止昆虫入侵。地耦合策略特别适用于全年温度大幅度摇摆的气候情况。

热　泵

热泵作为标准的冷却设备用同样的原则操作；但它们也不能颠倒操作来产生热量。无论功能是否提供制热或制冷，这个蒸气压缩冷却循环从一个冷源中吸收热量，又拒绝它在更热的温度里（见图7.14）。在这个过程中，能源被用于驱动循环。

循环的制冷能力等同于从蒸汽机里吸收的热量。循环的制热能力是从压缩机里拒绝的热量，等同于（事实是相同的）蒸汽机的热量+压缩机的能源。另一种说法是，热泵用一种小的电力投资把低质量的热转换成高质量的热。

自从热泵生成的热量大于作为压缩能进入的热量后，它的能效就超过了100%。能效作为性能系数(COP)测量，$1COP = 100\%$效率。通常冷却系统的COP值范围在3~6之间。

热泵的一个优势是它的弹性。它们能从各种来源中吸收热量，比如外部空气，或室内空间需要冷却的空气，从水槽或从外部水体。压缩机和蒸汽机的温差越小，热泵的工作效率就越高，因此它们尤其适用于适中的水槽/水体和地面这样的来源

（见图7.15）。类似地，它们也很适用于适中的室内温度，比如辐射系统和置换排气所需的室内温度。

热泵的一个考虑是通常代表从化石燃料源现场燃烧的一种转换，比如天然气用于发电。由于许多步骤包含了电力的生成和分配过程，运输1千瓦电力所需的源能源和排放量明显高于现场燃烧1千瓦的化石燃料。从一个场所能源的观点看热泵是最有利的，它不会明显区分电能源和气能源的能源消耗。这个概念（见第四章）突出了现场再生电力作为消除基于电能的主设备的源能源的损失和排放的益处，比如说热泵。对于常规建筑，有充足的环境会使这种燃料转换出一种小的或者甚至是负面的影响；但对于净零能源建筑，当现场再生电力被生成后，这点就变得无实际意义了。

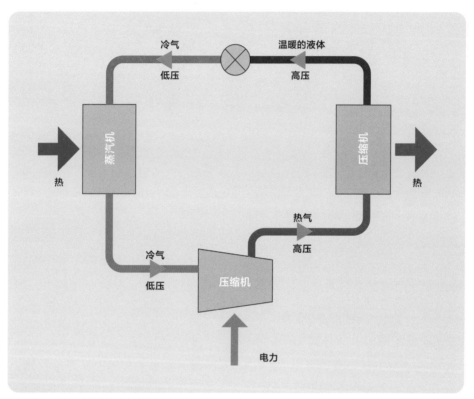

■ **图7.14** 典型的冷却循环。

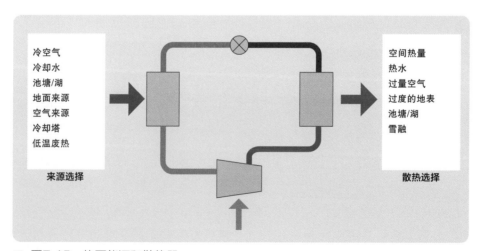

■ **图7.15** 热泵能源和散热器。

本章的前面部分已讲述了通过地耦合的地源热泵和诱导式通风预热作为利用地球自然存储热能能力的两种方法被引入。这是由于土地热存储的温度比空气稳定，基本上保持在地下30英尺的深度。

地源热泵，有时称作"地热热泵"，利用热转移和热存储原则成为一个低能耗系统的选择。在这种情况下，地面是一种诱导式的热能存储，可用于全年的制热和制冷，这个系统基本上是一个热转移过程：从土地里移动热量为建筑物提供热能；相反地，它移走了建筑物里的热量到土地，为建筑物带来凉爽。

为实现这种热能的交换，一个地热交换系统有3个要素：地源环、热泵和建筑物分配系统。地源环可能是应用地源热泵的最有限因素，因为设计是面向具体场所的。一个地理技术方面的研究被引向确定其传导性或者土壤的热转移性能。高传导性将减少所需地源环的英尺英寸。另外，每个场所都有自身安装地源环的可选面积的限制。所需安装的英尺英寸和类型对一个地源热泵系统的整体成本影响最大。

地源环主要有两种类型：水平的和垂直的，每种都各有优劣，要根据具体场所。垂直环是非常普遍的，因为它们仅需要相对小的场所覆盖通过深入的泵井来安装和开发地耦合。钻井，尤其钻到多岩石的土壤，在整个系统成本中占主要因素。相反地，水平环需要较大的安装表面积，土地温度不如地表的温度那么恒定，因此与垂直环相比，水平环需要较长的地耦合管道。为实现它，水平环被安装在水体里，创造了一个水源环系统。水的传导性比土壤更好，所以在池塘或湖里安装水平环比地源环所需挖掘和钻井更容易。

土地的季节性存储是地源热存储应用的另一种有效方法。可能使用土地作为一个热电池是最纯粹的例子。当资源达到峰值（不需要热能）时，土地的季节性存储作为一种从太阳中获取热能的技术得到提倡，应节约这种热能直到冬天需要的时候。以水为基础的太阳能热收集器，吸收了太阳能加热了水，通过纵深到地表的一排管道被汲取上来，加热周围一定体积的土地。其中一些热量在热季来临前就浪费掉了，但多数热量会在整个热季中丰收，用于通过地泵循环水再调节建筑物。在加拿大亚伯达市奥克托斯的德雷克区，这种类型的季节性地热存储用来服务这里毗邻的52户人家，于2007年建造的钻孔热能存储系统，需要一个操作温度近176 ℉ (80℃)的为期5年的"充电"过程。

水有着许多引人注目的性能，其中一个是超大容积的蓄热能力。蓄热能力不仅高于空气，而且远胜于其他几乎所有的物质。这意味着在已知温度的具体变化的前提下，既定容积的水存储的热量多于其他物质。

使用水存储热量的一个最普遍的方法是夜晚用冷却塔或夜空辐射法生成冷水，再存储这些冷水用于第二天的空间制冷。拒热方法包括利用温差和在干球温度下冷却水的能力。为了得到最大值的存储水，这个方法要配合辐射制冷使用，需要较高的供水温度才好操作。

当考虑水存储法时，要先预计一个物质存储的体积，甚至在评估完制热和制冷的最小需求后也应如此。在水槽里创造分层条件能最大化水槽存储能力，其中包括高度/宽度的高比率。热泵也可以用来扩张存储系统的能力，远超过外部环境能够提供的。

冰的热力存储

当水从液态转为固态时，比它是液态时吸收了更多的热量。随着所有阶段的变化，恒定温度下，能源在结冰和融化过程中被吸收。冰是存储冷能的一种高效手段，一种相对普遍的方式是夜晚运行冷却装置冷冻水，然后使用冰保持第二天冷却水的循环。

冰储热有许多潜在的好处，一个主要的好处是作为一种减少峰值负载和电荷和利用夜晚电价的方法。这对净零能源不是特别重要，因为在夏季它会生产自己的再生能源；然而，凉爽的夜晚空气温度允许冷却装置更有效地操作，因此它可能会减少冷却设备的英尺英寸。

家用热水

在管道系统里，一种有效的能源利用是家用热水。在一个典型的办公建筑中，能源用于提供热水，且仅增加很小比例的总建筑热量，但在健身和娱乐设施、餐饮和宾馆中，家用热水会消耗一定数量的实质能源。

低能耗热水

下面的几种方法能够帮助您节约用于生产热水的能源。

最小化水耗

使用最小化水耗是"下游"减少能源（和节水）使用的最好方法。安装低流量的热水装置和应用设施是减少总耗水量的一种好方法。厕所的旋塞应该设置0.5GPM（每分钟加仑数）的通风装置；淋浴喷头应设计成"高影响"的，1~1.5GPM的流量。

减少热水的等待时间

如果人们必须等待很长时间的热水，他们将转换低流量的通风装置和淋浴喷头，为避免这种情况，一个重要的考虑是：

$$等待时间 = \frac{管道里的冷水的加仑数}{流率}$$

这意味着减小流率会使等待时间更长，因此冷水的总体积必须被按比例地减小使等待时间合理化。管道里的冷水体积基于固定的再循环圈的管道长度（或如果没有再循环圈的话就是热水加热器）和管道的英尺英寸。管道的英尺英寸和分支的长度都应最小化。

减小分支的长度有多种途径可以实现，每种都有实际的益处和缺点。

■ 把加热器安装在靠近水槽的位置；利用净水器。

■ 把热水再循环圈与净水器紧密连接在一起。

■ 分组热水装置靠近加热器位置。

一个有趣的策略是管道的构建，或者灵活型（on-demand）水循环。这是一种不常见的热水循环法，凭借循环泵的高流率，当需要热水时可以快速移动水流到装置（基于占用传感器或按钮操作）。

热水来源

对于一个低零能源建筑（图7.16），太阳能热水是生成家用热水的一种显著方法。太阳能热水通常可以补充一些，但不是所有的供热需求。太阳能分数，或者说符合水量的总热负载比值（0.0~1.0），通常受3种因素的制约：太阳能收集器的效率在较高温度时的下降；拒绝过热是一个大问题；存储量需求的增长。剩余的能源从备用源中补充，例如天然气或电热水器。

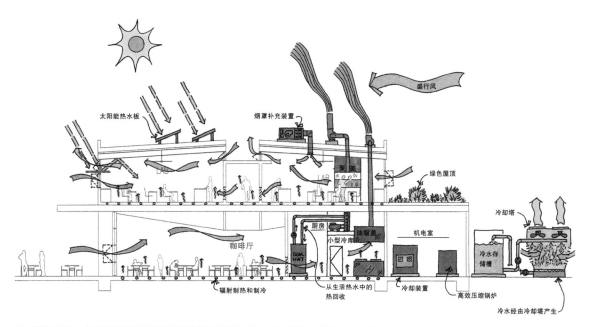

■ **图7.16** 加利福尼亚州的阿瑟顿的圣心学校的科学和学生生活中心，从小型冷库中获得的太阳能热和热回收提供低能量型热水。图片由斯坦泰克咨询服务公司友情提供。

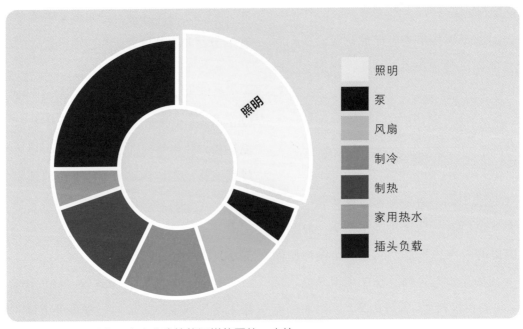

图例：
照明
泵
风扇
制冷
制热
家用热水
插头负载

■ **图7.17** 照明占一个商业建筑能源饼状图的一大块。

热泵是家用热水的一个富有成效的来源，它们被热泵汇集在一起用于空间供热；多余的热量用减热器回收用于水的预热。取而代之地，一个致力于家用热水生产的独立热泵热水器，成为众多应用中最简单和最有效的方法。当把光伏发电或其他现场能源生成结合在一起时，这些组件就能提供与太阳能热同等水平的整体效率。此外在一些谨慎的计划中，它们也能提供有效的空间制冷如同它们所生产的热水一样。同样地，热回收利用冷却系统中的废热产生热水（见图7.16）。

照 明

基本概念

几乎所有的商业建筑类型中，照明都是一项主要的能源终端利用（见图7.17）。低能耗照明环境的有源系统的方法类似于一般的低能耗有源系统的概念。

照明被认为是建筑物的整体设计不可或缺的部分，而不是附加到建筑上的一套组件。好的照明设计无痕地应用于建筑照明中，满足建筑设计程序的空间和功能需求。目的是为视觉环境提供性能、质量、美感和能效。

照明开始于满足个体空间的照明性能需求（第六章"光能设计学"为使用光照等级需要指导光照性能建立了一个基本框架）。照明的低能耗办法将作为光照的一种供应设计照明。在这种情况下，照明在日照空间下日照小时数里将关闭或调暗，在夜间小时数时提供全照明，同样，这时的空间里没有日照。进一步讲，因为在夜晚人类生理上适应较低的照明水平，所以照明等级在夜间被设计得较低。

为达到低能耗照明，只对能效技术和灯源进行选择是不足够的。最优先的做法是通过日光和光照需求的精确定义减少人造光的需要。下一步则是通过控制和区划的使用只在需要的地点和时间提供照明。第三步是用低强度的照射功率，尽可能地减小所需的光照能效。性能高的照明是低能源型的，但也是高质量的。照明质量、功能、视觉兴趣、美感和设计都不能牺牲。符合高性能需求定义的照明设计真的是一门艺术。

高性能低能耗照明设计的一个基本概念是从无论多实用的工作照明等级需求中区别环境照明等级需求。它允许更低等级的环境照明条件，使不止一年的日光光照更为有效，从日光的贡献和低强度照射功率中减少照明能源的需要。此外，优化作业条件，允许占用者控制光照等级以满足个体作业的需要。有着极低功率需求的发光二极管（LED）作业照明技术是可供选择的。

一旦照明性能和质量要求已知，就能用低能量型解决方案达到这个目标。几种设计考虑一起运作创造出一个低能量型照明系统。光照将成为

照明设计的一个基础，应将适当的光照控制和区划整合起来。进一步讲，无论何时它们不需要照明，整个控制系统都应保障照明在不用时的关闭。光照本身将使用完全符合照明应用的能效技术。整个照明设计能效的一个衡量标准是照射功率强度。这个重要的标准，在第四章讨论过，是每平方英尺空间所需的总连接照射功率（瓦）的一个测量。另一个重要的相关标准是控制后的平均在用照射功率强度。这个控制解释为一年内大多数时间保持全部安装照明的能力。

日光集成

为节约光能，控制日光的"收获"必须成功地与照明控制系统结合。日光控制系统被自动化设计也是很重要的，因此占用者不能逾越它。这一点不用过分强调，因为好多建筑的例子都有好的日光设计，但对于实际节能没有做有效的人造光控制。除了计算光照的质量和光照对占用者健康的积极影响外，能源的潜在节约也很重要。

低能量照明的主要原理

- 将照明解决方案集成为架构的一部分；
- 日光一体化：日光的补充设计；
- 高性能意味着保持高质量和低能量；
- 控制做到不需要时灯熄灭；
- 照明系统和控制利用分层方法；
- 从环境光中分离出工作灯；
- 控制室内外照明系统；
- 利用高效照明技术，关注灯具的整体效能；
- 照明系统的最终能量度量是其在使用中的照明功率密度（LPD）或同等能量的使用强度（EUI）。

为了开发作为完整的日光和人造光系统的照明设计，理解空间照明的日光特征很重要，这使全年空间内人造光的有效供应和日光的补充成为可能。建筑空间内日光模拟的完成为适当的光照控制分区提供了信息，目的是按常见的日光特征分成不同的受控照明区。空间的功能也可以指出具体的区划配置。在最基本水平的空间光照区，将基于外墙的侧光方位或如果提供顶光照明的话基于顶部散射。阴影的阻碍，比如临近建筑或树木也能引发建筑物独特的照明区划需要。

直接临近南向侧光照明的外墙或顶光照明区一贯的光照等级要求都会高于照射等级要求，可以用简单的bi等级开关有效地控制。随着光照等级的降低，来自外墙的较远的南向侧光照明区也可以从调暗的控制中获益。频繁降低所需的照明等级对于一款建筑的其他光照区也是很实际的做法。

照明区的特性和空间的功能需求也将影响被利用的照明传感器或光电板的类型。光电板主要分两种类型：地方的和全球的。地方光电板被安装在它们控制和直接读取空间照明等级的区域里（见图7.18）。全球光电板通常被安装在建筑物的屋顶并能获取外部光照等级。空间从所固定的地方光电板的精确控制里受益，相反全球光电板有助于使整个照明控制系统的成本有效性更高，因为它能够替代许多地方的个体光电板，它能够更有效地控制许多小型区域，比如本身有自己的占用照明控制的私人办公室或其他个体小房间。全球控制对于只需要用bi等级开关的获取日光的控制区更为有效。

■ **图7.18** 直接安装在当地用于日光照明的光电板。

照明控制系统

照明控制为照明系统的操作提供了功能、弹性和便利。它们也在减少光能使用上扮演了重要角色。使照明控制符合节能的一个设计方法是实现"关"的默认状态,这要求占用者承诺只在期望/需要时打开照明。在实践中,这是一种非常人性化的方法。好的光照控制策略允许简单的、直接的和易找到"开"和"关"的占用者控制。因此,控制系统接管以确保有效的能源管理。占用者管理照明的需要,照明控制通过调整各种控制的输入和场景管理能源的使用。这个基本概念是照明控制分层法的一部分。

照明控制分层法包括手动占用控制和自动控制,基于像日光等级、时钟和占用/空缺传感器的输入(见图7.19)。简单的手动控制使用对于功能性是很重要的,有助于防止占用者越过自动控制的界限。手动控制不止是开和关的控制;它也能调暗或多层转换,进一步地自定义占用者的手动能力并利用暗光来节能。当占用者不需要时,自动控制可以保持关闭或暗光状态,这对于占用者已明显疲于关灯时是重大的受益。

一些商业建筑,比如多家庭和出租房建筑类型,对于住所或公寓有独特的照明控制需求。对于这类空间的一种简单有效的方法是利用一个主控接入可轻易选择是否激活的灯和插头负载电路。这个开关甚至可以用于控制占用/非占用温度设置点。根据个体组件的复杂性,利用比如日光传感器、占用/空缺传感器和时钟这些附加的控制进一步增强占用模式下的弹性和能源的节约。

空缺传感器的使用是传统占用传感器的节能改进,空缺传感器的目的是当感觉到空白时关闭灯光。但当感觉到占用时不能开灯;当然占用者将决定是否需要增加光亮。光照等级可能是足够的,或作业照明可能是充分的。当不需要灯光时防止开灯,这将有利于节能。占用探测的需要是一个例外,比如无日光或其他光源的空间。

在非占用时点——多数在夜晚,许多商业建筑会有延长周期。时钟在照明控制中的角色是在非占用进度周期里(见图7.20)自动关灯,某些时候手动,但是暂时的,这种越界能力被建立内部,在占用小时数内允许偶尔非计划占用。在许多商业建筑中,在非占用夜间小时数里提供少数的常见建筑服务,比如门卫服务、安全服务和应急灯。这些服务会影响夜晚照明使用的最小化和控制能力。

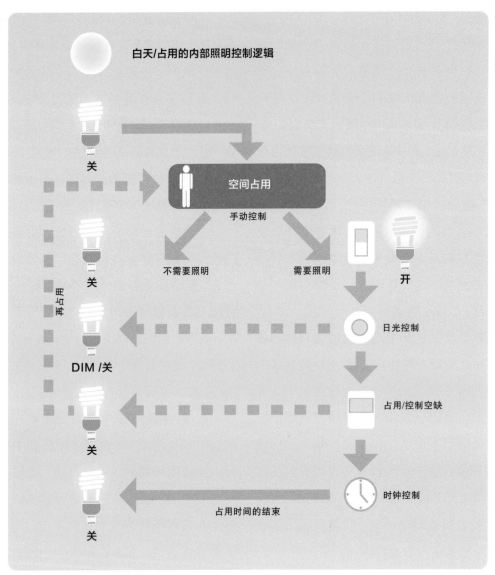

白天/占用的内部照明控制逻辑

关

空间占用

手动控制

不需要照明　　　需要照明

开

再占用

关

DIM /关

日光控制

关

占用/控制空缺

关

时钟控制

占用时间的结束

■ **图7.19**　占用小时数的内部照明控制概念。

　　夜间门卫服务的一种解决办法是，如果可能的话服务项目移到白天清理，这类安排有增长的趋势，同样地，门卫服务的雇员也会有更好的休息时间。如果白天清理不可行，那么时钟可基于建筑预定的清理小时数关灯。

　　许多建筑物要求在夜晚进行常规的安全检查。因为这些由安全人员短暂预排的控制和设计，是可以分别以自有的照明开关控制的（只能够在夜晚使用），所以灯光在一个非常短暂的周期后将关闭。应急灯基于控制序列，将使用每个区的主灯关闭；而当感应到电力被破坏后，将激活应急灯需要的应急发电机。

　　外部照明的控制也代表了功能性的加强和增加的能源节约。使用光电板的传统实践是基于夜间调节控制外部照明的有效或无效，是最基本的控制等级；它不能基于夜间需要控制照明等级。事实上，大多数外部照明都不需要整晚开启。

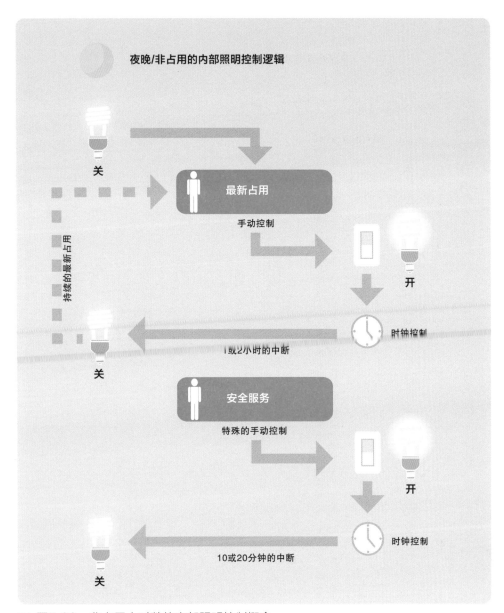

夜晚/非占用的内部照明控制逻辑

关

最新占用
手动控制

开

持续的最新占用

时钟控制

关
1或2小时的中断

安全服务
特殊的手动控制

开

时钟控制

关
10或20分钟的中断

■ 图7.20　非占用小时数的内部照明控制概念。

一个类似的分层照明法和控制内部照明法都可以被应用于外部照明。主要的一些外部照明功能包括基本的外部区照明、景观和特征照明、寻路和安全照明（见图7.21）。景观或场所特征照明应该被控制，所以只在预定的占用夜间小时数里被控制，基于建筑占用情况在特定的时间里通过用光电板设置灯光的开关来实施。外部区照明和总体的寻路照明基于占用传感器被设置成开灯或逐级转换。用这种办法，只有低等级安全照明是整晚开启的，其他功能性照明基于建筑物的占用需要和占用安排来控制。

一种支持内外部建筑照明的完全集成层状照明的控制方法，是培训占用者基本的照明控制操作。占用者的手动控制很容易找到和激活操作。一些关于如何在建筑物自动控制时应用手动控制的简单说明，将使占用者经历更少的挫折，并能够优化照明符合自己的需要，同时辅助系统节能。

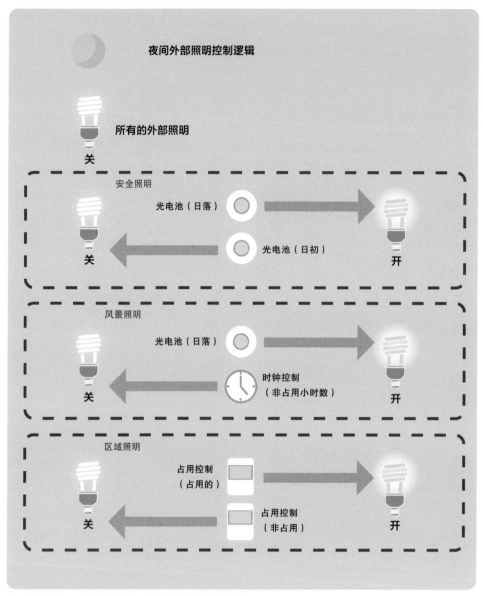

■ 图7.21 外部夜间小时数的照明控制概念。

从某种控制技术的角度看，数字分布式设备的优势是改变了优化控制策略的能力。数字分布式控制允许空间传感器和控制功能的更大弹性。由于它们是数字化和即插即用的，这些先进的控制系统能够允许任何定义空间的用户化控制的改变。它们也允许建筑生命的区域和控制序列的重新组合。当这些设备使优化照明控制成为可能时，成本和复杂性问题成为目前所需要权衡的，尤其是精心控制的配置。

低能量型光源技术

光源的技术和性能是飞速发展的，允许更好的控制、更长的寿命和明显改进的能效。有许多光源技术能够提供高功效，包括高强度放电（HID）灯、荧光灯、紧凑型荧光灯、荧光灯管、发光二极管（LED）、有机发光二极管（OLED）(见图7.22)。卤素灯和白炽灯技术的能效非常低，不适用于低能耗照明解决方案和净零能源建筑。

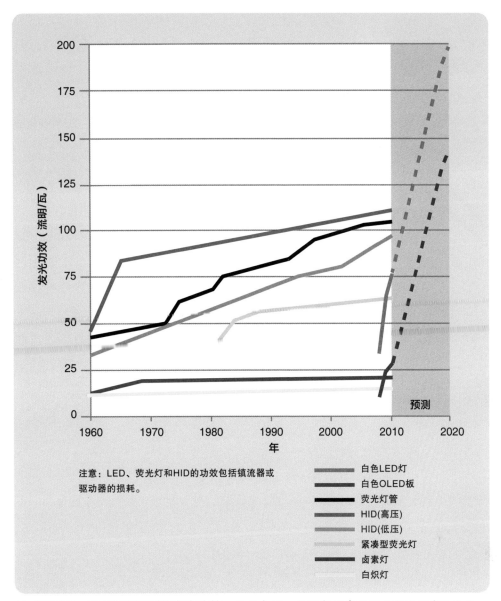

■ 图7.22 历史的和预测的发光功效。数据来源：能源部固有的州立照明研究和开发：多年项目计划。www1.eere.energy.gov/buildings/ssl.

最引人注目的技术进步方面是，同时以LED和OLED光源实施的固态照明。LED是很小的半导体器件，可以用电荷接入，在一个很窄的光波带内发光（图7.23），这种性质被称作"电致发光"。因此，LED是单色的，通常被用于单色光源的照明应用上，例如交通灯。一般的照明应用需要白色的光源，有许多方法可以获取，一种是在蓝色

LED上使用磷光层把发射光转化为白光。另一种方法是使用红、绿和蓝光LED的混合创造出白色光。把这两种方法混合起来也可创造出白色LED光源。开发一种优质的白光已成为发展LED技术的一个挑战。创造优质白光的不同方法影响了光源能效的显著改变。

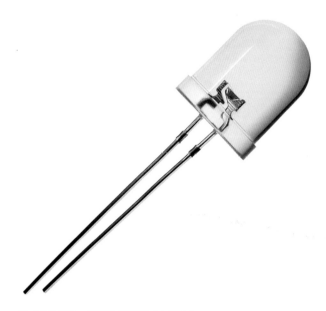

■ **图7.23** 发光二极管（LED）。

OLED利用一种薄膜有机材料通过电荷创造了电致发光效果。这些OLED以来自整个表面的低强度发射光为特色，并不像LED是一种致密源设计。OLED技术目前用于消费性电子产品，尤其是对显示器要求一般的表面。OLED富有弹性，可以做成各种形状或形式，允许许多创造性的应用。这种技术是能够把整个照明引导进建筑环境的新方法。

LED技术除它的能效外有几种独特的优点。LED是紧凑和抗破损的，它们擅长在低温下工作，有很长的寿命，会逐渐变暗。它们能瞬间点亮，不会因急速循环而影响本身的长寿命。LED也是一种定向光源，意味着所有的照射光线都可以定向照到所需的表面上。相反，传统光源照明需要表面重新定向更多的光到所需的表面上，这意味着一部分光在此过程中丢失。

LED的性能受热量的影响，LED装置的设计包含减少操作温度的散热片。对热的感光度会减少能源性能；然而当外部温度非常低时，它也使LED成为外部照明的一种非常有效的应用。LED在直流电压下操作时需要把交流转换成直流。这种转化是通过一个驱动器实现的，因此当检查LED光源能效的时候，驱动器的能效也必须考虑进去。

事实上对于所有的光源选择，整体照明效果（灯，镇流器或驱动器，照明）是远比源能效重要。目前，HID和荧光灯管都是结合高效的镇流器和固定装置，与LED照明有相同的甚至更好的整体效果。荧光灯管的节能灯选择低瓦数的（25瓦与32瓦相比）可进一步减少使用能源。这种应用，包括用什么照明和受控的方式，影响了最终的灯具和光源的选择。

请记住最好的技术解决方案应在第一次减少照明需求后进行优化，正如在本节之前部分所讨论的。进一步地，照明功率密度最终是指在用的照明功率密度，或照明使用能源强度，是能效解决方案的措施。

区域能源

基本概念

在独立考虑能源时，每款建筑都要达到本身的净零能源指标是不必要的。解决校园、社区以及多建筑规模的能源问题时，包含了许多利益和协同效应。特别地，在本章早些时候探究的能源生态系统理念完全是对多建筑规模的探究。规模越大，需要达到的能效和成本效益就越高。然而，起源于多样化的能源负载和能源的内在可能性可以被用于非常低能量型系统或能源生态系统。

使用区域能源解决法的一个理由是社区的不同利用可能有互补的能耗参数资料。当能源消耗，也就是多建筑物的制热和制冷需求发生在不同的时间时，所有建筑的整体峰值设计负载将比个体负载需求的总和更小。较小中央设备与较大总能力相比的结果，就是它需要在单款建筑的基础上安装。

例如，通常多家庭住宅和商用办公空间的混合会有互补的能源分布。办公空间在工作周时间里绘制它们最高的使用能源值。在这个时间里，大多数居民会外出工作或上学，意味着居住空间会经历能源低利用期；居民的峰值使用多发生在办公室几乎是未占用状态的夜晚和周末。

除了利用互补的能源资源，多建筑规模的区域能源系统可以促进废能的分享和再利用。例如，一个工业进程输出废热用于加热其他建筑物，这个例子甚至可以描述成在住宅和商用办公之间的热能协作效应。由于高的内部负载，商用办公室通常在制冷模式下，反之，住宅由于它的低内部负载，通常在制热模式下使用。在这些情况下，从制冷的办公室中生成的热能被用于给临近的住宅单元供热。

考虑区域能源的另一个原因是发电、制冷和制热的技术更适合较大的应用程序。它们通常不会降低规模来适应单一建筑的需要。另外，中央设备增多意味着易于维护；也意味着它适用于使用更复杂和更多样化的技术，很难一款建筑挨一款建筑地维护。在某些情况下，设备离建筑较远更为可取。例如，冷却塔会产生噪声和喷发水蒸气到空气中。噪声和水蒸气是两类常要使我们的建筑体（尤其是可操作窗体）尽可能远地屏蔽掉的干扰。

低能耗区域系统

区域能源系统能够为建筑提供各种能源服务。一种传统的区域能源法是以蒸气为基础的中央供热设备。区域能源法也能提供热水和冷却水以满足单款建筑供热和制冷的需求。大量革新的低能量型协作效应和策略被认为基于气候、场所和所服务的建筑类型，提供了制热和制冷。除了使用有效的设备，使用生成热能的再生能源燃料和系统也是可行的。好的实践是寻找从场所获取免费能源和在多建筑系统中再利用废能的方法。热能的下沉和存储为大规模的系统提供了机遇。一些项目利用深湖或深海的水制冷。地源和季节性地源系统在一个区域能源解决方案中提供了制热和制冷收益。另一个选项是中等的或低温的核心厂房，当低能量式的建筑与中温系统结合设计时，将降低基础设施成本和使用能源。

区域能源系统能提供的另一种服务是分配现场发电机或燃料电池或通过再生能源系统生成的电力。区域能源系统能根据可选的资源，提供社区规模的风能、水能、地热能和太阳能。其中的一些解决办法将对于规模更大的案例更为可行。生物燃料或其他再生能源系统可用于通过燃料电池发电生成氢能。这种应用将变成更加吸引技术的持续发展（第八章为各种再生能源系统技术提供了指导，许多技术是在区域能源规模被优化的）。

合并热力和电力工厂

有许多分布的电力应用可以生成大量的废热，这是很普遍的对于所有利用生物能燃料或传统燃料基于燃烧的发电。利用这些废热明显增加区域能源法的能效和有用性。

合并热力和电力，也称作废热发电，是利用低效率建设发电的过程。当燃料被用于生产电力时，一些能源被转化成电力；剩余的废热——通常为50%～60%——作为热量被释放到环境里。大多数热量能够利用，产生70%～80%的废热发电。当优质热量被发电机拒绝时，为什么要使用附加的锅炉供热呢？

废热发电是以用于分布式发电技术类型为特色；它包括燃气涡轮机、小型涡轮机、蒸汽涡轮机和交互式发动机。通过使用燃料电池进行的分布式发电远胜过燃烧发电，也可以作为废热发电厂使用。许多但不是所有的燃料电池在非常高的温度运作，能够提供相对高级别的热能，适用于暖水供热和建筑供热的应用。

有机朗肯循环和吸收式制冷机

废热发电仅是从分布式发电中利用废热的一种方式。废热也可以用于生成额外的电力和产生空气调节。

有机朗肯循环是使用废热发电的一种技术，传统的蒸气驱动式涡轮机需要高的温度，与之相比，有机朗肯循环发电系统使用一种特殊的低温沸点工作流体（见图7.24），这种循环与蒸气压缩制冷循环的运行相反，把热量（通常在160℉）应用到这种循环里能够产生电力，如第八章所讨论的，与驱动低温地热应用的二元循环系统是同样的过程。

早期讨论的热泵涉及的蒸气压缩制冷循环，使用电力从较热的能源移动热量到较冷的能源槽中。这是一种普遍的冷却循环；然而其他的一些方法实际上使用热代替电驱动冷却循环。吸收式制冷循环是其中的一种（见图7.25）；它能利用废热发电厂中的废热提供制冷。在吸收式制冷机中，代替压缩机，用不同于溶解性的制冷剂，例如在另一流体（水）中的氨，基于附加的热源驱动系统。吸收式制冷循环和有机朗肯循环技术的能效都十分依赖于驱动热源和水槽的不同。提供的热源越暖，进程输出或提供的功率或制冷能量就越高。

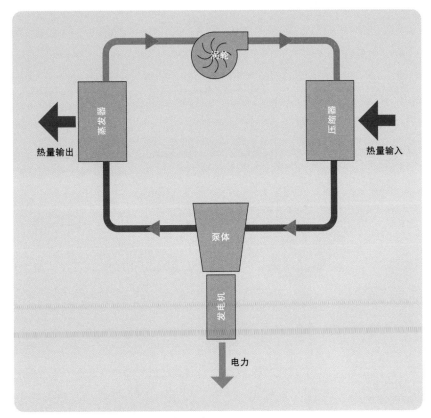

■ **图7.24** 有机朗肯循环发电系统。

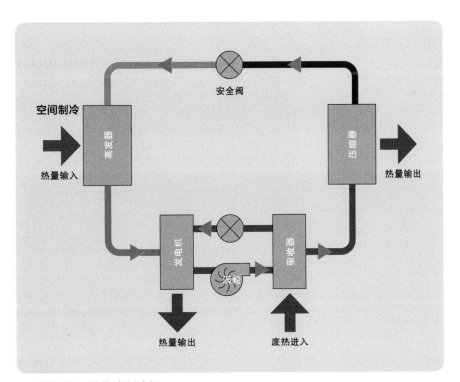

■ **图7.25** 吸收式制冷机。

第八章
RE **可再生能源**

可再生能源基础

建一座净零能源建筑有许多可再生能源集成进程的选项。对于任何建筑而言，哪项应用或应用的组合是正确的都是个复杂的问题，其中包含了如可行性可再生能源资源、能源经济性、能源需求，以及建筑和场所的约束这样的变量。而对净零能源建筑而言，可再生能源系统的规划将对早期的项目产生显著的影响；亦应成为目标设置、编制、早期的概念阶段的一部分，并且会通过交付过程得到完全的开发（第四章对建筑环境里的可再生能源有一个整体性的看法，第九章则构建了集成可再生能源于项目的经济框架）。

净零能源是对诱导式策略、高效建筑系统和可再生能源的综合阐述。此外显而易见的可再生能源的效能也是净零能源建筑的显著特色，而可再生能源系统（见图8.1）的设计和实施有着高度的专业化，又要求项目交付团队有着熟练的顾问和集成能力。为了那个目的，本章为净零能源建筑的可再生能源系统规划提供了通用指南，重点关注达到一个净零能源建筑的有效集成所需的早期规划和概念。

本章 也就是这本书——侧重把光伏系统的太阳能发电作为净零能源建筑的可再生能源。光伏系统提供了一种集成技术和模块式设计，使它们变得非常具有建筑利用性。然而，太阳能光电不是所有项目的答案，因此当开始做一个项目时，考虑到所有的可再生能源系统选项就是一种良好的实践。当让有效资源与能源需求这具有热力和电力属性的二者匹配了之后，评估各种可再生能源系统可能是一个明智的选择。

太阳能（光电发电）

太阳能热

风能

水能

地热能

生物能

氢和燃料电池

■ **图8.1** 可再生能源系统。

解决我们的能源未来及气候变化问题，将需要广泛和多样化的可再生能源解决方法。净零能源建筑和社区正如其推进了分散式可再生能源系统的目标，都仅仅是解决方法的一部分。但在可再生能源入网比例的持续增长前提下，公共设施规模的能源也需要成为解决方法的一部分。鉴于拟议的智能电网系统是全国性和世界性的发展方向，电网本身在能源和需求管理上也扮演着重要角色。大多数净零能源商业建筑都将是光伏并网的，利用了像电池这样的输电网——建筑物生成了剩余能源后，就将其并入到可再生能源中，当可再生能源发电不足时再从中提取。

太阳能发电

基本概念

利用光伏（PV）技术衍生的太阳能，是分散部署的现场可再生能源部门的主打品。净零能源建筑最常见的可再生能源就是太阳能，这归因于其有不同规模的多功能性、成本有效性和整合到项目的能力。光伏系统生成电力，是这类建筑多功能性的核心。大多数建筑使用电力的时候多于其余的能源。建筑甚至被设计成100%的纯电力，使光伏成为一个非常完整的解决方案——即使它们能持续利用多重的能源和生成多余的太阳能电力来维持它们净零能源的状态。电力回馈能够实现输入输出电力的重要功能，使净零能源建筑更加可行。光伏系统以穿透模块表面的光照为基础运行，所以在夏季时明显比冬季能生成更多能量，达到电力回馈的需要。

光伏发电的过程是高度可靠的；光伏电池或太阳能电池，能够数十年如一日地产生电力。而且，它们是自由移动型零件，维护需求低，工作起来非常安静且无污染。它们基于物理特性工作，被称作"光伏效应"，即某些材质当暴露在日光下时可以生成电流。

太阳能电池由半导体材料组成，其中通常是硅元素。硅的分子结构便于电子在接收的太阳光子能量里自由移动。这个过程通过让特殊分子结构的某些原子掺杂到硅电池中而强化，因为这加强了硅电池的导电能力。阳光照射的电池表层就掺进了磷原子，创造出额外的电子来挣脱束缚；电池底层掺入了硼原子，则创造了一个缺少电子的分子结构，从而可以吸引自由电子。有着过剩电子的顶层称作N型半导体（负极）；缺少电子的底层称作P型半导体（正极）。从N型层到P型层的流体会被电荷破坏，而电荷就是在这两种半导体被连接的情况下产生的，电荷防止了这种流动但便于电子流向相反的方向，即从P型层流向N型层。放置在顶层和底层的金属导体连接了这两种半导体后，太阳能电池即通过应用的导体电路导电，把N型层的电子发送到P型层，电子自由地移回到N型层，从而完成回路（见图8.2）。

太阳能电池是光伏模块中的基本构件，大多数太阳能电池特有的深蓝色层是加到电池上的抗反射涂层。太阳能电池生成直流电，在大多数应用中，需要使用镇流器转换成交流电。有各种太阳能电池类型和制造过程，每种都有它自身水准的效能和成本。光伏模块由许多内嵌的太阳能电池构成。每个制造模块都有额定功率、模块区、模块效能、成本和其他的规格。光伏模块是光伏系统的基本计划和设计单位。根据所需的系统规模和能量生成目标，多种光伏模块被连接到光伏阵列里。

系统或者是离网的，或者是联网的。由于它们的规模及其通常位于接入电网电力的已开发区域，光伏并网系统在商业建筑中非常普遍。离网系统要求在夜间和较低的太阳能生成日间使用能量存储。它们也要求较大的光伏系统，能够在冬季月份里保持建筑物的完全运行。离网净零能源建筑的一个重要考虑是除了电池外，是否需要备用的能源系统。运行一个化石燃料发电装置，是必须考虑一个项目的净零能源平衡的，这使得净零能源很难实现，因为离网光伏系统没有办法输出剩余的可再生能源到电网，作为补偿这种现场使用的化石燃料的动力。

光伏系统由安排在阵列和系统平衡里的光伏模块组成，系统平衡是构成完整功能系统的其他所有一切。当在一个项目里实施一个光伏系统时，需要考虑和设计大量的系统元件。这部分关注点放在了光伏阵列的规模和规划上，因为这对一个净零能源项目的早期设计有着重大影响。

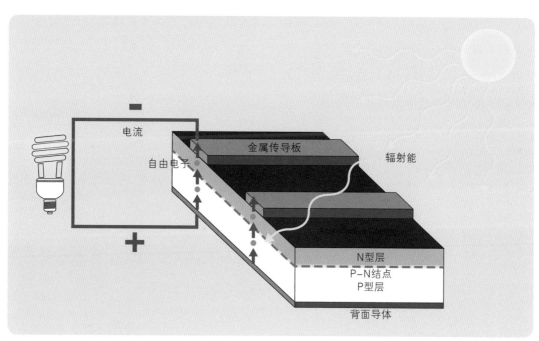

■ **图8.2** 太阳能电池的运作。

构成系统平衡的关键元素包括安装、支架、电线和管线、光伏阵列的断开器和把直流电转换成交流的变频器，变频器则被连接在建筑物的配电板上。如果这个建筑连接了电网，理想的是，这个项目将有一个适合电力回馈的电表（见图8.3）。如果这个项目是离网的或光伏并网的，其目的是拥有现场能量的存储，那么系统就要包含蓄电池、电池断开开关和电池充电控制器。一个光伏系统也将包括一个追踪系统性能的监控系统。

技 术

晶 体

有两种晶体硅电池，即多晶和单晶。多晶或单晶电池由许多较小的硅晶体组成（图8.4）；单晶电池由许多单个的硅晶体组成（图8.5）。多晶电池比单晶电池效能低、价钱便宜。单晶电池有统一的外表，多晶电池显示了多重硅晶体过程中的一些颗粒。两种电池都由薄片状的晶体材质组成。

典型的晶体光伏模块由行和列组成，是被封装在太阳能电池上的两层复合薄膜。这种光伏模块有一个固定框架：底部背板，前面是低铁高透明度的玻璃。

薄膜模块比晶体模块每瓦的成本低一些，但公认其效能值也比晶体技术低，特别是与晶体光伏阵列相比，薄膜模块需要更大的安装面积来生成同样数量的电能。然而，薄膜光伏受高温和低照度水平的影响更少些。

新技术

市场看到了许多新方法和光伏技术的优势，其中一些已经在用并在市场上建立，另一些则还在研发中（R&D）。许多还在研发中的预期优势被集中在纳米技术和有机技术上。一些上市的或预计上市的改进技术都来自技术混合法。

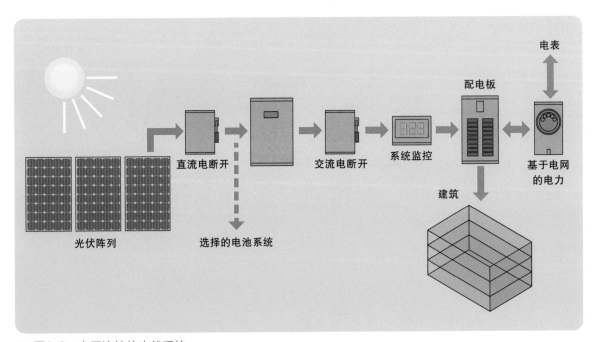

■ 图8.3 电网连接的光伏系统。

薄　膜

有多种薄膜技术利用了不同的半导体材料，包括非晶硅（a-Si）、碲化镉（CdTe）和铜铟镓二硒（CIGS）。薄膜被直接应用于各种无弹性或有弹性的基质，比如玻璃、塑料或不锈钢。最终的模块表现成多种形式，包括非弹性板的、类似于晶体的模块，或包括弹性片材和弹性卷材（见图8.6）。

薄膜的制作过程是许多薄膜光伏优势的来源：与晶体光伏生制作比较，它是一个低能耗和低成本的过程。创造出不同规格薄膜弹片的能力，使得薄膜被应用为一种好的建筑集成化光伏材料（BIPV），比如屋顶、玻璃或墙板。

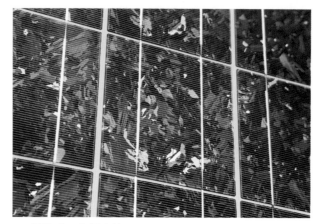

■ **图8.4** 多晶电池。

■ **图8.5** 单晶电池。

先进的PV技术

- **多结点太阳能电池**：多结点太阳能电池使用多结点（与传统的、使用单一N型和P型结点的电池比较），因而有更好的效能，因为它们可以把较大范围的太阳光谱转换成能量。

- **异结点太阳能电池**：非晶体硅薄膜被分层置于晶体硅的晶片上，改进了电池的效能。这种混合式应用保持了晶体硅电池的高效能，同时也带来了薄膜的优势，包括在高温低光下的高效能。双面模块从模块前后两面的光中生成电。

- **光伏/热**: 光伏/热(PV/T)把太阳能电池和太阳热电池合并到一个模块里同时生成电和热。太阳热收集器的引入能够从光伏过程中收集废热。

- **集中式光伏**：使模块效能更大的一种方法是增加太阳能电池的日晒，集中式光伏（CPV）模块的特征是在太阳能电池表面有一种特别的透镜设计，可以反射或集中电池的额外光照。这种技术不同于集中式太阳效能，它使用太阳能热技术生成电力。

■ **图8.6**　薄膜产品的类型。NREL/PIX 13567; 由联合太阳能奥佛公司摄影。

PV模块效能

当设计和选择光伏系统时，最重要的一个考虑是光伏模块的效能，这对于净零能源建筑是特别实在的想法，它要求更大的阵列规模并且通常受空间的控制。除了效能，每瓦或每千瓦时的成本，也是另一个重要的考虑，因为它与效能是紧密相连的。总体上，模块的效能越高就越贵；然而，它们需要在更小的空间里生成同样数量的电能，且相应地符合更低的安装成本要求。

模块的效能指的是组合模块的效能，考量涉及太阳能电池的效能及模块设计中的其他非效能部分。模块的效能在较高的操作温度下会衰减，老化率是每年0.5% ～ 1%。制造商列出的模块效能伴随有模块其他性能的关键数据，比如峰值功率（等同于直流额定功率）和模块的规格。效率和峰值功率性能数据是在标准测试条件（STC）下测量的。STC被定义为：照射率1000瓦每平方米，电池温度25℃和气团（AM）1.5。所以，在STC下，1平方米面积、效能为15%的模块，有着150瓦的峰值功率。

图8.7基于太阳能电池技术，总结了目前市场上可选的效能值，连同潜在的短期（10年）功效范围。图表还总结了每种效能相关的每平方英尺的峰值功率和一个500千瓦的系统所需的光伏面积。

设计指南

应　用

光伏系统为净零能源建筑的可再生能源发电提供了让人惊诧的灵活度，它们按生成能量的大小分类以满足全部或部分建筑能源的需要。光伏系统可以被纳入到多种建筑类型和场所应用中去，对于因项目和场所而起的多种约束情况游刃有余。光伏系统也能在多种气候条件下工作，可以在像美国西南部这样的地区部署，因为这里有着晴朗的天空和高的太阳照射水平，同时它们也能很好地适应北方和阴天的气候。

负载评估

对于一个净零能源建筑，光伏系统是针对项目的能量模型或能量目标分类的。如果这个项目的可再生能源系统仅用了光伏，那么体系的大小就被归类为适用总年度预计的使用能量总量，这其中包括所有的能量可行性；如果其他可再生能源系统也被纳入，那么光伏系统就要被设计成平均使用能量情况的一部分。对于使用净计量的光伏并网净零能源建筑，平均使用能量是个合适的出发点。在离网系统或包含电池的系统里，解释峰值负载和短期能量循环需求则要更多地做具体分析。

从光伏模块中生成的能量是一个直射太阳能电池的日晒函数，作为在下章"太阳热"部分描述的太阳辐射数据被收集在一起。幸运的是，一个非常用户化的在线工具，使得为一个光伏并网的晶体光伏设计收集太阳辐射数据变得十分容易。这种工具称作"PVWatts"，由国家可再生能源实验室提供，并可以在http://www.nrel.gov/rredc/pvwatts/找到。

目前有两种PVWatts的在线版本，版本1的网址界面非常简单，显示了美国和全球的239个位置，更新的版本2便于利用每40千米间隔距离的电网地图，自定义选择美国国内的位置。选择具体位置所建立的具体场所信息，比如太阳日晒和实用率，需要计算能量的生成情况。

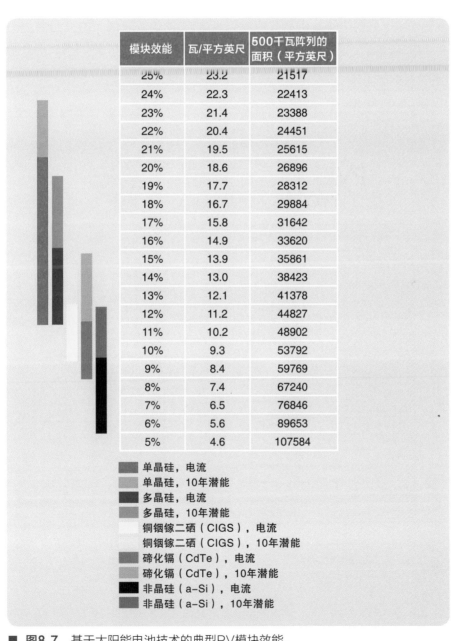

模块效能	瓦/平方英尺	500千瓦阵列的面积（平方英尺）
25%	23.2	21517
24%	22.3	22413
23%	21.4	23388
22%	20.4	24451
21%	19.5	25615
20%	18.6	26896
19%	17.7	28312
18%	16.7	29884
17%	15.8	31642
16%	14.9	33620
15%	13.9	35861
14%	13.0	38423
13%	12.1	41378
12%	11.2	44827
11%	10.2	48902
10%	9.3	53792
9%	8.4	59769
8%	7.4	67240
7%	6.5	76846
6%	5.6	89653
5%	4.6	107584

- 单晶硅，电流
- 单晶硅，10年潜能
- 多晶硅，电流
- 多晶硅，10年潜能
- 铜铟镓二硒（CIGS），电流
- 铜铟镓二硒（CIGS），10年潜能
- 碲化镉（CdTe），电流
- 碲化镉（CdTe），10年潜能
- 非晶硅（a-Si），电流
- 非晶硅（a-Si），10年潜能

■ 图8.7　基于太阳能电池技术的典型PV模块效能。

一旦项目的场地位置选定了，下一步就是要提供光伏系统本身的信息。PVWatts计算器假定了并入电网的短水晶光伏模块的参数，因而存在光伏系统的铭牌额定直流（峰值功率）、方向和倾斜指标的输入项。当最初规划系统时，好的技术是去使用1千瓦或符合铭牌额定功率的系统，因为有关的结果随即可以推广到任何千瓦级的系统，也有助于研究几款倾斜或定向上的选案，开发太阳能板规划的场地位置类型。此外，对于太阳能板可以选择固定式、单轴跟踪式或双轴跟踪式。PVWatts计算器同时有一个默认的减免系数应对许多系统的失效。这种减免系数可以定制。

PVWatts计算器产生的页面提供了按年和月计算的平均小时太阳日晒值。基于系统的标准，月度和年度的能量生产值和能量的美元价值是既定的，如果使用的是1千瓦的系统，这些结果可以直接按比例转换成任何系统标准。需要用PVWatts计算器确定光伏阵列英尺英寸的关键值是每年的峰值功率千瓦时/千瓦，有时称作性能系数。例如，在迈阿密，南向的光伏和倾斜度等同于所在位置的纬度，这个值是1339千瓦时/千瓦（见图8.8）。这个值的单位可以被简化为小时；结果在概念上近似于光伏系统每年的日照峰值小时数，除非考虑在较高温度操作下计算无效系数和直流变交流的自定义减免系数。

图8.8 光伏瓦数界面。数据来源和屏幕截图来自NREL PVWatts网站，在2011年7月30日访问的。

系统选择

应用了与光伏系统的年度设计能量生成目标结合后的PVWatts工具的效应后，一个光伏阵列的规格便可确定下来。对于仅用光伏作为本方可再生能源系统的净零能源建筑而言，这种应用相当于这个建筑的年度能量的总体使用，包含了所有需要具备的能量偶然性。

为得到这个规格数值，请把所需的或既定的年度设计能量生成值（千瓦时）转换成设计系统规格（千瓦直流峰值功率），具体做法是用这个数值除以从PVWatts得到的年千瓦时/千瓦的性能系数。同时，在峰值功率系统规格下，尽可能地寻找不同的光伏模块选项和所需的预估面积，这时要基于它们的效能或瓦/平方英尺，并基于模块定价或每瓦的成本而开启成本估算。在早期规划阶段，因为不用过早地设计具体模块，所以规划一系列模块效能的安装空间是合适的第一步做法。

光伏阵列的标准和选择举例

光伏阵列的标准

- 年度产能设计目标：5000MBtu，或1465416千瓦时
- PVWatts的性能系数：1339千瓦时/千瓦
- 系统的标准用直流峰值表示：1094千瓦，或1.1兆瓦

光伏模块选择1

- 光伏模块：高效的单晶电池
- 峰值功率：327瓦
- 模块效能：20.1%
- 模块英尺英寸：1064毫米×1559毫米，或17.85平方英尺
- 提供1094千瓦电力的系统，需要327瓦模块的数量：3346
- 提供1094千瓦电力的系统，需要的光伏阵列面积：约60000平方英尺

光伏模块选择2

- 光伏模块：高效多晶电池
- 峰值功率：315瓦
- 模块效能：14.4%
- 模块英尺英寸：1320毫米×1662毫米，或23.62平方英尺
- 提供1094千瓦电力的系统，需要315瓦模块的数量：3474
- 提供1094千瓦电力的系统，需要的光伏阵列面积：约82000平方英尺

早期确定光伏系统英尺英寸的一个最重要的理由是在早期设计中为集成阵列规划，或安装在屋顶，或安装在场所，或二者的结合。对于受空间约束的项目，电池板效能将具有顶级优先性，但当空间可选择时，效能就不那么重要了。根据安装面积确定光伏系统的瓦数，甚至在寻找不同模块细节以前就使用一系列的瓦/平方英尺值是非常有用的。如果已知可选安装面积的总量，那么最小的瓦/平方英尺值和效能就能够被建立起来。

建筑集成

当把一个光伏阵列整合到一个建筑或场所内时，首要考虑的是光伏模块的方位和倾斜度。对于光伏并网系统，目标是最大化年度的整体能量生成值，通常朝南倾斜且等于项目所在的纬度。对于离网系统，最重要的是知道每月的差异，再为系统设计低太阳能资源日。调整倾斜度比纬度多出15度~20度，能够使全年的平均日太阳日晒值持平。有关太阳南向的方位和倾斜度都会影响太阳日晒值，但通常不能非常有效地阻止欠理想的几何体。在运行建筑所安装的光伏模块时，它通常能够利用几何选择上的一些限制，这是特别有价值的。见图8.9和图8.10，可以看出方位和倾斜度如何影响佛罗里达州波尔德市的每月和每年的日平均太阳辐射值。

使用屋顶装载的光伏阵列对于净零能源建筑是种普遍的方法。一个南坡的屋顶能够成为一个净零能源建筑屋顶设计集成光伏系统的一大有利条件，在南向屋顶的任何坡度都适合。平屋顶在商业建筑中非常普遍，能够轻易适应各种光伏阵列的设计。架设便于提供各种模块倾斜角度的有弹性的系统；它们甚至可以根据每个季节来调整角度。压载式安装非常流行，比架设系统更加简单；它们在没有架设或没有屋顶渗入时能够提供小的斜度（见图8.11）。

基于佛罗里达州波尔德市纬度39°43'59"的倾斜角度（南向）的太阳日晒值千瓦小时/平方米/天

月	太阳高度	0°	10°	20°	30°	40°	50°	60°	70°	80°	90°
1	27.31°	2.40	3.02	3.58	4.05	4.43	4.68	4.82	4.83	4.72	4.49
2	33.17°	3.13	3.72	4.22	4.61	4.89	5.05	5.09	4.99	4.77	4.43
3	42.69°	4.67	5.21	5.62	5.91	6.05	6.04	5.89	5.60	5.17	4.62
4	54.89°	5.68	5.99	6.17	6.20	6.09	5.84	5.46	4.96	4.37	3.69
5	65.41°	6.35	6.48	6.46	6.30	5.99	5.54	4.96	4.32	3.59	2.81
6	72.34°	6.81	6.86	6.74	6.49	6.08	5.53	4.88	4.15	3.34	2.55
7	73.34°	6.55	6.66	6.60	6.41	6.06	5.57	4.96	4.28	3.50	2.71
8	68.18°	6.03	6.31	6.44	6.42	6.24	5.90	5.42	4.83	4.13	3.35
9	58.47°	5.13	5.63	5.99	6.20	6.25	6.14	5.87	5.45	4.90	4.23
10	46.94°	3.81	4.46	5.00	5.40	5.67	5.79	5.76	5.58	5.26	4.79
11	35.65°	2.62	3.25	3.80	4.25	4.60	4.82	4.91	4.88	4.71	4.43
12	28.40°	2.19	2.82	3.40	3.89	4.29	4.58	4.75	4.81	4.74	4.55
平均		4.62	5.04	5.34	5.52	5.56	5.46	5.23	4.89	4.43	3.89

每个月第一天中午的太阳高度。

- ■ 月日晒最高值
- ■ 倾斜度中和低月日晒中的最高值
- ■ 倾斜度中的最高年平均日晒值

■ **图8.9** 太阳日晒和太阳板倾斜度。来自NREL PVWatts网站，在2011年10月16日访问的。

月	太阳高度	180° 南	190°	200°	210°	220°	230°	240°	250°	260°	270° 西
1	27.31°	3.58	3.56	3.51	3.42	3.29	3.14	2.97	2.78	2.59	2.39
2	33.17°	4.22	4.19	4.12	4.02	3.90	3.75	3.59	3.41	3.22	3.03
3	42.69°	5.62	5.58	5.51	5.41	5.29	5.14	4.98	4.81	4.63	4.45
4	54.89°	6.17	6.12	6.06	5.98	5.90	5.81	5.70	5.59	5.47	5.35
5	65.41°	6.46	6.43	6.40	6.35	6.30	6.25	6.19	6.13	6.06	5.99
6	72.34°	6.74	6.71	6.68	6.64	6.59	6.55	6.50	6.45	6.41	6.36
7	73.34°	6.60	6.54	6.47	6.39	6.31	6.23	6.16	6.09	6.02	5.95
8	68.18°	6.44	6.39	6.31	6.23	6.13	6.04	5.93	5.82	5.70	5.58
9	58.47°	5.99	5.96	5.89	5.80	5.70	5.57	5.43	5.26	5.09	4.91
10	46.94°	5.00	4.96	4.89	4.78	4.65	4.48	4.29	4.10	3.89	3.68
11	35.65°	3.80	3.78	3.73	3.63	3.51	3.36	3.19	3.01	2.81	2.61
12	28.40°	3.40	3.38	3.32	3.22	3.09	2.94	2.76	2.57	2.37	2.18
平均		5.34	5.31	5.24	5.16	5.06	4.94	4.81	4.67	4.53	4.38

基于佛罗里达州波尔德市纬度39°43′59″的倾斜角度（南向）的
太阳日晒值千瓦小时/平方米/天。

每个月第一天中午的太阳高度。

■ **图8.10** 太阳日晒和太阳板方位。来自NREL PVWatts 网站，在2011年10月16日访问的。

屋顶有许多安装和装载的应用程序，屋顶的光伏准备很重要。这么做需要为模块的电力连接安装光伏电路。构造能力要考虑已安装模块的附加屋顶负载，使之足够承担起整个模块板，以辅助安装阶段。基于所需的装载技术，屋顶材料将被准备好接受安装。做好屋顶光伏的准备能够节省光伏系统的劳力和安装成本。

在平坦的屋顶安装一个水平的或低倾斜度的压载光伏阵列是最简单的方法，同时会带来一些独特的优势。当规划一个多排模块的大阵列时，倾斜度越高，朝北的下一排模块产生的遮挡就越大。因此，倾斜的电池板需要排与排之间的较大间隔，以避免自我遮挡。这意味着一个固定安装面积内，低的倾斜角度会导致更窄的排间隔和更多的模块数量。这是值得研究的，因为在固定安装面积内，附加的模块数能够生成更多的能量。如图8.12的例子所展示的概念。

■ **图8.11** 压载式安装系统的特写镜头。

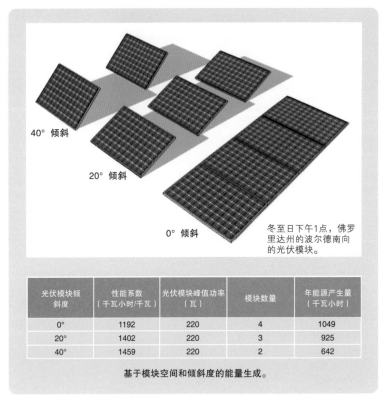

光伏模块倾斜度	性能系数（千瓦小时/千瓦）	光伏模块峰值功率（瓦）	模块数量	年能源产生量（千瓦小时）
0°	1192	220	4	1049
20°	1402	220	3	925
40°	1459	220	2	642

基于模块空间和倾斜度的能量生成。

■ **图8.12** 光伏倾斜比较研究。性能系数来自NREL PVWatts 网站，在2011年7月30日访问的。

光伏系统通常被倾斜安装，但也会沿着单轴线或双轴线安装。随着沿单轴线转到沿双轴线安装的每一步变化，系统生成的能量都会随之增加。见图8.13有关固定和追踪应用的比较。较大的效率导致成本、复杂性和维修的增加。单轴追踪便于光伏模块每天从东到西追踪太阳，双轴追踪便于光伏模块每天从东到西追踪太阳，同时还能追踪太阳高度的季节变化。

阴影的研究被引向为所有安装光伏的区域做考虑。在冬至日这一天，太阳角度最低，投射的阴影最长，所以经验法则告诉我们：在冬至日的上午9点到下午3点之间避免阴影的产生。要全盘考虑所有邻近的建筑、场所因素以及树木。当光伏阵列安装在屋顶时，重点要考虑屋顶的设备和渗漏。甚至是一处小小的阴影，也会影响到能量的产生。

基于佛罗里达州波尔德市纬度39°43'59"的追踪类型（南向）的太阳日晒值千瓦小时/平方米/天。

月	太阳高度	固定40°	单轴40°	双轴40°
1	27.31°	4.43	5.21	5.59
2	33.17°	4.89	5.94	6.16
3	42.69°	6.05	7.64	7.83
4	54.89°	6.09	8.10	8.51
5	65.41°	5.99	8.14	8.95
6	72.34°	6.08	8.34	9.39
7	73.34°	6.06	8.07	8.92
8	68.18°	6.24	8.26	8.75
9	58.47°	6.25	8.04	8.25
10	46.94°	5.67	7.04	7.24
11	35.65°	4.60	5.54	5.84
12	28.40°	4.29	5.01	5.46
平均		5.56	7.12	7.58

每个月第一天中午的太阳高度。

■ **图8.13** 太阳日晒和追踪类型。来自NREL PVWatts网站，于2011年10月16日访问。

在屋顶应用中，由于阴影的遮蔽障碍，通常并不是整个的屋顶面积都被用于光伏安装；要便于过道空间的存在和其他因素限制屋顶的安装面积，理解这两点很重要。所有的光伏阵列安装都受益于支架装置，支架的设置考虑了模块底部的通风，尽可能帮助其散热和正常运行。对于屋顶来说，伴随着减小风的上升阻力的目标，支架的直径可能会非常小。在屋顶冷却系统或绿色屋顶中结合光伏模块的使用能够产生正面的协作效应，因为这些屋顶策略引导模块更有效的运行，提供了较凉爽的屋顶温度。

净零能源建筑的屋顶是安装光伏阵列的主要位置。单独的屋顶面积是不足以提供一个净零能源建筑所需的能量的。考虑一个项目的立面和场所元素的创造性设计，它们可以为光伏阵列安装带来额外的机会。项目的场所本身有在场地安装光伏阵列的能力，例如停车场及其结构为安装大规模的光伏阵列提供了绝好的机会（见图8.14）。光伏停车遮阳盖的支撑结构增加了额外的成本，但也产生了额外的收益：它们为车辆和人行道遮阳，同时减小了热岛效应。

除了屋顶应用外，光伏还可以被纳入墙板、玻璃系统以及立面的遮阳设备里。谨慎地检测立面朝向和倾斜度（垂直的），以此来确定立面集成光伏的效率——光伏不是必须垂直应用的。集成光伏的遮阳元器件是水平或倾斜的，集成光伏的立面元器件则可以是倾斜的。

使用晶体和薄膜技术的集成建筑光伏（BIPV）产品市场不断发展。集成光伏屋顶对于薄膜屋顶、直立的接缝屋顶、大量的盖板或瓦片覆盖的屋顶用产品的应用是非常普遍的。墙壁包层和立面遮蔽元素由大量的光伏模块组成（见图8.15），墙壁包层的雨幕应用提供了排气孔，有助于减少光伏的运行温度。光伏模块被整合到玻璃系统的外模型里，光电池被玻璃组件分成一组组薄板。上釉玻璃的光伏模块是半透明的，因为集成的太阳能电池提供不透明区域，同时光照通过组件的透明区渗入。

■ **图8.14** 光伏阵列作为停车场的遮阳盖。

■ **图8.15** BIPV为玻璃遮阳。

BIPV应用的产生为解决可再生能源建筑的美学应用提供了新机会。把可再生能源系统设计更好地整合到建筑中很重要，使之兼具美感和功效。净零能源建筑完全拥有这些新系统的审美可能性。围绕新光伏模块和装载系统的发展，设计和建筑集成将越来越受到人们的关注。无框光伏模块的可用性提供了新的审美机会，比如太阳能电池由多种颜色组成，通常最好的抗反射涂层的颜色是深蓝色和黑色，然而除此以外的颜色其价格会溢价，同时性能会减弱。

太阳能热

基本概念

太阳辐射是热量的丰富来源。阳光通过太阳能集热器加热液体，然后再用于热水或建筑，或生成电力（集中的太阳能量）。太阳的热能量也可以通过驱动一个吸收冷却器来实现太阳能制冷。在制冷应用中的太阳能热是一种发展中的技术，不同的太阳能热技术用于提供不同温度的水：高温系统被用于生成电能，同时低温系统被用于池塘加温、家用热水、水处理应用和建筑供暖。这部分主要解决太阳能热的建筑热水应用问题。

太阳能热力系统可以是开放环路式的，也可以是闭合环路式的。开放环路系统直接通过太阳能集热器给水加热，闭合环路系统先加热溶解防冻剂和水，再通过一个热交换器的运行加热终端用水。在潜在冰冻气候下闭合环路系统是非常重要的，通过重力、传导和泵体达到用系统循环水的目的。温差环流系统使用自然对流，使热水上升，诱导式地循环水。这些系统存储的热水放在收集器上面的水箱里，增加了屋载应用系统的重量。闭合环路增压系统在商业建筑上普遍应用，同时无增压的无源系统在小型简单的商业建筑上广泛应用。闭合回流系统也被应用了些商业建筑中，它不使用防冻混合物来防冻，当系统未被激活时，它甚至便于水流回一个小回流槽里。

包含在太阳能热系统里的组件取决于所使用的系统类型。对于闭合环路增压系统，如图8.16所示，主要部件是太阳能集热器、安装的硬件、带有热交换器的太阳能存储箱、扩充水箱、泵、控制器、阀、计量器、管道系统和备用热水器。除了外加一个回流槽和无扩充水箱外，闭合回流系统的组件与之相似。

技　术

对于太阳能热水的生产，有两种基础的集热器技术：平板式和真空管集热器。太阳能热技术的主要目的是，便于尽可能多的太阳能量被集热器的流体吸收，并尽可能少的释放热量回到外部空气中。一个太阳能集热器的一些组件用管道输送液体，用吸收板收集热量，用绝热体保持热量。

平板集热器

平板集热器是一种成熟的技术；它们在许多应用里通用并兼具成本效益，其中有多个厂商和选项供选择。平板集热器是一个具有玻璃表面的浅框薄板。底板具有刚性绝热性，位于有涂层的吸收板之上（见图8.17）。集热器的深颜色实际上就是透过上釉玻璃表面看到的带涂层的吸收板。升流管并行与吸收板相连，与泵的入口与出口也相连。在上釉玻璃面层下形成的空气间隙提供了额外的绝热功能。

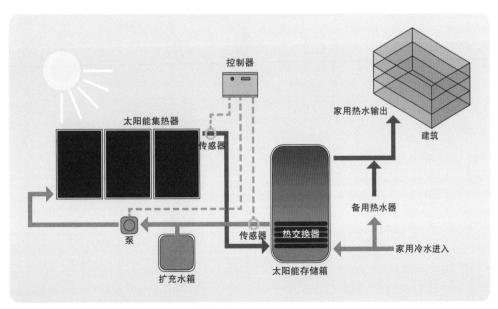

■ **图8.16**　闭合环路增压的太阳能热系统。

真空集热器

真空集热器的发明不比平板式集热器晚多久，并且很快通过明管并行排列得到了认可。它与平板技术的主要区别是集热器绝热的方式。代替刚性绝热性部件安装的是双层玻璃管中间的真空层，它可以提供绝热性。真空是绝对的绝热体，技术概念与热水瓶相差无几。管状外形提供了抵抗真空所需的结构性能。在玻璃管内是吸收板材料和热管。在生产较高热水温度方面，真空技术比平板技术更有效。

集热管是有标准组件的，能够被分别移除或安装到顶部的集水管上。热管是密封的；之中包含流体，当加热时流体会蒸发上升。这类技术被称为"热管真空集热器"（见图8.18）。蒸气上升到管的顶部，把热量转移到系统中的水中或通过集水管溶解防冻剂。蒸气被压缩降回热管的底部，被重新进行加热和蒸发。

真空管技术的另一种类型是直流技术，系统内的水或防冻混合物通过U型管被直接加热。

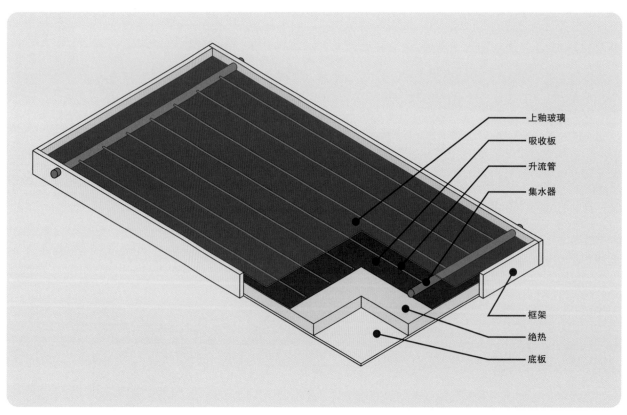

上釉玻璃
吸收板
升流管
集水器
框架
绝热
底板

■ **图8.17** 平板式太阳能收集器。

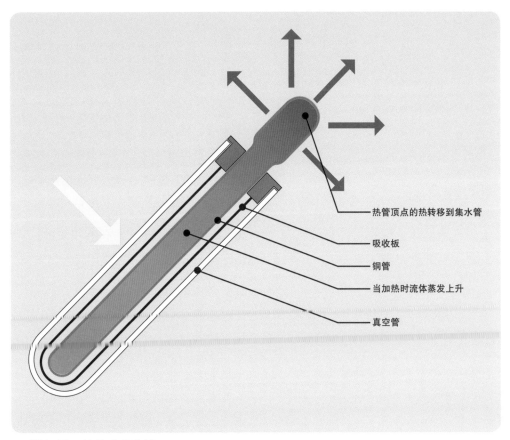

热管顶点的热转移到集水管

吸收板

铜管

当加热时流体蒸发上升

真空管

■ **图8.18** 热管式真空管。

效 能

影响太阳能集热器效能的两个主要因素是集热器吸收热和防止热损耗的能力。平板技术在交付热获取上更有效，真空管技术在防止热损耗方面更胜一筹。双层玻璃真空管是超绝热体，但玻璃间的两个嵌板减少它的太阳热传递以及传送太阳辐射的能力（见图8.19）。由于集热管的热转移过程，热管真空管也会经历效能的损耗。

通过收集器的热损耗是外部大气温度的一个系数，是与收集器入口温度的关联。所有收集器损失的效能就是两个温度的上升差值。当环境大气温度和收集器入口温度的差值不大时，平板收集器在吸收热上更突出、更有效。相反，由于真空收集器的防热能力，在温差升高时损失效能的速度不会与平板收集器一样快，一旦温差超过90 ℉，真空收集器就会更有效。作为一个广义的举例，如果太阳能热水入口温度是120 ℉，环境大气温度是80 ℉，平板收集器就会更有效。如果外部大气温度明显降低，比如20 ℉，那么真空收集器就会更有效。在寒冷气候里真空收集器是一个好的选择，高温水需要使用商业过程来实现其应用。

■ **图8.19** 密闭的真空管热收集器。

当然，收集器效能的其他衡量方法就是成本有效性。每个收集器都有独特的性能和定价。当选择一个太阳集热器时，比较集热器厂家提供的每Btu的价格也是有帮助的。

设计指南

应　用

太阳热是把太阳能转换成有用能量的有效方法。太阳集热器转换成的有用能量是光伏系统转换辐射能成为有用能量的3倍之多。相反，太阳热生成的热水多于电能，因此它的应用少于光伏。另外，当光伏系统过量生产时，从系统生成的电能通常输出到了电网。为利用太阳热系统的有效性。根据当地的太阳能资源、供暖应用和负载，匹配系统强度很重要。

家用热水是太阳热最有效和最普遍的应用，因为负载通常相对小，且全年恒定。注意太阳日晒在一年之中将产生变化，因此这种设计要考虑到最糟糕的和最好的情况，或分离出差异，使用年平均性能。谨慎选择倾斜性可以减少季节变化。在每一种情况下都需要一个备用热水器。加热商用厨房的终端用水或其他热水也是有效应用，较高的终端用水温度更适合使用真空收集器。加热游泳池的水也是一种有效应用，因为这是一种明显的能量终端利用，同时它会危及到一个净零能源建筑的使用能量目标。游泳池使用的是特殊的太阳集热器，缺乏玻璃表面，在温暖的环境大气温度条件下交付较低温度的热水时非常有效。

利用太阳热为建筑供热充满着挑战；它需要正确的应用，通常与其他制热或能源存储源混合使用。它有助于延长制热时间，使应用更具成本效益。建筑供热这个问题是季节性的，因此集热器在一年当中使用的不是很多，进一步讲，由于在冬季的几个月里较低的太阳日晒和外部大气温度，所以系统效能不高。一些改进的系统包含了全年地面燃烧的存储热量，考虑了太阳集热器的有效实施。另一个潜在应用是在非常短的供热季节，系统将被用于家用热水和偶尔的建筑供热。

评估负载

识别了太阳热的合适应用后，第一步是评估符合系统应用的热负载，然后逐条列记建筑、热水的需要。对于商业建筑中的家用热水，可能包括沐浴、盥洗室、厨房水龙头、门卫室的水槽，以及像洗碗机这类的设施或装置。热水的需求要每日监测，比如太阳集热器的日常循环。它有益于在进程早期，基于建筑占用和所需设备的流水率，引导LEED水量使用减少的初步计算。这样能够帮助确保减少的热水消费量，同时评估日用水量。需要评估每种类型设备的冷热水比率；或者确定总混合比率，在一个设备里很少有全部使用热水的情况。通过混合比率调整日用水需求，能够设计适合系统的热水日加仑需求。

下一步，使用以下等式，把设计日加仑需求转换成日供热负载（就是等式中的Q），用Btu表示。评估家用热水温度和水槽所需的热水温度的差异，用这个温度差（等式中的Δt）乘以8.33（Btu/加仑℉），水的密度（磅/加仑）乘以具体的水温（Btu/磅℉），再乘以每天加热水的加仑数（等式中的GPD）。使用这个等式计算把1加仑水从50℉升高到120℉需要的热量是583Btu。

$$Q = 8.33 \times (\Delta t) \times GPD$$

指导一个资源评估

第一步是收集太阳辐射数据确定项目所在位置可供选择的太阳资源，在本章结尾处可以找到大量太阳辐射数据资源（包括图8.20）。手工查找太阳辐射数据，用Btu/ft²/d评估每日的太阳日晒值（注：如果这个值用千瓦时/平方米/天来表示的，可以用它乘以317来转换）。使用平均日晒值是一个好的起点，这会给你一个好的年度能效评估，也是观察冬季月份和确定最差条件下的平均日晒值的好办法。集热器的倾斜度对每季度日晒值起着一定作用，所以不同的场景执行不同的倾斜度。

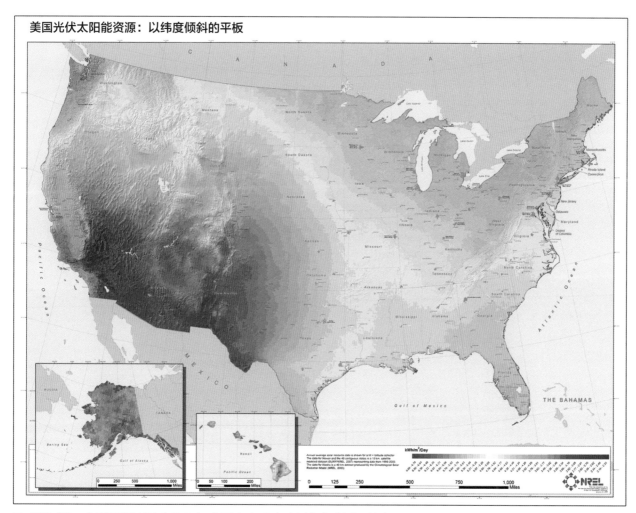

■ **图8.20** 太阳日晒地图（千瓦小时/平方米/天）电池板倾斜度=纬度。NREL。

除了收集太阳辐射数据，还需要评估环境大气温度。夜晚的低点不用于评估，因为太阳热系统仅在太阳外露时才运作。如果使用年均日晒值，那么就评估年均日间温度。在为冬季条件做设计时，评估冬季的日间平均温度。外部空气温度在集热器的性能上扮演了重要角色。

系统选择

太阳能评级&认证公司（SRCC）是太阳热行业一个独立的第三方认证机构。选择经SRCC认证的集热器和系统是一种很好的实践。它为OG-100目录提供了集热器的等级选择，在OG-300目录里有太阳能热水系统的认证和评级。SRCC网站（www.solar-rating.org）是一个超好的资源，把气候数据与集热器和系统性能结合起来，为匹配合适的系统作指导。

这个项目的太阳辐射和温度数据被用于根据SRCC的性能数据选择和匹配集热器。用Btu/ft^2/d表示的太阳日晒用于分类SRCC性能评级系统太阳辐射资源：它把每日日晒简单分成3类，具有3种天气情况的特点，同时也体现了季节变化（见图8.21）。

根据PVWatts网站的举例，美国芝加哥的伊利诺伊州南向倾斜42度角的平均日晒值是1401Btu/ft^2/d。这个数据约等于SRCC温和多云的天气类别的日晒值，1500 Btu/ft^2/d。

SRCC也区分了集热器入口温度和环境空气温度的不同，这有关集热器的效能（见图8.22）。为了确定这个温度差异，去掉你所应用的集热器入口温度的平均日间温度，在闭合环路系统里，这个温度接近存储箱的热水温度。

从表8.22中为你的应用和气候选择合适的SRCC类别。A类和B类适用于夏天的游泳池这类低温应用，E类适用于水加工或建筑供热这类高温应用。C类和D类涵盖了最常见的使用，其中D类用于寒冷天气条件下。

	晴朗天空	温和多云的天空	多云天空
每天太阳日晒值	2000Btu/ft^2/d	1500Btu/ft^2/d	1000Btu/ft^2/d

■ **图8.21** SRCC天气分类。*数据来源：SRCC网站，www.solar-rating.org/facts/collector_ratings.html. 于2011年10月16日访问。*

	A	B	C	D	E
温度差	-9°F	9°F	36°F	90°F	144°F

■ **图8.22** SRCC温度分类。*数据来源：SRCC网站，www.solar-rating.org/facts/collector_ratings.html. 于2011年10月16日访问。*

SRCC的集热器性能数据为每个集热器提供了各种各样的认证数据——比如集热器类型、英尺英寸、干重和其他产品数据——当设计和选择系统时很有帮助。每个集热器的SRCC纪录也列出了性能等级，用Btu/电池板/天表示了每种天气类别和温度类别的组合。这里还考虑了日输出量和系统所需的集热器数量的评估。在评估电池板数量时，为整个系统效能减少所评估的日输出量是很重要的。80%的效能通常就是好的评估结果了，但更保守的数值将为集热器分级提供一个附加的缓冲。为证明这一目的，图8.23和图8.24两个表格代表

了从两个集热器的SRCC纪录里提取出来的性能数据，第一个是平板集热器的举例，第二个是直管真空集热器的举例。这只是在SRCC网站上许多额定集热器的两个常见例子。

使用计算机法评估每个季节或每个月的数据是可能的事情，因此要更好地理解：一年之中系统既是不充分生产的又是过量生产的含义。全太阳热系统设计包括制订平衡系统的所有元素的标准，包括存储槽和备用或补充的热水器。用软件或设计工具提炼集热器的最终设计标准执行也是可能的。

SRCC收集器性能数据40平方英尺收集器举例。
kBtu/板/天

温度类别	天气分类		
	晴朗天空	温和多云的天空	多云天空
A	59.9	45.6	31.5
B	51.0	36.8	22.7
C	38.4	24.5	11.2
D	14.9	4.8	0.0
E	0.5	0.0	0.0

■ **图8.23** SRCC平板举例。数据来源：SRCC网站，www.solar-rating.org。于2011年10月16日访问。

SRCC收集器性能数据37平方英尺收集器举例。
kBtu/板/天

温度类别	天气分类		
	晴朗天空	温和多云的天空	多云天空
A	31.1	23.4	15.8
B	30.0	22.4	14.7
C	28.1	20.4	12.7
D	23.5	15.9	8.3
E	17.7	10.2	3.4

■ **图8.24** SRCC真空管举例。数据来源：SRCC网站，www.solar-rating.org。于2011年10月16日访问。

太阳集热器可以在屋顶装载也可以地面装载。集热器需要安置在南向的倾斜的非阴影区。倾斜度基于装载的位置和集热器是否需要根据季节变化而改变,夏季采用低斜度,冬季采用高斜度。为收集一年之中的大多数日晒量,需要遵循的一个好的经验法则是斜度=纬度。如果目标是缩小季节性差异,先提供更多的统一日晒水平,再选择纬度大于15度~20度范围的位置。通过研究不同斜度的日晒水平可以发现和应用一个最优的角度,厂家通常会公布推荐的斜度。电池板依赖热能效应装置,比如直管真空集热器,所以要求斜度从而准确起效。

太阳能集热器标准举例

基本项目信息

■ Full-time全时占用:140

■ 位置:芝加哥的伊利诺伊州

■ 每日热水需求:55%配比的250加仑——(120℉的)138加仑

■ 家用热水供应温度:50℉

气候数据

■ 平均日间温度:55℉

■ 平均日日晒值:4.42千瓦时/平方米/天或在42.0度的倾斜角(= 纬度)1401Btu/ft²/d(每PVWatts)

热负载

$$Q=8.33 \times (\Delta t) \times GPD$$

这里

$Q=8.33$ Btu/加仑℉ × (120℉-50℉) × 138加仑

$Q=80468$ Btu/d或80 kBtu/d

SRCC性能数据

■ SRCC天气类型:温和多云(1500Btu/ft²/d)

■ SRCC温度类型:D(120℉-55℉=65℉;使用D为90℉的值)

系统选择和评级
- 太阳集热器选择：真空集热器（之前的例子所显示的）
- 集热器性能评级：15.9kBtu/d
- 整个系统的效能：80%
- 集热器的数量：7个[80kBtu/d/(0.8×15.9kBtu/d)]，取整
- 集热器的面积：259ft^2

太阳热资源和设计工具

工业资源
- 太阳能评级认证公司（SRCC）：www.solar-rating.org

气候和太阳辐射资源
- 气候顾问（UCLA的免费软件）：www.energy-design-tools.aud.ucla.edu
- METEONORM(METEOTEST发布的商业软件)：www.meteonorm.com
- NREL红皮书:www.rredc.nrel.gov/solar/pubs/redbook
- NREL PVWatt:www.nrel.gov/rredc/pvwatts
- NREL地图搜索:www.nrel.gov/gis/mapsearch
- 太阳能和风能资源评估（SWERA）：www.swera.unep.net
- 太阳能评级认证公司（SRCC）：www.solar-rating.org

太阳能设计软件
- RETScreen(加拿大国家资源发布的免费软件)：www.retscreen.net
- Polysun(Vela Solaris商业软件)：www.velasolaris.com

风 能

基本概念

风的动能是一种全世界通用的强大的再生资源，无论白天黑夜都可以用。风能是太阳能的一种重要补充，即使它也是一种间歇性能量源，它的可选性不同于太阳能。

风的动能可以通过风力涡轮机转化成有用的能源，风力涡轮机上的叶片和转子带动风力使交流发电机旋转，生成交流电。风力涡轮机生成的能量是收集能量的叶片的一个函数，意味着叶片越大，风速越高，有利于生成更多的能量。这两个因素决定了涡轮机的大小。大的塔身支持大的叶片跨距，或者说扫风面积。一个大的塔身支撑的涡轮

转芯的地上高度越高，就可以得到海拔高度越高的较大风速。

不幸的是，风力不会按规模比例有效地降低。当然，小型风力涡轮机生产的能量比大型的要少一些，但并不是成比例减少。生成的能量是转子直径的平方和风速立方的一个函数。由于这个原因，位置好的通用英尺英寸的风力涡轮机能够以一个非常有竞争力的成本价格生产出相当大的电能。风力涡轮机的规格从100千瓦到3兆瓦。小型风力涡轮机的规格从1千瓦到100千瓦，最适宜家庭、农场和小型商用建筑使用。迄今为止，风能产业只关注这两种规模的涡轮机，但由于净零能源商用建筑极大程度地依赖风能产业的中等规模要求，所以关注在较大规模的小型涡轮机上和较小规模的通用英尺英寸的（中等规模）涡轮机上，分别适用于净零能源多层建筑和校园设施。

一个风能系统由涡轮和塔身组成，这两者都是系统的主要决策。记得大量生成的能量都是和转子直径平方和风速立方有关的，风速很大程度上取决于塔的高度。风力涡轮机包含了一个制动装置，因此涡轮可以在任何时间停下来。风力涡轮机也配备了一个控制系统，防止它旋转得太快，在强风情况下保护涡轮。

一个风能系统可以是联网的，也可以是离网的。联网系统的系统平衡包括控电器/整流器，换流器和接线。虽然涡轮机上的交流发电机能生成交流电，但是它的电压是随着风速而波动的，需要用一个整流器把它转换成直流电，然后再用建筑电路板上所使用的反相器或通过可以净计量的仪表转换成交流电（图8.25）。

离网系统包含蓄电池，如果需要的话也可以包含在联网系统里。电池放电的过程用控电器控制，电池系统包括连接反相器的断开开关，在离网系统里，某些备用形式的电力也是很有必要的。所有的风能系统应该有一个追踪系统性能和电池寿命的监控装置。

风力涡轮机不能空载运行。在基于电池基础上的离网系统，当充满电时，一个压仓负载或备用负载（通常是一个合适英尺英寸的供热元件）能够为涡轮机提供一个可供选择的负载。当这个建筑

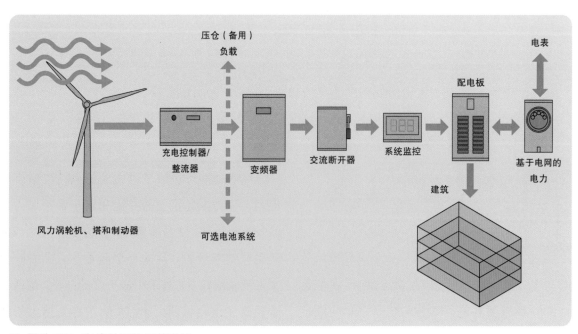

■ **图8.25** 光伏并网的风能系统。

物不需要满负载时或电网不能再接收过量的电荷时，一个压载负荷可被用于联网系统。

技　术

主要有两种涡轮机技术：立面轴风力涡轮机（VAWT）和水平轴风力涡轮机（HAWT），分别如图8.26和图8.27所示，区别在于转子旋转的轴向。HAWT是最普通的并经过技术证明的，特点就是转子是水平的，通常有3个叶片，围绕着转芯呈辐射状。VAWT有一个垂直向的转子和多种不同外形的叶片。VAWT在风向上没有规定，因此可迎接来自各个方向的风。相反HAWT的设计通常是面向风，能够追踪风的方向。VAWT一般都是很小型号的，因此可以呈比例地限制能量的生成。HAWT从小号到大号应有尽有，可以适用于多种多样的应用。

所有的涡轮技术和规模都需要不间断地维护，因为能量是通过移动部分的全年运行生成的，通常在高处的风和恶劣天气条件下生成的。涡轮机也是在远离地面的高处装载的，为优化能量的生成，涡轮技术和维护都面临一个更大的挑战。

性　能

风力涡轮机在具体范围内的平均风速下运作得最好，如果平均风速太低，低于7或8mph（每小时英里数），涡轮机就只能产生一丁点能量。小型涡轮机有一个最小起动速度和较低端范围的切入速度。大多数风力涡轮机生产商都会提供一系列平均风速的性能数据，通常在8～19mph（3.5～8.5米/秒）的范围内。风速会损坏涡轮机，所以为它们设计了一个切出风度（或收叶速度）和控制系统来保护涡轮机。风力涡轮机的性能数据是以海平面为基础假设了一个空气密度。在较高海拔，空气密度降低，伴随着涡轮机性能的变化。海拔高于7500英尺，预期可减少大于等于25%的性能。风力涡轮机在大风暴下也不能很好地实施，

■ **图8.26**　立面轴风力涡轮机（VAWT）。

■ **图8.27**　水平轴风力涡轮机（HAWT）。

涡轮机会被倒下的树或建筑物阻碍。

风力涡轮机有相关的功率评级，通常用千瓦来衡量。功率级别是涡轮机英尺英寸和能力的一个指示。然而到目前为止，由厂家公布的功率级别都存在很大的误差，因为他们使用不同的假设（比如平均风速）来计算他们的涡轮机功率级别。这些厂商也提供了预估的能量性能数据（用千瓦时表示）或能量的平均输出值（AEO）。这个数据成为了解释涡轮机性能的一个较好指导，特别是在提供了各种风速平均值时。

小型风能产业最近创立了一个证明功率级别的标准——能量性能和声学性能。在2009年，美国风能协会颁布了"AWEA小型风力涡轮机性能和安全标准"；小型风力认证委员会是基于新标准的独立认证方。但是在我们这么写的同时，许多风力涡轮机已经在使用过程中了或已有临时的认证了。

设计指南

应　用

常规风力是相当成功的和很好理解的可再生能源应用。适合个别建筑和社区的小型或中型风力需要谨慎的协调使用才能成功——当然也在正确的应用才行。大多数风能专家同意这种说法：一个小型风力成功应用包括的关键元素有一个可靠的风源和一个位于高塔身上的合适水平轴。成功的秘诀是项目选址在农村，那里风力障碍较少，也不用为高塔清除像半城镇和城市开发中的那么多常规障碍和区划障碍。

有关风能的规模问题，简单说，较大涡轮和较高的塔身会更有效些——虽然中型风力应用服务于多层建筑和整个社区也有很大潜力。大涡轮和大塔身的优势在于能够增加解决方案的成本有效性。一个社区、校园或多层建筑的应用也通常会提供远离风力障碍的选址范围。

在小型风力涡轮机市场有许多不同种类的产品可供选择；反之，中型涡轮机市场只能选择100千瓦以下的和接近1兆瓦的，选择少、范围小，使优化一个净零能源项目的涡轮英尺英寸变得更具挑战。风力的固有变化，意味着净零能源项目需要一个更明智的策略供应风能和其他可再生能量源，比如太阳能。非此即彼，小型和中型风能系统能够作为一个好的供应服务于其他主要的现场的可再生能源系统。

可能从商业建筑向集成现场可再生能源的净零能源建筑和低能建筑的转化会促进中型风能系统市场的发展。较难克服的障碍是国家现行的区划条例限制，进一步讲，最大的问题是缺少解决独立调节和许可方面及机会的集成化语言。塔高和逆流需求是涵盖了区划条例的两大重要议题。流线型调节过程有助于推进小型和中型风能系统和为追求净零能源项目提供更多可再生能源的选项。

评估负载

风能能够为一个净零能源建筑和净零能源的开发提供全部或部分的能量需求。由于风的变化对应能量的生成，所以净计量联网应用是一个必要的功能，这样当涡轮机生产不足时便于电网电力的输入，当涡轮机超负荷生产时则输出再生电力。

资源评估

需要把场所的风力数据收集在一起。平均风速是用于预估平均能量产生的至关重要的度量标准。许多出版的风力资源地图上有平均风速的数据。例如NREL提供了全球以及美国的大量风力资源地图，包括每个州的地图，如图8.28所示。这些地图包含了不同地上高度的不同分辨率的风力数据，同样地，它们可以成为学习项目位置的有效风力资源的良好开端。

天气数据档案也能开采到风力数据。气候分析工具，比如气候顾问能够生成风向图，并基于气象站编辑的数据生成平均风速表。数据的质量当然取决于气象站以及它的维护和风速表的定位配置。更具体地说，风速表的高度是一项重要的考虑，因为它很可能低于所推荐的涡轮装载高度，因此风速比报告上的更低。风速表通常被装载在地面（尤其在机场）以上10米的位置，但高度可以改变。10米以上高度的风速很可能被篡改了；但总体上，24米高的风速会比10米高的风速提高15%~25%。

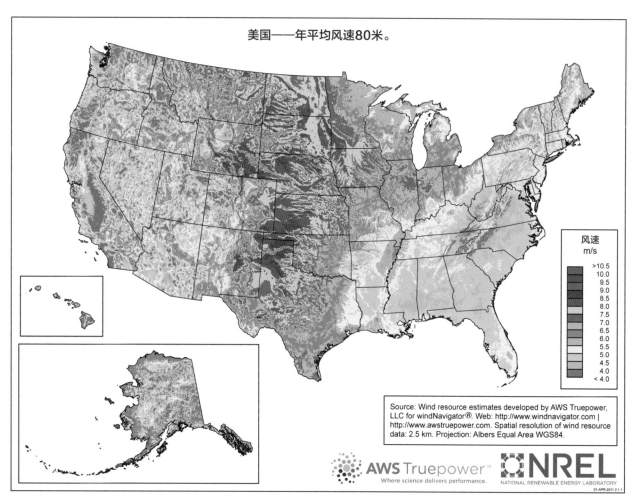

■ **图8.28** 风速图。认证：NREL。

风力涡轮机的标准和选择举例

场　所

■ 海拔：接近海平面

■ 开放的地形适用于低层的校园建筑

风力资源

■ 地面以上30m高的平均风速：7.0m/s（15.68mph）

■ 要求的平均能量输出值：25万kW·h（853MBtu）

转子直径的计算

$$AEO = 0.01328 \times D^2 \times V^3$$

这里：

$$D^2 = 250000/0.01328 \times (15.68)^3$$
$$D^2 = 4883$$
$$D = 69.9英尺(21.3m)$$

涡轮机的选择

■ 北向功率100

■ 转子直径：21m（69英尺）

■ 额定功率：100kW

■ 厂家预估7.0m/s的平均风速的AEO是：30万kW·h

■ 塔高：30m（98英尺）

风力数据是非常具体的，受当地地势、水体、临近建筑和景观的影响，临近建筑和景观的飓风也会影响到风力数据。可能接近项目风力数据的一个最好方法是在场所安装风速表，记录所推荐的涡轮机高度的实际数据。至少收集一年内的风速数据是很有价值的，用以计算季节差异。如果12个月的数据收集期不可行，那就用有经验的风力顾问模拟分析场所的风速，证实可用的风力资源。

系统选择

由于风能包含了许多变量，所以评估一个风能系统的年度风能输出量极具挑战性；系统设计和选址当然是其中的一部分因素，但主要问题是风会随时发生改变。最终，从一些风力涡轮机的制造商那征求意见成了最好的方法。大多数颁布的预估年度风能输出值都是基于平均风速值的范围，这个信息基于这个项目的预估能量需求平均值，成为比较涡轮机和匹配系统的一种有效的途径。

用千瓦时为小型涡轮机计算年度风能输出值（*AEO*）的一个简单等式如下：

$$AEO = 0.01328 \times D^2 \times V^3$$

这里*D*是指用英尺来表示的转子直径，*V*是用mph表示的平均风速，等式来自美国能源部出版的，能效和可再生能源中的"小型风电系统：美国消费者指南"里。

如果已知所要求的平均风速和年度能量输出值，那么运用这个等式就可以得出符合项目能量需求的转子直径。

风能产业也使用一种称作能力因数的概念解释实际年度能量输出值与理论上的涡轮机全年在峰值功率等级（功率等级千瓦×8760小时）运转时的能量输出最高值比较的差异。能力因数的范围在20%～40%之间，在常规风能行业使用得最普遍。如果之前那个例子的100千瓦的涡轮机有30%的能力因数，那么预估的AEO的结果就是262 800千瓦，这与在举例中证实的数字很接近。

建筑集成

最近的事例导致人们直接把风力涡轮机整合到商业建筑上的兴趣不断增加。最常见的应用是屋顶装载或护墙上装载的涡轮机。然而迄今为止，在如何实施项目方面的可用数据少之又少。

直接把风力涡轮机安装在建筑上可能产生极大的问题，原因如下：大多数建筑不能支撑大型风力涡轮机的构造负荷。建筑装载涡轮机的设计需要谨慎选择构造负荷和振动，同样，涡轮机会引发声响和相关的噪声问题。进一步讲，涡轮机的装载高度通常也受屋顶高度的限制，可能会、也可能不会有一个适合风力资源的最佳高度。建筑本身以及潜在的周边建筑或景观，也可能会制造风暴。大风暴不能进行有效地风力发电，而且最大的问题是建筑上装载的风力涡轮机通常都很小，由于叶片的扫风面积受到限制生成的能量也非常少。

在场所安装有高塔身的风力涡轮机是风力技术有效使用的认证途径，然而不是所有的场所都是好的候选，较高海拔的地面、景观、地形和建筑的风速也较快，容易引发大风暴。好的项目位置具有开阔的空间和低层的建筑。此外，风暴区的风会在建筑高度和树高以上的高度蔓延，所以根据经验原则，如图8.29所示，在半径为300英尺的塔身上的转子高度至少要高于障碍物高度的30英尺。图8.30演示了涡轮高度的增加，连同风速和叶片直径的增加，一起影响了潜在能量的生成。

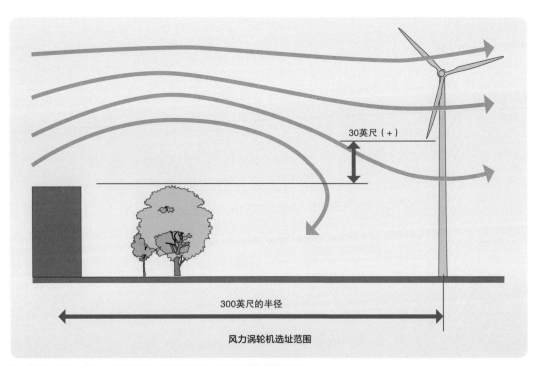

30英尺（+）

300英尺的半径

风力涡轮机选址范围

■ **图8.29** 风力涡轮机的经验法则，选址绕过障碍物。

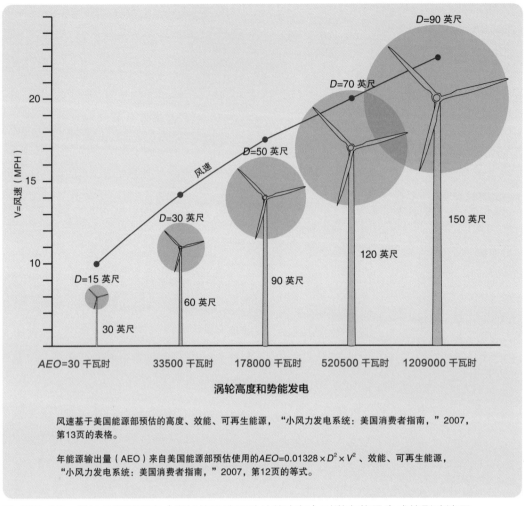

风速基于美国能源部预估的高度、效能、可再生能源，"小风力发电系统：美国消费者指南，"2007，第13页的表格。

年能源输出量（AEO）来自美国能源部预估使用的AEO=$0.01328 \times D^2 \times V^2$、效能、可再生能源，"小风力发电系统：美国消费者指南，"2007，第12页的等式。

■ **图8.30** 增加的涡轮高度（增加的风速和叶片的直径）对潜在能量生成的影响演示。

水 力

基本概念

　　水，连同全球的水循环是一种巨大的能量源。它经重力或波浪的移动是一种动能。它也存储太阳能的一个重要来源。地球上的海洋也是来源，大洋中的潮汐能、波浪能和热能一起束缚着能量的生成。这些海洋能源技术仍在成熟中，然而它对于为世界增加一种可再生能源解决办法拥有着巨大的潜力。

　　这一部分重点关注水力发电，更具体地说是微型水力和小型水力发电，它们涉及净零能源建筑和社区的分散的可再生能量来源。

　　水力发电参考流水的动能捕捉，并把它转化为有用的能源——电力。水力发电在美国是最大的可再生能量来源，占所有可再生能量生成的70%。它的通用规模是最普遍的，为有着丰富水源的区域提供了大量的电力，比如太平洋西北部。世界型的大水力发电站的发电能力超过了30兆瓦——有些站的发电能力是10亿瓦。这种规模的水电站包含了控制湖水水源的大坝和水库的建筑，这种水电站也存在缺点，但较好理解；大坝和水库的建筑对自然栖息地产生毁灭性的破坏。按照能源部水力项目网站（http：www1.eere.energy.gov/water/index.html）上的内容，新的研究和开发集中在更注重环境的先进水力技术上。

水力发电也被应用在个体所有的微型和小型水力发电机上。微型水电系统能力小于100千瓦的额定功率；小型水电系统的额定功率范围在100千瓦到30兆瓦之间。规模范围很广，一端用于住宅系统，另一端用于小型市政系统。微型的高端系统和小型系统有足够的能力供应全部的或有用的净零能源建筑能量需求的电力。是否拥有合适的水路是决定因素，除了寻址优质的水源外，还必须符合已确立的常规需求，必须保卫水体的权限。

水力涡轮机可以把水的动能转化为电能。水的移动推动了涡轮和轴杆的旋转，使发动机产生电力。通过水力发电产生的可用能量是水头（海拔下降到涡轮机上）和流动的一个函数。水头高度越高，流率越高，系统的势能越大。水力是一种最可持续再生的能量来源，因为溪流或湖水是日夜流动的。这个流动经历四季的变化，但水力系统基于系统的设计，其落差变化是固定的。水力的另两大优势：是一种成本最低的可用的可再生能源；发电装置可以使用很长的年限。

微型和小型水力发电甚至被认为是低影响力的，仍需谨慎地考虑减少水生生态环境和栖息地的负面影响。微型水力发电减轻环境影响的一种方法是通过安装径流式水电站系统（见图8.31）。这样一个系统的目的是把对水路过程和流动中的影响降低到最小影响或消除负面影响。在这个系统中，水从水路中被灌入一个屏蔽的入口，再被泵送到（水渠）位于下流的涡轮机里，水再通过径管流回到水路里。在回到下游之前，水路中仅有一小部分水流暂时被转移了。随着系统规模的增大，入口通常被整合到了坝或堰里。这类径流系统通常

是小规模的，不包括水库，因此不能控制湖水的流动。虽然如此，但为了可能的环境影响，甚至是小坝的构造都应该仔细研究。目前水坝的改装水电站是可选的低影响系统。

低影响的水电协会是一个通过国家促进和认证低影响水电设施的非营利组织。把小型水电站整合到城市或工业水路和水加工中，例如如图8.32所示的灌溉水渠和污水处理厂排水口，这也是一个趋势。这类集成了水电技术的水路表现出对环境较低的影响。

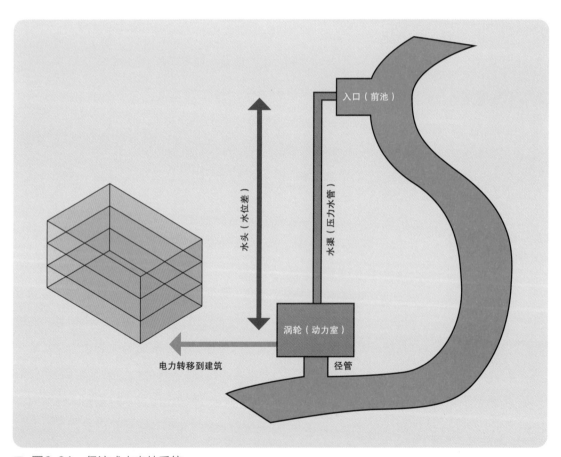

■ **图8.31** 径流式水电站系统。

■ **图8.32** 在伊利诺伊州坎卡基的1.2兆瓦的水电站系统，为污水处理厂提供动力。NREL/PIX 00069；照片由沃伦·格里兹提供。

一个联网电力系统的基本部件是涡轮机和连接建筑配电板（图8.33）的交流控制器。一个联网的电力系统应该包含一个可能净计量的电表。电池存储可以被加到联网或离网系统里。有充电电池的直流发电机通常被安装在住宅规模的微型涡轮机上。这些系统也包括一个控电器和一个反相器（用断开开关的），把电池里的直流电转化为交流电。一些系统要求包含一个压仓负载（通常是一个热元件），当生成的能量不在现场使用，或直接进入电池，或输出到电网的时候，用它来吸收系统全部的电容量。水力涡轮机必须在防止损坏的负载下运行。

技　术

主要有两种类型的微型和小型水电技术：感应和脉冲。根据水路的特征所应用的每个水电站都有它自己的特点和收益。与涡轮机厂商一起工作很重要，能够小心地把涡轮的技术和英尺英寸与水路的势能匹配起来。

感应式涡轮的叶片足够浸入到水流中，从高流向低的中间位置是最理想的。有几种类型的感应式涡轮机，包括螺旋式、弗朗西斯和卡普兰水轮机，最后的一种如图8.34所示；每种都有一个独立的叶片设计，以优化高位的水能获取性。水流则使所有叶片同时运转。

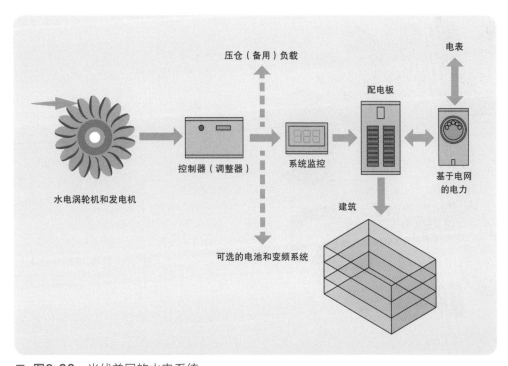

■ **图8.33** 光伏并网的水电系统。

脉冲式涡轮有一种无须浸入水中的滑行装置（叶轮），水是在高速旋转中被一个喷嘴或多个喷嘴泵入涡轮机的，高头（高压）和低流条件是最理想的。有几种类型的脉冲式涡轮，有交叉流、斜冲式和培尔顿水轮机，最后一种如图8.35所示。一个或多个喷嘴都指向多个杯状叶片所带动的高速旋转的水流。斜冲式水轮机包含一种加强的叶片设计，它便于喷嘴比每一个杯状叶片带来的水流更多。

■ 图8.34 卡普兰水轮机。

■ 图8.35 培尔顿水轮机。

效 能

水力涡轮机能够实现高达90%的效能，如果水力涡轮机可以被整合到设计良好的系统里，那么大多数涡轮机操作效能可在80%～90%的范围内，而应用于住宅的最小的微型水力涡轮机效能较低。然而，由于系统中的其他损耗，最终的水-电效能将少于涡轮机效能。水从入口到涡轮机的路径，由于水管中换水方面的泵送设计而产生摩擦，这种摩擦减小了一个系统的总水位差。微型水力涡轮机的系统效能为50%，小型水力涡轮机的系统效能在60%～70%之间。

设计指南

水电技术的使用要针对具体场所。在合适的条件下，可选资源可生成一个净零能源建筑所需的全部或部分能源用量。如果一个合适的水路可用，第一步是确定系统的水头和水流，它们影响了涡轮机的选择和系统的设计，引出对一个系统能量生成能力的预估。

系统功率可以用以下等式计算出来。首先，基于用立方英尺/秒表示的水流（F）和用英尺表示的水位差（H）来预估最大的电势值。水重为62.4磅/立方英尺。

$$P = F \times H \times 62.4$$

等式中的功率（P）单位是英尺-磅/秒，它可以用1.36瓦乘以1英尺-磅/秒，转换成瓦的单位。

$$P（W）= F \times H \times 84.9$$

这个等式也能用加仑/分钟表示流率，它可以用1立方英尺/秒除以448.191加仑/分钟，转化成加仑/分钟的单位。

$$P（W）= H \times F \times 0.19$$

接下来，为达到水电系统的设计功率，等式中需要应用进系统总能效（e）这个参数。

$$P（W）=F \times H \times 84.9 \times e$$

(F的单位是立方英尺/秒 cf/s)

$$P（W）= H \times F \times 0.19 \times e$$

(F的单位是加仑/分钟 gpm)

已知系统的设计功率，就可能预估出年能量生成值。如果系统的设计流量是保守的，那它就要根据全年的情况，甚至考虑季节中的最低流量，然后简单乘以用瓦或千瓦表示的功率，除以小时/年，得到年千瓦小时。可以把能力因数加到预估的实际年度性能中，来解释较低的流动周期和维护停工期。

集成微型水力或小型水力系统的设计不仅仅意味着符合常规的和合法的要求；它也要求谨慎地评估和缓和环境问题，系统美学被应用和集成到场所。对于美学的考虑当然不同于场所的自然设置，它利用溪流或湖泊对抗城市或工业场所，有自己独特的机会。

小型水力发电系统的标准举例

场所可选的系统水位差：75英尺

设计流量：15000加仑/分钟

系统能效：70%

功率＝75英尺×15000加仑/分钟×0.19×0.7=149625瓦，或150千瓦

能力因数：75%

能量=150千瓦×8760小时×75%=985500千瓦时，或3363MBtu

水力发电资源和设计工具

工业资源

■ 美国水力协会（NHAA）：www.hydro.org

■ 低影响型水力技术协会（LIHI）：www.lowimpacthydro.org

水力资源

■ 美国地理调查（可供查找历史流率）：www.usgs.gov

■ 虚拟的水力探勘者（由爱达荷州国家实验室发布的一种在线的地理资讯系统的水力资源评估工具）：http://hydropower.inel.gov/prospector/index.shtml

水力设计软件和网址

■ RETScreen(加拿大国家资源发布的免费软件)：www.retscreen.net

注：在匹配和设计系统时咨询涡轮制造商

地　热

基本概念

地热能来自土地内部存储的热量。土地的核心温度是极其高的，几乎达到了10000℉，或者与太阳表面相同的温度。这是一种广袤的能量源。极高的热度与土地表面的温度相当接近。事实上，温度通常基于地表的深度升高。比大气温度相比，地表以下的的部分通常保持相对的恒温，大部分区域的温度在50～60℉。这种浅热源被用于地理制热或地理制冷，有时被称作热交换。这种技术通常被归类为能效力学系统，多于被归为可再生能源系统（参考第七章，使用地源热泵的地热技术的讨论）。

在更深的地表以下，建立了热水和蒸气的容器和蓄水池，尤其是靠近火山活动的区域会带来接近地表的热岩浆。有一些全球应用的地热势力技术，从地下聚集的蒸汽或热水中生成再生电力。与其他可再生能源相比，地热能不是间歇性的，能够1周7天、1天24小时提供基本负荷电力。

技　术

虽然地热能供应占不到美国总能源的1%，但它有巨大的潜力供应更大的比例。国家地热资源是相当大的，尤其是在美国的整个西部都发现有高温资源，如图8.36所示。进一步讲，控制地热的技术和技巧正在快速改进，将进一步扩大可用资源。

一个合适的传统地热场所需要有热、水和可渗透的地质条件，便于水通过热岩层移动。一种新技术浮现，被称作加强型地热系统，能够把非适用系统一次性修改成产生地热能的系统（也如图8.36所示）。许多场所有热岩层，但缺乏水和渗热质。增强型地热系统把水注入到岩层深处，打破岩层，创造一个充水的、渗透的地热蓄水池。这种技术的一个潜在危险是可能引起地震活动。

Google，作为RE<C（开发比煤炭廉价的可再生能源）的首创部分，已经建立了一个旨在促进增强型地热系统的研发和信息的程序。Google地球的一个插件提供了州际的地热资源评估，包括各种深度的水温和能量生成潜力，从所有资源中比较目前每个州的总能量生产能力。插件请参阅www.google.org/egs。

地热电能的生成历来使用同一规模，利用位于高温地热蓄水池源头的地热电厂。干蒸电厂直接使用来自土地的蒸气驱动涡轮机。这种类型的电厂是利用地热的最古老技术之一，要求接近地热蓄水池，因此会限制它的应用。最常用的地热电厂是扩容蒸汽厂，把热水推进一个蒸发或扩容的低压槽里，提供蒸气驱动涡轮机的运转。

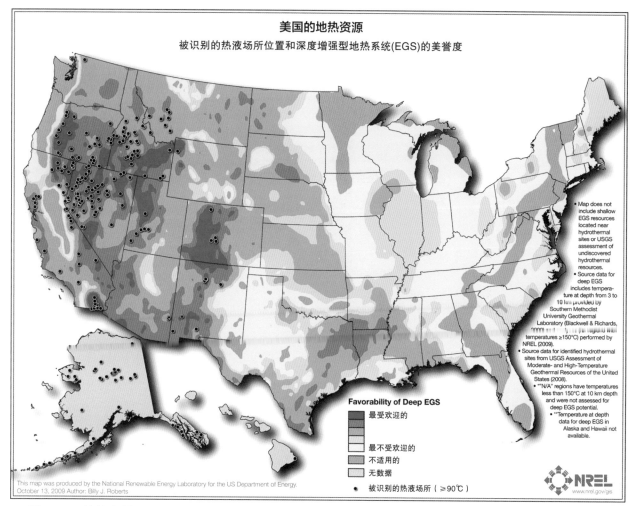

美国的地热资源

被识别的热液场所位置和深度增强型地热系统(EGS)的美誉度

• Map does not include shallow EGS resources located near hydrothermal sites or USGS assessment of undiscovered hydrothermal resources.
• Source data for deep EGS includes temperature at depth from 3 to 10 km provided by Southern Methodist University Geothermal Laboratory (Blackwell & Richards, 2000) (km region with temperatures ≥150℃) performed by NREL (2009).
• Source data for identified hydrothermal sites from USGS Assessment of Moderate- and High-Temperature Geothermal Resources of the United States (2008).
• "N/A" regions have temperatures less than 150℃ at 10 km depth and were not assessed for deep EGS potential.
• **Temperature at depth data for deep EGS in Alaska and Hawaii not available.

Favorability of Deep EGS

最受欢迎的

最不受欢迎的
不适用的
无数据

• 被识别的热液场所（≥90℃）

This map was produced by the National Renewable Energy Laboratory for the US Department of Energy. October 13, 2009 Author: Billy J. Roberts

NREL
www.nrel.gov/gs

■ 图8.36 地热资料图。NREL。

运营扩容蒸汽厂所需的水温在360℉以上，这种类型的发电厂也要基于沿构造板块边缘的火山活动高温地热区来具体定位，但这种技术也推进了低温地热的应用，可以使用300℉或更低的温度。地热发电技术利用二元循环技术，使在低温地热下也能生成电能（见图8.37）。二元循环电厂使用一个热交换机从地热井里传递热量到密封环（二元或二次的）流体，这里的流体有着低沸点，容易蒸发和驱动涡轮运转。这种进化为建筑物或社区的分散的地热能系统增加了可选项。目前，最低温度的地热厂坐落在阿拉斯加州的珍娜温泉，一个165℉的400千瓦的地热井水系统供应着旅游区全年所需的能量。

低到中温的地热水（68～302℉）能够直接用于建筑物供暖或符合处理水的需求。它也可用于地方的中央供热厂。这类应用被作为直接使用地热能，并已经用于许多地点，如爱达荷州的首府博伊西也应用于本地供热系统。低到中温的地热能量的生成和直接使用供热扩宽了这类可再生能源在各种规模和地点的应用潜力，使净零能源建筑增添了对它的兴趣。

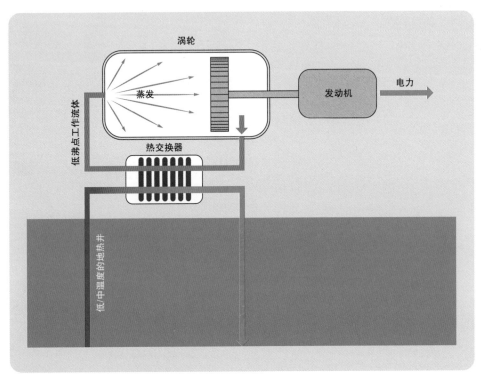

涡轮

发动机

电力

蒸发

低沸点工作流体

热交换器

低中温度的地热井

■ 图8.37　地热二元循环技术。

地热发电和直接使用资源及设计工具

工业资源

■　地热能协会（GEA）：www.geo-energy.org

地热资源

■　能源部，能效和再生能量地热技术程序：www.1.eere.energy.gov/geothermal/maps.html
■　国家可再生能源实验室发布的地热技术：www.nrel.gov/geothermal/data_resource.html

地热设计软件和网址

■　RETScreen（加拿大国家资源发布的免费软件）：www.retscreen.net
注：在匹配和设计系统时咨询涡轮制造商

生物能

基本概念

生物体是一种从生物质或有机质衍生出来的多样化的可再生能源。它被作为一种可再生能源是因为它很容易被补充。通常基于植物的生物质利用通过光合作用把存储的太阳能转化为葡萄糖。在植物基质中的葡萄糖是一种重要的生物能源和地球碳循环的一部分。

碳循环是生物体的基本框架，生物体有时被称作碳中立。随着生物能农作物的增长，它们在光合作用中吸收二氧化碳。当生物体被燃烧生成热量或电力时，二氧化碳再次释放到大气里。农作物再生长出来时，二氧化碳又被吸收，创建了碳平衡。当植物基质腐烂时也用于释放沼气，生物能能够捕捉到沼气并把它转化成有用的能量。这个过程导致二氧化碳的释放但防止了沼气的释放，温室气体多于二氧化碳。

目前行业中对气候变化影响生物能全寿命期的温室气体释放持不确定和争论态度，并深入研究有关事项的运作。实际上全寿命期的温室气体释放考虑的生物能，包括许多植物碳吸收和植物燃烧的碳循环以外的附加因素。与输入各项相关的陆地使用变化、农业实践、燃料生产、燃料运输和终端应用，都影响着全寿命期的温室气体排放。因为这种输入项把林地转换成农作物并利用了生物体肥料，所以许多应用生物体的全寿命期的温室气体排放不是碳中立的；虽然如此，与化石燃烧的使用相比，它们仍明显有助于减少温室气体的排放。只是在某些情况下，生物能量是碳中立的或代表一种全寿命期排放的净降低方式。有些应用若显示有碳中立以上表现的最佳承诺内容，便属于没有导致土地利用改变或实现了无农业生产简易方案的应用类型。而潜在的全寿命期排放由于包含了各种变化，因而范围很广，需要以项目到项目的基础来考虑每个生物能量的应用。

除了使用生物能会导致温室气体排放外，其他环境、经济和社会问题也必须列在考虑范围内。生物作物需求的增长给食品作物生产增加了压力，为可灌溉土地创造竞争性。这些压力可能会越来越影响食品的价格和靠近食品的生产。生物作物也需要大量的水源，把新需要放在水的供应。生物作物的需求也导致主要的土地使用变化，减少了生物多样性和危害了自然的栖息地。

生物体的生产和燃烧都导致大量的污染。生物能的燃烧会释放一氧化碳和氧化氮这样的颗粒和污染物，引发大气污染和烟雾。在农业生物质生产中使用肥料会导致水污染。肥料中的氮和磷进入径流，引起水体的富营养化，过分刺激植物和藻类的生长，因而减少水生物的居住地和水体质量。实施严格的规定和污染控制最新水平（state-of-the-art）对于减缓生物能污染的风险至关重要。生物能的负面分枝引发行业里白热化的辩论，它们必须全部解决以确保生物能行业成功的和适合的发展。

生物能有许多来源，包括食物作物、能量作物（作为生物体来源特别种植的非食物作物）、水生作物（像藻类）和木材。生物体源中一个有趣的来源是产品废料、城市废物、垃圾堆废物、工业废品、动物粪便、农业残渣和残余树林。从全寿命期角度看，许多利用废物副产品的应用对于碳中立有很大的潜力。充满讽刺的是，这些应用也有引发大气污染的高风险，因此要求使用严格措施控制污染。

生物体，比如小木片，可能被直接用于生成能量，也能被转化成用于燃烧的液体或气体。大量的生物化学转化过程和热化学转化过程可以把生物质分解成液体或气体形式。生物化学的转化包含有机质在各种过程中的分解，包括发酵成乙醇。热化学转化利用热量分解有机质，通过燃烧生成能量或进一步被提炼成液体生物燃料。两个主要的热化学过程是气化和热解。气化利用热化学转化过程分解成生物质原料，释放热量和小量氧气，创造出一种合成气，由一氧化碳和氢气组成。热解使用一种比气化更低的温度，没有氧气，形成一种生物原油。

生物体成为代替化石燃料和石油的三种重要终端使用：生物产品、生物燃料和生物电源。生物产品以前是由石油制成的，但现在由某一种生物体生产而成；生物基的塑料品就是一个例子。生物燃料的应用包含从生物质原料中制成液体或气体燃料。两种通用的生物燃料是乙醇和生物柴油。生物燃料的应用主要用于运输业，代替和供应多种燃料。生物电源，利用生物体生成电力和/或热量，是有益于净零能源建筑的应用，因此是这一部分的重点。

生物电力系统技术包括直燃、煤燃、厌氧催化、气化和热解。生物电能系统可以被用于公共设施或一种分散式规模的个体建筑或社区。与太阳能或风能相比，生物体的一个优势是如果原料供给是可选的，就能提供基本负荷的电力。

技　术

常规的生物电能作为20～50兆瓦的直燃生物电厂被开发，这些电厂通常使用木材和农业残余物作为原料。生物体也被用在一些煤燃电厂上，它们被转化成煤燃技术，便于煤炭和生物原料一起燃烧发电。

生物电力技术有几种应用于商业建筑的形式，这种规模通常被称作模块生物电力系统。在一个模块直燃系统里，固态的生物体燃烧产生蒸气推动汽轮机和发动机产生电力。这个过程也用于建筑供暖或热水，或一些过程用热。生物体的一个有效应用是同时生成电和热，或废热发电（也称作热电联产）。然而通过燃烧发电的过程不是非常有效的（20%～40%），这种效能等于浪费热量，但废热可以在废热发电的应用中被收集，并用于各种供热目的中。在一些应用中可以生成热电三联供的制冷需求，除了提供热量外，废热还可被用于驱动吸收冷却器。在废热发电或热电三联供的系统中可以达到70%～90%的高效能，废热发电系统有效应用的障碍是匹配全年建筑负荷的年热量生成值。

刚刚开始商业化的一种技术是集成气化。它代替直燃，把生物原料转化成合成气，是一氧化碳和氢气的混合方式。如此把合成气作为一种燃料使用，使得发电技术有可能更为有效。大量发电技术可被征用，包括合并蒸气和气体汽轮机、斯特灵发动机、微涡轮以及燃料电池。这种技术把各类原料合并在一起，比如木材、农业残余物和能量作物。这也是一种规模化的技术，通常参考模块化生物动力系统，如图8.38所示。

另一种利用气燃生物动力系统的方法是，使用厌氧催化器创造生物气。厌氧催化器使用细菌分解或催化有机物。这个过程被称作厌氧，因为它在没有氧气的过程中完成。产生的生物气是有50%～80%的甲烷的可再生形式的天然气。厌氧催化器采用生物湿料，包含动物和人类粪便、有机垃圾废物和各种有机废物，比如食品废物。

在一些工业过程中，有很多可用的合成气被包含在有机废物和现场生物电力中。有机废物的持续供应，如果不能循环回工业过程，就会经厌氧催化器转化成生物气，再用于生成电力或热量。例如，农场和大牧场可以安装厌氧催化器，把动物粪便转化成生物气；一个类似的过程会用于废水处理厂。电力生成中的废热能够用于加热厌氧催化过程，优化转化的温度。随着垃圾中的有机废物的不断分解，它释放乙醇到大气中。垃圾气体收集系统里设置了一系列泵井和泵送收集系统来收集生物气。

把各类有机废物的副产品整合到一个现场生物发电系统里，纸浆和纸张搅拌机就是使用废木料通过气化过程发电发热的例子，像这样一个工业过程能够把生物基产品的生产、生物燃料的创造、自身电力和热量的生成结合起来。

在分析生物动力系统对于净零能源建筑的可用性方面，最重要的因素之一是合适原料的可用性。在一些工业过程中，原料是现场和过程的一部分；而在其他情况下，原料将需要交付到场所。这使得生物体要按具体区域具体解决，这就如同原料会在当地可用，因为相应的地理位置有着可靠的分布系统。在NREL提供的图8.39中，美国生物能资源的可用性和一系列生物能资源的合成可用性一目了然。NREL也公开了具体原料的具体可用资源图。

■ **图8.38** 模块化生物动力系统。NREL/PIX11913；吉姆·约斯特摄影。

木材锅炉

商业建筑中一种最简单的生物技术是木材锅炉，它能为建筑供暖和热水生成热量。这种技术应用于小型商业建筑和整个校园区的热水供应。木材锅炉系统的基本组件包括燃料存储和燃料处理系统，一个有排放控制技术的木材锅炉，灰尘收集桶和一个烧水的水环。对于小型系统，手动供应一天的料斗是划算的处理材料选择。

木材锅炉要求一个持续可靠的木材来源。项目合适的地址通常位于广阔的林区，通过持续管理森林的实践来可靠地获取木材。城市场所则要通过城市废木料资源来获取木材。供应的木材通常是绿色树木，意味着它们含有湿气。而作为整个过程的一部分，木材在燃烧前要被烘干。木材的能量则要用干木料来衡量；完全干燥的木料每磅含8000Btu的热量。

图8.40的地图展示了有关美国森林残留物的生物能资源。

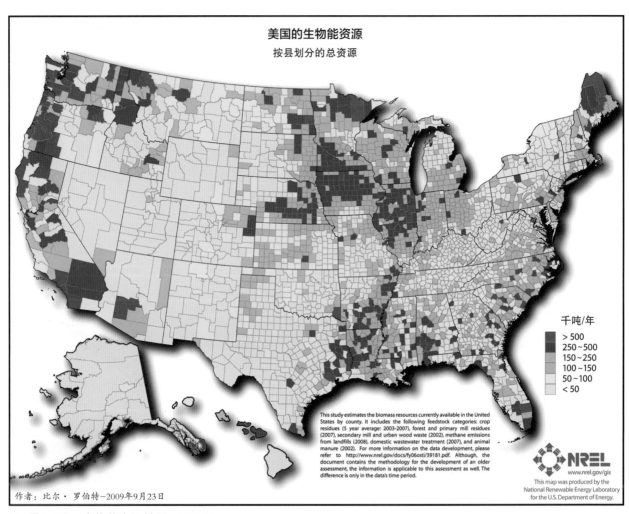

■ 图8.39　生物能资源地图。NREL。

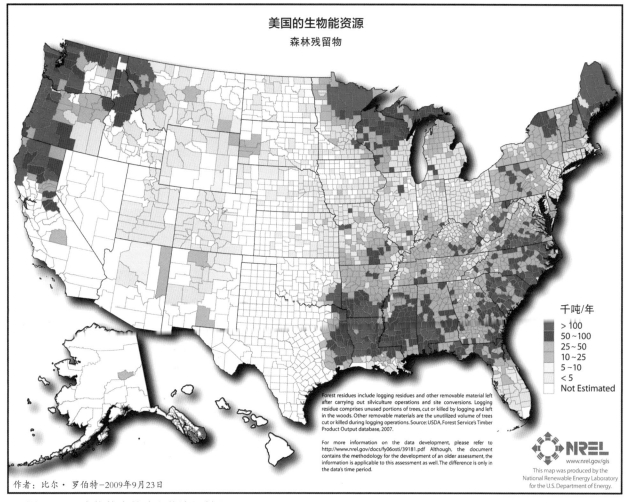

作者：比尔·罗伯特-2009年9月23日

■ **图8.40** 生物能森林残留物资源地图。NREL。

生物能资源及设计工具

工业资源

■ 生物能资源中心（BERC）：www.biomasscenter.org

■ 生物热能委员会（BTEC）：www.biomassthermal.org

生物能资源

■ REL地图搜索:www.nrel.gov/gis/mapsearch

■ 美国DOE生物能程序：www.eere.energy.gov/biomass

■ 美国森林服务木质生物能利用：www.fs.fed.us/woodybiomass

太阳能设计软件

■ RETScreen(加拿大国家资源发布的免费软件)：www.retscreen.net

燃料电池和氢气

基本概念

燃料电池是一个无燃烧的、通过燃料（氢气）和氧气电解过程生成电能的设备。这个过程比传统的发动机和涡轮机更有效。燃料电池电力生成的副产品是热量和水。氢气是能量或燃料的载体，能够制造成或小或大的规模，它能被局部地制作和被存储，用来服务于某个点，或在中央位置制造和运输。氢气通过燃料电池的大量应用生成电力，这种技术提供了基本负荷的电力或供应了其他可再生能源系统。由于燃料电池的多样性和清洁操作，它在净零能源建筑中扮演了重要角色。然而，确保氢燃料不使用化石燃料生成至关重要。

氢　气

氢气作为一种燃料是由两个绑定的氢原子构成的氢分子（H_2）组成的气体。氢的原子结构最简单——在周期表的第一位——由一个质子和电子组成。在整个宇宙和地球含量极其丰富；然而，气体形式的氢分子很难存在于地球，因为氢很容易与其他元素结合在一起；作为一种气体，它是如此之轻可以上浮到大气层外。因此，氢气只能被生产出来。有许多种生产氢气的方法，目前，最常用最有效的方法称作甲烷蒸发变换法，它使用高温蒸气从天然气的甲烷分子中分离氢，然而这种方法确实有它的缺点：导致温室气体效应。

幸运的是，人类正在不断地开发不释放温室气体的生产氢气法。一种是水分解，使用电荷从水中分解氢，这个过程称作电解，使用电能从一个可再生能源中完成，比如太阳能或风能。生物能转化成合成气或液体生物燃料后，再进一步加工成氢气。碳中立这种应用基于生物体原料的全寿命期的温室气体排放。其他有望实现从水中分离氢气的技术有使用某种微生物和日照，或特殊的半导体材料和日照。

燃料电池

■ **图8.41**　5千瓦的燃料电池组。NREL/PIX12506；
照片由沃伦·格里兹提供。

一个燃料电池由许多个体燃料电池堆栈而成（见图8.41）。每个个体燃料电池有3个薄层：一个负的电极面（正极），一个正的电极面（负极），一个电解膜中心帮助带电质子明确地从正极流向负极（见图8.42）。氢气进入燃料电池和每个电池的正极，外侧覆盖催化剂，分离氢原子里的质子和电子。当质子通过电解质传导到阴极层时，自由电子直接通向电解膜周围的分离电路，连接并回到阴极，生成一种直流电。当氢的电子和质子再次与氧气结合时就产生了水和热量。几种燃料电池技术都是用这种方式生成的；其他也用类似的方式生成，但流动性会导致水在正极生成。

燃料电池技术通过在电池中使用的电解质类型来区分，一些类型是已在商业上可用的，而另一些仍在研发中。有几种不同的技术应用，每种都各有优劣。燃料电池的设计要控制好燃料、温度、湿度和水。一种最令人敬畏的设计挑战是开发一种成本效益高的、耐用的、寿命长的技术。这种燃料电池技术在分散式能量系统中有潜在的应用。

一种对成本影响巨大的燃料电池成分是使用

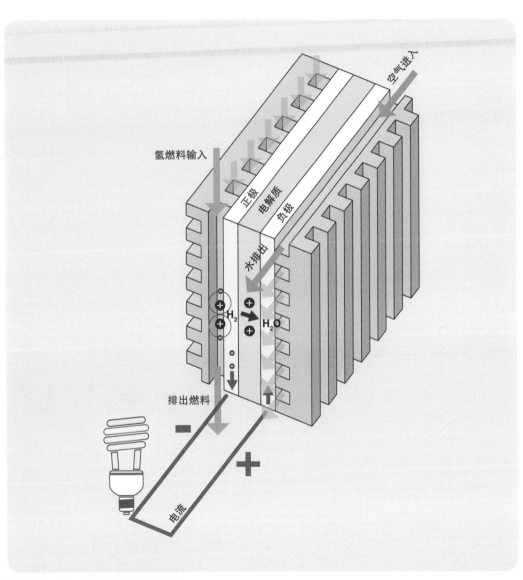

■ **图8.42** PEM燃料电池操作。

铂催化剂。PEM（聚合物电解膜）和PAFC（磷酸燃料电池）虽然利用铂催化剂，但操作温度低于MCFC和SOFC的技术。较低的操作温度便于较快的开始时间并使温度管理相对容易；它们也使制造耐用安全的组件变得更加容易。相反地，高操作温度提供了不同的优势，比如在热电混合模式下操作，把燃料电池中的燃料直接转化成氢气并作为过程的一部分，意味着氢气将无须再在现场存储了。

最近在商业燃料电池技术上的一个突破是布鲁姆能源服务器（见图8.43）。这种燃料电池，通常被称作"布鲁姆盒"，基于固态氧化物技术的优势提供了高性能和高成本有效性的解决方案。系统基于100千瓦的模块组，能够把可转化为氢气的天然气或生物气体作为主要燃料实现其运行。

燃料电池技术

聚合物电解膜（PEM）燃料电池

- 操作温度：50～100℃
- 通常的堆栈规模：1～100千瓦
- 能效：35%的固定应用

磷酸燃料电池（PAFC）

- 操作温度：150～200℃
- 通常的堆栈规模：400千瓦/100千瓦模块
- 能效：40%

熔融碳酸盐燃料电池（MCFC）

- 操作温度：600～700℃
- 通常的堆栈规模：300千瓦到3兆瓦/300千瓦的模块
- 能效：45%～50%

固态氧化剂燃料电池（SOFC）

- 操作温度：700～1000℃
- 通常的堆栈规模：1千瓦到2兆瓦
- 能效：60%

数据来源：能源部，能效和可再生能源，燃料电池技术项目。www.hydrogenandfuelcell.energy.gov.

■ 图8.43 消防员基金保险公司的布鲁姆能源服务器。图片由布鲁姆能源友情提供。

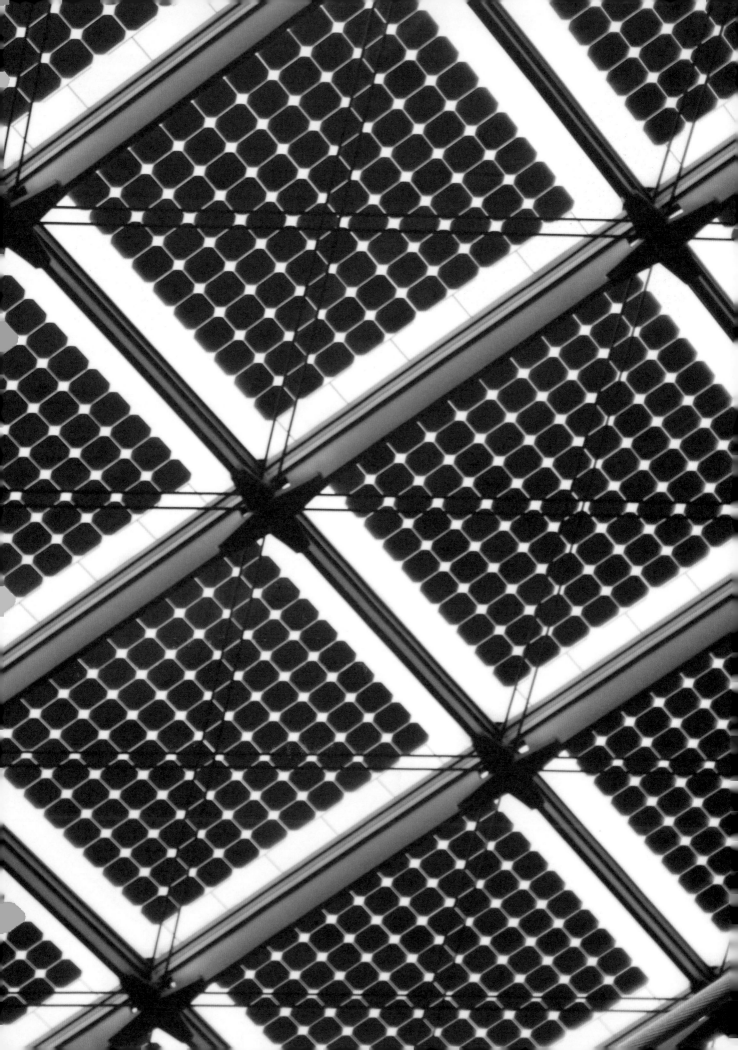

第九章

Ec **经济学**

财政考量

　　大多数建筑开发预算在筹划时是不包括再生能源系统的，毕竟再生能源系统并不具备传统的典型建筑元素功能，更不被认为是大多数项目的相关程序或性能需求的一部分。另外，再生能源系统等于相当大的投资，传统的建筑预算不会因为它而轻易追加任何大笔资金。

　　投资再生能源系统，就像把你的全部公共事业的账单预先全付清，一个高质量的净零能源建筑有着很长的全寿命期，但不像最初的再生能源系统，将提供终生服务。大多数光伏系统有20~25年的保证期，潜在的全寿命期可以延长到三四十年，投资一个光伏系统像把你的全部公共事业的账单全部押在了二三十年后——一个相当大的投资但也是一个重要的价值主张。

　　对于净零能源建筑的一个最重要的有形价值主张是能源成本节约。这项投资的价值是关于未来能源价值的函数。能源增长率将收益于高的投资回报率。进一步讲，碳排放规则的引进，像限额交易或碳排放税，大部分依赖于更好的回报。也如上所述，一个净零能源建筑仅仅是增加了再生能源；它是一个低能耗高性能的建筑——对于本身权益的一种投资。所以，事实上投资回报是结合了能源成本的节约，针对增长以约束为基础，通过保护——强制结合的方法节约能源成本。净零能源建筑作为一种投资的财务分析将是本章重点探索的内容。

预算考虑

　　净零能源建筑的预算考量，包括了建筑成本和再生能源系统成本两部分，独立解决每个预算科目很重要；同时，认识到这些科目又有很强的相互依赖性也很重要。一般来说，能源效应是比再生能源系统更具成本有效性的，投资于一个更有能效的净零能源建筑将使再生能源系统规模更小，成本更低。

再生能源的预算是与一座建筑的可操作预算紧密联系在一起的。每座建筑都有一个可操作预算，它能够通过几种方法平衡再生能源系统的财务成本预算。从一个创造性的立场来说，这个可操作预算被认为是任何项目的建筑内再生能源的预算。通常长期的能源操作成本被用于前期的再生能源资本里，作为一种选择，再生能源系统通过电力回售模式（PPA）被出租或融资，PPA负责再生能源系统的起动资金，把不是最前面的资金成本用于操作预算里（本章"财务模式"部分提供了更多购买方法的细节）。

能源预算的下一步计划是考虑把建筑能效和再生能源系统作为相连的决策执行。如果这个项目的可操作能源预算已建立，那么就按照先期资金巩固这项预算，与建筑预算一起用于形成再生能源和能源保护的能源投资。这项技术允许平衡操作预算与建筑预算，找到符合可操作能源需求的更有效方法。

再生能源系统的成本

当决定了再生能源系统的成本后会发生许多变化，再生能源系统的类型和规模是两大因素，再生成本也是随时变化的，随着技术的改进和行业市场份额的增长，这种变化是会呈下降趋势的。

当计划净零能源建筑的再生能源系统时，要解决两大财政上的参数问题。资本投资是执行一个项目总体的前期成本，这对直接计划投入再生能源系统的建筑业主来说尤其重要。第二个参数是系统能源分项成本的预估，把系统总成本作为这个系统全寿命期所能生产的总能量的函数。这项标准将是一个清晰的指示器，它将显示出再生能源系统是如何随时与当地实际的能量使用率比较的，如何计算能量增长的。

光伏系统的资金成本有两大要素：模块的成本和系统平衡的成本。系统平衡排除模块但包括了系统所有其他的软硬件成本，系统平衡的成本通常占了系统总成本的一半，但它们基于市场情况而上下浮动。随着模块价格的降低，系统平衡的成本——尤其是安装成本——将增大其在整个安装成本中所占的比重。安装成本也是要针对具体项目的；设计和预备的安装面积使成本最小化，比如屋顶的面积，设计成有足够轻松安装光伏系统的英尺度就好了。

光伏模块正在逐步商品化；比如Solarbuzz（太阳能商业）这样的行业研究团队维持着一些定价指数，反映了价格均值以及每瓦价格基础上的最低模块技术成本。再生能源系统的规模也在整个系统成本里扮演着关键角色。根据美国太阳能行业协会和GTM研究所的"美国太阳能市场2011年第一季的深度观察"报告，2011第一季年的住宅光伏系统的总成本平均是每瓦6.41美元；非住宅的平均值为每瓦5.35美元；通用光伏系统的平均值为每瓦3.85美元。

光伏安装成本信息用户调查的另一来源是在http://openpv.nrel.gov上的NREL开放式光伏项目。这里，全国的光伏系统用户可以在个体系统上上传基本的项目数据，因而增加了光伏系统的可研究目录，包括位置、安装日期、安装成本（前面是激励）和系统规模这些数据点。一个在2011年上半年安装的所有42个系统的调查显示，总能力是45.03兆瓦，平均安装成本是每瓦5.30美元，无激励（见图9.1）。

在一个再生能源系统的规划中，用多种方法检测系统的成本是值得的，例如它有助于了解每瓦的安装成本，是关于系统的安装成本和额定输出功率（通常指光伏和风能系统）的做法。每度电的成本是另一个度量标准，是关于能量成本的，并允许与公共事业账单作比较。这种衡量需要按时间段来计算，含有从1年到系统寿命这样一个范围。每平方英尺的系统成本提供了一个与其他建筑设备类似的成本标准。每平方英尺净建筑面积的系统成本使再生能源系统预算与建造预算比较成为可能。每平方英尺建筑物的系统成本是每平方英尺建筑物的安装瓦数；这是按照再生能源的需求进行的能效测量。

为阐明不同的成本和相关的能量度量标准，表9.2提供了一些光伏系统常用值的举例，评估了符合净零能源的系统英尺英寸。这个举例是基于以平方英尺为单位建筑和光伏模块的，所以总建筑英尺英寸或具体的光伏模块英尺英寸都是独立的。这个表是用电子表格自定义制订的，阴影部分的数据代表可输入的测试用变量。其他单元格使用关系等式计算出所需的数据。一个与这个表类似的电子表格用于测试不同建筑物的能量使用强度（EUI）。年太阳辐射平均值、光伏模块能效和安装系统的成本，如之前所述，按照成本的度量标准分类。

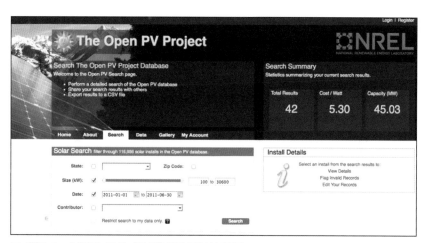

■ **图9.1** NREL开放式光伏项目网站的截图。

建筑 EUI(kBtu/ft²/y)	建筑EUI (度/平方英尺/年)	太阳辐射 (度/平方英米/天)	太阳辐射 (度/平方英尺/年)	光伏模块能效：直流/交流分级因子	DC/AC Derate Factor	光伏发电(度/平方英尺/年)	光伏模块(瓦/平方英尺)	PVWatt/平方英尺(Bldg)(瓦/平方英尺)	每瓦成本 美元/瓦	每度成本（30年）美元/度	每平方英尺成本 美元/平方英尺	光伏发电/EUI比率	每平方英尺成本(Bldg)(美元/平方英尺)
15	4.4	5.0	169.6	17%	80%	23.1	15.8	3.0	$4.00	$0.09	$63.21	5.25	$12.05
20	5.9	5.0	169.6	17%	80%	23.1	15.8	4.0	$4.00	$0.09	$63.21	3.94	$16.06
25	7.3	5.0	169.6	17%	80%	23.1	15.8	5.0	$4.00	$0.09	$63.21	3.15	$20.08
30	8.8	5.0	169.6	17%	80%	23.1	15.8	6.0	$4.00	$0.09	$63.21	2.62	$24.09
35	10.3	5.0	169.6	17%	80%	23.1	15.8	7.0	$4.00	$0.09	$63.21	2.25	$28.11
40	11.7	5.0	169.6	17%	80%	23.1	15.8	8.0	$4.00	$0.09	$63.21	1.97	$32.12
45	13.2	5.0	169.6	17%	80%	23.1	15.8	9.0	$4.00	$0.09	$63.21	1.75	$36.14

■ **表9.2** 光伏成本和能量度量标准：例1。

在这个例子中，在南向的倾斜电池板上运用的年太阳辐射平均值是5度/平方米/天。光伏模块规格也保持恒定，使用了质量很高的同一效能的通用模块。光伏系统每瓦的安装成本是在实施鼓励措施后被假定为每瓦4美元的。当为再生能源系统做预算时，请注意如何运作才可以减少支付建筑的EUI。最后一列表示了每平方英尺的大约成本，就本例的种种假设而言，为达到在此基础上的净零能源，这一成本会因为再生能源系统而被添加到项目的预算中。请记住这些值是独立于建筑规模的。每平方英尺光伏发电与EUI的比值是接近楼层数量的一个衡量，它以楼面面积与光伏面积的比值为基础（简单假设成整个屋顶面积即可）。

这个举例通过改变不同的变量，就可被运用到多种不同的方法中。例如，表9.3使用了与表9.2相同的输入变量但固定了建筑的EUI值，以每瓦成本为基础测试了一系列安装的光伏系统成本，分析了独立于建筑能效外的成本价格的影响。

这两个例子中所使用的样本，代表了每座建筑楼面面积安装的光伏系统成本的范围，使发展一个净零建筑的光伏系统成本与建筑成本的关系成为了可能。表9.4比较了每平方英尺商业建筑成本范围内3种光伏系统的成本（低、中、高）。为了规划目标，一个光伏系统的预算占到了建筑预算的3%～20%。平均和中等的光伏系统预算则占到建筑预算的8%。较低的建筑成本对光伏成本最敏感，反之，较高的建筑成本显示出，光伏系统预算占建筑预算的百分比的值更小。

建筑EUI(kBtu/ft²/y)	建筑EUI(度/平方英尺/年)	太阳辐射(度/平方米/天)	太阳辐射(度/平方英尺/年)	光伏模块能效；直流/交流分级因子	DC/AC Derate Factor	光伏发电(度/平方英尺/年)	光伏模块(瓦/平方英尺)	PVWatt/平方英尺(Bldg)(瓦/平方英尺)	每瓦成本 美元/瓦	每度成本（30年）美元/度	每平方英尺成本 美元/平方英尺	光伏发电/EUI比率	每平方英尺成本(Bldg)(美元/平方英尺)
25	7.3	5.0	169.6	17%	80%	23.1	15.8	5.0	$5.00	$0.11	$79.01	3.15	$25.10
25	7.3	5.0	169.6	17%	80%	23.1	15.8	5.0	$4.50	$0.10	$71.11	3.15	$22.59
25	7.3	5.0	169.6	17%	80%	23.1	15.8	5.0	$4.00	$0.09	$63.21	3.15	$20.08
25	7.3	5.0	169.6	17%	80%	23.1	15.8	5.0	$3.50	$0.08	$55.31	3.15	$17.57
25	7.3	5.0	169.6	17%	80%	23.1	15.8	5.0	$3.00	$0.07	$47.40	3.15	$15.06
25	7.3	5.0	169.6	17%	80%	23.1	15.8	5.0	$2.50	$0.06	$39.50	3.15	$12.55
25	7.3	5.0	169.6	17%	80%	23.1	15.8	5.0	$2.00	$0.05	$31.60	3.15	$10.04

■ **表9.3** 光伏成本和能量度量标准：例2。

模块能效在系统的规划和预算中扮演了重要角色。通常，能效较高的模块每瓦的成本比起效能较低的模块来更贵。然而，能效促使整个光伏阵列区面积降低，减少了机架、布线和其他系统平衡，包括安装所需的成本。模块能效对于净零能源很重要，因为它减少了使用面积和改进了性能。模块性能12%～13%中尽管只有1%的差异，却可致增加8%瓦/平方英尺的性能。如图9.5所示，每获取1%的效能，一个模块就能增加0.93瓦/平方英尺的能力。这时它们的关系是直接的，一定要注意随着模块效能的上升，生产性能百分比的增长率随之减少（参考表格的最后一列）；请记住：当考虑较低能效的模块时，尤其在空间受约束的安装位置中，这会是非常重要的关系。注意电池板能效是基于标准测试条件（STC）的，其数是25℃时的太阳辐射1000瓦/平方米的输出功率百分比。

光伏成本/建筑面积	建筑成本					
	150美元/平方米	200美元/平方米	250美元/平方米	300美元/平方米	350美元/平方米	400美元/平方米
10美元/平方米	7%	5%	4%	3%	3%	3%
20美元/平方米	13%	10%	8%	7%	6%	5%
30美元/平方米	20%	15%	12%	10%	9%	8%

■ **表9.4** 再生能源预算占建筑预算的百分比。

光伏模块能效	光伏模块（瓦/平方英尺）	增加的百分比增长值（瓦/平方英尺）
25%	23.2	4.17%
24%	22.3	4.35%
23%	21.4	4.55%
22%	20.4	4.76%
21%	19.5	5.00%
20%	18.6	5.26%
19%	17.7	5.56%
18%	16.7	5.88%
17%	15.8	6.25%
16%	14.9	6.67%
15%	13.9	7.14%
14%	13.0	7.69%
13%	12.1	8.33%
12%	11.2	9.09%
11%	10.2	10.00%
10%	9.3	

■ **表9.5** 模块能效和瓦/平方米的增长。

净零能源建筑的成本

净零能源建筑的财政考量比再生能源系统的财政考量更重要一些，净零能源建筑的基础是能效，为加强能效而进行的建筑和设计成本的投资具有第一优先权，它增强了附加再生能源系统的可行性。

任何改变净零能源建筑的能效产生的成本差异或溢价都将被当作一种投资，而不是作为成本。在一个较长的建筑寿命中，节约能源成本的投资会产生实质性回报，并远远超过先期的投资。对于净零能源建筑，一个附加值是被作为在较低能效价格"购买能源"的一个机会，意味着购买了性价比高的再生能源。换句话说，节约1度就是赚了1度。

绿色建筑成本研究

如第二章所述，一个净零能源建筑应该与一个传统的高质量建筑的成本持平或仅高出一点（排除再生能源系统的成本）。在许多情况下，一个净零能源建筑不需要增加成本并可以由总建筑预算控制。不幸的是，这种打算实际上将花费更多，倾向自我满足的预言；如果业主或团队希望花费更多，那就很可能会做到。许多有关绿色建筑的研究证明了这种说法。大多数最新的广泛研究来自Good Energies的一名资深主管及绿色建筑成本的权威学者格雷格•凯兹。在他2010年的书《绿化我们的世界：成本、效益和策略》中，他列举了他对美国170座建筑群的成本和效益的最新研究结果的概要，已鉴定的170座建筑群的中间成本溢价是1.5%。

凯兹的研究中有一个18座建筑的子群项目公认是优秀的节能建筑项目，节能效果比其基准建筑高出50%以上。这个群代表了净零能源水平的能效。事实上，18座建筑中有一座是净零能源建筑——库巴拉•沃夏科建筑事务建造的奥尔多•利奥波德遗产中心（见图9.6）。有趣的注解是，凯兹对优秀节能建筑的进一步研究显示了在这18座建筑中，包含了再生能源的8座有8%的中间成本溢价，其余未包含再生能源的，则有2%的中间成本溢价。较高的溢价（8%对比2%）是有关包含了再生能源系统成本的溢价。

包含和不包含再生能源的差异是显著的。如果现场的再生能源被视为能源发电系统，而不是能效措施，那是被当作建筑的一部分的，那么再生能源成本便应被独立对待。如本章先前引述的，光伏系统成本作为建筑成本的一个百分比有8%的中间价值。虽然凯兹所研究的带有再生能源系统的优秀节能建筑的子群不是所有的净零能源建筑，但它们的绿化溢价几乎包含了除再生能源外的所有策略，我们从样本中所看到的较高溢价与作为建筑成本百分比的光伏系统成本仍有紧密的关联。很明显再生能源的加入曲解了绿色溢价。为了理解绿色溢价与使建筑有更高能效的关系，凯兹的研究中提示了溢价是很小的；平均在2%的范围内。

■ **图9.6** 奥尔多·利奥波德的遗产中心的光伏系统。库巴拉·沃夏科建筑事务所/马克·F·林卡隆。

值得注意的是：决定扩展更高性能建筑的现有成本溢价充满了挑战。性能的成本溢价基本上都是有根据的预估，与一些较低的性能比较，这些预估通常合并了几种关键的性能增强战略，但减少了昂贵的选择。高性能和传统选项只是偶尔投标并行的正确比较，显然包含几个较高性能的选项通常不会改变整座建筑的较高成本。在整座建筑成本的较大计划中，性能增加时充分的成本转让和交易是依附于相同预算完成的。这是整座建筑成本比较的真正原因。

比较整座建筑的成本，是分析有关绿色建筑成本问题的另一种方法。地标研究方面，"重见绿色的成本"一文由戴维斯·蓝格登公司的丽莎·费·马西森和皮特·莫里斯在2007完成。此文经过将各种认证等级的LEED认证建筑与非绿色建筑进行成本比对，表示绿色建筑与非绿色建筑平均成本并无差异。

建筑集成光伏

建筑集成光伏的使用（BIPV），对于净零能源建筑是一种有趣的成本控制战略；它给净零能源建筑带来了附加选项-再生能源发电。建筑集成光伏涉及把光伏系统集成到建筑材料或设备里，这与光伏系统在建筑上的应用或装载是明显不同的。成本能效可以从购买和安装单一材料或设备中获取，先比较建筑材料或设备的购买或安装，再比较建筑顶部的单独的光伏系统。

BIPV的应用

- 屋顶（薄膜、金属、木瓦等）
- 上釉玻璃（窗户、天窗）
- 包层（见图9.7）
- 阴影

■ **图9.7** 2009年的太阳能的十项运动，在德式入口的BIPV墙体包层。NREL/PIX 17356；*图片由吉姆·泰特罗提供。*

建筑集成光伏在多种形式和应用中可选，随着相对新兴的技术潮流不断地取得新的里程，选择也将继续发展。BIPV可以把晶体硅和薄膜整合起来；所以能效也会随之改变。另外，BIPV为在非优化朝向的安装提供了多种选项，比如垂直墙的应用，这将减少能量的生成，然而它们确实提供独特的经济收益和美感，为净零能源建筑提供了更多生成能量的表面面积。每种应用都将逐次被分析以评估一个项目的BIPV的可持续性。

激 励

把期望的新兴市场推向更经济化可持续发展的位置，通常需要使用经济激励。激励使新兴市场占到足够的份额，所以它们的生产规模能够让位于财政效率，并继续使新兴市场更具成本竞争力。激励在推动绿色建筑实践中以及再生能源技术和应用中扮演了一定的角色，根据新兴市场的持有情况，激励通常被设计成逐渐减少。目前，激励使能效建筑和再生能源系统保持强大，但要不断地遵循政府预算和政策导向。幸运的是，绿色建筑和再生能源的激励有了一个综合的基于网络的指导，称作DSIRE，供www.dsireusa.org上的国家再生和能效激励数据库使用。DSIRE是北卡罗莱纳州太阳能中心和州际再生能源委员会的一个项目，项目基金来自能源部。它列举了各联邦和地方的激励，可以按州来查找。

目前再生能源的激励对系统的成本有着巨大的影响。因此，激励在再生能源系统和能效措施规划前期就开始被研究了，激励通常基于各自的初始成本，不断增长的生产量或性能。联邦政府目前为商业建筑的能效（上升至每平方英尺1.8美元）提供了明显的减税政策，在优化新的再生能源系统的安装投资的税收抵免额上涨了30%。联邦政府也为具体的年数里的再生能源产量提供了每度生产的税收抵免额。许多州和地方为能源功效和再生能源提供了折扣和贷款项目，一些州还为再生能源提供了税收抵免。

成功地刺激了世界上区域化的再生能源市场的另一形式的激励是上网电价（FIT），FIT被广泛应用在德国，使这个国家掌握了世界上大部分的光伏资本。FIT不提供退税或捐税鼓励的先期鼓励；他们宁愿提供长期的承包来补偿再生能源生成的电力输入电网。每度付的税金用多种方式被指派用于FIT政策上，但价格通常被设置成抵消发电成本，附加投资者的合理回报。在这种方式下，每种再生能源技术都被辅以合适的FIT价格以刺激再生能源新项目的投资。在近些年，FIT在美国有着不断增长的兴趣和试验以及争论，加州和佛罗里达州已经采用了FIT项目。

随着激励成为管理成本和鼓励创新的强大工具，地方政府和公共社区的政务也变得尤为重要。许多地方政府提供了多种赋税优惠、退税和财政选项；许多公共社区提供了有价值的退税项目。一些地方甚至提供了免费的、以物质刺激能源模式以推进能效和集成设计的实施。前面提到的DSIRE网址是研究当地的鼓励、政策和法则的一个强大工具。

能量成本增长率

在引导能效和再生能源的未来收益的财政分析时，一项重要考虑是这些投资如何针对未来的能源价格进行管理。揣估的未来能源价格是可推测的，通常的方法是使用历史能源价格的增长率作为假定的未来增长的基础。每年能源信息行政机构都公布一个"年度能源回顾"，包含数十年的各种燃料的历史价格数据，包括商业部分的天然气和电力。

从历史能源数据的角度看，可能最令人惊奇的观察结果就是能源价格浮动如何剧烈了。能源浮动使得与能源价格增长与建筑运作预算的问题一样多；而不让人惊奇的，是通过长时间努力得到的结果是能源价格已经增长了。历史上的天然气价格比商业部分的电力价格增长率更高，混有电力和天然气的商用能源的平均增长率已经超过了近40年来的5%。这5%的增长率通常在于工业，虽然增长不高，但更保守的增长率也使用过。通常也是用低、平均、高增长率来概括最差和最好的财务分析情况。

电网平价

在再生能源行业，一个众所周知的概念是电网平价，它标志着一个重要的经济转折点。随着能源价格持续地上涨，再生能源系统成本持续地下降，在一些观点中，再生能源将成为可选的低成本能源。电网平价是针对市场的，因为它依靠的是地方的电力和相对充裕的再生能源的资源的商业市场率。在今天当这变成一场快速的经济进化时，在某些有着高发电率和极好的太阳能及风能资源的地方才能够实现电网平价。更重要的一点是电网平价将变得更加普遍，当然在此之下，今天建筑的寿命也变得可以被设计和建造了。这意味着净零能源建筑将在重要的经济转折点上发挥巨大的优势。

碳规则的暗示

再生能源一个最主要的转变目标是减少全球碳排放。然而，再生来源和化石燃料来源在财政上的竞争无法并入全部的客观成本，比如碳排放和气候变化。通过机制（比如限额交易或碳排放税）建立的碳规则是解释能量生成的外部效应的潜在方法。碳规则在化石燃料价格上扮演了主要角色，增加再生来源的需求，因而明显地改变了再生能源的经济地位。

再生能源认证

目前在美国，许多州的自发的碳市场和再生能源投资组合标准（见图9.8）有助于促进再生能源市场的发展。主要的市场机制是买卖再生能源认证或RECs。参与的LEED和绿色建筑的多数人都熟悉RECs的购买以满足LEED能源和大气的绿色节能认证。

EPA把REC定义为对再生电力生成的经济、社会和其他非动力质量的所有权。一个REC，电源是不能购买的；生成清洁能量的收益反而是可以购买的。因此，RECs可以单独出售电力，也可用电力购买。当一个REC是与电力购买绑定在一起时，通常被称为再生电力，一个REC等于再生能源生成的1000度（或1兆瓦时）。

REC的使用是市场上评估再生能源价值的一种方法。RECs通常在自发的市场上被卖给那些想要减少电力使用的碳排放对环境的影响的人和关于购买的参数选择提出要求的人。在自发市场上的RECs购买刺激了新再生能源项目的增长需求。非自发市场，比如受再生投资组合标准驱使的市场，对新再生能源项目有同样的甚至更大的潜在影响。当一个州采用了一个再生投资组合标准，他们有责任使作为他们投资组合的一部分的电力公共设施的再生能源生成在某一具体日期有最小的百分比。许多拥有再生能源投资组合的州，对已分配的太阳能项目都会有具体的财政预留。这为购买太阳能再生能源认证或用户端太阳能项目的SREC认证的公共设施建立了一种常规机制。SREC通常比自发市场的REC有更高的价值，SREC的购买通常是公共事业公司提供激励计划的一部分。

■ **图9.8** 州的再生能源投资组合标准。来自州的再生和能效激励的数据库，www.dsireusa.org，2010年5月。

充满讽刺的是，虽然RECs对于再生能源技术的市场渗透有一定的积极影响，但它们经常使净零能源建筑变得复杂化。因为州政府为再生投资组合标准所提供的激励在财务上讲是必须购买再生能源系统的，许多项目放弃了作为财政激励过程一部分的RECs。复杂化在于宣称项目再生能源系统的环境归属的权利。在这种情况下，RECs被转移到公共事业公司，提出他们针对再生能源投资组合标准的要求。为了维护对净零能源建筑的权利要求，建筑业主必须维护所有项目的RECs或替代它们购买等价的新RECs。这种REC的"交换"通常在财政上是有益的，事实上找到低成本自发市场的RECs通常是可行的，替代溢价的SREC的出售以符合再生能源投资组合标准。

财务模型

一个净零能源建筑的再生能源系统的购买是一种明显的投资，通常需要特殊的财务工具和方法使系统的购买变得可行。幸运的是，再生能源系统有固定的税收流动能够平衡这个系统的资金，许多财务模式可供建筑业主使用，使之在获取再生能源生成上更占据优势。

购买方法

再生能源系统通常通过特殊的被称作整合者或开发者的卖主获得，他们提供了全系列的服务来支持系统的交付，包括设计、安装和融资。在提供融资时，通常通过第三方建立商业再生能源融资的开发者和专家的关系。开发者的购买方法和选择受许多因素的影响，比如再生能源系统资产如何拥有，再生能源系统如何整合到建筑业主净零能源项目范围内。

有两种基本的净零能源建筑的再生能源所有权模式，建筑业主可以直接拥有系统和电源或第三方拥有系统把电源卖给建筑业主。对于一个净零能源建筑，无论建筑业主是否拥有系统都假定他利用现场的再生能源系统生成电源。在一些以再生能源系统投资为目的的财务模式中，出售的再生能源超过现场的使用。这些财务模式是排除在我们的讨论之外。

一个再生能源系统需要的直接所有权需要建筑业主先期垫付资本，资金投入来自建筑业主的财产或融资。直接所有权能够进行高等级的控制，监控再生能源系统如何被购买以及资产如何管理。在某些情况下，它也可以提供最好的财务性能。然而，不是所有的建筑业主都有购买系统所需的充足的初期投资资金。另外，不是所有的建筑业主都可以通过政府激励获取税收减免。这两种约束导致第三方所有权模式的普及，最普遍的第三方模式将在本章的后面部分详细讨论。

建筑业主可以把再生能源系统作为建筑项目的一部分或与建筑项目的再生能源的独立业主订立协议。这两种方法都有赞成者和反对者，把再生能源系统作为净零能源建筑整个交付的一部分是其提供的最好机会。毕竟，净零能源建筑是能量使用和能量生成的精确平衡点。虽然再生能源设计和安装比项目的整个交付要晚一步，但破坏微妙的能量平衡的冒险更高。除了能源整合，实际的设计和建筑整合需要装载、导线、设备定位和其他细节的谨慎协调，这些需要在单方协议的控制下进一步优化。

建筑业主想要在选择和购买再生能源系统上控制更多，在这种情况下系统由第三方拥有，而不是建筑业主，需要建立长期的承包协议，再生能源业主的选择是超越了购买设计和建造服务的决定。

购电协议

购电协议（PPA）是第三方所有权和再生能源系统融资最常见的形式。PPA对太阳能电力系统是非常普遍的，但它们也可以应用于其他再生能源技术。在第三方所有权的结构下，再生能源系统作为全包工程，包括融资、设计、安装、监控和协议服务期内的维修，通过按每度产量的商议比率从系统中购买能源融资，比率在协调期内是固定的或整合成一套增长计划表，通常在协议后的第六年的某个时间点发生。

PPA的市场生存能力是基于它们与电网电力的价格竞争力的，实质上价值和诉求被加在建筑业主身上，他们不用预先垫付资金。长期固定的能源价格针对未来能源价格的增长和浮动是一种可预估的阻碍。可用的激励范围影响着美国PPA的市场生存能力。目前，联邦和地方的结合激励政策使PPA在许多市场上更具成本竞争力。PPA市场也受投资资金有效性的影响，反之，建筑业主的用户信用度也会影响他们的融资能力；它也对PPA比值的竞争力产生影响。市场压力和再生能量资源的质量的结合影响了既有项目的PPA可行性。通常较大的系统会吸引PPA提供商，但在恰当的市场环境下小系统也是可行的。

购电协议在离网和并网系统下都可以运作。由于地方公共机构的干涉，后者的操作较为复杂；但它们也有资格使用基于公共设施的激励政策。在并网项目中，当现场系统不能提供100%的电力需求时，建筑物从公共设施中接收和采购电力；相反，当现场系统能提供建筑所需的电力时，就输出能量到电网。为了实施这一项目，与公共事业公司签订了一个与地方相互连接的协议，协议规定要把现场系统与电网连接起来。这个协议的一个重要特征是净计量，净计量根据建筑物是否从电网吸引电力或从现场系统输出超额电力到电网，可以允许电表向前或向后走数。每个州都有自己的一套净计量需求，即使不是所有的州和公共事业公司都有合适的净计量政策（见图9.9）。

租　赁

再生能源设备的租赁是第三方所有权的另一种形式，一个租赁构造的许多方面都类似于一个购电协议，租赁的主要区别是基于系统每千瓦的能量生成付费被由租赁设备构成的月付费或周期付费所替代，任何设备生成的能量都归建筑业主支配。租赁条款通常是15年有效，在租赁后期是否购买系统通常由业主自由选择。

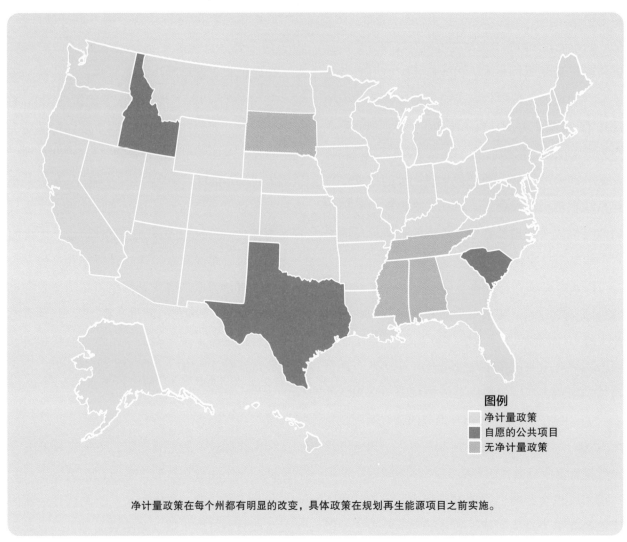

净计量政策在每个州都有明显的改变，具体政策在规划再生能源项目之前实施。

图例
- 净计量政策
- 自愿的公共项目
- 无净计量政策

■ **图9.9** 州的净计量政策。来自州的再生和能效激励的数据库，www.dsireusa.org，2010年10月。

能效承包

有大量的性能承包模式可供选择。最常用的是通过被称作能源服务公司（ESCO）的第三方进行能效承包。能效承包可以资助和实施能效和再生能源项目。传统上，能效承包已用于现有的建筑物，并提供了能效的改进，但它也用于新项目。ESCO提供的全包工程，也包括融资、设计、安装、监控和协议服务期内的维修。

这种承包模式通过节约能源成本管理来运作——或在再生能源环境下生成能量——资助前期的投资，因此并不要求建筑业主提供项目的前期投入，但与ESCO的承包协议是长期的，利用节能的方式来融资。一个重要的考虑是ESCO保证项目的节能和/或能源的生成，确保实际节能的实现和能效承包的控制，这同时也把建筑业主的风险转嫁给ESCO。建筑业主需先履行承包条款，再从项目未来的节能中获利。通过一些公共机构可以选择类似的方法，所以又称作公共能源服务承包。

财务分析

货币的时间价值

时间元素对于决定货币的价值和评估可用的财务模式都非常重要。货币的时间价值的原理很简单，就是今天具体的货币总和超出未来某个相同货币总和点之外的价值。通俗点说，就是今天的一元钱比明天的一元钱价值更多——随着时间的推移，今天的一元钱会赚取更多的收益。如果今天的一元钱被借走了，那么以后会带着利润还回来。把货币的时间价值因素考虑到财务分析里，指导项目和能源相关的决策，将提高复杂评估的质量和水平。

时间价值的两个主要概念是现有价值和未来价值，未来价值是当前货币总和在一个具体时间框架下使用一个具体的收益率得到的价值。例如，1000美元投资1年5%的收益率的未来价值是1050美元。现有的价值虽然是相同的概念，但是从未来价值往回推算的，使用了具体时间框架和收益率（贴现率）折算回来。

投资回报

投资回报分析是一种最简单的财务分析，是在项目投资决定基础上制订的；以能效投资为工具，成为年度节约能量值的计算英尺度，并以该值来偿付初期的首批投资成本。通常投资是不同于基本情况的解决成本和计划能效的解决成本。以下等式用于计算简单的年投资回报值（SP），这里 I 指初期投资，S 指每年节约的成本。初期投资通常不是全部的初期成本。通常分析会比较一些基准情况与附加成本收益；在这种情况下，附加成本也是投资。

$$SP = \frac{I}{S}$$

对于投资回报分析有许多评论。当它可能成为风险的粗略测量器或投资与收益的关系时，不考虑货币的时间价值。进一步讲，许多人使用低门槛的投资回报，比如仅用几年时间评估项目投资，所以，潜在地错过了极佳的投资回报期。接下来还有许多其他首选方式，使财务分析包含了货币的时间价值和投资价值的表达。

投资回报率

仕改进能效上的投资也是一种很好的投资，这里"投资"这个词是关键，因为投资就是期望会产生回报；投资不仅仅是一个附加值。投资回报率（ROI）或回报率（ROR）是初期投资每年的收益率或损益率的衡量。下面的等式用于计算简单的投资回报率（ROI），这里 S 指每年的成本，I 指初期投资。

$$ROI = \frac{I}{S} \times 100\%$$

*ROI*还等于1除以简单的投资回报，得到一个百分比。

$$ROI = \frac{1}{SP} \times 100\%$$

虽然*ROI*是有关简单投资回报的，但它本身有几个明显的优势。主要的一个是与基准收益率对比，决定其是否是一项比基本投资选择更好的投资。例如，如果一项能效投资的结果是产生15%的年*ROI*值，基准收益率5%，那么这个能效投资项目就是明智的选择。然而，15%的*ROI*等同于6年零8个月的投资回报，这个投资收益期可能由于过长而不了了之。

ROI 不会规定投资多久才会产生回报，大多数能效或再生能源项目决定了其投资周期。进一步讲，*ROI*不会衡量投资周期内的总价值，在它的简化等式里假设年节约值是恒定的。这里就到提到净现值了。

净现值

净现值（*NPV*）是直接与货币的时间价值概念绑定在一起的。*NPV*是在某个具体时间的未来成本节约减去初期投资的总现值。现值表达的是总成本和收益的净值。在货币的时间价值中，未来货币流必须贴现现值，贴现率通常是用于评估可用投资的基准利率。如果投资回报等于贴现率，那么净值就是0。 如果投资超过贴现率就会产生正的净现值。

*NPV*的计算是比简单投资回报及*ROI*都复杂的，虽然如此，可使用电子表格里固有的*NPV*函数来轻松完成。下面的等式用于计算现值（*PV*），这里S_t指正分析下的时间周期里节约现金流的未来价值，*d*指贴现率。

$$PV = \frac{S_t}{(1+d)^t}$$

多个时间周期的现值计算是把每个时间期的净现值累加起来。

$$PV = \frac{S_1}{(1+d)^1} + \frac{S_2}{(1+d)^2} + \frac{S_3}{(1+d)^3} \cdots$$

或表达为：

$$PV = \sum_{t=1}^{n} \frac{S_1}{(1+d)^1}$$

扩展的等式包含了分析下的时间周期的总和。对一个10年的现值，等式就应延展开来计算直到*t*=10。初期现值就是初期投资。从未来节约总值或未来收益总值中减去初期投资就得到净现值（*NPV*）。

$$PV_0 = I$$
$$NPV = PV - PV_0$$

掌握如何计算未来能源节约的总值和再生能源的生成是一项指导净零能源建筑财务分析的重要技能。由于度量标准考虑了成本节约的年度调整，能源成本节约值会按照一个合适的能源增长率而逐年增长。一种有益的度量标准是使用整座建筑在10年、20年、30年和更长年限的能源节约值来计算所有能源节约的现值。由于用建筑面积（平方英尺）标准化这些现值，各值便能够以1美元/平方英尺为基数与项目的初期成本来比较。再生能源系统的能量生成值也运用相同的方法来计算现值。

生命循环成本分析

生命循环成本分析（LCC）是确定任何项目决策中实际成本影响的一种有效方法，在做能效和再生能源决策时尤其具有价值。一个产品、材料、系统或建筑从生到死的生命循环的总成本。考虑的内容包括初期成本以及操作、维修、替换和生命终期的成本。LCC分析是一种比较可用项目的最好工具，因为它集中了全部的成本有效性。

注 解：

生命循环成本分析是明显区别于生命循环评估（LCA）的过程。LCA是可用寿命内一个项目决策对环境的影响。内在的能量通常是LCA的可测量输出。这一部分完全是解释作为一种财务分析工具的生命循环成本分析。

现值的使用在LCC的分析中十分重要，因为所有的未来价值需要贴现现值。下面的等式用于计算LCC，注意这个基础公式有多种方法和版本，以包含在分析里的参数为基础。也要注意时间周期是预估的系统全寿命期。

$$LCC = C + E_{pv} + M_{pv} + R_{pv} + O_{pv} - S_{pv}$$

这里，C指投资的初期成本。E_{pv}指能源成本的现值。成本应该包括能源的增长率。在再生能源系统分析中，能量的生成可能是负值或能源成本的信用。

M_{pv}指维修成本的现值。

R_{pv}指替换成本的现值，通常包括零件的替换，可以附加到维修成本里。如果分析时间周期比评估下的系统周期长，替换成本就应包括全部的替换成本。

O_{pv}指其他选择成本的现值或附加值，包括财务或其他成本。

S_{pv}指质保结束后的抢修现值。

使用LCC是联邦政府的标准实践。为了实现这个目的，政府开发了许多工具和资源来辅助联邦机构和联邦政府的建筑项目的运行。美国商业部、技术行政署、国家标准和技术委员会（NIST）建立了联邦能源管理程序的生命循环成本手册或NIST指南135，作者是齐格琳德 K.•弗勒和斯蒂芬R.•彼特森。这本手册为使用LCC提供了详细的指导。

能够在所分析的时间周期里评估未来价值对于LCC充满挑战，例如，在所分析的时间周期里很难确定零件的替代成本。在这样一种情况下，输入一系列值的具体参数来确定最终结果对那个参数的敏感程度——这种技术被称作"敏感度分析"。这也是一种测试大量场景以确定最佳情况和最差情况的潜在结果的方法。

对于交付团队来讲，各种可用的财务分析方法都能提供多种财务过滤，来检查项目设计的决定。使用多种分析方法获取广泛的看法是一种良好的实践。为了实现这个目的，在下一部分描述了几种财务分析方法的举例，有助于解释它们在净零能源建筑中的应用。

财务分析举例

这里展示了几个有关刚刚讨论过的财务分析工具的有特色的基本示例，每一个都建立在相同的假设示例项目基础上。这个项目就是美国马萨诸塞州波士顿的一栋7000平方英尺净零能源办公大楼，为了使示例保持简单化，假设设备是全电力化的，计算时不用考虑其他能源。进一步讲，需求电力和电力成本的其他变量都简化为一种单一的混合电能比率，但也要注意以下几点：

■ 波士顿允许全部用电的净计量，对零售率上的超额发电授信。信用可以累积并被带到未来电费的循环里。

■ 马萨诸塞州有一个包括划拨在内的再生能源投资组合标准，也称作太阳能再生能源认证（SREC）的股权割让，这些股权割让为SREC提供了一个市场，用最低300美元每兆瓦时和最高550美元每兆瓦时的价格来优化分布太阳能项目。因为此例中的SREC是可出售的，这个项目用SREC代替了价格并不昂贵的绿色能源认证REC。

■ 此例中假设只有两种激励：基于性能的激励SREC，联邦政府对商业能源投资减免30%的税收。此例不包括其他激励或税收影响。

简单投资回报和ROI的例子也可扩展为包括能效和再生能源的合并分析，以评估财务影响的总和。下一个计算净现值的例子更复杂，因为它要解释货币的时间价值。事实上，在这些计算中，有3个相互联系的基于时间的因素：

■ 一是能量增长率，它会随着每年增加的能量成本而增长。此例中能量成本每年增长4%。

■ 二是贴现率，它将会不断降低成本，并把这些成本转换成现日美元价值。此例中的贴现率是3%。较高的贴现率会导致较低的净现值。

■ 三是光伏系统特有的，由于寿命的原因性能会持续下降。

财务分析举例的项目数据

- 建筑类型：办公
- 位置：美国马萨诸塞州波士顿
- 建筑面积：7万平方英尺
- 建造成本：225美元/平方英尺或1575万美元
- 能效溢价：成本的2%或31.5万美元

财务信息

- 分析周期：25年
- 能量增长率：4%
- 贴现率：3%

再生能源系统

- 光伏系统：500千瓦
- 光伏基础成本：5.3美元每瓦或265万美元
- 光伏的最终成本：185.5万美元（3.71美元每瓦）
- 性能参数：1244度/千瓦（每台PVWatts：倾斜度42.2°，减免系数0.77）
- 再生能源发电：622兆瓦时
- 光伏寿命损耗率：每年1%
- 维修成本：假设光伏的安装成本是0.10%
- 替换成本：假设反相器15年替换一次，光伏系统每瓦的成本是0.71美元
- 其他成本：假设保险成本是光伏安装成本的0.25%
- 抢修成本：假设25年后（质保结束）的抢修率为20%

能源使用

- 基本情况的能源使用：$55kBtu/ft^2/y$或1128兆瓦时
- 设计情况的能源使用：$28kBtu/ft^2/y$或574兆瓦时
- 能效/减少：49%或554兆瓦时

能源成本

- 发电率：0.12美元/度
- 基准年能源成本：135404美元
- 设计年能源成本：68933美元（无再生能源）
- 设计年能源成本：-5707美元（再生能源的信用）
- 第一年的再生能源生成总值：68933美元+5707美元=74640美元

太阳能再生能源认证（SREC）

- SREC认证：每10年300兆瓦时美元
- 绿色能源REC替换：每10年5兆瓦时美元
- 净SREC认证：每10年295兆瓦时美元
- 年净SREC认证：295美元×622兆瓦时=183490美元

简单投资回报

能效的简单投资回报

$$SP = \frac{I}{S}$$

这里：

$I = 315000$美元

$S = 135404\text{-}68933 = 66471$美元

$SP = 4.7$年

再生能源的简单投资回报

$$SP = \frac{I}{S}$$

这里：

$I = 1855000$美元

$S = 74640 + 183490 = 258130$美元

$SP = 7.2$年

ROI

能效的ROI

$$ROI = \frac{1}{SP} \times 100\%$$

这里：

$SP = 4.7$年

$ROI = 21.1\%$

再生能源的ROI

$$ROI = \frac{1}{SP} \times 100\%$$

这里：

$SP = 7.2$年

$ROI = 13.9\%$

由于性能会随着时间的推移不断损耗，示例的项目在25年漫长的分析周期里有时会停止净零能源级别的性能。事实上，附加的再生能源项目或能效项目随着时间的推移会不断地保持净零能源的平衡。这些附加项目不包含在此例中。

能源增长率和光伏寿命的损耗率都是简单的基础的调整百分比。贴现率被应用在计算现值的等式里。这有助于基于净现值等式在分析期内编辑每年的现值系数表，这里$S=1$，$t=$年价值（本例中值是1-25），$d=$贴现率。

$$PV = \frac{S_1}{(1+d)^1}$$

表9.10和表9.11显示了电子表格形式的现值计算。现值的结果用于计算投资的净现值，如接下来的例子所示，所有转化成美金现值的未来获得的总和少于初期的本金。

之前337页中的净现值计算示例使用了4%的能源增长率和3%的贴现率，这足够计算通货膨胀的情况了。这两个比率用于展开337页的再生能源系统的LCC分析示例。附加的现值计算包括光伏系统的LCCs，比如维修、替换、保险和质保结束后的抢修值。表9.12详述了作为现值的附加LCCs的背景计算。在此例中，再生能源的LCC与使用传统电网电力的LCC进行了对比。

年	现值系数	发电率	基准能源使用（度）	基准能源成本	基准能源成本（PV）	设计能源使用（度）	设计能源成本	设计能源成本（现值）
1	0.971	$0.120	1128370	$135404	$131461	574443	$68933	$66925
2	0.943	$0.125	1128370	$140821	$132737	574443	$71691	$67575
3	0.915	$0.130	1128370	$146453	$134026	574443	$74558	$68231
4	0.888	$0.135	1128370	$152312	$135327	574443	$77540	$68894
5	0.863	$0.140	1128370	$158404	$136641	574443	$80642	$69563
6	0.837	$0.146	1128370	$164740	$137967	574443	$83868	$70238
7	0.813	$0.152	1128370	$171330	$139307	574443	$87222	$70920
8	0.789	$0.158	1128370	$178183	$140659	574443	$90711	$71608
9	0.766	$0.164	1128370	$185310	$142025	574443	$94340	$72304
10	0.744	$0.171	1128370	$192723	$143404	574443	$98113	$73006
11	0.722	$0.178	1128370	$200432	$144796	574443	$102038	$73714
12	0.701	$0.185	1128370	$208449	$146202	574443	$106119	$74430
13	0.681	$0.192	1128370	$216787	$147621	574443	$110364	$75153
14	0.661	$0.200	1128370	$225458	$149055	574443	$114779	$75882
15	0.642	$0.208	1128370	$234477	$150502	574443	$119370	$76619
16	0.623	$0.216	1128370	$243856	$151963	574443	$124145	$77363
17	0.605	$0.225	1128370	$253610	$153438	574443	$129111	$78114
18	0.587	$0.234	1128370	$263754	$154928	574443	$134275	$78872
19	0.570	$0.243	1128370	$274305	$156432	574443	$139646	$79638
20	0.554	$0.253	1128370	$285277	$157951	574443	$145232	$80411
21	0.538	$0.263	1128370	$296688	$159484	574443	$151041	$81192
22	0.522	$0.273	1128370	$308555	$161033	574443	$157083	$81980
23	0.507	$0.284	1128370	$320898	$162596	574443	$163366	$82776
24	0.492	$0.296	1128370	$333733	$164175	574443	$169901	$83580
25	0.478	$0.308	1128370	$347083	$165769	574443	$176697	$84391
总计					$3699497			$1883380

能源增长率=4%
贴现率=3%
缩写：PV=现值

■ **图9.10** 示例：能效的现值计算。

净零能源经济

　　净零能源建筑的经济性是背离传统能效建筑的经济和分析的。当本章所讨论的财务分析方法为业主和团队提供了有用的工具时，它们的最大价值在于能够帮助解决交易问题或最初决策，无论是否是以追求净零能源为工程目的。一旦能源目标和建造预算设立，许多项目决策就需要这个更大的目标。分析个体措施并比较可选的解决方案，但最终，解决方案最好能符合整体项目目标的执行。在这层意义上，计算任何个体设计决策的个体的回报或其他财务分析变得不那么重要了，因为目标要符合整体成本和能源的需求。

　　完全崭新的经济分析在计划和交付净零能源项目时上演了，在任何项目决策中隐藏的一个主要财政关注点是一个能效措施是否能或多或少地比供替代的选择（附加的再生能源能力）更具成本经济性。更进一步说，能效策略要明显比再生能源更具成本经济性。尽管如此，请记住这是一项重要的考虑。

年	现值系数	再生能源发电	RE净能源的使用（度）	RE净能源的成本	RE净能源的成本（现值）	RE净SREC（每度）	RE SREC净信用额	RE SREC净信用额（现值）
1	0.971	622000	-47557	-$5707	-$5541	$295	$183490	$178146
2	0.943	615780	-41337	-$5159	-$4863	$295	$181655	$171227
3	0.915	609622	-35179	-$4566	-$4179	$295	$179839	$164578
4	0.888	603526	-29083	-$3926	-$3488	$295	$178040	$158186
5	0.863	597491	-23048	-$3235	-$2791	$295	$176260	$152043
6	0.837	591516	-17073	-$2493	-$2087	$295	$174497	$146139
7	0.813	585601	-11158	-$1694	-$1377	$295	$172752	$140463
8	0.789	579745	-5301	-$837	-$661	$295	$171025	$135008
9	0.766	573947	496	$81	$62	$295	$169314	$129765
10	0.744	568208	6235	$1065	$792	$295	$167621	$124726
11	0.722	562526	11917	$2117	$1529	$0	$0	$0
12	0.701	556900	17543	$3241	$2273	$0	$0	$0
13	0.681	551331	23112	$4440	$3024	$0	$0	$0
14	0.661	545818	28625	$5720	$3781	$0	$0	$0
15	0.642	540360	34083	$7083	$4546	$0	$0	$0
16	0.623	534956	39487	$8534	$5318	$0	$0	$0
17	0.605	529607	44836	$10077	$6097	$0	$0	$0
18	0.587	524311	50132	$11718	$6883	$0	$0	$0
19	0.570	519068	55376	$13462	$7677	$0	$0	$0
20	0.554	513877	60566	$15312	$8478	$0	$0	$0
21	0.538	508738	65705	$17276	$9287	$0	$0	$0
22	0.522	503651	70792	$19358	$10103	$0	$0	$0
23	0.507	498614	75829	$21565	$10927	$0	$0	$0
24	0.492	493628	80815	$23902	$11758	$0	$0	$0
25	0.478	488692	85751	$26377	$12598	$0	$0	$0
总计					$80147			$1500282

能源增长率 = 4%

贴现率-3%

缩写：PV = 现值，RE = 再生能源

■ **图9.11** 示例：再生能源的现值计算。

查明建筑中安装设备每连续瓦再生能量的成本是非常有益的。这个度量标准首先可以计算一年8760个小时持续运转的年能源使用量为8.76度，基于再生能源系统的每安装瓦数成本和这个工程每瓦的发电量，就可以计算出安装设备每瓦再生能量的成本。

刚才所使用的项目举例，安装光伏系统的成本是3170美元/千瓦，1千瓦第一年的发电量是1244度，结果是2.55美元/度，安装设备每连续瓦的成本是22美元。这个标准在比较设备成本和能效时使用。特别注意的是这不是一个生命循环评估；这是安装设备功率所蕴含的第一成本的评估。

年	现值系数	维修成本	维修成本（现值）	替换成本	保险成本	抢救成本	抢救成本（现值）	残余价值	Salvage PV
1	0.971	$1855	$1801	$0	$0	$4638	$4502	$0	$0
2	0.943	$1855	$1749	$0	$0	$4638	$4371	$0	$0
3	0.915	$1855	$1698	$0	$0	$4638	$4244	$0	$0
4	0.888	$1855	$1648	$0	$0	$4638	$4120	$0	$0
5	0.863	$1855	$1600	$0	$0	$4638	$4000	$0	$0
6	0.837	$1855	$1554	$0	$0	$4638	$3884	$0	$0
7	0.813	$1855	$1508	$0	$0	$4638	$3771	$0	$0
8	0.789	$1855	$1464	$0	$0	$4638	$3661	$0	$0
9	0.766	$1855	$1422	$0	$0	$4638	$3554	$0	$0
10	0.744	$1855	$1380	$0	$0	$4638	$3451	$0	$0
11	0.722	$1855	$1340	$0	$0	$4638	$3350	$0	$0
12	0.701	$1855	$1301	$0	$0	$4638	$3253	$0	$0
13	0.681	$1855	$1263	$0	$0	$4638	$3158	$0	$0
14	0.661	$1855	$1226	$0	$0	$4638	$3066	$0	$0
15	0.642	$1855	$1191	$055000	$0077001	$4638	$2977	$0	$0
16	0.623	$1855	$1156	$0	$0	$4638	$2890	$0	$0
17	0.605	$1855	$1122	$0	$0	$4638	$2806	$0	$0
18	0.587	$1855	$1090	$0	$0	$4638	$2724	$0	$0
19	0.570	$1855	$1058	$0	$0	$4638	$2645	$0	$0
20	0.554	$1855	$1027	$0	$0	$4638	$2568	$0	$0
21	0.538	$1855	$997	$0	$0	$4638	$2493	$0	$0
22	0.522	$1855	$968	$0	$0	$4638	$2420	$0	$0
23	0.507	$1855	$940	$0	$0	$4638	$2350	$0	$0
24	0.492	$1855	$913	$0	$0	$4638	$2281	$0	$0
25	0.478	$1855	$886	$0	$0	$4638	$2215	$371000	$177192
总计			$32301		$227861		$80753		$177192

能源增长率 = 4%
贴现率-3%
缩写：PV = 现值

■ 图9.12　示例：生命周期成本的现值计算。

净零能源和房地产市场

设计净零能源建筑在建筑业里是一个非常新的趋势，早期的采用者主要是关于业主占有工程的设计。在能效和再生能源上的财务投资体持有长期的建筑所有权，除了净零能源建筑长期价值，还有一个令人兴奋的价值机遇就是在房地产市场。

价值环节类似于LEED最初的现象，创造一个与LEED认证功能存在巨大差异的市场。LEED建筑的较高性能和销路比非LEED建筑的价值要增长很多。现在，净零能源建筑代表了一个比LEED建筑更高水平的市场化建筑性能。净零能源建筑是如何感知到商业化的房地产市场的呢？

净现值

能效的净现值

$$NPV = PV - PV_0$$

这里

$PV = 3699497-1883380=$
1816117美元

$PV_0 = 315000$美元

$NPV = 1501117$美元

再生能源的净现值

$$NPV = PV - PV_0$$

这里

$PV = (1883380-80147)+1500282=$
3303515美元

$PV_0 = 1855000$美元

$NPV = 1448515$美元

能效和再生能源的净现值合并值

$PV = 1816117+3303515=$
5119632美元

$PV_0 = 315000+1855000=$
2170000美元

$NPV = 2949632$美元或42平方英尺

净操作成本

作为固定房地产投资的净零能源的新建筑或革新按照其较高的出租率、占有率、资产价值，以及通过能效和现场的再生能源生成产生的较低的月运作费用，使其具有一定的附加价值。商业房地

生命循环分析

再生能源系统的生命循环成本分析

$$LCC = C + E_{pv} + M_{pv} + R_{pv} + O_{pv} - S_{pv}$$

这里：

$C = 1855000$美元

$E_{pv} = 80147-1500282=$
1420135美元

$M_{pv} = 32301$美元

$R_{pv} = 277861$美元

$O_{pv} = 80753$美元

$S_{pv} = 177192$美元

非再生能源系统的生命循环成本分析

$$LCC = C + E_{pv} + M_{pv} + R_{pv} + O_{pv} - S_{pv}$$

这里：

$C = 0$美元

$E_{pv} = 1883380$美元

$M_{pv} = 0$美元

$R_{pv} = 0$美元

$O_{pv} = 0$美元

$S_{pv} = 0$美元

生命周期循环成本（LCC）$=1883380$美元

衰减的生命周期循环成本$=0.13$美元/度

结果：在25年的周期里，运作带有所需的再生能源系统（光伏）的建筑比不带有所需的再生能源系统的建筑需多花费1284791美元。

产的资产值大部分基于其生产收入的能力——或净操作成本（NOI）。减少操作费用是生产更多操作收入的一个有效方法。

对于商业房地产，能源通常是最大的单一费用。根据EPA的ENERGY STAR程序，能源平均占建筑操作成本的1/3。净零能源建筑允许更多的控制和提供更多的机会，降低建筑的能源费用。这直接提高了净操作成本和资产值。一个房产的平均资产具有的年能源成本超过了2美元/平方英尺；然而，因为一个净零能源的房产资产是第一重要的，一个非常节能的建筑会产生1美元/平方英尺的能源成本+10美元/平方英尺的资产值，假设资本率是10%。对于一个10万平方英尺的建筑，资产值就会有100万倍的增长（注意资产值=净操作成本除以资本率）。

一个净零能源的房产资产也能生成其自身的再生能源，这为控制和资本化能源费用和生产收入提供了附加的意义。现场再生能源固定了建筑的能源成本，约束了未来能源成本的增长。它通常是最低成本的选项，尤其是随着时间的推移。对于许多项目，现场再生能源系统能够从许多年的太阳能RECs中产生稳定的收入。

再生能源的投资实质上是初期成本，任何新的或现有的房地产项目必须用形式发票给予证明。现场再生能源系统的增加是能量生产资产的一个投资，必须像在本章"财务分析"部分所列的那样，基于目前的技术成本、激励、含税值、通用率和其他考虑谨慎分析。一座建筑业主也可选择使用第三方所有权结构替代完全拥有一个系统，有自己的财务含义。当引导一个净零能源建筑的能源成本节约分析时，一个最重要的财政考量是区分谁是投资者谁是受益者——是业主还是租户。这就涉及了平衡建筑能效的一个更具挑战的方面：商业租赁。

绿色租赁

绿色租赁概念是对应定义建筑业主与租户在绿色建筑中的操作和获益的关系的需要产生的。在建筑业主与租户共同将这座建筑及其运行的可持续的环境、社会和经济性能最大化，绿色租赁可以解决操作绿色建筑多种方面的问题，包括运输管理、水体保护、内部环境质量、循环和其他。绿色租赁也可解决建筑中的能量使用问题。

作为净零能源建筑要在每一年里保持净零能源实际操作的平衡性，在多种出租型建筑中的能源管理是一个巨大的挑战。绿色租赁是解决业主与租户的能源管理能力的一种工具，它也是一种分享和最大化一个净零能源建筑的经济收益的工具。事实上，业主与租户都在实现净零能源上扮演了重要角色。建筑业主负责建筑系统的能效和运作，租户的改进和行为驱使建筑中大部分的能源使用（建筑业主的角色探讨将在第十章中详述）。

执行净零能源绿色租赁的一个最大挑战是：

大多数商业租赁是在能源成本之上构建起来的。在租赁收入总额中，租户不会为单独的能量账单买单，能源成本则连同税收、保险和运行成本一同被算在租房费用里。在这种情况下，建筑业主有潜力使能源节约值最大化，所以，要寻找投资附加能效措施的方法。然而，能源节约通常是与租户的实际能量使用（尤其是插件负载）相关的，甚至是使用相当节能的系统也与租户有关。在能量使用上责任感的缺失使对于租户方的能量节约失去信心。

在净租赁术语里，租户为单独的能量账单付款基于电表数据或更普遍的，按比例分享的能量使用基于建筑的租赁面积。这能够采用一种激励使个别租户减少能量使用，因为它直接影响了他们的底线。然而，对于个别租户，节能不能一直优先其他紧迫的交易费用。另外，建筑业主缺少可能使建筑运行更有效的激励政策和额外能效措施的投资。

这些传统租赁中固有的问题通常称作"分割型诱因"，它们被扩大成净零能源建筑的问题。在多租户的净零能源建筑中，业主与租户都需要承认各自在建筑的能源性能上的角色；也必须允许双方都分享利益。可能在一些混合的商业租赁模式中可以找到答案。一种可能是更新的总租赁形式或固定基础的租赁形式，遵循一个能源预算的概念，这个概念巩固了业主的能量成本。租户的租费中的能量成本将高出先前决定的能量预算，多出的费用直接转嫁给租户。在这种情况下，租赁总额必须对租户有足够的吸引力，使其接受增加的能量使用所产生的责任和风险。能量预算加强了租户对净零能源目标的理解。

激励能效和管理净零能源目标的另一个租赁结构是业主与租户分摊能源成本，基于他们投资和管理能效的能力。例如，业主负责公共区域的能源，负责制冷、制热和通风。这些成本并入租户的更新了的租赁总额，租户再负责他们的插件和进程负载，以及照明能量成本。然而，租户使用建筑再生能源的分摊份额作为他们租赁的一部分。任何超出总值部分都需要付费，基础租金除外。理想地，现场再生能源发电与目前的通用基础租金相比，提供了能源成本的节约。如果租户保持他们的再生能源份额，那么他们实现了净零能源的平衡，并节约了能源成本。如果租户的能量使用超出了能源预算，就需要购买RECs来维持净零能源的状态——至少在D1的等级（参考回第一章中NREL的净零能源分类系统的描述）。

管理一个多租户建筑和相关的绿色租赁的一

个最重要的工具是分表管理（Submeter）租户空间和能量终端使用的能力（见图9.13）。分表为有效管理建筑能源成本提供所需的数据，充分考虑了业主和租户间能量使用的责任划分。也要记住：在净零能源建筑中绿色租赁为房东和租户建立了合法的框架；同样，当需求不能被满足时，绿色租赁代替了需求和补救措施。在地方合适的绿色租赁方式中，为进一步优化净零能源的需要，房东和租户的关系中有大量的"软"需求、协议或合同。

■ **图9.13** 布利特中心，2011年建造完工，成为第一座多租户型的净零能源办公大楼。业主考虑用限额交易系统来管理租户之间的能量预算。*图片由华盛顿的西雅图的布利特基金、米勒·赫尔和和Point32友情提供。*

关于净零能源绿色租赁的考虑和想法

- ■ 针对租户更新的能效需求制订精确的指导。
- ■ 分表管理个体租户的空间以及每个空间的能量终端使用。
- ■ 提供每个租户空间和建筑物走廊的实时和平均能量使用的视觉显示器，帮助租户保持一种能量提醒和友好竞争的文化。
- ■ 为如何进行能量报告和审计以及如何处理成本制订规定。
- ■ 为租户提供建筑能源特性、绿色占用行为和符合热舒适性能的培训。
- ■ 介绍定义随季节变化的内部温度可接受范围的设置点的规定。
- ■ 鼓励节能，使租户对能量使用产生责任感。

第十章

00 运营和入住

建筑运营

净零能源是一个充满挑战的目标，影响着整个建筑的交付进程，事实上也对整个建筑行业有着深远的影响。也就是说，净零能源最终是业主的目标，须在实际操作——衡量净零能源运作的1年期时间内达标。一个建筑物的运营和入住是净零能源解决办法决定性的、最终的部分。

对接设计意图和操作

建筑行业最近面临的一个挑战是，把设计中投射的能效转化成建筑操作中的实际能效。如果净零能源建筑须获得成功运营，那么就须过好这一关。集成交付进程是过关的要点之一。特别是这一进程来自初始阶段，所以应当允许建筑设备管理人员的参与，有助于确保拟议系统和策略的购买和理解；还要容许依靠操作限制和事实对拟议的策略进行审查。

一座净零能源建筑的集成交付进程，也应当容许交付团队参与增强型预入住的服务，这对于业主和交付团队是双赢的结果。业主和设备管理都能从关键交付团队成员的持续经验中获益，助力建筑操作实施转换；交付团队则会得到直接有

效的设计方案反馈。

有几种公共区的设计意图不能转换为实际操作，高性能建筑的最普遍问题是建筑控制。有关控制的问题是多种多样的，包括软件编程和调整、感应器硬件的误差、操作者的误差以及故意的越权操作。机械工程师、控制卖家和设备管理成员之间的前瞻性的早期合作有助于改进控制系统和序列设计，确保共享理解控制的设计意图，改进操作中的故障检修和优化。

能效技术或策略对于居住者是新的、不熟悉的，设备管理成员在把设计意图努力转化为实际操作收益的进程中也会出现问题。对居住者和操作者在基本建筑技术上进行教育有助于在适当的技术操作下形成合理预期和建筑知识。通过在进程初期建立交付团队、居民及操作者之间的工作关系，这个教育进程是相对紧密的。它也能确保交付团队对居住者如何使用建筑达到一个综合的理解层面，这种理解影响着用于建筑能量模型的假设。居住者行为和实际的建筑应用的分离，在对比设计中的能源模型所假设的建筑和入住日程后，潜在地拉开了预期能源性能与实际能源性能间的差距。

管家服务

为了支持一个集成式的交付进程，为建筑被入住前交付团队的介入方案来规划是很重要的。这个目标强调了一款净零能源建筑的交付既不是实质上的完成，也不是保质期的结束，而是符合了净零能源的操作。交付团队在预入住中做出了有价值的贡献，提供了能源的管家服务，从而符合净零能源目标和确保建筑的性能。参考本章末尾关于服务和活动的"净零能源性能计划"。

传统上，预入住的活动和服务被当作附加服务对待，而不是作为交付进程的延续。通过净零能源项目交付而被遵循的一种有效方法，是战略化地为交付团队的预入住活动来筹谋定制及综合性的范围。管家服务应明确成为前期的交付合同和费用结构的一部分，也能够支付给公共事业能效折扣或从项目所获得的其他能源激励当中的拨付部分。这些激励会被绑定在一起，满足净零能源或其他的项目能效目标。

试运营

试运营是交付和建筑入住与运营之间的一个重要转折点，一个备有证明文件的质保进程能够确保符合设计基础及业主项目的需求。试运营代理，也被称作试运营当局，是一个独立方，按交付进程业主的一个主张来运作。试运营代理在设计团队、承包商、建筑业主和设备管理人员之间居于要位，它扮演的角色是连接设计和入住进程的一部分。试运营进程也是净零能源建筑一个价值质量保证的进程，有一个小房间专门处理错误和不恰当的运营系统。

在试运营进程中有两个基本文件有助于连接设计和入住：业主项目需求（OPR）和基础设计（BOD）。这两个补充文件使净零能源的目标和如何达到这个目标更明确。起草OPR为建筑业主按照建筑功能和性能、按照业主在净零能源中的角色，定义净零能源提供一个重要的机会。BOD是设计团队对OPR的反应；它与技术概念、策略、系统和方法沟通以达到净零能源和其他开发商项目的需求。对于一个净零能源项目，应该特别在这两个文件上用心，因为它们可以辅助描述如何达到净零能源。

由于LEED和基本试运营补贴以及试运营信誉的加强，试运营进程成为绿色建筑的一个普遍需求。事实上，LEED的要求已经成为大多数试运营工程的实际工作范围。一个净零能源建筑将从试运营进程中获益，它要建立LEED试运营范围的需求，但要进一步扩展解决其独特的需求。

设备管理

设备管理和建筑工程师要对一大批有关建筑的不同服务负责,包括运营和维护建筑及它的系统。在建筑系统水平,设备管理平衡建筑的条件,比如在整个建筑能源使用下的热舒适度和照明,执行它们的两个主要动作是建筑系统的监督和控制,以及维护。设备管理者利用建筑自动化系统(BAS)辅助其管理,它将提供一个集中干涉和控制各种建筑系统与控制系统的连接。建筑自动化系统允许一系列的系统管理,包括能源、需求和负载管理功能。

净零能源建筑的试运营项目

- 包层:因为建筑包层是一个净零能源建筑能源系统的关键部分,建筑包层应该被试运营。全部试运营进程应该被在建筑包层的所有要素里(参考NIBS指南3-2006)"外部包层试运营进程的技术需求")。热成像和增压测试是对建筑包层试运营进程的重要附加(注意:建筑包层试运营目前被提议成为2012版LEED的加强的试运营的一部分)。

- 再生能源系统:净零能源建筑的再生能源系统通常是与规模相当的,最佳运营对于符合能源目标是至关重要的。这些系统要求试运营代理有具体经验。如果一个再生能源系统被第三方拥有,系统通常通过系统业主试运营,但这个活动应与整个建筑试用进程结合。

- 分表:分表是能源管理系统的一个重要部分,但通常不是试运营代理商的一部分。分表安装从试运营的质保和功效测试中获利。

- 控制:控制通常是试运营进程的一部分,它控制着高性能建筑的问题日志。主动地试运营建筑控制有助于减轻控制相关的事项。在试运营代理建造文件审查之前要开发高质量的、具体项目的控制序列。

- 教育:设备管理人员的教育是常规试运营进程的一部分,尤其关注可仿效的教育案例,把设备管理人员作为主动参与者,这将有利于更好地为一个净零能源建筑系统中的一些特殊特征的预备相关人员。

- 重新校验:最初的试运营进程仅是进行的试运营进程的开始,设备经理把重新校验整合到维护和运营计划中,以确保建筑运营能够保持净零能源设计意图,能够随时执行在建筑使用和运营上的改变。

能源管理成为设备管理的一个不断增长其重要程度的角色——也是净零能源建筑的关键角色。然而传统的能源管理不再具有优先权了；相反，重点是建筑的维护、系统控制和解决建筑服务的投诉。能源管理有一些其他的障碍需要去克服，首先，标准设备管理预算通常不支持有效的能源管理的范围和服务；其次，为满足他们的越来越重要的能源管理角色，需要额外培训和教育，预备现有的和新的设备管理专业人才。当国际设备管理协会（IFMA）在2011年介绍他们的可持续设备专业（SPF）证书时，为设备管理专业提供所需的工具和教育成为极其重要的一步。

一个净零能源建筑的能源管理不仅是设备经理的工作，也是每个人的工作。要想成功地管理，必须有强大的、有组织的领导阶层的支持和承诺。领导者们为所包含的管理树立榜样，就可以改变净零能源的目标文化。有组织的领导们对于申请资源和使政策制度化以辅助目标的实现起到了重要的作用。

能源管理影响着一个组织的很多部门，比如信息技术部需要承诺完全支持净零能源，以确保了有效地管理IT设备和数据中心的能量使用。同样，因为商用厨房的能量密度，食品服务部在能源性能上扮演了重要角色。人力资源部需要帮助教育现有的和新的人员，在建筑能源使用中实现他们的角色。

能源信息系统

为了满足在一个净零能源建筑运营中的能源管理需要，一个综合的能源信息系统（EIS）应该被作为一个补充整合到商业建筑的BAS。EIS是一个补充系统；它包括收集、存储、分析和显示能量数据的硬件和软件。一个EIS的主要成分是一系列的感应器和电表，数据记录仪、服务器以及分析和可视化应用（图10.1）。

在今天，EIS所需的技术很容易从厂商那儿买到；相反地，一个补充的综合的EIS集成是相对新的事业并仍在发展中。因此，把EIS要素整合到净零能源建筑的设计和技术指标里非常重要，可以从庞大的数据库输入和分析工具中获益。为了开发一个用户化的EIS，就要考虑需要收集什么数据和需要完成什么分析。

电表和感应器

一个净零能源建筑数据收集的最终目标是确定它是否符合净零能源目标。这要求让整个建筑能源使用量的电表（通常是每个电表）和再生能源生成量的电表的走数都最小化。然而，达到净零能源要求注意些细节；遗憾的是，建筑水平电表测得的数据不够详细，达不到净零能源的目标。所以想达标，就意味着所有个体能量终端使用也需要保持这个目标。分表式的安装和测量，都应该匹配项目完工后建筑模型的能量终端使用情况。分表也能用于从一个建筑的具体空间或区域中捕捉能量数据，比如不同的租户空间。

分表根据应用至少应该能够纪录60分钟的时间间隔，这将允许日负载分析和能量分析曲线。数据也能基于每小时的模拟与完工的能量模型运行相对比，使用15分钟的短间隔可以增强负载分析曲线的分辨率和使实时能量控制面板的显示更加动态化。

在与分表能量数据连接中捕捉一系列的感应器数据能够改进对建筑性能的评估和理解。感应器被安装在许多位置，进行多样化的输入，包括内部温度、湿度、二氧化碳、其他多种室内环境质量（IEQ）测量和天气情况、太阳能辐射、照度水平及占用。

分　析

目前，建筑业最普通的性能数据测量分析结果是针对基准建筑物的比较，以此来验证预期节能量或能效。这个分析进程针对能源服务协议被用于检测性能的协议，它是LEED建筑的性能测量和验证活动的基础。性能测试和验证的规范由国际节能绩效测量与验证规范（IPMVP）管理，国际非营利的能效评估组织实践开发了一系列最好的测量与验证（M&V）的行业指导文件。

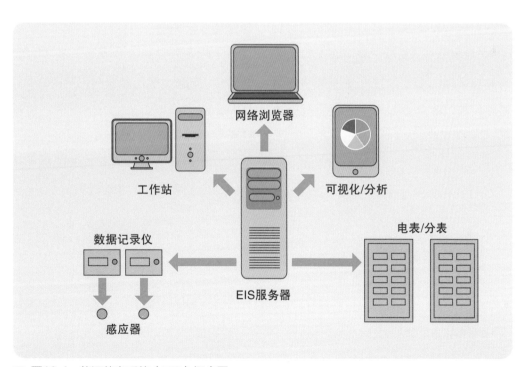

■ **图10.1**　能源信息系统（EIS）概念图。

净零能源建筑的分析是一个特殊的个案，因为它的目的不是以校验后的基础能源模型性能去比较建筑性能，而是确定建筑是否达到实质上的净零能源。测量的是实际的能量使用和生成，以及随着时间变化而达到的净零能源平衡。它消除了开发标准竣工基线的能量模型所附加的复杂性。当定义一个适合的比对基准时，它也消除了可能产生的歧义。

除了比较能量的使用和生成外，以项目最后完工的能量模型去比较性能也是很重要的。竣工模型对评估建筑的运营是否符合设计意图是一个宝贵的指导，因为它能用于评估早些年的性能周期，比如按月或按季节。这给了建筑运营者重要的间歇反馈，也能用来针对净零能源目标追踪能效。

为匹配建筑运营的实时变化，竣工的能量模型也应该被维护和校验，在入住和建筑日程的合并变化中尤其重要。在校验的能量模型中捕捉实际的气象数据使用，验证过去计量的建筑性能，这将在评估中提供更高的精确度。一个纪录具体项目天气情况的现场气象站可能成为净零能源建筑能EIS的一个适当的部分。另外，模型预测控制能力不断发展的趋势使一个建筑控制系统能够使用实时和短期预报的气象数据，实现建筑系统的更好管理。

针对设计意图验证能源的性能和从一个校验过的完工的能量模型中用终端能量模型的运行的分表数据，能够作为一个有价值的诊断工具为需要不断检修的运营和维护服务。这种诊断能力在建筑运营的前一两年尤为重要。甚至在质量交付和调试进程中，它仍可能发现可解决的系统问题并持续优化其性能（参考第十二章DOE/NREL研究支持院性能数据实例）。

插件负载

插件和进程负载

插件和进程负载是与制热、制冷、照明和排气的能量负载无关的，但它们通常占美国商业建筑能量使用的1/4。它们是针对具体的建筑组织功能和包括计算机、办公设备、电子设备及开关、服务器机房、数据中心、应用、自动售货机、ATM机、电梯和饮水机在内的项目功能。一些设备类型是专用的，有着高压负载，比如医院、生产设施和有餐饮服务的建筑。

低能耗建筑和净零建筑有效地和明显地减少与制热、制冷、照明和排气相关的能量，剩余的插件和进程负载即使没能有效管理，也能够把建筑的能量使用提升到一个高的百分比水平。千万注意插件和进程负载管理有较低的额外热收益，在空间制冷上有较大的节能潜力。

记录LEED对待插件和进程负载的能源成本节约的进程是没有规律的，意味着这些负载传统上不会影响设计决定，也不会影响主体建筑系统。LEED假设基准案例和设计案例的进程负载是25%。对于一个净零能源建筑，所有负载都需要按规律来。通过业主的谨慎规划和运作开发复杂的插件和进程负载管理计划，有巨大的节能潜力和足够的机会来减少建筑中的插件和进程负载使用。

插件和进程负载管理

感应建筑业主承诺

插件和进程负载管理开始于项目规划和设计进程，这对业主参与插件和进程负载管理和计划、通过从项目编制到建筑运营的进程来任命内部管理者起到决定作用。项目交付团队成为减少插件和进程负载和把策略整合到项目中的有效资源。

现有负载的基准测试

许多组织都有一个现存的基于设备采购方法、内部政策和具体操作要求的插件和进程负载的使用模式。在规划净零能源项目时，尤其是在把现有的建筑翻新成净零能源建筑建筑时，现有插件和进程负载的基准测试应用是最好的起点。

对于现有插件和进程负载的基准测试有几种策略，如果安装了分表或可以安装分表来隔离插件负载，电表的数据就可以用于量化现存的模式，或者把插件负载电表用于系统化测量主设备的样品组。这里有一些指导：

- 使用30秒间隔的、能够处理最大型设备负载的插件电表。
- 每周测试一次每个设备的负载，以此确定入住和非入住时间的能量使用情况。
- 目前组织使用的设备清单，纪录这些设备的额定功率。

只有插件和过程负载审计彻底完成，项目管理策划才能开发。

评估插件负载的需要

一个好的插件和进程负载管理策略开始于识别建筑里的组织动作的实际需求（图10.2）。下一步是用尽可能最大能效的方式符合和优化这些需求，消除非必要设备，合并多余的设备。例如，住户感觉私人打印机是必要的，即使共享的多功能打印机符合组织需求和提供附加的功能上的品质和能效。在工作空间里的私人应用通常都是多余的，因此代表着实质的能量使用。每个组织运作政策都不应允许使用像私人空间加热器和迷你冰箱这类的设备，尤其是迷你冰箱会消耗与标准型号的冰箱一样多的能量；相反，一个共用的冰箱有着更紧凑的填充能力，所以允许其有效运行。

选择有效的设备

选择最有能效的设备要求，着手研究以评估选项的区别。使用ENERGY-STAR级别的设备开始是一种好方法，但根本上是为了比较用瓦表示的功率要求（或者如果生产商不能提供额定瓦数，那么用安培数乘以电压数）。如果生产商能提供的话，也要比较备用的功率要求。

当朝向一个净零能源建筑的目标努力时，每一瓦都要计算。尤其为了平衡能效，谨慎地选择设备显得非常重要，比如购买大功率的计算机、电话在商业建筑中均须小心；影响力会因设备瓦数的原因成倍地增长——对于一些设备，瓦数随随便便就可以达到上百。例如，平均一台台式电脑会耗用的瓦数约为30瓦，一台CRT显示器平均会消耗70瓦，一台荧光式背光液晶显示器的耗电在30瓦左右，更好一些的LED背光LC显示器的耗电量是15瓦。见图10.3"传统工作站与低能耗工作站的对比"。

很明显，这些设备选择的能效飞速增长，比如DOE/NREL研究支持院（RSF）选择的电话。一种新的2瓦电话替代了之前安装的15瓦的电话。在RSF中大约有1000台这样的2瓦的电话，结果节约了1.51kBtu/ft^2/y。这种节约也意味着节省了大约价值375000美元的光伏安装费用。

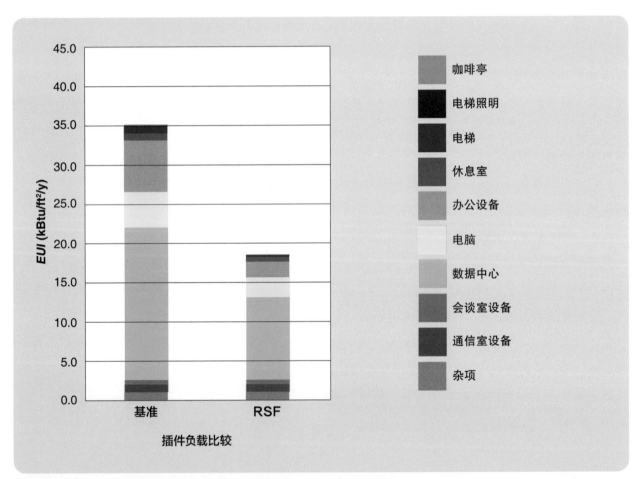

■ 图10.2 基准插件负载评估与DOE/NREL研究支持院的实际插件负载的比较。数据来源：DOE/NREL的乍得·罗巴托、尚蒂·普雷斯、迈克尔·谢比，保罗·陶塞利尼，"减少大规模低能耗的办公建筑的插件和进程负载：NREL的研究支持院"，ASHRAE2011年2月的学术论文。

除了在整个建筑中反复地安装设备，识别高功率设备或使用也是很重要的。电梯、电子贩卖机、健身器材和休息室的应用都呈现了选择能效的机会。为了使具体的使用实现最大能效化，像餐饮服务的运作、图书馆、医疗服务和数据中心，都需要重点关注交付团队和建筑业主的设计策略和设备。事实上，这些负载将成为这些类型负载设施中的首要的能量驱动者。

控制设备电源设置

不使用设备时将其关闭，是另一种重要的插件和进程负载管理技术。有大量机会管理电源设置和设备控制。设备和应用通常都有能效设置，它们是可以被优化的，甚至大多数设备仍然保留着"虚位负载"的备用节能电源模式；一些设备甚至在关闭时仍然持续消耗电能，除非完全拔去插头或切断电源。用插入式电表审查导电插件和进程的负载有助于确定单个设备的虚位负载元件。

■ **图10.3** DOE/NREL研究支持院的低能耗工作站与传统工作站功率需求的对比。

当不使用设备时，有几种方法从应用中断开电源。一种简单的方法是为设备安装一个插座定时器，比如咖啡机，在"开"和转到"关"之间设置一定的时间周期。复杂的插头控制口与电源板在管理设备电源时是可选的。这些器件是工作站的多种设备理想的通电装置。它们经由简易的手机开关控制电源，或者通过占用感应器、定时器控件或负荷传感自动开关管理虚位负载。这些电力系统的控制也可以整合插件负载电路实质上的控制，包括出口控制的手动占用开关、占用/闲置控制、定时器或时钟控制。插件负载电路也能被整合和应用到建筑的自动系统里。

与台灯、手机电源显示器等比较，电脑是独特的控制挑战情况，因为电脑不只需要简单地关闭或切断电路；它们需要通过操作系统的关机程序来关闭。为了管理有关电脑的插件负载，协会节约使用备用装置并指导住户在每个工作日结束时或非使用周期内关闭电脑。

在商用建筑的无权占用周期或常规的非占用周期里关闭连接的插件负载能够节约大量能量。刚刚涉及的控制可能自动化处理这个进程，或至少使占用管理更加简单。图10.4的矩阵显示了在非占用时间和占用时间内的庞大插件负载。矩阵把一系列的插件负载密度——8760个占用和非占用小时转化成这个建筑的EUI。它以普通的商业建筑为基准，但也能在其他的商业建筑类型中被应用和采纳。生成的EUI只是能量使用的插件负载要素。只针对插件负载能量的话，整个建筑的能量使用的净零能源目标将比这个矩阵列的很多值要低。管理插件和进程负载对于净零能源性能是相当基本的，这很容易理解。

占用小时的功率密度（W/ft²）	非占用小时的功率密度（W/ft²）														
	0.10	0.20	0.30	0.40	0.50	0.60	0.70	0.80	0.90	1.00	1.10	1.20	1.30	1.40	1.50
0.10	3.0	5.2	7.4	9.7	11.9	14.1	16.3	18.6	20.8	23.0	25.2	27.4	29.7	31.9	34.1
0.20	3.8	6.0	8.2	10.4	12.7	14.9	17.1	19.3	21.5	23.8	26.0	28.2	30.4	32.7	34.9
0.30	4.5	6.8	9.0	11.2	13.4	15.6	17.9	20.1	22.3	24.5	26.8	29.0	31.2	33.4	35.6
0.40	5.3	7.5	9.7	12.0	14.2	16.4	18.6	20.9	23.1	25.3	27.5	29.7	32.0	34.2	36.4
0.50	6.1	8.3	10.5	12.7	15.0	17.2	19.4	21.6	23.8	26.1	28.3	30.5	32.7	35.0	37.2
0.60	6.8	9.1	11.3	13.5	15.7	17.9	20.2	22.4	24.6	26.8	29.1	31.3	33.5	35.7	38.0
0.70	7.6	9.8	12.0	14.3	16.5	18.7	20.9	23.2	25.4	27.6	29.8	32.1	34.3	36.5	38.7
0.80	8.4	10.6	12.8	15.0	17.3	19.5	21.7	23.9	26.2	28.4	30.6	32.8	35.0	37.3	39.5
0.90	9.1	11.4	13.6	15.8	18.0	20.3	22.5	24.7	26.9	29.1	31.4	33.6	35.8	38.0	40.3
1.00	9.9	12.1	14.4	16.6	18.8	21.0	23.2	25.5	27.7	29.9	32.1	34.4	36.6	38.8	41.0
1.10	10.7	12.9	15.1	17.3	19.6	21.8	24.0	26.2	28.5	30.7	32.9	35.1	37.3	39.6	41.8
1.20	11.4	13.7	15.9	18.1	20.3	22.6	24.8	27.0	29.2	31.4	33.7	35.9	38.1	40.3	42.6
1.30	12.2	14.4	16.7	18.9	21.1	23.3	25.5	27.8	30.0	32.2	34.4	36.7	38.9	41.1	43.3
1.40	13.0	15.2	17.4	19.6	21.9	24.1	26.3	28.5	30.8	33.0	35.2	37.4	39.7	41.9	44.1
1.50	13.7	16.0	18.2	20.4	22.6	24.9	27.1	29.3	31.5	33.8	36.0	38.2	40.4	42.6	44.9

■ **图10.4** 基于白天和夜晚的功率密度的年度插件和进程负载EUI。来源：乍得·罗巴托、尚蒂·普雷斯、迈克尔·谢比，保罗·陶塞利尼，"减少大规模低能耗的办公建筑的插件和进程负载：NREL的研究支持院"表2.

插件和进程负载管理的许多方面对住户来说是相对透明的，从选择能效设备到提供自动化控制。例如，电脑和设备可以被升级为更有能效的选项，占用或空闲的控制可以被附加到照明上。量化的收益使能量的节约变得很容易，然而，要从插件和进程负载管理中获得全部收益，住户的参与至关重要。

建立插件和进程负载管理政策是与所选设备和负载管理策略的操作程序和占用行为结合的第一步。但政策仅仅使预期和需求变得清晰；对住户在净零能源建筑的能量使用中的教育和提高意识可以引发更有意义的行为上的改变。毕竟，住户不会意识到，也没有在建筑能源目标上投入，所以会轻易越过自动控制以及忽视政策。

绿色行为

占用行为

与一个净零能源建筑的设计、交付和操作的挑战相同，住户在净零能源目标中的参与是非常重要的，并且是所需的最后一步。值得注意的是，针对住户的能量使用的行为被认为是高性能建筑的下一个前沿。在所学的课程里，实际建筑能效在建筑系统里并不充分，因为住户控制了大部分的能量使用。如前所述，在此不再重复，建筑物本身不使用能量，而是人使用的。

住户对建筑的终端能量使用有一系列的影响。能量被用于提供热舒适度、优质照明和排气；它为所有住户需完成任务所用——电脑、设备、应用和许多其他装置提供电源。在通常的商业建筑里，住户是相对被动的；他们仅仅是设备、电灯、HVAC系统等的使用者。但住户一般不会考虑能源的消耗。这说明了能源和占用行为的两个根本性问题：期望和意识。

在一个净零能源建筑中工作和生活并不意味着牺牲功能、质量和环境。如果有什么区别的话，口头语可能将变成："我们怎样才能在更少的资源里做更多的事？"简单地说，主要就是根除浪费。在不牺牲功能和质量的情况下有许多明显的节能机会。本章前面部分讨论的许多有关插件和进程负载管理策略，已经说明了如何优化效率和效益。再深一步讲，许多提供制热、制冷和空气的被动和低能耗策略也在降低能源使用的同时为住户提供益处。简言之，占用行为会在很大范围内对建筑能源产生作用，有些是积极的，有些是消极的。

凭借建筑住户们对建筑物的能源和可持续性目标的理解和作用，绿色行为作为一种状态得以定义。参与到净零能源建筑中来的想法对许多住户产生重要的启发作用。被加强的意识和目的感使人们易于改变使用能源的方式；同时，净零能源建筑的设计者们也有机会考虑如何在商业建筑的能量使用上努力影响和达到住户们的预期。

入住反馈

鼓励绿色行为的一种方法是提供反馈机制——来自住户再回到住户。反馈环是很重要的，加强运行内容、识别和纠正需要改进的地方。有大量的理由和机会可从住户处收集诸多影响能量的问题反馈信息。

当开始一个新的建筑项目时已然获知将来的住户，这非常有利于引导入住前的调查，研究他们关于能量使用和热舒适度的期望、预想和行为。入住前调查也能有助于识别入住教育的领域和影响设计的决策。

另一方面，入住前调查应当用来评估建筑物如何按照住户的能量使用、热舒适度和入住行为，有效地满足设计意图。结果被用于第一次识别和以后解决在评估中发现的问题。管理常规的调查是不断改进进程的一部分。

有大量从住户处收集入住前和入住后的信息的方法。刚刚提到的调查是一种最普遍的方法，尤其是基于网络的调查占有明显的优势——减轻分配、编辑和分析的工作量。劣势是很难从参与者那收集到有价值的数据和有意义的反应，他们通过网络平台仓促完成调查或者夸大他们所有的抱怨。一个方法是更频繁地管理这些简短的调查问卷，在全年当中任意地或周期性地管理。

NREL研发了一个聚焦住户的桌面应用，作为一个住户以及能量使用和热舒适度数据的界面，称作建筑占用代理(BOA)，这成为DOE/NREL研究支持院的原型(见图10.5和图10.6)。BOA是一个收集住户全年的热舒适度和能量行为调查数据的双向界面，提供建筑能量使用的细节并建议在可操作窗口进行操作。USB形式的环境感应器可以根据调查信息检索工作站温度和照明水平。网络服务支持BOA用建筑系统来收集分析数据和界面数据。

社交网络

有巨大的机会把占用反馈机制合并到社交网络里。社交媒体的应用被设计为用大量显著的互动式方法来收集数据。反馈机制也适用于这些方法，使在社交网络上向用户"推出"能源性能反馈并从用户"收回"反馈成为可能。进一步讲，社交媒体不仅仅是收集了入住数据，它实际上创造了一种能源管理文化。这样一种应用被用来调节其他绿色入住行为，比如水的利用、纸张使用、再循环和通勤。

■ **图10.5** NREL的BOA能够调查住户。NREL。

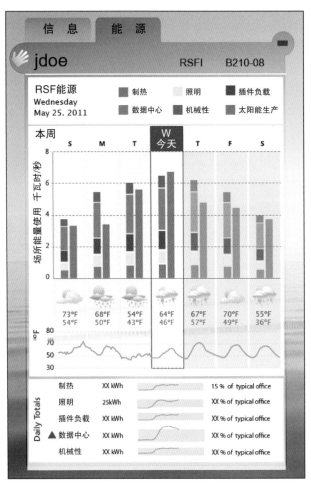

■ **图10.6** NREL的BOA能够提供建筑能量使用的细节。NREL。

加州大学伯克利分校的建筑环境中心，有一个经过检验的原型界面，称作绿色网络，它把建筑能源和运营功能整合到社交媒体应用中（见图10.7和图10.8）。

可视化能源

给住户提供建筑能效的反馈，甚至直接反馈他们的行为对能量使用的影响，这能成为管理能量使用的一个强大的工具。不过请记住，能量是不可见的。为了给住户提供建筑能效的反馈，发现可视化能量的方法很重要。

建筑占用的社交媒体应用特征

- 个体目标和组织目标的设定和追踪
- 内部组织的能源竞争
- 合作和分组基准
- 自我报告
- 回报系统
- 分享故事、小窍门以及问题
- 调查
- 建筑运营/入住信息
- 能源和建筑功能教育
- 能源信息可视化
- 团队和个体能量性能的度量标准

■ **图10.7** 建筑环境的绿色网络中心，展示了对比成员之间能量使用的能力。加州大学伯克利分校的建筑环境的中心（CBE），大卫·莱勒和雅纳尼·瓦苏戴吾的理念和设计。

■ **图10.8** 建筑环境的绿色网络中心，展示了对成员设置和跟踪的能力。加州大学伯克利分校的建筑环境的中心（CBE），大卫·莱勒和雅纳尼·瓦苏戴吾的理念和设计。

佳案是通过数字化仪表板连接项目能量信息系统；这些仪表板能够提供实时、日常和年度的能量使用和作为有意义的可视信息显示（见图10.9）。这些显示被内嵌到一体机上或用显示器显示出来，对用户和访客同样可视。信息通过内部计算机网络被发布出来，所以在线用户可以用任何一台电脑访问。当提供的易懂信息影响了未来的行动时，这种反馈是最有效的。当反馈成为用户社交结构的一部分时，当对于能量使用有完整的内部竞争或社会意识时——正如作为建筑占用及能源参与工具的社交媒体的用户数量不断增长时，这种反馈也是有效的。

教育

教育建筑住户是他们参与一个净零能源建筑的能量使用进程的一个核心部分。更精明的住户比更智能的建筑更重要。我们既是建筑的住户又是建筑的用户——意味着许多人需要教育怎样成为更精明的住户。怎样使每个人对建筑使用能源的方式有不同的想法和表现呢？大部分须在一个建筑中一次性教育完成，个别住户偶尔教育一次。也就是说，潜在地调节公众在绿色建筑中的利益——特别在净零能源建筑中——通过日常媒介来获得信息。

教育住户并与住户建立友好关系将成为项目交付进程之后的一个持续的进程。在交付团队和业主项目领导层之间共享教育的责任。每个设计转折点都代表了建筑住户的进步，是一次讨论净零能源目标的机会，设计特点支持了它，它将对用户意味着什么。这3个问题是住户教育的关键要素。关于净零能源目标的共享信息能够给住户提供一个宏观的大局面，激励高利益和高承诺。一些净零能源建筑的技术和系统对于住户来说可能很新，所以介绍操作细节可以帮助他们学习如何有效地使用这种建筑。最后一步是设立住户扮演角色的期望值。

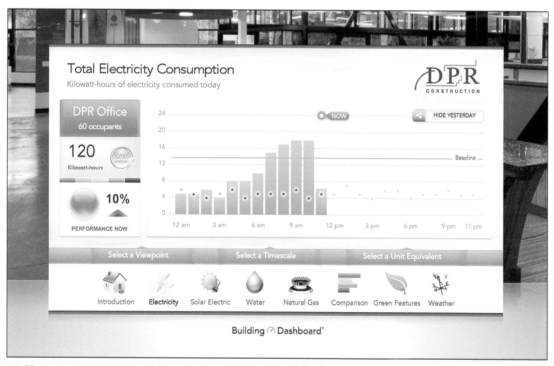

■ **图10.9** DPR圣地亚哥办公室追求净零能源的能源仪表板。

整个教育进程都应当试图改变对住户来说很难改变的意识。识别一个净零能源建筑的新特性和预期很重要，这将代表住户团体的最大变化，然后积极地锁定这些住户，为住房的反馈提供机会，结合教育元素，帮助解决和管理相关的改变事项。

帮助人们过渡到一个新的净零能源建筑的另一个有效方法是通过亲身体验。作为建立兴趣和从住房获取承诺的一种方法，对展示令人兴奋的新功能也很有效。亲身体验对住户关注或预订功能同样重要。提供亲身体验的一种方法是访问有相似功能的其他建筑。或者在现有的空间里模仿或复制具体功能。例如，原型制作一个新的开放式工作站，它由建筑的日照和自然通风策略构成，能够为那些不情愿放弃小隔间的住户提供有价值的亲身体验。这是NREL的研究支持院所用的技术。

■ **图10.10** 在搬进研究设施中心之前原型制作的新工作站。NREL/PIX 16864; 摄影由希瑟·拉默斯提供。

研究支持院所推荐的工作站是非常开放的，考虑了日照和自然通风。然而，新工作站确实代表了工作人员目前工作空间从私人办公室和高隔断墙到开放式的一个重要转变。NREL信息服务部作为新设备的一个原型用于征求反馈（见图10.10）。最初关注的是噪声和隐私，不久就让步接受了，尤其是在体验了合作的轻松感之后。这项测试也通过NREL部门帮助住户在组织搬进新办公楼之前缓解关注度和设置预期值。

教育住户的另一个有效工具是培训，可以现场培训或在线培训。进一步讲，培训可以锁定建筑的具体功能和操作，或以更广泛的全员（workforce）培训组件来合成。培训最好在搬进新建筑之前实施，或新住户成为他们定位的一部分时实施。与培训一道实施的是住户手册的开发。手册似的简单文档，解释内容包括：主要建筑功能及其如何操作；住户如何控制建筑；住户行为的预计。张贴有关一个净零能源建筑可持续特征的教育标识有助于提升持续性教育。教育标识对建筑旅游也很有益，帮助游客了解一个净零能源建筑是如何运作的。但教育的最终形式是参与的住户自己为新人和游客提供教育。毕竟教也是一种极佳的学习方式。

内部环境质量

内部环境质量（IEQ）是与建筑的能源以及制热、制冷、排气和照明系统紧紧联系在一起的。净零能源建筑是高性能的能源建筑且能够胜过IEO（见图10.11）。诱导式策略和低能耗的机械和照明系统很容易与传统的建筑系统区分开。住户如果想提供能源性能和高质量的内部环境，了解这些系统如何工作和他们如何控制的基本原则是很重要的。住户也需要意识到诱导式策略是动态的很难精确地控制。诱导式策略比如日照，也是自然、美丽的，也会经常促进健康和增加财富。

■ **图10.11** DOE/NREL的研究支持院的内部设计有许多IEQ特征，比如日照、自然通风、专用的外部空气系统、地板下的空气分散系统、蓄热体、辐射制热和制冷。空间设计成功地解决了这些IEQ特性的听觉挑战。NREL/PIX 17904；丹尼斯·施罗德。

净零能源性能计划

从项目交付到建筑运营和入住的过渡是净零能源项目的关键接合点。当然，实际的建筑运营和入住在实现净零能源目标的进程中增加了许多新的变量和复杂性。然后发生了许多管理目标的合作活动。对于一个净零能源建筑，一个更正式更全面的计划已获开发，详细列举了关键步骤和识别遵循净零能源操作的必要程序。

日　照

■ 日照是高质量的全频光。

■ 日照提供高质量的环境，但它是动态的，能够提供比常规人造照明空间更低等级的环境光。

■ 眩光控制对住户在照明空间里的满意度来说非常重要。

■ 日照与住户的财富和生产力紧密相连。

■ 高的顶棚会加强照明，照射被进行了增白处理，在一个开放的空间规划设置几个障碍物。

热舒适

■ 季节性温度变化的设置可以节能，并使住户能够接受季节性的变化。

■ 鼓励住户基于季节的变化着装。

■ 可控窗允许新鲜空气进入和空气的移动，这样可能达到一个令人满意的制冷效应。

■ 可控窗允许住户控制调整他们所需的热环境。

■ 蓄热体和辐射制热制冷系统通过把辐射能转移给住户实现比空气制热制冷更有效更舒适的效果。但它们用不同的方式被控制。

声 响

■ 诱导式策略和低能耗策略呈现了听觉环境设计的挑战：

  ■ 日照和自然通风的空间通常是开放式的，会影响私人的听觉环境。
  ■ 许多低能耗机械系统不需要大量的空气循环，没有机械噪声会使空间变得安静。
  ■ 地下空气分布系统增高的送气通道允许声音游走，会影响听觉隐私。
  ■ 蓄热体和热表面活性可以反射声音，在区域中声音会相当大的。
  ■ 可控窗会引入外界的噪声。

■ 净零能源建筑听觉挑战性难点有许多解决方案：

  ■ 声音掩蔽措施能够提供重要但低量级的背景音，这种声音在许多低能耗的机械系统里将不会表现出来。
  ■ 声音掩蔽系统可以解决听觉隐私问题。
  ■ 声音掩蔽系统被安装在增高的送气通道里。
  ■ 利用高质量的隔音板和表面策略性地减少室内的混响。
  ■ 景观会帮助减少外界噪声的侵入量。

净零能源绩效计划包括业主、住户、设备经理、交付团队和代理商的活动。计划涵盖了建筑的操作和维修计划，并参与到本章前面部分所讨论的交付团队的入住后服务或管家服务中。净零能源绩效计划的一个重要收益是它能识别建筑业主能力的缺陷，然后再利用业主、住户、设备经理、交付团队和代理商的全部能力支持净零能源目标。计划根据设备管理的能源管理能力定制；为达到这个目的，应持续关注交付团队和设备管理成员之间的项目转让知识与信息。

净零能源性能规划要素

1. 与代理活动结合：
   A. 确保所有关于能源的系统被代理；
   B. 规划全面的设备管理培训；
   C. 开始准备和回顾之前的设计控制，与控制方积极合作运作。

2. 与建筑物的运营和维修规划结合：
   A. 规划能源管理活动；
   B. 维持能源目标的同时，开发解决热舒适投诉的策略；
   C. 创立运营政策和加强节能步骤；
   D. 取得有组织的领导阶层支持净零能源目标；
   E. 与组织中的其他组和部分协作整合有关能源的程序。

3. 规划能源信息系统，包括：
    A. 实施建筑额定电表；
    B. 实施分表计划，包括能量终端使用和所有区域或空间的分表；
    C. 规划感应器类型和位置（内部环境和天气，最低限度结合BAS）；
    D. 规划EIS（考虑英尺英寸、主机和网络访问）数据服务器；
    E. 确定建筑的能量分析需要和应用；
    F. 集成可视化能源显示器、仪表板和用户的反馈机制。

4. 规划周期性的能源数据分析和报告：
    A. 如果需要的话，在建筑运营中校正完工的模型；
    B. 至少准备所有能量终端使用值、总值和生成值的月度报告；
    C. 确定补充的周和日的配置文件；
    D. 追踪净零能源目标趋势，显示进程和评估实现净零能源的日程。使用追踪数据指导正确的行动和优化整个系统。

5. 发展插件和进程负载管理计划：
    A. 区分一个内部优胜者；
    B. 引导插件负载的审查和评定基准的现有负载情况；
    C. 访问实际的需要，消除或巩固可能的负载；
    D. 组织采购高能效的设备；
    E. 开发一个控制和管理所有类型的设备和负载的计划。

6. 发展住户的教育、培训和反馈程序：
    A. 规划在设计发展中的教育和用户输入；
    B. 发现原型解决方案或访问其他建筑的类似实施方案的机会；
    C. 开发建筑业主使用手册；
    D. 在入住前不断地为住户开发培训计划；
    E. 整合可视化反馈和能源使用数据，使住户和游客可访问；
    F. 通过调查或其他网络工具征求住户的反馈，例如用社交媒体追踪能源使用和建筑能特征的热舒适度和绿色行为。

7. 规划未来变化：
    A. 追踪光伏系统的寿命衰减（如果呈现的话），随时计划附加的再生能源安装或附加的能效措施以维持净零能源的平衡；
    B. 针对再生能源能力，评估新设备或建筑负载的变化。开发一个包含购买新再生能源系统的采购程序，以抵消新设备的购买和超过现有能力的负载。

8. 当一年内完成并符合了净零能源，庆祝这份成功并与建筑业分享学习课程。

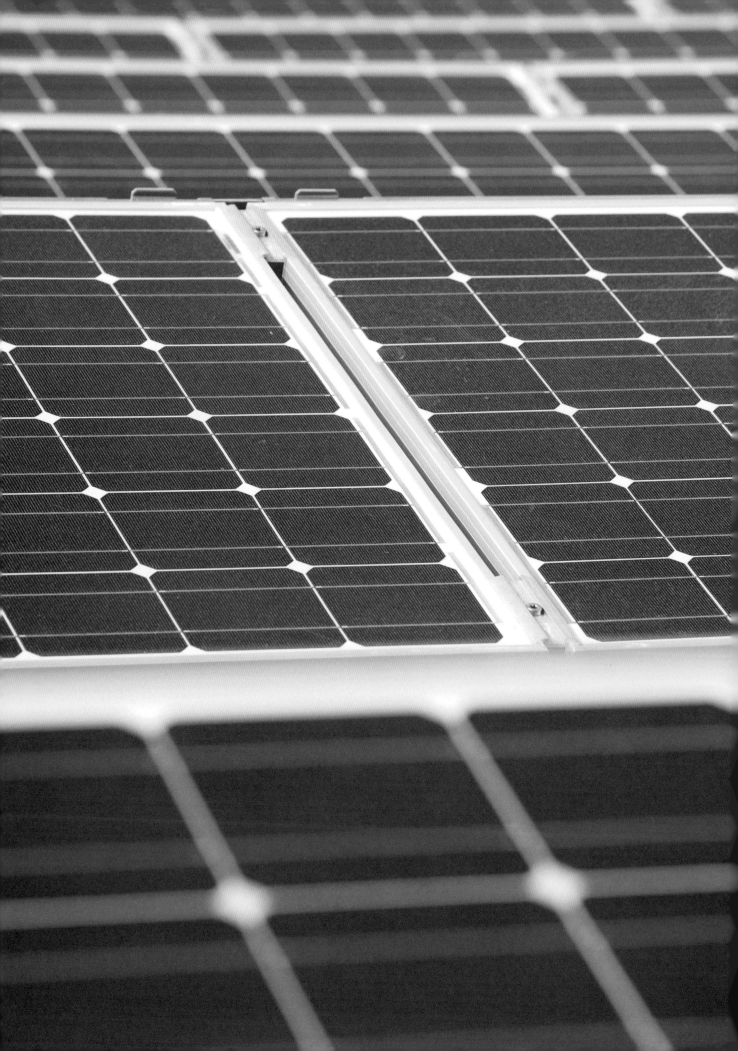

第十一章
净零能源

净零能源结算

管理净零能源商业项目需要通过设备和实际操作，追踪最初目标设置部分的对象。目标的追踪不同于维护资产预算表；事实上，一个相对简单的电子数据表就是检测之中有效维持结算的工具。本章描述了计算一座建筑的净零能源结算的方法，也讨论了相关但也更为全面地衡量碳中性的话题。工程团队和业主，都可以选择追踪与净零能源英尺度一致的碳结算总量。

工程团队和业主可以追踪以下全部4种净零能源英尺度或其中之一：场所能量、本源能量、能量排放和能量成本。即使优化它们的工作是按工程交替（project-to-project）的基本方式依次完成的，这4种英尺度也都由NREL定义。例如，如果碳排放对业主是最主要的，那么能量排放英尺度就被优先；如果成本是重点，那么能量成本英尺度就优先。也就是说，实践中能量成本英尺度被证明是最复杂的、充满挑战的英尺度。为了再生能源和能效的经济收益，能够也应可以经过考验，或者无须净零能源的成本结算。从纯粹的实践观点看，通常推荐包括场所能量在内的英尺度，因为它最

容易计算，即使它最难实现保持再生能源所需的结算。本源能量英尺度是量化能量总结算的宝贵方法；虽然它的计算比场所能量的要复杂些，但它更容易在再生能源方面实现。

净零能源英尺度

第一章讨论了净零能源建筑和定义相关术语的细节。第四章深入解决了现场和本源型能量，以及能量的来源。这一章则把本书的各章内容融合在一起，为如何计算4种不同的净零能源英尺度提供具体的指导。

在设计阶段生成的计算将作为系数计入项目能量模型的结果，包括项目的年度能源使用，再生能源的生成和项目的能量源。在实际操作中生成的计算应包括年度能源使用的，再生能源的生成和项目的能量源的测量数据。在此描述的计算方法逐条列记在建筑能量基础里（通常是基于CBECS2003）和建筑能量降低中。注意：这些步骤虽然是可选的，但强调净零能源结算能效重要性的步骤都会被收录其中。

进一步讲，这些计算方法考虑了净零能源建筑的合理的复杂配置，包括多种非再生能源来源和多种弥补的再生能源系统。计算的手法基本是一种计算的方法，调节建筑每年使用的再生能源资源。建筑的能量使用首先是被量化成供应100%的效用；而后再生能源资源添加混合，再从提供的功效基础里减少所供以衡量是否达到净零能源的结算。项目的位置和公共设施公司确定了影响源能量、能量排放和能量成本英尺度的因素。

这种方法也整合了NREL的净零能源建筑分类系统（参考第一章的系统等级的详细说明）。注意：达到不同净零能源定义的不同分类等级是可能的。例如，一个项目可以既是B类净零本源建筑，又是C类净零场所能量建筑。

净零能源单位

当追踪一个项目的净零能源结算时，请密切注意使用单位。在美国，建筑能量的使用通常遵循英国的热能单位(Btu)。建筑能量使用密度（*EUI*）的单位是kBtu/ft²/y；年能量使用单位通常用MBtu。再生能源系统生成的电力和使用主要用千瓦时或兆瓦时表示，取决于系统的整体英尺英寸。这部分所描述的计算手法通常包含以W和Btu为基础的单位，允许输入它们的"本地"单位的能量值。这两个单位很容易互相转化：1.0W=3.412 Btu。

场所和本源能源手法转换为计算值兆瓦时；然而，正如MBtu很容易被替换一样，只要单位保持一致。对于能源排放和能源成本计算，保持用兆瓦时作能量成本的单位和用MBtu作热能的单位很重要，所以要应用合适的碳排放系数和能率。对于能源排放的计算，决定净零能源结算的单位是CO_{2e}的吨数；对于能源成本的计算，单位用美元。一旦基本的净零能源计算完成，值就转换成空间每平方英尺的密度值。例如，整个项目的年均CO_{2e}吨值可以转换成每平方英尺CO_{2e}的碳密度以磅计的英尺度。

净零能源场所能源

在计算场所能量时，一个净零能源建筑一年生产的场所能量至少和再生能量使用的数量一样多。净零能源场所能量的衡量是4种中最直接的一种。它也是最难实现的一个，取决于项目的燃料混合体。场所能量须第一个被计算出来，它是其他净零能源计算的服务基础。

净零场所能量的结算方法

1. **基准**：为项目建立年度场所能量基准。
2. **能量使用减少**：因能效英尺度得到好评。
3. **设计或运营的场所能量使用**：根据项目的阶段（设计/建造或入住）来指示设计场所的能量使用或实际衡量的能量使用。如果设计能源数据的一个能量的应急是所需的，那么逐步增加所需的应急总量。
4. **能量来源**：突破每年的设计或运营的场所能量使用都基于项目的每个能量源/燃料。这一步假设项目使用能量源由当地的公共设施公司提供。这种计算另3类英尺度的突破是必需的。
5. **再生能源系统**：对于项目的每个再生能源系统，指出每年的再生能源生成量。系统包括不同的再生能量来源，比如光伏系统和风能安装；还包括通过REC厂外购买的再生能量。
6. **再生能源分类**：作为REC开发的净零能源分类系统的一部分。再生能源系统的位置决定了净零能源建筑评级的类别。指出位置和再生能源系统和建筑及场所的关系（参考第一章分类系统的详细解释）。
7. **净零能源结算**：为确定净零能源建筑所能达到的类别，以A类开始并针对A级再生能源系统，检查建筑场所能源使用。逐个移动每个类别，把下一个类别的再生能源系统混合进来。例如，C类的再生能源结算包括再生能源系统A、B和C类。达到零或负结算的最高类别是这个项目的净零能源类别。如果净零能源达不到，或达不到所期望的类别，寻找额外的能量使用的降低或额外的再生能源来源。

图11.1显示了净零能源结算的场所能量计算的电子表格形式，解释了计算的流程。一个类似的符合项目要求的电子表格是由Excel发展和改编的。例子是假设的但合并值是商用净零能源建筑的典型特征。假定建筑是净计量的并网模式，并有天然气连接。多种再生能源系统展示了有关建筑和场所的各种位置，阐述了多重类别等级。提供的两种再生电源是：屋顶装载的光伏系统和场所装载的风力涡轮机和风塔。这两种再生能源都是净计量的。假设建筑有一个生物能锅炉来供应主要的热需求，天然气供应锅炉。

进一步假设用REC来维护整个再生能源系统。在示例中假设没有额外的再生能量购买，但它们可能会需要；在这种情况下，它们构成了D类再生能源系统并用于D类的结算计算。这个示例中的项目达到了C类净零场所能源的结算。注意：本例符合A类净零电力是因为建筑足迹（A类）内的光伏系统生成的电力大于消耗的电力。

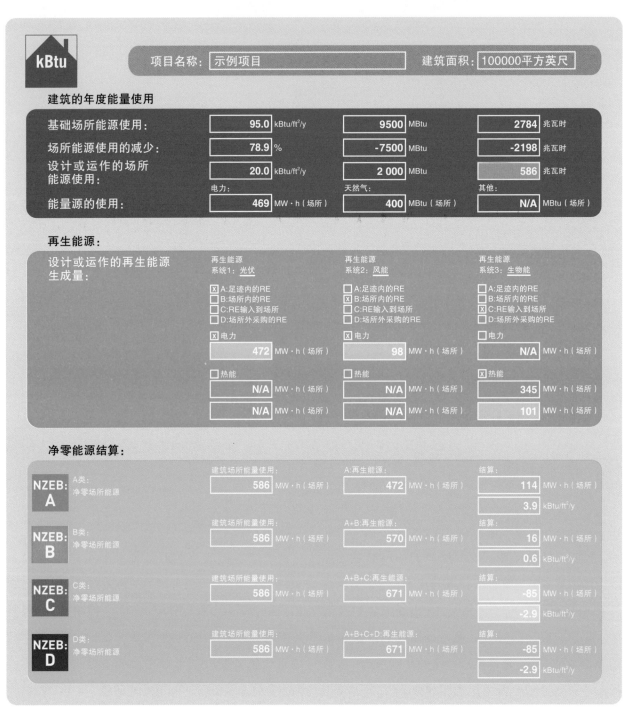

■ **图11.1** 净零场所能源结算。

净零能源本源能量

在计算本源时，一个净零能源建筑一年内生产或采购的本源能量至少与所使用的再生能量一样多。本源能量的计算基于场所能量的手法或英尺度，它不能被直接测量或模拟，所以要评估使用本源能量的系数（参考第四章）。

场所—本源的能量关系对电网电量来说，大概是1:3的比例，看起来本源能量最难达到净零能源建筑的定义，因为与场所能量相比，它很难实现净零的测量，所使用的再生能源方法解释了这些定义。再举电力的例子，现场用再生能源生成的电力有同样的来源和场所能量值，或源能量系数1.0。然而在用于净零本源能量的计算时，经由再生能源生成的电力被给予一个基于电网电力的本源能量系数值，因此按1:1的比率提供电网电力。在这种方法中，无论是场所测量还是本源测量，一个并网的全电力建筑与净零能源建筑有着同样的定位。有趣的是，在用像天然气这样一个低场所—本源系数来抵消其他燃料能源时，再生电力成为一种巨大的本源能量。

图11.2展示了电子表格式的净零能源本源能量结算的计算，解释了计算流程。它建立在假设项目所描述的场所能量计算的基础上（参考图11.1）。本源能量系数怎样把场所能转换成本源能量可在第四章找到答案，例子中的数据来自第四章EPA的ENERGY STAR项目表里的本源能量系数(见图4.9)，一个国家的年度电力本源能量系数(见图4.11)按州来划分。注意：本例中的生物能再生能源系统使用的是天然气的本源能量系数，因为它的热能被生成热能的天然气抵消了。本例中的项目达到了B类净零本源能量的结算。

净零能源本源能量的结算方法：

1. **净零能源场所能量的结算：**完成场所的能量计算值作为计算本源能量的场所额外补贴。
2. **本源能量系数：**为用于项目的每种能量源确定合适的本源能量系数。
3. **设计或运作本源能量使用：**各自乘以每个能量源的本源能量系数，除以每个能量源的年度场所能量使用量。把单个的本源能量值转化成常用的能量单位（MW·h和/或MBtu）并求和得出使用总量。
4. **再生能源：**每个项目系统的再生能源的生成量也需要乘以相应的本源系数。对于再生电力能源，乘以与电网电力相同的本源系数。对于再生热能把与公共设施源所用的相同的碳排放系数嵌入项目生成的热能里。默认的是天然气的能量源系数。
5. **净零能源结算和分类：**一旦建筑能量使用值和再生能源生成值都转换为本源能量，遵照场所能量计算所用的手法来确定净零能源的结算和分类。

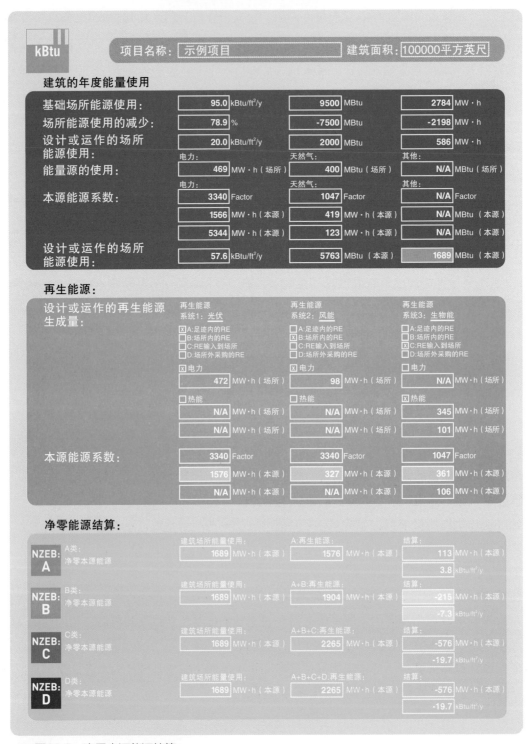

■ **图11.2** 净零本源能源结算。

净零能源排放

一座净零能源建筑一年内生产或购买的再生能源数量，至少要满足建筑物所需排放的能量之和。在这种情况下，从再生能源系统抵消的CO_2e量要大于等于实际使用的总能量。能量排放的计算基于场所能量的模拟或测量。能量排放不能直接模拟或测量，所以要预估使用的碳排放系数（可在本章的结尾"碳中性"部分找到）。

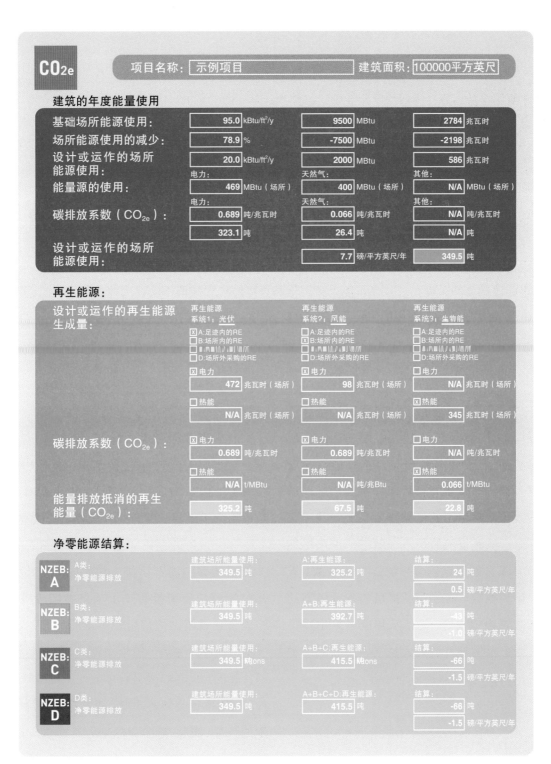

■ 图11.3 净零能源排放结算。

1. **净零能源排放结算：**完成场所的能量计算作为计算本源能量的场所额外补贴。
2. **碳排放系数：**为用于项目的每种能量源确定合适的碳排放系数。
3. **设计或运作能量排放：**各自乘以每个公共设施能量源的碳排放系数，除以每个能量源的年度场所能量使用量，得出每个公共设施能量源的CO_{2e}量，这些值的总和等于设计或运作能量使用排放的总和。
4. **净零能源结算和分类：**每个项目系统的再生能源的生成量也需要乘以相应的碳排放系数。对于再生热能，把与公共设施源所用的相同的碳排放系数嵌入项目生成的热能里。默认的是天然气的碳排放系数。
5. **净零能源结算和分类：**一旦建筑能量使用值和再生能源生成值都转换为能量排放值，遵照场所能量计算所用的手法来确定净零能源排放的结算和分类。

图11.3展示了电子表格式的净零能量结算的计算，解释了计算流程。它建立在所描述的场所能量计算的基础上。从场所能量转换成能量排放的碳排放系数可在本章的稍后部分找到；电能的碳排放系数可按州地图的电能排放系数查找，如图11.9所示，虽然使用的是一个国家的平均电能源系数，但国家地图也包含州的碳排放系数。天然气的碳排放系数可在图11.7提供的现场燃烧的碳排放系数表格中找到。为了从热能中导出碳排放系数，这个示例项目假设天然气由商用锅炉供应，达到了B类净零能源排放的结算。

净零能源成本

一座净零能源成本建筑1年内得到的财政信用，至少要与公共设施输出的收费再生能量和能量服务一样多。在这个定义下，再生能源系统的财政信用大于或等于非再生能源使用的成本。

这个项目的利用率结构使净零能源成本的计算很复杂并充满着挑战。电能的利用率基于每千瓦时消耗的使用量和基于项目的峰值需求费用。一些公共设施则把使用和需求的部分并入一个单一的分时率，并基于需求作改变。使用费是相对容易计算的，反之峰值需求费的变化范围却很广。另外，利用率也会随时改变，影响净零能源未来运作量的计算。物业账单也包括大量的税费以结算净零能源的成本结算。

最终，这种手法应以建筑运营中的实际物业账单为基础，而不是某种计算。预估的能量成本计算则在设计阶段完成，或者当建筑方不能收到个人物业账单时也要完成。然而，很难量化算式中这些复杂的变量。在此所提议的手法是被简化了的一种，反映了本源和排放英尺度的计算方法；尤其许多与效用成本和再生能源信用相关的变量只能被大致估计。进一步讲，除了使用费，用分别追踪峰值需求费和税费代替，这种手法要求用混合利用率的计算来调节所有费用的预估值。

如果认为适当，特别是峰值需求可能由能源模型评估出来的话，就可以由项目交付团队来开发和使用更严谨的计算方法。进一步地讲，为评估

输出到电网的再生能源信用，现场再生能源的生成值必须除以打折后的混合利用率。对于这一比率，应根据净计量政策和净效应给予折扣；而这些净政策及效应，再生能源的生成过程是会根据需求和其他公用事业设施收费情况反映出来的。

图11.4的有关实例展示了简化的电子格式的净零能源成本结算的计算，解释了计算流程。它也建立在所描述项目的场所能量计算的基础上。从场所能量转换成能量成本的混合利用率是假设但是典型的国家平均水平。这里电力的混合利用率给了10%的折扣，接近于现场再生能源的有效信用。如果峰值需求不能有效管理并降低的话，就需要更大的折扣。

净零能源成本的结算方法

1. **净零能源成本结算**：完成场所的能量计算作为计算能量成本的场所额外补贴。
2. **碳排放系数**：为用于项目的基于公共设施能量源确定合适的混合利用率。
3. **设计或运作能量成本**：各自乘以每个公共设施能量源的混合利用率，除以每个燃料能量源的年度场所能量使用量，得出每个公共设施能量源的美元价值，这些值的总和等于设计或运作能量使用的总成本。
4. **再生能源**：乘以每个项目系统的再生能源的生成量，除以打折后的混合利用率。
5. **净零能源结算和分类**：一旦建筑能量使用值和再生能源生成值都转换为货币值，遵照场所能量计算所用的手法来确定净零能源成本的结算和分类。

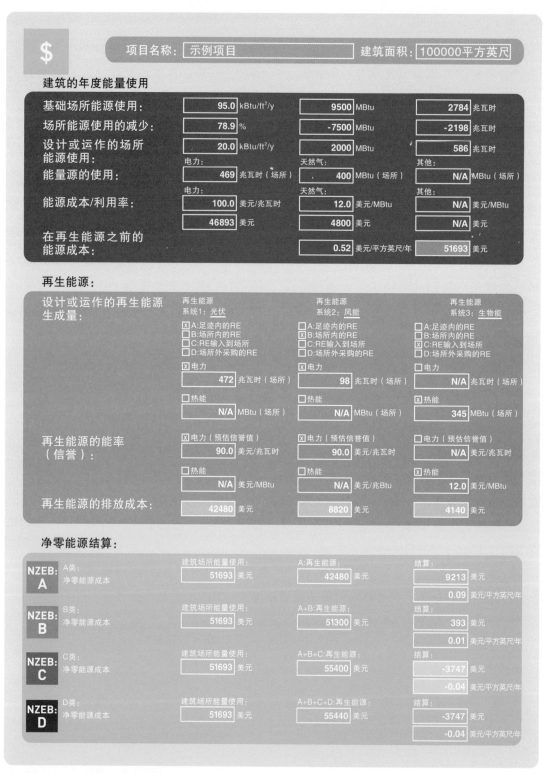

■ 图11.4 净零能源成本结算。

因为这些因素是近似值，所以有助于进行一系列带括号的折扣率的计算。生物热能的抵消更加容易计算，因为它不是净计量的，可以直接抵消天然气，没有峰值需求费用。在这个例子里，这个项目符合C类的净零能源成本结算。

碳结算

净零能源和碳中性

净零能源和净零能源排放已经被NREL很好地定义了；他们还特别应用了年度建筑能量使用量中的净零化石燃料的用量。碳中性是一个更广泛的术语，不太容易在行业中定义。事实上，概念无须是建筑–行业–中心；它考虑所有来源的碳排放。但按商业建筑项目讲，不认为碳中性包含运作能源的碳排放和项目建筑中的碳排放，以及有关项日传输能量强度的碳排放。注意这里的碳是指等同于二氧化碳的温室气体。

注意：2030挑战中到2030年时的碳中性不同于NREL中的净零能源排放英尺度中的碳中性定义。2030挑战的目标是完成碳中性，不是考虑一个"净"零的结果；当然也是寻找绝对"零"的结果。为了实现这个定义，一个建筑需要100%的离网或并网的再生能源网。我们从以电网为基础的电源到实现100%的再生电力还有很长的路要走，但请注意电力生成应远离化石燃料。

碳足迹

碳中性要求碳足迹界限的描述，定义一个项目的碳排放范围。一个碳足迹的时间框架可能是一个项目的建筑范围或年度或终身的碳排放。为了计算一个项目的碳足迹，碳的会计准则被应用到碳排放活动和再生能源或碳封存活动，抵消了整体的碳排放。

一个建筑项目常见的碳足迹要考虑能源使用的年度碳排放量、隐含建设和土地使用中的碳变化情况（按年计算项目的寿命），以及有关建筑利用能量传输中的碳排放（图11.5）。场所边界一般被视为运作和建造中的碳足迹的边界；但碳排放范围超出了这个边界。例如，生产和运输建材过程中的碳，被带到了场所边界外的工作场所而产生排放。

碳的计算基准

全世界可接受的碳计算法则通过温室气体拟定主动权设计，由世界资源研究所(WRI)和世界企业永久发展协会（WBCSD）共同开发。碳计算的拟定协议是错综复杂的，正应用在行业的多个部门。温室气体拟定主动权为像农业、产品、温室气体减少项目和企业提供具体的指导。当对于整体建筑项目碳计算的具体指导是有限的时候，把原则应用在商业建筑项目上。

碳计算的核心原则是在3个不同的碳范围内组织碳排放活动内容，范围1，2和3（图11.6）。范围的分区考虑使碳排放不会被重复计算；它定义了各种排放项目与项目所有者的关系：

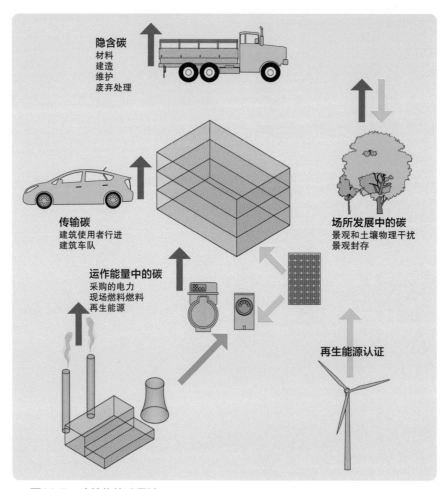

■ **图11.5** 建筑物的碳足迹。

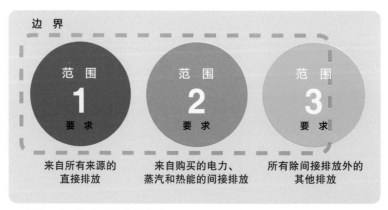

■ **图11.6** 温室气体排放范围。

■ 范围1的排放是关于所有来源的直接排放，例如，现场的一个天然气锅炉是一种直接排放的活动，因此归于范围1。

■ 范围2的排放是已购电力和蒸汽的间接排放。在电力方面，电力公司把排放量归为范围1计算，建筑业主则要求把电使用量归于范围2。

■ 范围3的排放是种广义的分类，包括了所有其他的间接排放情况。

根据上述的温室气体计量协议，范围3的排放是自愿性的，这使得定义项目碳足迹的边界有了十足的弹性范围。范围3包含了更多的活动内容，一个项目的团队和业主可以对碳排放总值的减少有更大的影响力。而一个建筑项目在范围3里的一些排放活动，则包括建造过程中的隐含碳、场所开发中碳的排放和封存，以及进出建筑的雇员或访客相关的传输能量。

范围1和范围2排放的碳中性通常等同于净零能源排放的定义，并且很容易达到净零能源建筑的要求。相反地，碳中性成为隐含碳和传输碳当中钠系数则，它会更具挑战而更难实现。因而可用于针对相同的碳足迹边界来开发碳排放基准的设计情况。运营能源的基准都是相对容易建立的，具体做法是让项目遵循相同的碳能量使用基准，同时利用合适的排放系数来转换碳排放量。而为范围3创造碳排放基准，则要求开发建筑物的建造或传输模式下的基准假设情况。这些假设没有共同的要求，它们应按项目到项目的基准来开发，才能有助于决定增加降低额外的碳排放的潜力。

运作碳

一个建筑的运作能量中的碳是来自年能量使用中的等同于二氧化碳的排放物。任何自有的、有热能或电能生成的现场燃烧设备的排放纳入范围1，通过公共事业部门购买的能量纳入范围2。运作能量中的碳使用具体能量范围内的碳排放系数计算，把场所能量使用转化成CO_2e体块的排放。碳排放系数变化广泛，取决于燃料和能量生成的方法。

对于有热能或电能生成的现场燃烧设备的商业项目，表11.7总结了现场燃料的碳排放系数，如NREL的M·德如和P·陶塞利尼的论文"建筑能量使用的本源能量和排放系数"中的计算。这些系数包括选择不同燃料预燃的排放和燃料排放。预燃效果包括荟取、加工和运输燃料到建筑的产生的排放。系数的单位是每MBtu的场所能量排放的CO_2e吨。

燃料运输到建筑	现场燃烧设备		
	商用锅炉	固定往复式发动机	小涡轮机
煤炭（烟煤）	0.107	—	—
煤炭（褐煤）	0.158	—	—
天然气	0.066	0.073	0.067
残余燃料油	0.094	—	—
蒸馏燃料油	0.088	0.088	0.088
LPG	0.079	—	—
汽油	—	0.077	—

■ 图11.7 现场燃烧的碳排放系数。来源：M.德如和P.陶塞利尼"建筑能量使用的本源能量和排放系数"，表6和表10。

电力生成的碳排放系数是复杂的、很难评估的。排放与生成电力的能量源紧密联系，比如煤、天然气、风力、水力和其他。再生能量源和核能不产生碳排放，不像化石燃料源会产生碳排放。每种效用和每个区域的电网都混用多种燃料生成电力。那就是说，国家电网由生成电力的化石燃料主导，然而一些区域，像太平洋西北部有大量的水力能源；其他区域则有大量的核能（见图11.8）。再生能源组合标准被许多国家拥挤，它们开始在电网中增加再生能源的总量。碳排放与能量生成的关系是类似于本源能量系数和能量生成的关系（参考第四章中本源能量和本源能量系数的概览中有关国家电网的部分）。

图11.9带来了按州分布的电力的碳排放系数，单位是CO_{2e}公吨数/兆瓦时电力，如上述NREL的M·德如和P·陶塞利尼的论文"建筑能量使用的本源能量和排放系数"中总结的数据。这些系数包括与燃料选择有关的预燃排放和燃烧排放。由于电力经常在州与州之间输入输出，所以要慎重使用高输入等级的碳排放系数。

碳排放信息的另一个来源是EPA的eGRID，可以通过简单易用的网页界面"eGRIDweb"在http://cfpub.epa.gov/egridweb/index.cfm找到。eGRID是美国一个维护良好的与电力生成有关的温室气体排放的数据库（www.epa.gov/egrid）。eGRID数据库在各种格式下和地区里都可用，包括全国各地、各州、电网区、公共设施公司和个体发电厂都可用。（EPA的相关网络工具是"功率分析器"，网址是www.epa.gov/powerprofiler，提供碳排放系数和基于邮政编码的当地燃料混合使用数据。）当eGRID代表碳排放系数的最普遍数据时，它们不会按照CO_{2e}记录；而是记录个体温室气体的排放。这些不能是简单地增加，因为CO_{2e}是加权系数，包含基于全球变暖可能性的其他温室气体，它被转化成等同于CO_2的体块。进一步讲，eGRID数据不能计算预燃效应，只能计算出10%的CO_{2e}排放。

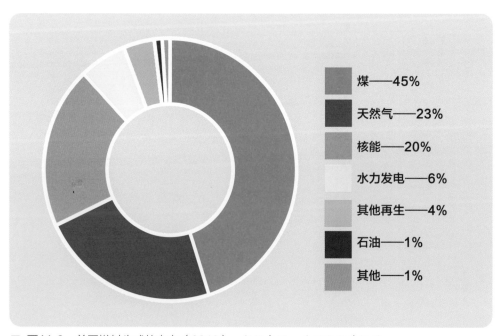

■ **图11.8** 美国燃料生成的电力（2010）。*数据来源：美国能源情报署。*

图例：
- 煤——45%
- 天然气——23%
- 核能——20%
- 水力发电——6%
- 其他再生——4%
- 石油——1%
- 其他——1%

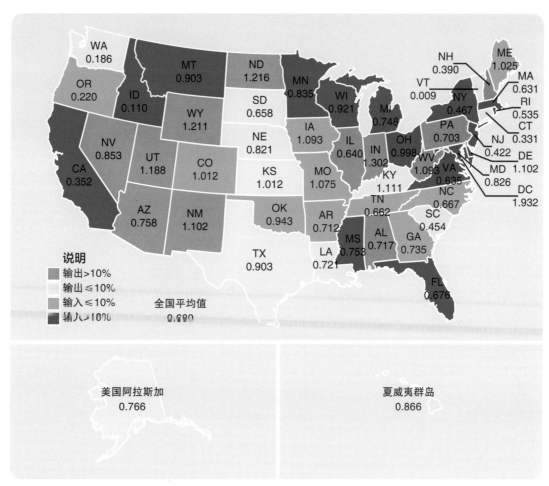

■ **图11.9** 按州分布的电力的碳排放系数（2004）：公吨 CO_{2e}/MW·h。来源：M.德如和P.陶塞利尼"建筑能量使用的本源能量和排放系数"，表B-3、表B-5和表B-10。

隐含碳

隐含碳在整个碳中性的讨论中占有重要地位。根据联合国环境规划署（UNEP），运作能量使用占建筑生命循环排放的80%~90%，剩余的10%～20%是隐含碳的排放。然而，随着建筑的能效变得可以计量，隐含碳的百分比将增加。对于一个净零能源建筑，隐含碳是排放方面最大的剩余源头之一。

建筑物的隐含碳包含了最初的建造活动；持续的维护、修理和更换建筑和建筑组件；拆除或破坏建筑。有关建筑的隐含碳包括组成建筑的个别材料和产品，也包括在工作场所的实际建造活动。材料和产品到达工作场所，产生有关原材料提取、制造和运输中的碳排放。

- **建设型碳计算器**（www.buildcarbonneutral.org）：一个免费的简式在线碳计算器能够计算出有关建设型碳排放的总预估值。
- **雅典娜学院**（www.athenasmi.org）：在北美建筑社区的一个非营利的关注先进生命循环评估的机构，开发资源和工具，并提供咨询服务。
- **雅典娜生态设备计算器**：一个针对通用的商业和居住用设备的免费生命循环评估计算器，由雅典娜学院开发。
- **雅典娜建筑影响评估器**：对整个建筑和装配的商业化的生命循环分析程序，由雅典娜学院开发。
- **美国生命循环索引数据库**（www.nrel.gov/lci）：一个公用的材料生命循环评估的数据库，由NREL开发。
- **Simapro**（www.simapro-lca.com）：Sustainmetrics开发的商用生命循环评估程序；在美国和英国可用。
- **Ecoinvent**(www.ecoinvent.org)：由Ecoinvent开发的以订阅为基础的复杂生命循环索引数据库。
- **碳和能源目录（ICE）**（www.bath.ac.uk/mech-eng/sert/embodied）：由贝斯大学开发的一个隐含碳和能源数据库。
- **DOE建筑能源数据书箱**（http://buildingsdatabook.eren.doe.gov）：包括通用建筑设备的隐含能量及碳量的表格。

计算隐含碳是很复杂的。生命循环评估（LCA）是一种计算一个项目整个生命循环的影响；它不同于第九章所讨论的生命循环成本分析(LCC)。LCA能够提供有关环境影响的一系列分析，包括温室气体排放。焦点在于突发工具和数据匹配的净零能源和碳中性建筑，这有助于使这些评估回归主流。

场所开发碳

隐含碳的计算集中在建造材料上，但记住一个项目的土壤和植被也能保存和释放碳。场所建造活动干扰了土壤和植被，引发了碳的排放。另外，新景观安装或现存景观保留的场所开发选择为封存碳提供了机会。

碳排放在景观里扮演的角色是土壤的全球碳循环的较大部分，尤其在植物生命的光合作用和呼吸过程中。除去自然的碳循环外，植被和土壤能够帮助封存化石燃料的碳排放。据环保局称，6.3亿吨化石燃料排放的碳，其中2.3亿吨的碳都被地球上的植被和土壤所隔离。随后，土地使用变化和采伐森林释放1.6亿吨碳返还大气层（见图11.10）。

像城市里的树和森林一样，林地也在土地的碳封存中扮演着重要角色（见图11.11）。大卫 J·努瓦克和丹尼尔 E·克瑞恩的论文"美国城市树木对碳的存储和封存"，预估美国内陆的树木每年存储70亿吨碳，封存2.28亿吨碳。EPA预估一个城市的针叶林在幼苗生长的前10年里约封存了0.039公吨 CO_2，松树或冷杉每年封存4.69公吨 CO_2。

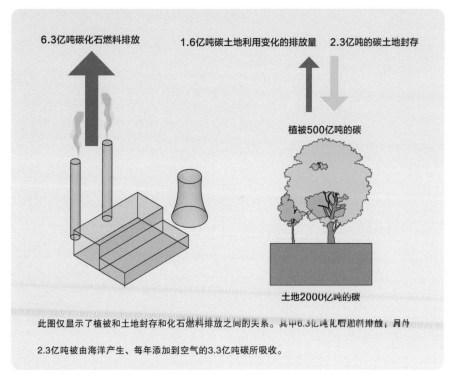

6.3亿吨碳化石燃料排放　　1.6亿吨碳土地利用变化的排放量　　2.3亿吨的碳土地封存

植被500亿吨的碳

土地2000亿吨的碳

此图仅显示了植被和土地封存和化石燃料排放之间的关系。其中6.3亿吨化石燃料排放，另外2.3亿吨被由海洋产生、每年添加到空气的3.3亿吨碳所吸收。

■ **图11.10**　化石燃料排放的土地封存。EPA "在农业和林业的碳封存"，www.epa.gov/sequestration/index.html.取自2011年10月16日。

　　植被和土壤封存碳通常是生物能密度的一个函数。高生物能密度的景观，比如森林和湿地，就会比低生物能密度的景观封存更多的碳。像大草原草地这样的景观限制了木质的生物能，它们主要封存在土壤里。大多数土地碳封存的研究都与大幅的土地使用变化和森林活动有关。在农业和场所的开发项目上仅有少数工具适合使用。建设型碳计算器却是例外，它是www.buildcarbonneutral.org上关于景观因素计算的在线工具。

　　与建筑的隐含碳和年运作能量碳排放相比，碳结算对于景观装置或商用建筑保存的贡献通常是很小的；虽然如此，仍有机会调节整个净零能源和碳中性项目规划中的景观设计。大场所或主体计划及校园或社区项目等便提供了良好的机会。限制场所项目的策略正是项目规划和实施的一部

■ **图11.11**　纽约的中心公园是一个美丽的城市便利设施，也是碳封存的源头。

分：保存和恢复了场外林地或其他高生物能密度土地。

传输碳

许多场所选择和建筑场所设计决策影响了与商业建筑有关的传输能量和碳排放。建筑的位置对一个项目的传输能量密度有着重要含义。场所是位于和紧靠中心地公共交通系统自和行车道吗？它是在一个适于步行的社区里吗？或者是远离公共交通系统、自行车道和人行道吗？要考虑这些类别的位置影响：首先，人们是否不得不开车接近建筑；其次，他们必须这么走多远。建筑和场所的设计和程序决策，比如停车能力、骑自行车或步行的距离，骑车的人更换配件的通道，这些都影响了人们的选择。

根据DOE的《传输能量数据手册，2011年第30版》，轻型卡车和轿车的平均燃油率是每加仑20.2米。根据相同的研究，通勤车的单程平均燃油率是12.2米，所有类型车辆的平均里程是9.7米。往返通勤车的平均燃油率是24.4米，按每加仑20.2米，或1.21加仑气体。1加仑气体燃烧时产生19.4磅CO_2。对于24.4米长的一个往返通勤距离，将产生23.4磅CO_2，或几乎等同于1米1磅。

与建筑联系在一起的传输碳能够与能源建筑中的运作碳相竞争，在低能耗建筑里，实质上传输碳会更多一些。举个例子，一个低能耗办公建筑的能量使用密度是30kBtu/ft²/y。使用国家电网的平均碳排放系数为1.52磅CO_2/ft²/y。如果办公室每人的占用密度是250ft²，那么每人的运作碳密度是3341磅CO_2/人/年。若使用刚讨论的1年有260个产生平均燃效和往返通勤的工作日，并假设每个人都驾驶单个的占用工具工作，每人传输碳的碳密度将达到6093磅CO_2/人/年（见图11.12）。

项目若有望在其碳足迹中包含以范围3要素为形式的传输碳，则可以用国家的平均运输距离和平均燃料效能来组成预估值。如果可调查占用者了解其旅行模式，并且这些都和项目及占用者车辆的燃料效能有关，那么会得到更准确的数据。然后，可以开发出一个基本案例，同时为实现项目部分目标，还可以找出减少行驶里程数的方法，具体工具包括推升不同传输进程的激励型项目、场所位置和设计特征。如果这个项目的业主拥有一个车队，那么这些交通工具将被归入范围1业主的排放量中，并包含碳足迹的分析。

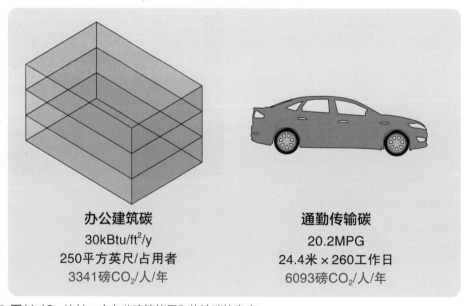

办公建筑碳
30kBtu/ft²/y
250平方英尺/占用者
3341磅CO_2/人/年

通勤传输碳
20.2MPG
24.4米×260工作日
6093磅CO_2/人/年

■ **图11.12** 比较一个办公建筑能量和传输碳的密度。

碳补偿

净零能源建筑现场生成的再生能源抵消了建筑运作能量中的碳排放，如本章前面部分在"净零能量排放"中所定义的。有关隐含碳、场所开发和传输能量的碳排放在谨慎的计划下有效地减少了，虽然要完全抵消它们还面对着很大的挑战。

抵消净零能源建筑中的隐含碳的一个途径是合并剩余的再生能源能力作为运作能量的应急；也可应用于建筑的服务周期内抵消隐含碳。这要求增加再生能源的预算，与减少隐含碳的周密计划一致。作为这种途径的一个提醒，考虑当地公共设施公司的净计量政策很重要。如果建筑物输出过量的能量到电网，大部分公共设施公司将只为多余的电量付批发价，也不是零售价。这不得不把再生能源系统的财政分析考虑进来。

例如，如果一个净零能源项目有2000公吨的隐含碳，使用国家电网电量的平均碳排放系数为1.52磅CO_2/千瓦时，那么一个50年限期的建筑物将需要每年58016千瓦时的额外再生能量以抵消隐含碳。根据项目的位置，这会导致约40～50千瓦的额外光伏装配。

解决隐含碳、场所开发碳和传输碳的另一种方法是项目所有者购买碳补偿。然而碳补偿仅应用在减少整个项目碳足迹之后。碳补偿的一种类型是一个净零能源建筑团队已经熟悉再生能源认证（REC）的使用。这个项目必须保持或购买替代现场再生能源生成的REC来表现净零能源的状态。有许多其他类型的碳补偿可以购买，允许业主针对他们的项目足迹来宣布碳的减少；这样也会刺激在减碳项目中的全球或本地投资。

许多类型的减碳项目提供了通过零售商购买碳补偿认证。项目分为两种不同类型：排放减少和碳隔离。排放减少的项目可能包括所有再生能源的项目类型。排放减少项目也包括能效项目和破坏工业污染导致气候变化的项目。隔离项目指土地使用和林业项目增长的土地碳的隔离。

如果把碳补偿作为一个项目碳中性策略的一部分，注意通过认证的零售商和组织来购买很重要，确保认证符合全世界接受的第三方认证标准。定义优质碳补偿的一个特征是资金增益的问题。资金增益意味着抵消是为减碳项目提供或与资金，这会产生附加收益，否则不会有其他可能。另一种考虑是当评估一个项目的抵消时，选择哪一种抵消对这个项目或业主都有着深刻意义。资金增益可能有助于为当地的减碳项目注资，或与某类对业主有着重要意义的减碳项目紧密相连。

第十二章

CS

案例研究：
DOE/NREL研究支持设备工程

介绍

美国能源部研究支持设备工程（RSF）位于科罗拉多州的戈登国家可再生能源实验室（NREL）的园区内，是一座占地面积222000平方英尺的联邦办公大楼，里面有800多人在支撑着这个实验室，从事重要的研究工作（见图12.1和图12.2），此外还有服务于整个NREL园区的数据中心。这个项目原设计思路是取代位于NREL园区外的租用的办公空间，且拥有现场政府自有的设施，紧邻由这一设施支持的实验室大楼。

NREL和DOE的目标是令可再生能源和能效方面的创新研究转化到市场可行的技术和实践中去。RSF大楼既是这些想法的实例之一，也是RSF全体成员学习工作使用的实验楼。最终的项目规划是，建设世界上最有能效的建筑之一，提供高效能的工作空间，按部就班地以净零能源的方式、以年为基础运营。在项目的理念中，有一条是创造业内的楷模工程，展示为大规模商业建筑服务的可复制的净零能源手法。

■ **图12.1** DOE/NREL 研究支持设备工程；东侧和主入口的视图。图片由RNL友情提供；弗兰克·奥姆斯摄影。

■ **图12.2** DOE/NREL 研究支持设备工程；西侧视图。图片由RNL友情提供；弗兰克·奥姆斯摄影。

项目名称：国家再生能源实验室研究支持设备工程

位置：科罗拉多州的戈登，80401

建筑类型：联邦办公大楼

建筑面积：222000平方英尺（20624.475平方米）

业主/用户：国家可再生能源实验室

M&O承包商：可持续发展能源联盟（LLC）

设计建筑RFP咨询师：设计意识（Design Sense）公司

业主代表：北极星（Northstar）项目管理机构

进　程

DOE/NREL研究支持设备工程关键的进程创新项目之一，是应用以性能为基础的设计建筑交付方法。这款交付方法在创新的RFP及采购进程中发挥作用；只形成3家最终候选公司的RFQ进程会先于RFP实施。最终候选公司包括了设计建造（Design-Build）团队，并以竞争的形式响应了RFP。竞争包括最符合RFP要求的概念设计的开发，其中关于项目的部分则包括了性能要求和公司固定价格。性能的要求不同于规定的要求，因为它的重点是什么项目该做而不是该去怎么做。一款以性能为基础的方法本会涉及定义种种要求和预算，寻求设计解决方案，而不是提供设计和询价。

业主相信范围和目标都是会超过预算的。因此，RFP并非要缩减范围，而是要同时优化范围及项目目标。这就产生一个优化的、共26个小项的性能目标清单，根据以下3个优化级，这些小项分为："任务关键型"、"十分理想型"和"如果可能型"。性能目标定义了要求，例如：LEED钛认证（任务关键型）；容纳800个人（十分理想型）；建筑的一个绝对能量使用目标（十分理想）；和遵循一个净零能源设计方法（某可行类型）。

DOE/NREL的采购进程旨在从一个固定预算的项目中获取最大款额，以及创造一种契约结构，支持集成式设计和平衡私营部分的革新进程。产生的集成交付过程，受性能驱动却被预算及日程安排的约束。

交付进程包括集成式交付方面的许多最佳实践。交付团队已在围绕净零能源的目标努力，由一项多日程的专家研讨会议来启动进程，开发一项概念设计和采取竞争性的方法。交付团队迅速得出一个结论：若要赢得竞标，关键是要找到所有项目目标的核心交付方法，尤其找到充满挑战的（级别低的）净零能源设计目标。事实上，围绕净零能源的努力，正是把所有目标聚在一起的强大的催化器。

能量建模同时作为设计决策和评估的工具，被广泛用于整个进程，测评了团队如何实现有关的能量目标和净零能源目标的具体手法。能量建模始于专家研讨会期间；一直持续到制订运营事项的那一天。在专家研讨会上，包括承包商、设计师、工程师、咨询师在内的整个交付团队都是列席的代表，包括了所有参与策划和集成潜在解决方案的人士，到第一周结束时，将达成总体的方案和最优的能量模型。整个交付过程受最初的竞标专家研讨会议的影响，为解决问题和制订决策保持了同一款跨学科式的研究手法。

项目团队

总承包商：哈塞登建筑公司

建筑师：RNL

MEP工程师：斯坦泰克

结构工程师：KL&A

土木工程师：马丁/马丁

内部设计：RNL

景观建筑：RNL

能量建模：斯坦泰克

日光建模：建筑能源公司

LEED顾问：建筑能源公司

试运行，建筑能源公司

测量和检验：建筑能源公司

再生能源顾问：合十礼太阳能

进程数据

进程方法

■ 筛选出三家公司的资格证明(RFQ)

■ 设计竞争和固定价格的征求建议书(RFP)

交付方法

■ 以性能为基础的设计-建筑；快速追踪

日　程

■ 业主规划和RFP开发的开始，包括建筑程序和性能说明：2007年4月

■ RFP公布：2008年2月

■ 口头介绍筛选出的设计-建筑公司：2008年4月

■ 设计-建筑的中标合同：2008年7月

■ 完成的主体设计：2008年11月

■ 建成：2009年2月到2010年6月

■ 实质性的完成和入住：2010年6月

■ 最终完成：2010年7月

项目经济学

通过国会的一系列拨款，RSF为整个项目提供了约8亿美元的资本金，其中有6.43亿是作为固定价格分拨到RSF的设计–建筑合同中的，这意味着只有业主可以制订变更的订单，而设计–建筑团队则必须管理好风险及预算内潜在的成本超支。这个价格包括：完工后的建筑物、场所和基础设施工程；家具用品；所有的开销及设计–建设团队的相关软成本。这个价格不包括光伏系统或业主提供的设备，比如数据中心和IT设备。

这6.43亿美元中，大约有5.74亿是在减去家具成本和可能的软成本后的建造成本。每平方英尺（0.093平方米）约产生259美元的成本，这个值对于政府办公大楼来说具有很大的挑战性，而与私营商业建筑市场比较后更显得问题成堆，因为这导致成本被划分成两块独立的成本——内核和外壳——也有不同租户为内部设备做改动产生的成本。

RSF的能源节约值与租赁办公的能源使用值相比，实质上第一年就超过了275000美元。假设折扣率是6%，能源增长率是4%，能源节约的净现值在20年内超过了0.43亿美元，或约为每平方英尺20美元。30年后，净现值增加到0.6亿美元，或约为每平方英尺27美元。

业主采购了由几个光伏系统组成的再生能源体系，使用了两种不同的采购模式：第一个所需的系统是449千瓦的RSF屋顶光伏系统（见图12.3），还是利用《电力采购协议》（PPA）收购的；剩余的1.6千瓦系统是直接购买的，利用了《美国经济复兴和再投资法案》（ARRA）去刺激投资。PPA的合同细节对太阳能开发商是保密的；ARRA融资型太阳能板的最终成本已经确定，因为在写本书时，最后的光伏系统相阵正等待着安装。ARRA融资型太阳能板是无非利用联邦税收抵免政策的，这种类型的光伏系统当时的市场价格在获得抵免之前大约为每瓦5美元。在2011年9月的新闻发布会上，由劳伦斯·伯克利国家实验室签发的大型商用光伏项目的基准价为每瓦5美元。于1.6兆瓦的系统来说，这就约需要0.8亿美元。

净零能源的经济可行性受大局的驱动，而不是受多重设计选项中递增的生命循环成本分析（LCC）的驱动。严格固定价格和绝对能量目标是重要的限制内容。预算不会因使得性能强化而被增加，性能也不会为了符合预算而被减少。正是系统和策略的集成以及成本和能量模型的持续反馈循环，为方案的解决带来了驱动力。

项目的采购方式和经济性特立独行的一个方面，是使用了DOE/NREL共计20万美元的奖励金，而这是不含在原合同奖金中的，用于激励部分交付团队的杰出绩效，更是贯穿于项目周期内6个阶段的奖励，其数目基于团队绩效和业主做的团队绩效月度评估。

■ **图12.3** DOE/NREL的RSF屋顶光伏系统的安装。使用电源采购协议（PPA）收购的。NREL/PIX 17842; 由丹尼斯·施罗德摄影。

项目经济数据

设计-建筑合同的固定价格：6.43亿美元；

建造成本：5.74亿美元（除家具、内部设计和保险费之外）；

每平方英尺建造成本：259美元/平方英尺；

激励费用：0.2亿美元

气候、场所和规划

气　候

科罗拉多州戈登的气候对于诱导式策略是很理想的。当地体验着四季的不同变化，包括炎热的夏天和寒冷的冬天。气候主要以热天为主，但季节变化图表所示的夏季最高温与冬季最低温的温差超过了100 ℉。这里的天气也是干燥的，全年相对低温时湿润。全年的日照是无源生成太阳热能和电能的巨大财富。紧邻落基山脉的山麓处，这个位置放大典型风力的模式；分析研究具体场所的风力以确保在建筑庭院的行人舒适和功能性自然通风。请选择如图12.4至图12.7所示的气候数据。

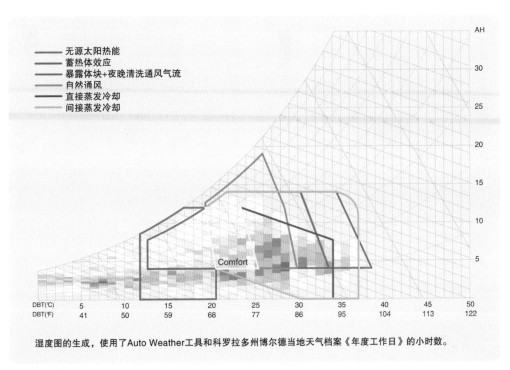

湿度图的生成，使用了Auto Weather工具和科罗拉多州博尔德当地天气档案《年度工作日》的小时数。

■ **图12.4** 湿度图。

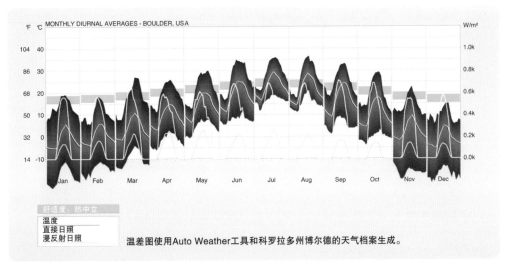

温差图使用Auto Weather工具和科罗拉多州博尔德的天气档案生成。

■ **图12.5** 平均温差图。

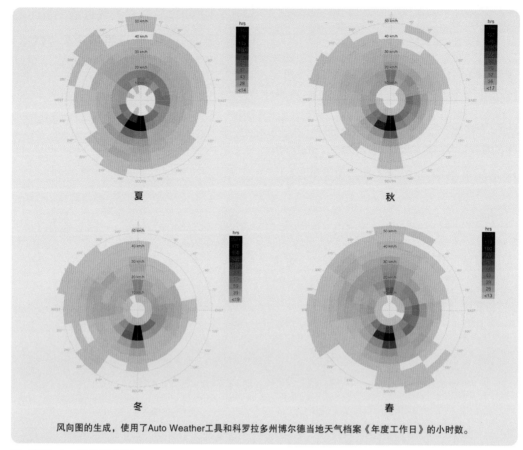

风向图的生成，使用了Auto Weather工具和科罗拉多州博尔德当地天气档案《年度工作日》的小时数。

■ 图12.6 季节风向图。

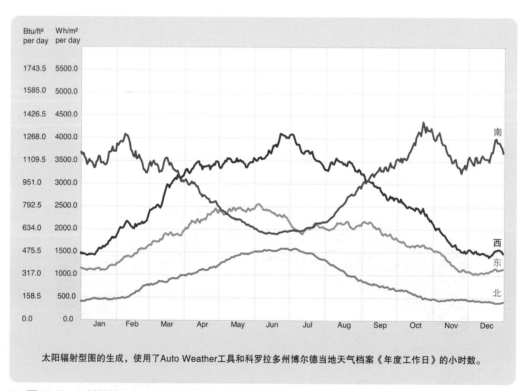

太阳辐射型图的生成，使用了Auto Weather工具和科罗拉多州博尔德当地天气档案《年度工作日》的小时数。

■ 图12.7 入射外墙的年太阳辐射型图。

气候数据

柯本气候分类：B，干旱的草原；寒冷

气候区：5B；冷，干

热度日-日数65：6220

冷度日-日数65：1154

场所数据

纬度和经度：北纬39°44'28"西经105°10'16"

场所面积：4.25公顷（无定义的界址线；校区设置）

场所环境：郊区

建筑足迹面积：65600平方英尺

场 所

RSF场所位于科罗拉多州戈登现存的联邦园区内。设置在郊区环境里，建筑被自然的、开阔的景观环绕（见图12.8）。RSF场所没有定义界址线，但朝向对应着园区的总体规划，则优化了日照和其他像太阳能发电这样的诱导式策略的方向。

建筑的非直立的H型有2个侧翼，分别在H的两边向外倾斜15度。RSF的南翼是准确地位于东-西轴线上，北翼偏离轴线15度，作为邻近图书馆的建筑，和图书馆一样，与南桌山北向山脚的倾斜地形有同样的角度。

■ **图12.8** RSF的鸟瞰图，显示了建筑下扩展的3个翼。NREL/PIX 19089；由丹尼斯·施罗德摄影。

程 序

RSF是主体办公建筑楼。建筑程序的一小部分被数据中心使用，服务1200个跨校职员，每人约65瓦。当区域相对小时，仅数据中心的能量使用就占了整个建筑能量使用的1/3。

建筑内有相当大的会议设施，辅助私人部门的协作功能。H型计划优化了诱导式策略，为优化程序提供了独特的机会。两个主要的办公翼楼间的连接空间是建筑主要的入口和走廊（见图12.9）；这也是主要会议设施的所在处，创造了中心区和安全协作区。没有进入主办公翼楼来访的合作者和伙伴能够带动所有的DOE/NREL的商业。

RSF楼设计上可容纳822个职员，远高于RFP楼的要求。而业主将入住密度的增加视为效益，尽管这也增加了能量使用的密度。RFP楼的能量使用密度目标为25kBtu/ft²/y，这是在20万平方英尺面积内有650个居住者的情况下。为计算更高的入住密度和增加的数据中心荷载，能量使用目标被调整为35.1kBtu/ft²/y。

■ 图12.9 DOE/NREL的RSF建筑走廊俯视图。图片由NREL友情提供，照片由弗兰克·奥姆斯提供。

程序数据

住户：822

每周占用小时数：50

每周访客：60

程序/主要的空间类型：

开放办公室

私人办公室

会议设施

公共区域（复印室、休息室、走廊和储藏室）

数据中心

建筑支持

设计响应

设计是一种针对项目场所、程序和气候，解决成本、日程安排、范围和性能——尤其集中在能效上多方面问题的具体响应环节。设计净零能源方法的基础是不同诱导式策略的综合设置。诱导式策略如图12.10中逐条标记的，考虑了极低能耗的主动系统的有效使用，作为建筑能源的整体解决方案来强调，产生足够低的建筑位能，使现场再生能源能够用于生成所有的能量。

最初的设计研讨会完成的第一个草图是主体建筑部分。它验证了区别于生态气候设计机会的想法（图12.11）。由于这个部分解决了60英尺深的主建筑足迹，所以确保了100%的日照空间和便于空间的自然通风。这个部分也便于无中柱空间设计，使办公侧翼变得非常灵活。这个部分最终影响着建筑的规划和成品形状，加入了程序空间功能规划的诱导式策略。场所规划和RSF规划分别如图12.12和图12.13所示。

诱导式设计

日　照

日照是RSF的基本策略（见图12.14）。当作为照明系统的一个集成部分被完全开发出来时，日照就可以节约能源。总体来看，92%的占用空间的设施通常是每个LEED所需的日照。日照为大部分建筑提供主要的环境照明，当采光低于日光传感器设置点，通常是25英尺烛光时，可以通过日光控制补充调节光线或逐级加强或减弱光线。打开灯时，通常在较暗的水平上。照明设计是非常有效的开端，建筑内设置的照明电源密度为0.56瓦/平方英尺。

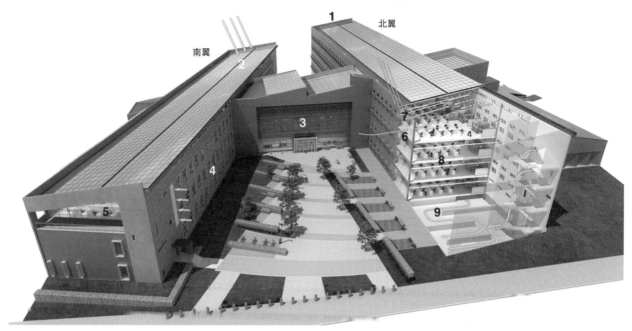

■ **图12.10**　净零能源策略：（1）60英尺宽的办公侧翼；（2）1.6兆瓦的现场光伏系统；（3）用百叶窗遮阳的入口；（4）低窗墙比率；（5）电致变色玻璃和带遮阳的阳台；（6）手动和自动的可控窗体；（7）间接照射的采光设备；（8）制热或制冷辐射型板；（9）从数据中心和蒸发式太阳能收集器在狭小空间内的热迷宫储存热量。

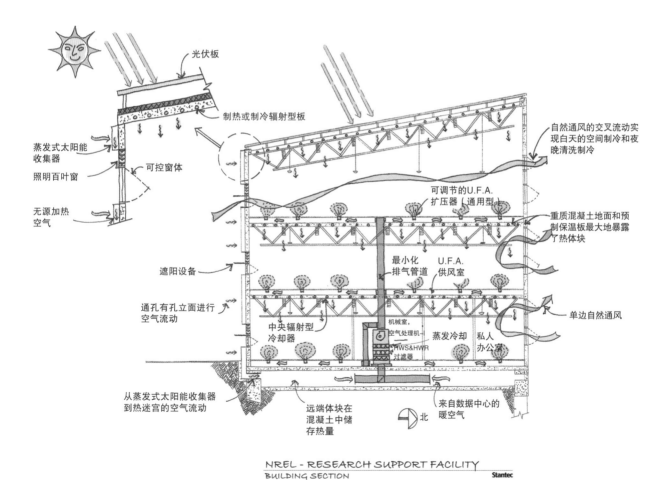

■ **图12.11**　RSF设计的生态气候分区。图片由斯坦泰克咨询服务公司友情提供。

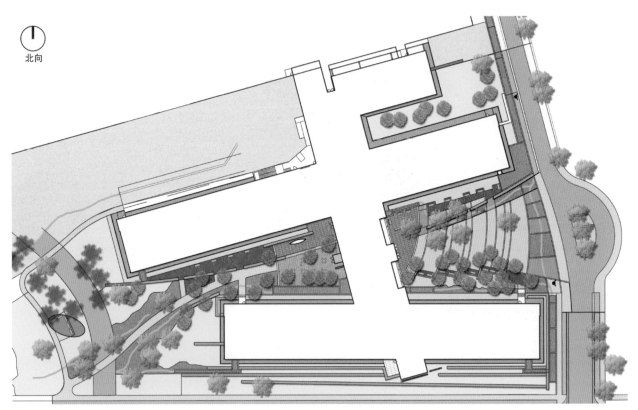

■ **图12.12** 场所规划。图片由RNL提供。

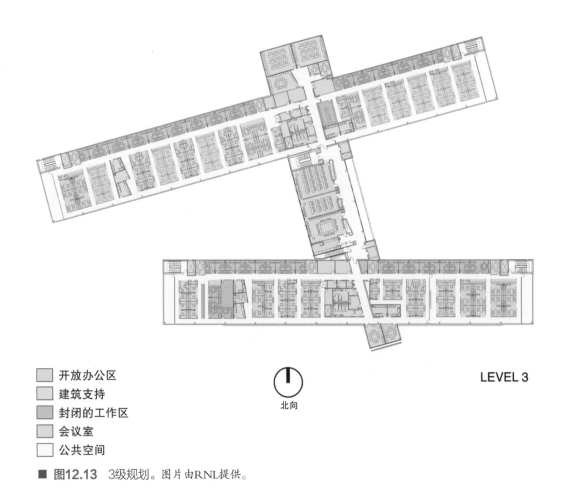

开放办公区
建筑支持
封闭的工作区
会议室
公共空间

北向

LEVEL 3

■ **图12.13** 3级规划。图片由RNL提供。

在日照控制下，在全日照的冬季里有效的照明用电密度是0.12瓦/平方英尺，在全日照的夏季里有效的照明用电密度是0.18瓦/平方英尺。

这证明了安装在日光窗上的日照装置长年有效，在冬季月份的较低太阳角度下尤其有效。

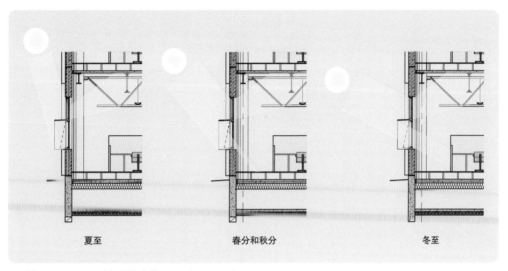

夏至　　　　　　　春分和秋分　　　　　　冬至

■ **图12.14** 日照的季节变化。图片由RNL提供。

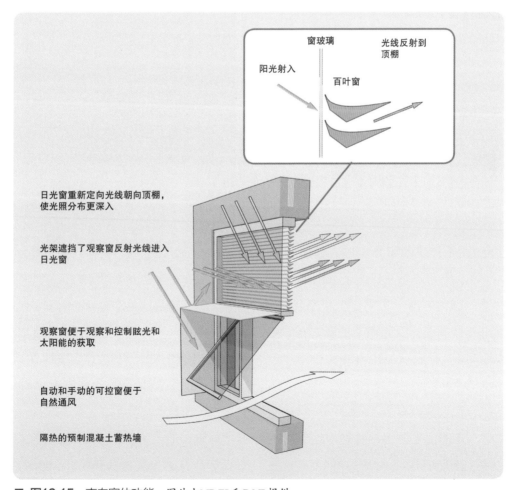

■ **图12.15** 南向窗体功能。图片由NREL和RNL提供。

NREL RSF南向窗体设计

观察窗

- 主要功能是观察
    - 三格低辐射型的窗玻璃安装在热熔铝框中。
    - 外部3边18英寸深的遮阳板控制太阳能热获取和眩光。
    - 无内部窗体处理的需要眩光、太阳能热获取和隐私控制。
    - 低太阳能热获取系数（$SHGC$）=0.23
    - 低热透射比，冬季U-值=0.17，夏季U-值=0.17
    - 可见光透射率（VLT）=43%

- 第二功能是自然通风
    - 可控窗位于居住者容易接触的区域；
    - 地上可控窗打开不能超过4英寸以增强安全性，因为有时需要在夜晚自动打开窗体。

日光窗

- 主要功能是日照
    - 双格低辐射型的窗玻璃安装在热熔铝框中。
    - 位于最高处的窗体。
    - 高可见光透射率（VLT），进入日光窗的光最多达70%。
    - 太阳能热获取系数（$SHGC$）=0.38
    - 热透射比，冬季U-值=0.17，夏季U-值=0.17
    - 安装在日光窗上的日照装置重新定向光线朝向顶棚，使光照分布更深入；
    - 日光窗没有内外部遮阳体（所以光照一直都存在）。

图12.15阐述了RSF的窗体南向立面应用的设计。窗体最显著的功能是从日照区分离出观察区，这是关键，因为它便于日光窗做日照优化，观察窗做遮阳和控制眩光及太阳能的获取量。窗体别无二致地朝南，导致窗墙比为29%。

无源制热

制热的第一道防线是防止热损耗，这对RSF尤其重要，因为建筑包层区有传统的2倍大，且形式更紧凑。窗体区被优化成所有方位的空间完全采光，且恰好能提供良好的视野，不会过大。北向窗体代表在冬季的热损耗倾向。在北向，典型办公区域的基本窗墙比是27%，整体窗墙比是21%。除南向采光窗外，大多数窗体都是高度隔热的（玻璃中央的U值=0.17），3格玻璃窗安装在热熔铝框中。注意整体U值会相当高。墙体装配采用预制混凝土夹层板，3英寸混凝土，2英寸连续刚性隔热，6英寸内置混凝土的R值为15。屋顶的R值为33。主要目标是最小化包层的热桥接。热成像摄影反映出热熔铝框是热力包层中最弱的一点。

南向立面是无源制热策略的重要方面；蒸发式太阳能收集器安装在预制混凝土板里（见图12.16）。蒸发式太阳能收集器，在20世纪90年代由NREL研发的技术，由深色的多孔波纹金属板构成。热空气被吸入到RSF的狭小间隙里，那里容纳了无源制热系统的中心元件，成为建筑的热迷宫。

热迷宫是一个大的远程蓄热体，像建筑里的一大块热电池，从蒸发式太阳能收集器中储存热量，预热通风的空气。热迷宫也利用数据中心的废热制热——中心的一个主要制冷策略。北翼的热迷宫从数据中心接收废热，南翼的热迷宫从蒸发式太阳能收集器中接收生成的热量（见图12.17）。

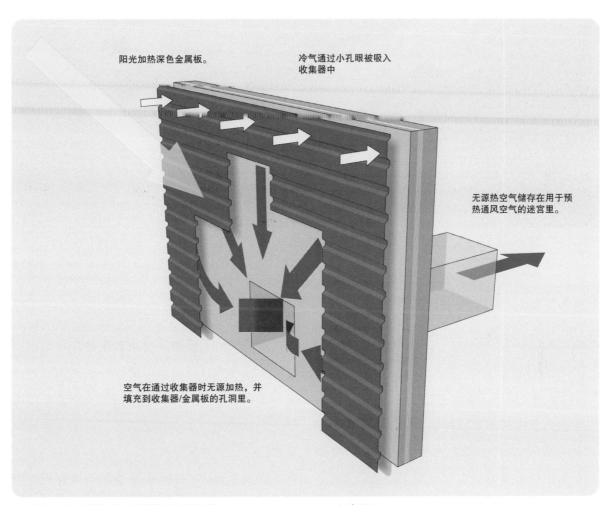

阳光加热深色金属板。

冷气通过小孔眼被吸入收集器中

无源热空气储存在用于预热通风空气的迷宫里。

空气在通过收集器时无源加热，并填充到收集器/金属板的孔洞里。

■ **图12.16** 蒸发式太阳能收集器的运作。图片由NREL和RNL友情提供。

■ **图12.17** 热迷宫（1）蒸发式太阳能收集器无源制热外部空气。（2）无源加热的空气上升进入迷宫的入口。（3）南翼的热迷宫从蒸发式太阳能收集器中接收生成的热量。（4）北翼的热迷宫从数据中心接收废热。图片由VStudios和RNL友情提供。

无源制冷或无源通风

RSF的制冷荷载对于整个办公大楼是非常小的，甚至认为它位于采暖为主的气候里，制冷荷载通过减少内部热获取降低荷载，尤其是降低照明和设备的荷载。制冷荷载也由于建筑的表面控制形式和无源制冷策略的有效使用而降低。气候便于建筑一年中大部分时间免费制冷。

可控窗便于建筑和住户利用自由制冷的机会（图12.18）。2/3的可控窗可手动控制，使住户可以高度控制热环境。RSF的计算机网络设施促进了适当时间开窗的交流，当天气状况适宜开窗时，在个人电脑中会有一个图标提示。1/3的可控窗是通过建筑自动系统自动控制的，便于建筑开启自动夜晚清洗功能。

夜晚清洗无源制冷策略利用建筑内部的蓄热体和大幅度的日间温差制冷。外墙的内表面有6英寸厚的混凝土，在凉爽季节这个蓄热体在白天吸收了内部得热，夜晚被凉爽的空气清洗建筑物从而冲洗掉这部分储存热。

建筑物通风气流利用干燥的气候和相对低的湿球温度下的蒸发冷却使建筑物凉快下来。在蒸发冷却中，外部的干燥空气由于增加的湿度而降低了温度。蒸发冷却策略也是数据中心的一个制冷策略。

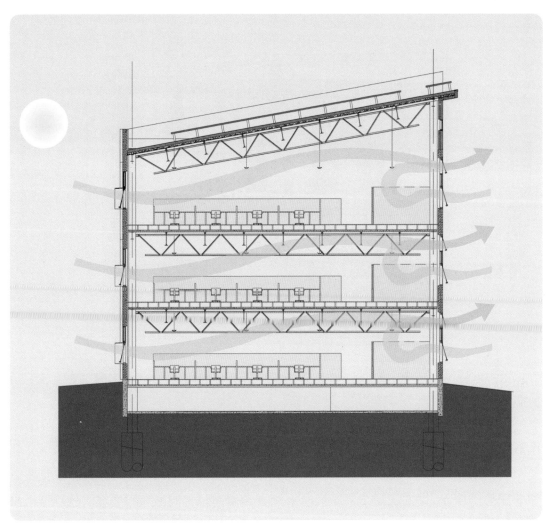

■ 图12.18　分区展示自然通风图。图片由RNL友情提供。

数据中心制冷策略，方便了当温度达到设备厂商的操作要求的较高水平时空间温度的升高。数据中心设备由热通道和冷通道组成，所以，热通道被密闭起来（图12.19）。数据中心设施被组装到齿轨上，因而所有设施同时把热驱散到热通道里，热通道里的热空气作为废热再进入热迷宫进行建筑物通风气流预热的再利用（图12.20）。当条件允许时，空气直接从外部进入数据中心，或者在较冷的冬季里直接从外部吸引温暖的回流热气。在夏季，蒸发制冷用于调节空间温度。数据中心也能用冷水保持空间和设备的温度，甚至在最火热的夏季。

■ 图12.19　RSF数据中心的热通道密闭室。图片由RNL友情提供。摄影：弗兰克·欧姆斯。

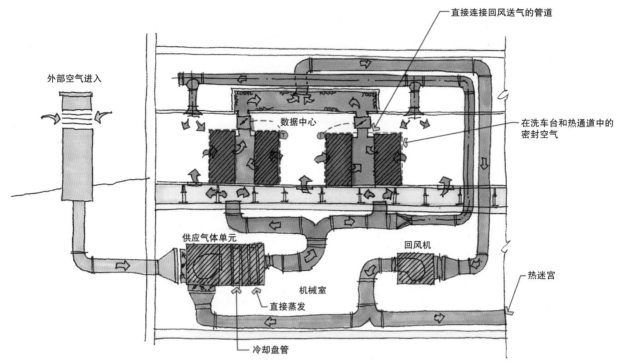

图中标注文字：

外部空气进入

直接连接回风送气的管道

数据中心

在洗车台和热通道中的密封空气

供应气体单元

回风机

机械室

直接蒸发

热迷宫

冷却盘管

■ **图12.20** 数据中心的废热再利用。图片由斯坦泰克咨询服务中心提供，由吉姆·伯恩斯绘图。

能效建筑系统

一个NREL的以园区为中心的工厂，供应冷水和热水，服务于RSF。冷水工厂由水冷式冷水机和高性能系数（COP）的水塔组成，热水工厂是用天然气燃烧木屑的燃烧炉。冷水和热水都用于液体循环辐射型制热和制冷系统，为多数RSF建筑程序服务。液体循环管道系统嵌入在混凝土地面和屋顶板中，被设计成从下而上辐射型空间保持了舒适感（见图12.21）。这要求使用外露的地板和屋顶板，谨慎地与隔音板配合并整合到外部板面里。

建筑通风系统，由地下空气传输系统支持，在空间制热和制冷功能中被分离（见图12.21）。一个专用的外部空气系统是RSF一个重要的能效措施。仅空气流通系统要求迅速减少空气体积和降低以空气为基准的制热制冷系统的极限温度。这同时减少了热能和风机能量需求，也允许以水

为基准的散热系统来完成需求，通过水带走热量从而获得相当大的能效。在空间里使用二氧化碳感应器可以控制通风用的空气供应量，如此系统即能够对应：当可控窗是打开的且通过自然通风降低二氧化碳浓度时的时间。

RSF中央收集器空间（连接两翼）里的会议设施是由变风量（VAV）系统进行服务的。会议室项目是小的且独立于主办公区的。进一步说，会议室的日程安排浮动大；会有很长时间的闲置然后突然又被密集地占用。因此，使用以空气为基准的系统可以快速增进空气交换和解决内部热收益的改变。由于在房间里使用二氧化碳感应器按需补给排气，所以系统保持有效状态。

RSF照明系统是日光灯和LED装置的有效结合。在RSF的开放办公区和无顶的私人办公室中使用的主要照明装置，是客户直接或间接使用的25瓦日光灯和T8灯管的装置（见图12.22）。每个

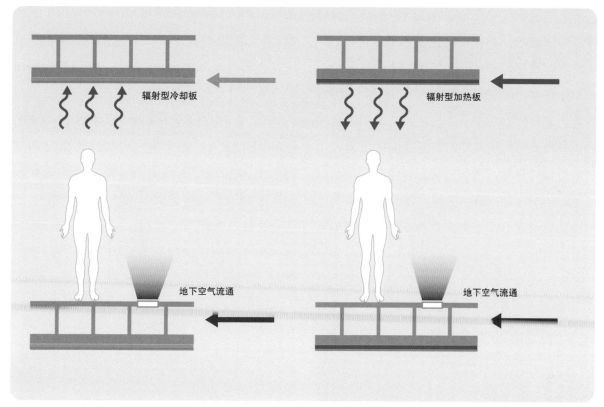

■ 图12.21 辐射型地面和地下空气流通。

工作站和办公室都配备了6瓦的LED工作灯。有两种主要的控制照明的方法，第一种是当人们不使用时关闭（例如夜晚或非占用时间）。当人们感觉需要用灯时用占用感应器开灯，控制器呈空置状态。除非使用者手动打开，通常状态下灯都是关闭的。空置控制与日间控制协作控制灯光的渐暗、逐级变暗或根据日光情况关闭。

再生能源

RSF中使用了几种再生能源，主要是从现场的光伏系统进行太阳能发电。光伏系统要符合无任何其他再生能量来源的净零能源标准。在这种情况下，再生电能抵消供应建筑制热和家用热水的燃料能。

■ 图12.22 高效定制T8直接设备/间接设备（现在被称作corelite元素）。

建筑热量是从中央的可再生燃料供热厂燃烧森林废料生成的，为园区建筑提供热水环。工厂的供应能力是10MBtu/h，或600加仑热水/分钟。中央热能厂被证实每年向RSF输入近2000MBtu的热量，其中约75%来自生物能；其余的来自补充的天然气。生物能可再生能源的配送量无须达到净零能源的目标，若业主和交付团队想得到一种可复制的净零能源解决方案，生物能中央热能厂便被认为是适合用于大多数商业建筑的简单复制方案。

建筑光伏系统被设计为三个阶段，安装的光伏总能量超出1.67兆瓦。第一阶段的光伏系统是通过PPA安装在RSF屋顶的一个449千瓦的系统。第二阶段的光伏系统是包含访客停车厂遮阳篷在内的一个524千瓦的系统，遮阳篷也构成了第三阶段，它们被安装在相邻的室内员工停车场的顶部；一个706千瓦的系统。两个停车遮阳系统使用ARRA基金采购，可能的话直接购买总光伏量为2088千瓦的系统。新添置的光伏则作为RSF的一个延伸提供了现场再生能源，扩展了包含RSF，RSF II（扩张）、访客停车厂和室内员工停车场在内的净零能源边界（见图12.23和图12.24）。

■ **图12.23** RSF屋顶装载的光伏系统。

■ **图12.24** RSF访客停车场上装载的光伏系统。

设计数据

外墙面积：112700平方英尺
屋顶面积：69950平方英尺
地面到屋顶的面积：3.33
地面到屋顶的高度：14英尺6英寸；顶层是倾斜的稍高一些
顶棚高：大多空间没有顶棚

窗墙比：

■ 北向：21%
■ 南向：30%
■ 东向：32%
■ 西向：31%
■ 整体：27%

天窗面积占屋顶的百分比：
无天窗

窗体配置能效

■ 北向

■ 三格
■ 中心上釉U值：0.17

■ 配置U值：0.41（使用Window 5输出）
■ SHGC：0.23

- VLT：0.43

- 南向日照
  - 双格
  - 中心上釉U值：0.29
  - 配置U值：0.44（使用Window 5 输出）
  - SHGC：0.38
  - VLT：0.70

- 南向景观
  - 三格
  - 中心上釉U值：0.17
  - 配置U值：0.41（使用Window 5 输出）
  - SHGC：0.23
  - VLT：0.43

- 东西景观
  - 三格
  - 中心上釉U值：0.18
  - 配置U值：0.38（使用Window 5 输出）
  - SHGC：0.23
  - VLT：0.43

透明墙体U值
- 预制墙配置：0.065（降低任何热桥之前）
- 钢立柱墙配置：0.053
- 屋顶U值：0.030

关键诱导式策略：
- 日照
- 自然通风
- 蓄热体
- 远端蓄热体
- 夜晚冲刷
- 遮阳
- 蒸发式太阳能收集器

照明控制
- 日照控制：逐级和持续变暗
- 时钟控制
- 占用和空缺控制

照明系统
- 主要设施：协同设计的corelite灯具（93%的能效）节能、降低25瓦的T8线型日光灯（现在是标准产品）
- 常用的筒灯和补强照明：紧凑型日光灯和LEDs
- 任务灯：6瓦的LED台灯
- 设计照明等级：环境照明25英尺烛光（在考虑光耗因素后）和附加任务照明50英尺烛光
- 外部照明：梯形LED占用和时钟控制

机械系统
- 辐射型制冷和制热
- 地下空气传输的解耦通风
- 在分组的会议室面积里的VAV系统
- 中央工厂使用水冷式冷却机和冷却塔冷却水，使用木屑燃烧炉（天然气备用）加热水

再生能源系统
- 光伏
  - 屋顶装载：449千瓦，梭伦（美国俄亥俄州北部城镇）的230瓦模块，14.0%，单晶硅
  - 停车篷装载：524千瓦的访客停车篷和706千瓦的员工停车篷，日能公司的315瓦模块，19.3%，单晶硅
- 生物能木屑中央工厂燃烧器（注意生物能木屑中央工厂燃烧器是除本章所计算的RSF净零能源计算之外的。）

运营与入住

RSF项目是从设计与建筑到运营与入住的成功持续过程的佳例。项目从内部业主的专业知识和深刻的承诺获得收益，运营建筑达到净零能源。对能源策略和设计意图的深入了解使业主能够把最终建成的能量模型作为建筑运营的一个指导。这种经验也是管理插件荷载和为IT设备开发内部标准的核心。虽然能源专家组的人都非常重视从建筑中学习，但其中大部分人关注的是，把RSF简单视为工作场所，而不是一个学习实验室（见图12.25）。业主和交付团队为新建筑的预备成员准备了复杂的教育和培训程序。把建筑物走廊里的实时能量显示屏增加到入住反馈环中，并作为演示设施为访客服务（见图12.26）。

RSF的工作场所对于习惯了租赁的办公室的DOE/NREL成员来说是一个标志性的改变。租赁空间具有全国许多办公环境的典型特征，主要由私人办公室和多个隔间构成。相反，RSF的新办公环境是高效的协作式工作场所，受能效的调节；说到底它是由开放式办公空间和少数混合设计的私人办公室组成（见图12.27）。新的开放式设计集成了一部分的照明、自然通风、辐射型制热和制冷功能。

入住参与的过程有助于成员适合新环境。总的来说，结果是非常乐观的，全体成员在合作和交互中都有显著的变化。有关新环境的一个明显关注点是听觉隐私，这个麻烦已被成功地解决了，产生了一个听觉调节空间，也包括为私人电话和举行会议设计了足够的程控空间。

■ **图12.25**　一个典型的RSF开放式工作场所。图片由RNL友情提供；由弗兰克·奥姆斯摄影。

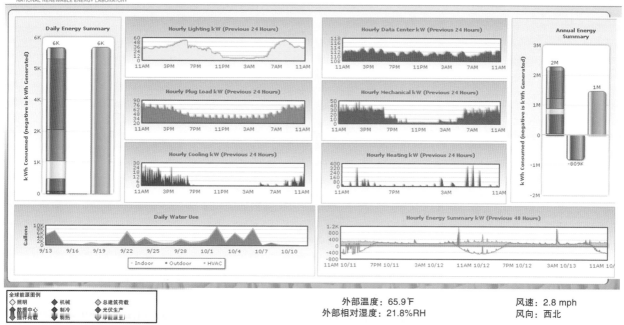

外部温度: 65.9℉
外部相对湿度: 21.8%RH

风速: 2.8 mph
风向: 西北

■ 图12.26 能量显示屏显示走廊里的实时数据和追踪数据。NREL。

运行能量数据

在写这本书的时候,这个项目已有整整一年的能量运行数据了。然而,由于光伏系统的阶段性安装,这个项目没有在第一年实现所测的净零能源运作。能量使用已被密集测量并与建筑的能源模型及能源目标做了常规对比,第一年实际使用的能量被能源模型及整个能源目标紧密追踪,完全预测到这个项目会很好地自主达到了净零能源目标。这个项目在2011年7月仅适当地使用了两三个光伏系统,就为整个月份实现了净零运行;由于太阳能发电的减少,冬季月份实现会难一些。最终的光伏系统将在2012年完全运行,它包含了RSF扩容后的附加容量和小部分突发性再生能源生成的更大的容量。

■ 图12.27 一个典型的RSF私人办公室,没有顶棚,因此可以由顶部的辐射型板调节。图片由RNL友情提供;由弗兰克·奥姆斯摄影。

图12.28至图12.35是运行能效图表，显示了许多能量的终端使用和一年内与最终能源模型对比后的整个建筑能量的使用。第一年的运行数据产生了一个EUI值——35.4kBtu/ft²/y，非常接近这个项目的能量目标值35.1千Btu/ft²/y。

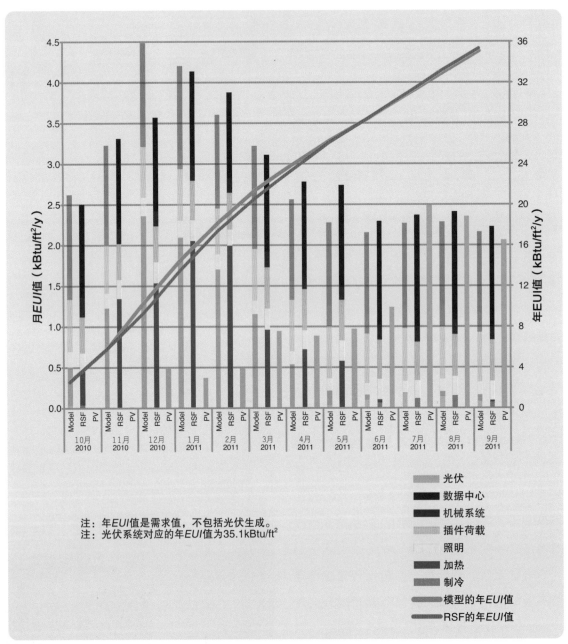

注：年EUI值是需求值，不包括光伏生成。
注：光伏系统对应的年EUI值为35.1kBtu/ft²

图例：
- 光伏
- 数据中心
- 机械系统
- 插件荷载
- 照明
- 加热
- 制冷
- 模型的年EUI值
- RSF的年EUI值

■ 图12.28 每月累计的测量EUI值对模型EUI值：2010年10月至2011年9月。乍得·罗巴托/NREL。

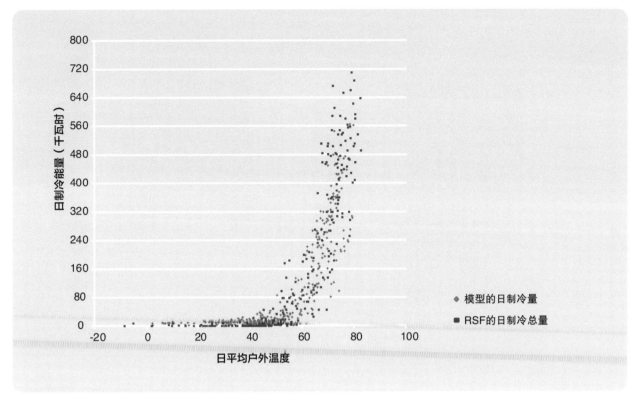

■ **图12.29** 日制冷能量：2011年1−9月。

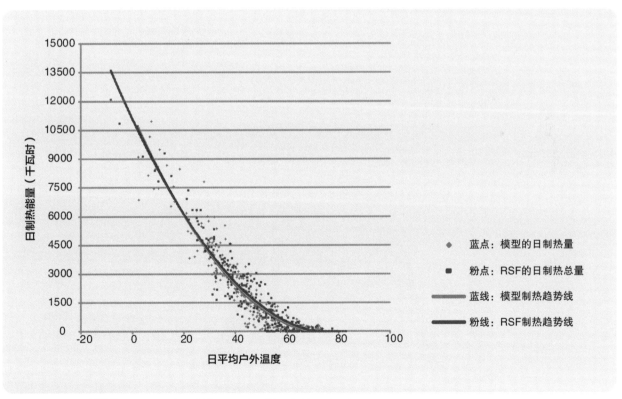

■ **图12.29** 日制热能量：2010年10月至2011年9月。*乍得·罗巴托/NREL。*

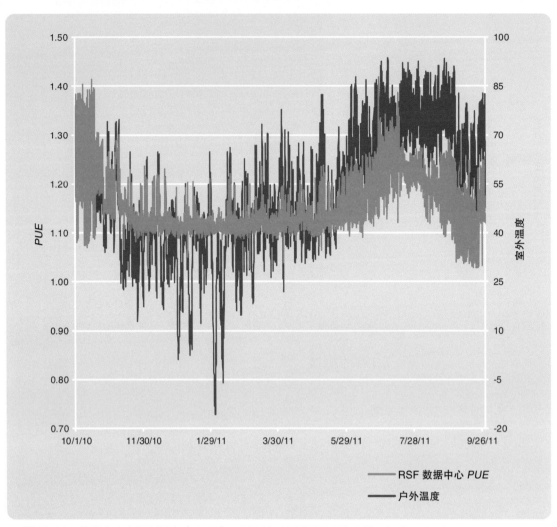

■ **图12.31** 数据中心电源利用率（*PUE*）：2010年10月至2011年9月。乍得·罗巴托/NREL。

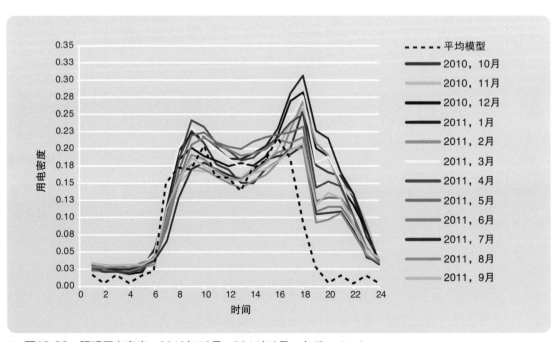

■ **图12.32** 照明用电密度：2010年10月—2011年9月。乍得·罗巴托/NREL。

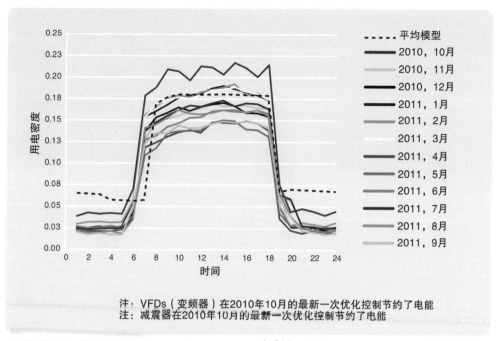

注：VFDs（变频器）在2010年10月的最新一次优化控制节约了电能
注：减震器在2010年10月的最新一次优化控制节约了电能

■ **图12.33** 机械用电密度：2010年10月—2011年9月。乍得·罗巴托/NREL。

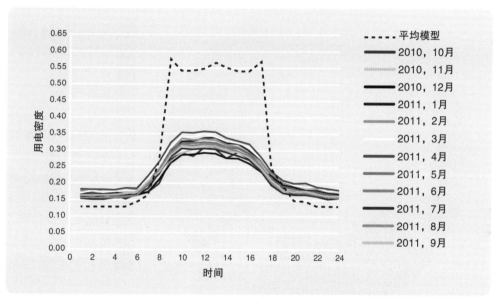

■ **图12.34** 插件荷载用电密度：2010年10月—2011年9月。乍得·罗巴托/NREL。

性能标准

通过一个集成的交付过程，RSF项目已经可实现一些高水平的性能。这个项目被注册为LEED-NC2.2，在2011年夏天已拿到了钛认证，69分满分获得了59分的好成绩，跻身目前分数最高的项目认证，也是联邦政府取得最高分的项目。

最终设计，建成的模型，所显示的项目EUI值是33.2kBtu/ft^2/y，非常接近这个项目的能量目标值35.1kBtu/ft^2/y。如图12.36的能量饼形图所示的能量终端使用和图12.37所示的与其他建筑基准的EUI对比值。用于计算能量的建筑面积值非常小，只有219105ft^2，小于基准的总建筑占地面积222000ft^2，是为了计算能量使用的模拟建筑面积。

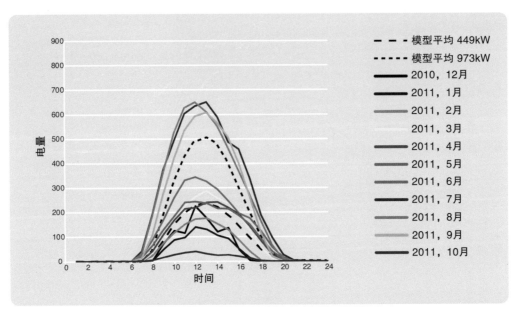

■ 图12.35 光伏系统电量输出值：2010年10月至2011年9月。乍得·罗巴托/NREL。

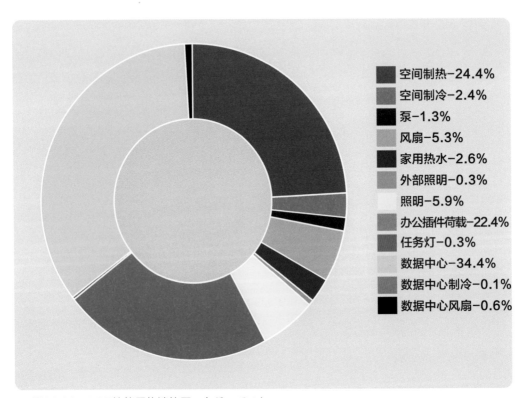

■ 图12.36 RSF的能量终端使用。乍得·罗巴托/NREL。

　　净零能源平衡计算显示建筑应该如设计的那样达到净零场所能源的B类，净零本源能量和净零能源排放。这些计算是以项目的能量预算和再生能源系统为系统贡献的多少（更少的小型应急光伏）为基础的。成本措施不予计算，因为这个项目不是一个单独的工程，只是整个大园区工程的一部分。

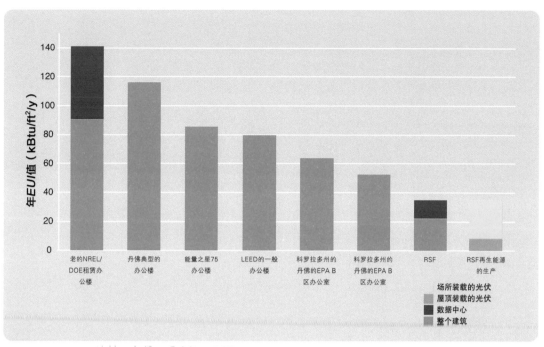

■ **图12.37** *EUI*比较。乍得·罗巴托/NREL。

性能数据

LEED评级：LEED-NC 2.2钛

LEED评分：59/69（17/17能源和大气角度）

项目能源目标/预算：7691MBtu

能源目标EUI：35.1kBtu/ft^2/y

最终设计（建好的）年能量值：7281MBtu

最终设计的EUI值：33.2kBtu/ft^2/y

基准EUI值（2030挑战）：137kBtu/ft^2/y（基于能源之星目标查找器）

数据中心能量：1200人占用或683280千瓦时/年的能量值的园区里，65瓦/人

再生能源系统性能

■ 屋顶的光伏系统：633539千瓦时

■ 停车篷上的光伏系统：10620440千瓦时

■ 预期的年度再生能源生成总量：

■ 照明用电密度：安装的，0.56瓦/平方英尺（典型日照控制的，0.16瓦/平方英尺）（任务灯是插件荷载密度的一部分）

■ 日间插件荷载密度：0.55瓦/平方英尺（测得的平均数据在0.35瓦/平方英尺以下）

碳密度

■ 无再生能源：18.4磅CO_{2e}/年

■ 光伏再生能源：-4.6磅CO_{2e}/年

■ 基准：67.6磅/年（基于能源之星目标查找器）

净零能源措施（年基础项目能源目标）

- ■ 场所能源平衡：0兆瓦时（B类）（见图12.38）
- ■ 本源能源：-1307兆瓦时（B类）（见图12.39）
- ■ 能源排放：-453公吨（B类）（见图12.40）
- ■ 能源成本：不计算；作为园区设施给付

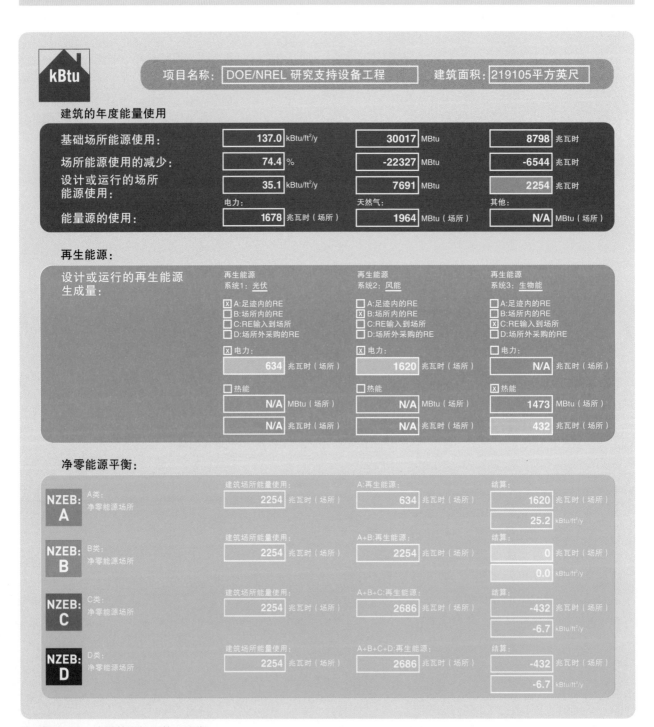

■ **图12.38** 净零能源场所能源平衡。

项目名称：DOE/NREL 研究支持设备工程　　　建筑面积：219105平方英尺

建筑的年度能量使用

基础场所能源使用：	137 kBtu/ft²/y	30017 MBtu	8798 兆瓦时
场所能源使用的减少：	74.4	-22327 MBtu	-6544 兆瓦时
设计或运行的场所能源使用：	35.1 kBtu/ft²/y	7691 MBtu	2254 兆瓦时

能量源的使用：	电力：1678 M瓦时（场所）	天然气：1964 MBtu（场所）	其他：N/A MBtu（场所）
本源能源系数：	电力：3.318	天然气：1.047	其他：N/A
	5569 兆瓦时（本源）	2056 兆瓦时（本源）	N/A 兆瓦时（本源）
	19001 MBtu（本源）	603 MBtu（本源）	N/A MBtu（本源）
设计或运行的场所能源使用：	96.1 kBtu/ft²/y	21057 兆Btu（本源）	6171 兆瓦时（本源）

再生能源：

设计或运行的再生能源生成量：	再生能源系统1：光伏	再生能源系统2：风能	再生能源系统3：生物能
	☒ A:足迹内的RE ☐ B:场所内的RE ☐ C:RE输入到场所 ☒ D:场所外采购的RE	☐ A:足迹内的RE ☒ B:场所内的RE ☐ C:RE输入到场所 ☐ D:场所外采购的RE	☐ A:足迹内的RE ☐ B:场所内的RE ☒ C:RE输入到场所 ☐ D:场所外采购的RE
	☒ 电力：634 兆瓦时（场所）	☒ 电力：1620 兆瓦时（场所）	☐ 电力：N/A 兆瓦时（场所）
	☐ 热能：N/A MBtu（场所）	☐ 热能：N/A MBtu（场所）	☒ 热能：1473 MBtu（场所）
	N/A 兆瓦时（场所）	N/A 兆瓦时（场所）	432 兆瓦时（场所）
本源能源系数：	3.318	3.318	1.047
	2104 兆瓦时（本源）	5375 兆瓦时（本源）	1542 兆瓦时（本源）
	N/A MBtu（本源）	N/A MBtu（本源）	452 MBtu（本源）

净零能源平衡：

		建筑场所能量使用：	A:再生能源：	结算：
NZEB: A	A类：净零能源本源	6171 兆瓦时（本源）	2104 兆瓦时（本源）	4068 兆瓦时（本源） 63.3 kBtu/ft²/y
NZEB: B	B类：净零能源本源	6171 兆瓦时（本源）	A+B:再生能源：7479 兆瓦时（本源）	-1307 兆瓦时（本源） -20.4 kBtu/ft²/y
NZEB: C	C类：净零能源本源	6171 兆瓦时（本源）	A+B+C:再生能源：9021 兆瓦时（本源）	-2850 兆瓦时（本源） -44.4 kBtu/ft²/y
NZEB: D	D类：净零能源本源	6171 兆瓦时（本源）	A+B+C+D:再生能源：9021 兆瓦时（本源）	-2850 兆瓦时（本源） -44.4 kBtu/ft²/y

■ **图12.39** 净零能源本源能源平衡。

CO2e | 项目名称：DOE/NREL 研究支持设备工程 | 建筑面积：219105平方英尺

建筑的年度能量使用

基础场所能源使用：	**137** kBtu/ft²/y	**30017** MBtu	**8798** 兆瓦时
场所能源使用的减少：	**74.4**	**-22327** MBtu	**-6544** 兆瓦时
设计或运行的场所能源使用：	**35.1** kBtu/ft²/y	**7691** MBtu	**2254** 兆瓦时

	电力：	天然气：	其他：
能量源的使用：	**1678** 兆瓦时（场所）	**1964** MBtu（场所）	**N/A** MBtu（场所）

	电力：	天然气：	其他：
碳排放系数（CO₂ₑ）：	**1.012** 吨/兆瓦时	**0.066** t/MBtu	**N/A** t/MBtu
	1698.5 吨	**129.6** 吨	**N/A** 吨

能量排放抵消的再生能量（CO₂ₑ）：	**18.4** 磅/平方英尺/年	**1828.1** 吨

再生能源：

设计或运行的再生能源生成量：	再生能源 系统1：光伏	再生能源 系统2：风能	再生能源 系统3：生物能
	☒ A:足迹内的RE	☐ A:足迹内的RE	☐ A:足迹内的RE
	☐ B:场所内的RE	☒ B:场所内的RE	☐ B:场所内的RE
	☐ C:RE输入到场所	☐ C:RE输入到场所	☒ C:RE输入到场所
	☐ D:场所外采购的RE	☐ D:场所外采购的RE	☐ D:场所外采购的RE
	☒ 电力： **634** 兆瓦时（场所）	☒ 电力： **1,620** 兆瓦时（场所）	☐ 电力： **N/A** 兆瓦时（场所）
	☐ 热能 **N/A** MBtu（场所）	☐ 热能 **N/A** MBtu（场所）	☒ 热能 **1473** MBtu（场所）
碳排放系数（CO₂ₑ）：	☒ 电力： **1.012** 吨/兆瓦时	☒ 电力： **1.012** 吨/兆瓦时	☐ 电力： **N/A** 吨/兆瓦时
	☐ 热能 **N/A** t/MBtu	☐ 热能 **N/A** t/MBtu	☒ 热能 **0.066** t/MBtu
能量排放抵消的再生能量（CO₂ₑ）：	**641.6** 吨	**1639.4** 吨	**97.2** 吨

净零能源平衡：

		建筑场所能量使用：	A:再生能源：	结算：
NZEB: A	A类：净零能源排放	**1828.1** 吨	**641.6** 吨	**1187** 吨
				0.5 kBtu/ft²/y
NZEB: B	B类：净零能源排放	**1828.1** 吨	A+B:再生能源： **2281.0** 吨	**-453** 吨
				-4.6 kBtu/ft²/y
NZEB: C	C类：净零能源排放	**1828.1** 吨	A+B+C:再生能源： **2378.3** 吨	**-550** 吨
				-5.5 kBtu/ft²/y
NZEB: D	D类：净零能源排放	**1828.1** 吨	A+B+C+D:再生能源： **2378.3** 吨	**-550** 吨
				-5.5 kBtu/ft²/y

■ 图12.40 净零能源排放平衡。

参考书目

7 Group, and Bill Reed. The Integrative Design Guide to Green Building: Redefining the Practice of Sustainability. Hoboken, NJ: John Wiley & Sons, Inc., 2009.

Adrian Smith + Gordon Gill Architecture. Toward Zero Carbon: The Chicago Central Area DeCarbonization Plan. Victoria, Australia: Images Publishing, 2011.

AIA California Council and the American Institute of Architects. "Integrated Project Delivery: Case Studies," January 2010.

Aldous, Scott, Zeke Yewdall, and Sam Ley. "A Peek Inside a PV Cell." Home Power, 121, October and November 2007, 64–68.

The American Institute of Architects. 50 to 50 Wiki, last accessed July 7, 2011, http://wiki.aia.org.

———. Carbon Neutral Design Project, last accessed October 29, 2011, www.architecture.uwaterloo.ca/faculty_projects/terri/carbon-aia/index.html.

———. "AIA Contract Documents: Contract Relationship Diagrams," June 2010.

The American Institute of Architects and AIA California Council. "Integrated Project Delivery: A Guide," 2007.

American Lung Association. "Public Policy Position, Energy," June 11, 2011.

American Wind Energy Association. "FAQ for Small Wind Systems," last accessed August 3, 2011, www.awea.org/_cs_upload/learnabout/publications/factsheets/9464_1.pdf.

Ander, Gregg D. Daylighting Performance and Design, 2nd ed. Hoboken, NJ: John Wiley & Sons, Inc., 2003.

Anis, Wagdy, and William Wiss. "Air Barriers: Walls Meet Roofs." Journal of Building Enclosure Design, Summer 2007, 29–32.

Architecture 2030 website, last accessed November 9, 2011, http://architecture2030.org/2030_challenge/the_2030_challenge.

Architectural Energy Corporation. "Daylight Metric Development Using Daylight Autonomy Calculations in the Sensor Placement Optimization Tool: Development Report and Case Studies." CHPS Daylighting Committee, March, 2006.

ASHRAE (American Society of Heating, Refrigerating and Air-Conditioning Engineers). "Advanced Energy Design Guide for K-12 School Buildings: Achieving 30% Energy Savings Toward a Net Zero Energy Building," 2008.

———. "Advanced Energy Design Guide for Small to Medium Office Buildings: Achieving 50% Energy Savings Toward a Net Zero Energy Building," 2011.

———. "Advanced Energy Design Guide for Small Retail Buildings: Achieving 30% Energy Savings Toward a Net Zero Energy Building," 2006.

———. ASHRAE Handbook Fundamentals. Atlanta, GA: ASHRAE, 2009.

———. "ASHRAE Vision 2020," January 2008.

———. "Energy Standard for Buildings Except Low-Rise Residential Buildings, ANSI/ASHRAE/IESNA Standard 90.1–2007," 2007.

———. "Standard for the Design of High-Performance Green Buildings Except Low-Rise Residential Buildings, ANSI/ASHRAE/USGBC/IES Standard 189.1–2011," 2011.

———. "Thermal Environmental Conditions for Human Occupancy, ANSI/ASHRAE Standard 55–2004," 2004.

———. "Ventilation for Acceptable Indoor Air Quality, ANSI/ASHRAE Standard 62.1–2004," 2004.

Associated General Contractors of America. "Qualifications Based Selection of Contractors," August 2009.

Barbose, Galen, Naïm Darghouth, Ryan Wiser, and Joachim Seel. "Tracking the Sun IV: An Historical Summary of the Installed Cost of Photovoltaics in the United States from 1998 to 2010." Lawrence Berkeley National Laboratory, September 2011.

Barley, D., M. Deru, S. Pless, and P. Torcellini. "Procedure for Measuring and Reporting Commercial Building Energy Performance." National Renewable Energy Laboratory, Technical Report NREL/TP-550–38601, October 2005.

Bayon, Ricardo, Amanda Hawn, and Katherine Hamilton. Voluntary Carbon Markets: An International Business Guide to What They Are and How They Work. London: Earthscan, 2007.

BC Green Building Roundtable. "Roadmap for the Integrated Design Process Part One: Summary Guide," 2007.

Behling, Sophia, and Stefan Behling. Solar Power: The Evolution of Sustainable Architecture. Munich: Prestel, 2000.

Biomass Energy Resource Center. "Wood Boiler Systems Overview," 2011.

Bony, Lionel, Stephen Doig, Chris Hart, Eric Maurer, and Sam Newman. "Achieving Low-Cost Solar PV: Industry Workshop Recommendations for Near-Term Balance of System Cost Reductions." Rocky Mountain Institute, September 2010.

Brickford, Carl. "Sizing Solar Hot Water Systems." Home Power, 118, April and May 2007, 34–38.

Briggs, Robert S., Robert G. Lucas, and Z. Todd Taylor. "Climate Classification for Building Energy Codes and Standards." Pacific NW National Laboratory, Technical Paper Final Review Draft, March 26, 2002.

Brown, Carl, Allan Daly, John Elliott, Cathy Higgins, and Jessica Granderson. "Hitting the Whole Target: Setting and Achieving Goals for Deep Efficiency Buildings." ACEEE Summer Study on Energy Efficiency in Buildings, 2010.

Brown, G. Z., and Mark DeKay. Sun, Wind & Light: Architectural Design Strategies, 2nd ed. Hoboken, NJ: John Wiley & Sons, Inc., 2001.

Brown, Robert, D. Design with Microclimate: The Secret to Comfortable Outdoor Space. Washington, DC: Island Press, 2010.

Building Design + Construction. "Zero and Net-Zero Energy Buildings + Homes, Eight in a Series of White Papers on the Green Building Movement," March 2011.

Carlise, Nancy, Otto Van Geet, and Shanti Pless. "Definition of a 'Zero Net Energy' Community," National Renewable Energy Laboratory, Technical Report NREL/TP-7A2-46065, November 2009.

Carmody, John, Stephen Selkowitz, Eleanor S. Lee, Dariush Arasteh, and Todd Willmert. Window Systems for High-Performing Buildings. New York: W.W. Norton & Company, 2004.

Commercial Buildings Consortium. "Analysis of Cost & Non-Cost Barriers and Policy Solutions for Commercial Buildings." Zero Energy Commercial Buildings Consortium, February 2011.

———. "Next-Generation Technologies Barriers & Industry Recommendations for Commercial

Buildings." Zero Energy Commercial Buildings Consortium, February 2011.

Congressional Research Service. "Energy Independence and Security Act of 2007: A Summary of Major Provisions." CRS Report for Congress, December 21, 2007.

Crawley, Drury, Shanti Pless, and Paul Torcellini. "Getting to Net Zero." National Renewable Energy Laboratory, NREL/JA-550–46382, ASHRAE Journal, September 2009.

Cunningham, Paul, and Ian Woofenden. "Microhydro-Electric Systems Simplified." Home Power, 117, February and March 2007, 40–45.

Database of State Incentives for Renewables & Efficiency Solar portal website, last accessed November 16, 2011, www.dsireusa.org/solar.

Davis, Stacey C., and Susan W. Diegel. "Transportation Energy Data Book: Edition 30." Prepared by the Oak Ridge National Laboratory for the U.S. Department of Energy, June 2011.

Del Vecchio, David. "Optimizing a PV Array with Orientation and Tilt." Home Power, 130, April and May 2009, 52–56.

Deru, Michael, and Paul Torcellini. "Performance Metrics Research Project—Final Report." National Renewable Energy Laboratory, Technical Report NREL/TP-550–38700, October 2005.

———. "Source Energy and Emission Factors for Energy Use in Buildings." National Renewable Energy Laboratory, Technical Report NREL/TP-550–38617, June 2007.

———. "Standard Definitions of Building Geometry for Energy Evaluation." National Renewable Energy Laboratory, Technical Report NREL/TP-550–38600, October 2005.

Deru, M., N. Blair, and P. Torcellini. "Procedure to Measure Indoor Lighting Energy Performance." National Renewable Energy Laboratory, Technical Report NREL/TP-550–38602, October 2005.

Elvin, George. Integrated Practice in Architecture: Mastering Design-Build, Fast-Track, and Building Information Modeling. Hoboken, NJ: John Wiley & Sons, Inc. 2007.

Engage 360. "California Energy Efficiency Strategic Plan, Net Zero Energy Action Plan: Commercial Building Sector 2010–2012," 2010.

European Council for an Energy-Efficient Economy. "Steering Through the Maze #2, Nearly Zero Energy Buildings: Achieving the EU 2020 Target," February 8, 2011.

The European Parliament and the Council of the European Union. "Directive 2010/31/EU of the European Parliament and of the Council of 19 May 2010 on the Energy Performance of Buildings (recast)." Official Journal of the European Union, 2010.

Fernández–Galiano, Luis. Fire and Memory: On Architecture and Energy. Translated by Gina Cariño. Cambridge, MA: MIT Press, 2000.

Field, Kristin, Michael Deru, and Daniel Studer. "Using DOE Commercial Reference Buildings for Simulation Studies." National Renewable Energy Laboratory, Conference Paper NREL/CP-550–48588, August 2010.

Fuller, Sieglinde K., and Stephen R. Petersen. Life-Cycle Costing Manual for the Federal Energy Management Program (NIST Handbook 135). U.S. Department of Commerce, 1995.

Gardner, Ken, and Ian Woofenden. "Hydro-electric Turbine Buyer's Guide." Home Power, 136, April and May 2010, 100–108.

Garnderson, Jessica, Mary Ann Piettem, Girish Ghatikar, and Phillip Price. "Building Energy Information Systems: State of the Technology and User Case Studies." Lawrence Berkeley National Laboratory, LBNL-2899E, November 2009.

General Services Administration, Public Buildings Service. "Energy Savings and Performance Gains in GSA Buildings: Seven Cost-Effective Strategies," March 2009.

Gevorkian, Peter. Alternative Energy Systems in Building Design. New York: McGraw-Hill, 2010.

Gonchar, Joann. "Zeroing in on Net-Zero Energy." Architectural Record, December 2010.

Griffith, B., N. Long, P. Torcellini, R. Judkoff, D. Crawley, and J. Ryan. "Assessment of the Technical Potential for Achieving Net Zero-Energy Buildings in the Commercial Sector." National Renewable Energy Laboratory, Technical Report NREL/TP-550–41957, December 2007.

———. "Methodology for Modeling Building Performance across the Commercial Sector." National Renewable Energy Laboratory, Technical Report NREL/TP-550–41956, March 2008.

Grondzik, Walter T., Alison G. Kwok, Benjamin Stein, and John S. Reynolds. Mechanical and Electrical Equipment for Buildings, 11th ed. Hoboken, NJ: John Wiley & Sons, Inc., 2010.

Gowri, K., D. Winiarski, and R. Jarnagin. "Infiltration Modeling Guidelines for Commercial Building Energy Analysis." Pacific Northwest National Laboratory, September 2009.

Guglielmetti, Rob, Jennifer Scheib, Shanti Pless, Paul Torcellini, and Rachel Petro. "Energy Use Intensity and Its Influence on the Integrated Daylight Design of a Large Net Zero Energy Building." National Renewable Energy Laboratory, Conference Paper NREL/CP-5500–49103, March 2011.

Guglielmetti, Rob, Shanti Pless, and Paul Torcellini. "On the Use of Integrated Daylighting and Energy Simulations to Test-Drive the Design of a Large Net-Zero Energy Office Building." National Renewable Energy Laboratory, Conference Paper NREL/CP-5500–47522, August 2010.

Hassett, Timothy G., and Karin L. Borgerson. "Harnessing Nature's Power: Deploying and Financing On-Site Renewable Energy." World Resources Institute, 2009.

Hausladen, Gerhard, Michael de Saldanha, and Petra Liedl. ClimateSkin: Building-Skin Concepts That Can Do More with Less Energy. Basel, Switzerland: Birkhäuser, 2006.

Hawkens, Paul, Amory Lovins, and L. Hunter Lovins. Natural Capitalism: Creating the Next Industrial Revolution. Boston: Back Bay Books, 2008.

Helms, Robert N. Illumination Engineering for Energy-Efficient Luminous Environments. Englewood Cliffs, NJ: Prentice-Hall, 1980.

Heschong, Lisa. Thermal Delight in Architecture. Cambridge, MA: MIT Press, 1979.

Hirsch, Adam, Shanti Pless, Rob Guglielmetti, Paul A. Torcellini, David Okada, and Porus Antia. "The Role of Modeling When Designing for Absolute Energy Use Intensity Requirements in a Design-Build Framework." National Renewable Energy Laboratory, Conference Paper NREL/CP-5500–49067, March 2011.

International Energy Agency. "Biomass for Power Generation and CHP." IEA Energy Technology Essentials, January 2007.

———. "Technology Roadmap: Solar Photovoltaic Energy," 2010.

International Living Building Institute. "Documentation Requirements, Living Building Challenge 2.0: Renovation, Landscape + Infrastructure, and Building Typologies," December 2010.

———. "Living Building Challenge 2.0: A Visionary Path to a Restorative Future," April 2010.

———. "Net Zero Energy Building Certification, Documentation Requirements," 2011.

International Performance Measurement & Verification Protocol. Concepts and Practices for Determining Energy Savings in New Construction, Volume III, Part O, January 2006.

Jewell, Mark T. "Energy-Efficiency Economics: What You Need to Know." HPAC Engineering, January 2003, 38–46.

Kats, Greg. Greening Our Built World: Costs, Benefits, and Strategies. Washington, DC: Island Press, 2010.

Klein, Gary. "Hot-Water Distribution Systems—Part III." Plumbing Systems & Design, May/June 2005, 12–15.

Kosny, Jan. "A New Whole Wall R-Value Calculator: An Integral Part of the Interactive Internet-Based Building Envelope Materials Database for Whole-Building Energy Simulation Programs." Oak Ridge National Laboratory, August 2004.

Kwok, Alison G., and Walter T. Grondzik. The Green Studio Handbook: Environmental Strategies for Schematic Design, 2nd ed. Oxford: Architectural Press, 2011.

Lawrence Berkeley National Laboratory, EnergyIQ website, last accessed March 12, 2012, http://energyiq.lbl.gov.

Leach, Matthew, Chad Lobato, Adam Hirsch, Shanti Pless, and Paul Torcellini. "Technical Support Document: Strategies for 50% Energy Savings in Large Office Buildings." National Renewable Energy Laboratory, Technical Report NREL/TP-550–49213, September 2010.

Lechner, Norbert. Heating, Cooling, Lighting: Sustainable Design Methods for Architects. Hoboken, NJ: John Wiley & Sons, Inc., 2009.

Lehrer, David, and Janani Vasudev. "Evaluation a Social Media Application for Sustainability in the Workplace." Center for the Built Environment, University of California, Berkeley. CHI2011, May 7–12, 2011, Vancouver, BC, Canada, May 2011.

Lerum, Vidar. High-Performance Building. Hoboken, NJ: John Wiley & Sons, Inc., 2008.

Lobato, Chad, Shanti Pless, Michael Sheppy, and Paul Torcellini. "Reducing Plug and Process Loads for a Large-Scale, Low-Energy Office Building: NREL's Research Support Facility." National Renewable Energy Laboratory, Conference Paper NREL/CP-5500–49002, February 2011.

Lobato, Chad, Michael Sheppy, Larry Brackney, Shanti Pless, and Paul Torcellini. "Selecting a Control Strategy for Miscellaneous Electrical Loads (draft)," August 2011.

Lund, John W. "Development of Direct-Use Projects." National Renewable Energy Laboratory, Conference Paper NREL/CP-5500–49948, January 2011.

Massachusetts Department of Energy Resources. "An MPG Rating for Commercial Buildings: Establishing a Building Energy Asset Labeling Program in Massachusetts," December, 2010.

Massachusetts Zero Net Energy Buildings Task Force. "Getting to Zero: Final Report of the Massachusetts Zero Net Energy Buildings Task Force," March 11, 2009.

Mazria, Edward. The Passive Solar Energy Book, Expanded Professional Edition. Emmaus, PA: Rodale Press, 1979.

McConahey, Erin. "Mixed Mode Ventilation: Finding the Right Mix." ASHRAE Journal, September 2008, 36–48.

McLennan, Jason. "Burning Questions—The Role of Combustion in Living Buildings: Why Prometheus Was Wrong." Trim Tab, Summer 2010.

Mehalic, Brian. "Flat-Plate & Evacuated-Tube Solar Thermal Collectors." Home Power, 132, August and September 2009, 40–46.

Miller, Rex, Dean Strombom, Mark Iammarino, and Bill Black. The Commercial Real Estate Revolution: Nine Transforming Keys to Lowering Costs, Cutting Waste, and Driving Change in a Broken Industry. Hoboken, NJ: John Wiley & Sons, Inc., 2009.

Moe, Kiel. Thermally Active Surfaces in Architecture. Princeton, NJ: Princeton Architectural Press, 2010.

Moorefield, Laura, Brooke Frazer, and Paul Bendt. "Office Plug Load Field Monitoring Report." Ecos, December 2008.

Morris, Peter, and Lisa Fay Matthiessen. "Cost of Green Revisited: Reexamining the Feasibility and Cost Impact of Sustainable Design in the Light of Increased Market Adoption," July 2007.

National Association of State Facilities Administrators, Construction Owners Association of America, The Association of Higher Education Facilities Officers,

Associated General Contractors of America, and the American Institute of Architects. "Integrated Project Delivery for Public and Private Owners," 2010.

National Building Controls Information Program. "NBCIP Roundtable Summary: What's Wrong with Building Controls?" Iowa Energy Center, 2002.

National Institute of Building Sciences. "Exterior Enclosure Technical Requirements for the Commissioning Process, NIBS Guideline 3–2006." November 27, 2006.

National Renewable Energy Laboratory. "Assessing and Reducing Plug and Process Loads in Office Buildings," June 2011.

———. A Handbook for Planning and Conducting Charrettes for High-Performance Projects, 2nd ed., September 2009.

———. "Information Technology Settings and Strategies for Energy Savings in Commercial Buildings," August 2011.

———. "Integrated Design Team Guide to Realizing Over 75% Lighting Energy Savings in High-Performance Office Buildings," June 2011.

———. Open PV Project website, last accessed August 17, 2011, http://openpv.nrel.gov.

———. PVWatts website, last accessed October 16, 2011, www.nrel.gov/rredc/pvwatts.

———. Solar Radiation Data Manual for Buildings, September 1995.

———. "Where Wood Works: Strategies for Heating with Woody Biomass." Flexible Energy Communities Initiative, 2008.

———. NREL Newsroom. "Green Computing Helps in Zero Energy Equation," April 14, 2010.

———. "Solar System Tops Off Efficient NREL Building," September 29, 2010.

National Resources Canada. "Micro-Hydropower Systems: A Buyer's Guide," 2004.

National Science and Technology Council, Committee on Technology. "Federal Research and Development Agenda for Net-Zero Energy, High-Performance Green Buildings," October 2008.

New, Dan. "Intro to Hydropower, Part 1: Systems Overview." Home Power, 103, October and November 2004, 14–20.

———. "Intro to Hydropower, Part 2: Measuring Head & Flow." Home Power, 104, December 2004 and January 2005, 42–47.

———. "Intro to Hydropower, Part 3: Power, Efficiency, Transmission & Equipment Selection." Home Power, 105, February and March 2005, 30–35.

New Buildings Institute. Advanced Lighting Guidelines website, www.algonline.org.

———. "Getting to Zero 2012 Status Update: A First Look at the Cost and Features of Zero Energy Commercial Buildings," March 2012.

Nicol, Fergus J., and Michael A Humphreys. Adaptive Thermal Comfort and Sustainable Thermal Standards for Buildings. Oxford Centre for Sustainable Development, School of Architecture, Oxford Brookes University, March 2002.

Nowak, David J., and Daniel E. Crane. "Carbon Storage and Sequestration by Urban Trees in the USA." Environmental Pollution, 116, 2002, 381–389.

NYS Energy Research & Development Authority. "Wind Energy Model Ordinance Options," October 2005.

O'Brien, Sean M. "Thermal Bridging in the Building Envelope: Maximizing Insulation Effectiveness Through Careful Design." The Construction Specifier, October 2006.

Olson, Ken. "Solar Hot Water: A Primer." Home Power, 84, August and September 2001, 44–52.

———. "Solar Hot Water for Cold Climates." Home Power, 85, October and November 2001, 40–48.

Peel, M. C., B. L. Finlayson, and T. A. McMahon. "Updated World Map of the Köppen-Geiger Climate Classification." Hydrology and Earth System Sciences, 11, 2007, 1633–1644.

Peterson, Kent, and Hugh Crowther. "Building Energy Use Intensity." High Performance Buildings, Summer 2010, 40–50.

Petro, Rachel. "Countdown to Zero." LD+A, February 2011.

Phillips, Duncan, Meiring Beyers, and Joel Good. "How High Can You Go? Building Height and Net Zero." ASHRAE Journal, September 2009, 26–36.

Pless, Shanti, and Paul Torcellini. "Controlling Capital Costs in High-Performance Office Buildings," NREL Webinar, October 31, 2011.

———. "Net-Zero Energy Buildings: A Classification System Based on Renewable Energy Supply Options." National Renewable Energy Laboratory, Technical Report NREL/TP-550–44586, June 2010.

Pless, S., M. Deru, P. Torcellini, and S. Hayter. "Procedure for Measuring and Reporting the Performance of Photovoltaic Systems in Buildings." National Renewable Energy Laboratory, Technical Report NREL/TP-550–38603, October 2005.

Pless, Shanti, Paul Torcellini, and David Shelton. "Using an Energy Performance-Based Design-Build Process to Procure a Large-Scale Low-Energy Building." National Renewable Energy Laboratory, Conference Paper NREL/CP-5500–51323, May 2011.

Presidential Documents. "Executive Order 13514 of October 5, 2009, Federal Leadership in Environmental, Energy, and Economic Performance." Federal Register Vol. 74, No. 194, Thursday, October 8, 2009.

Preus, Robert. "Thoughts on VAWTs: Vertical Axis Wind Generator Perspectives." Home Power, 104, December 2004 and January 2005, 98–100.

Price, Derek. "Structuring the Deal: Funding Options and Financial Incentives for On-site Renewable Energy Projects." Johnson Controls, Inc., 2008.

Putt del Pino, Samantha, and Pankai Bhatia. "Working 9 to 5 on Climate Change: An Office Guide." World Resource Institute, December 2002.

Rawlinson, Simon, and David Wright of Davis Langdon. "Sustainability: Embodied Carbon." Building Magazine, October 2007, 88–91.

Reinhart, Christoph F., John Mardaljevic, and Zach Rogers. "Dynamic Daylight Performance Metrics for Sustainable Building Design." National Research Council Canada (NRCC-48669).

Roberts, Simon, and Nicolò Guariento. Building Integrated Photovoltaics: A Handbook. Basel, Switzerland: Birkhäuser, 2009.

Rocky Mountain Institute. "Collaborate and Capitalize: Post-Report from the Building Energy Modeling Innovation Summit," 2011.

Rothschild, Susy S., Cristina Quiroz, Manish Salhorta, and Art Diem. "The Value of eGRID and eGRIDweb to GHG Inventories." E.H. Pechan & Associates, Inc., U.S. EPA, December 2009.

Sanchez, Justine. "2010 PV Module Guide. Home Power, 134, December 2009 and January 2010, 50–61.

Sanchez, Justine, and Ian Woofenden. "PV Systems Simplified." Home Power, 144, August and September 2011, 70–78.

Sheppy, Michael, Chad Lobato, Otto Van Geet, Shanti Pless, Kevin Donovan, and Chuck Powers. "Reducing Data Center Loads for a Large-Scale, Low-Energy Office Building: NREL's Research Support Facility," December 2011.

Sherwood, Larry. "U.S. Solar Market Trends 2010." Interstate Renewable Energy Council, June 2011.

Solar Energy Industries Association and GTM Research. "U.S. Solar Market Insight, First Quarter 2011, Executive Summary," 2011.

Solar Rating & Certification Corporation website, last accessed October 16, 2011, www.solar-rating.org.

Speer, Bethany, Michael Mendelsohn, and Karlynn Cory. "Insuring Solar Photovoltaics: Challenges and Possible Solutions." National Renewable Energy Laboratory, Technical Report NREL/TP-6A2–46932, February 2010.

The Sustainable Sites Initiative. "Guidelines and Performance Benchmarks, 2009."

———. "The Case for Sustainable Landscapes," 2009.

Szokolay, Steven V. Introduction to Architectural Science: The Basis of Sustainable Design, 2nd ed. Oxford, UK: Architectural Press, 2008.

Torcellini, Paul, and Drury Crawley. "Understanding Zero-Energy Buildings." ASHRAE Journal, September 2006, 62–69.

Torcellini, P., M. Deru, B. Griffith, K. Benne, M. Halverson, D. Winiarski, and D. B. Crawley. "DOE Commercial Building Benchmark Models." National Renewable Energy Laboratory, Conference Paper NREL/CP-550–43291, July 2008.

Torcellini, Paul, Shanti Pless, Michael Deru, and Drury Crawley. "Zero Energy Buildings: A Critical Look at the Definition." National Renewable Energy Laboratory, Technical Report NREL/TP-550–39833, June 2006.

Torcellini, Paul, Shanti Pless, Chad Lobato, and Tom Hootman. "Main Street Net-Zero Energy Buildings: The Zero Energy Method in Concept and Practice," July 2010.

United Nations Environment Programme (UNEP). Sustainable Buildings & Climate Initiative. "Common Carbon Metric for Measuring Energy Use & Reporting Greenhouse Gas Emissions from Building Operations."

———. International Panel for Sustainable Resource Management. "Towards Sustainable Production and Use of Resources: Assessing Biofuels," 2009.

U.S. Army Corps of Engineers, Engineer Research and Development Center. "U.S. Army Corps of Engineers Air Leakage Test Protocol for Measuring Air Leakage in Buildings."

U.S. Department of Energy. "U.S. Billion-Ton Update: Biomass Supply for a Bioenergy and Bioproducts Industry," August 2011.

U.S. Department of Energy, Energy Efficiency, & Renewable Energy. 2009 Building Energy Data Book, October 2009.

———. 2009 Renewable Energy Data Book, August 2010.

———. 2010 Building Energy Data Book, March 2011.

———. "2010 Wind Technologies Market Report," June 2011.

———. Biomass Energy Data Book, Edition 3, 2010.

———. "The Design-Build Process for the Research Support Facility" (draft), July 2011.

———. "High-Performance Home Technologies: Solar Thermal and Photovoltaic Systems," June 2007.

———. "Operations & Maintenance Best Practices: A Guide to Achieving Utility Resource Efficiency," October 2007.

———. "Metering Best Practices: A Guide to Achieving Operational Efficiency, Release 2.0," July 2004.

———. "M&V Guidelines: Measurement and Verification for Federal Energy Projects, Version 3.0," April 2008.

———. "Small Wind Electric Systems: A U.S. Consumer's Guide," August 2007.

———. "Small Hydropower Systems," July 2001.

———. "Solid-State Lighting Research and Development: Multi-Year Program Plan," August 2010.

———. "Research Support Facility—A Model of Super Efficiency," May 2011.

U.S. Department of Energy, Energy Information Administration International Energy Statistics website, last accessed December 6, 2010, www.eia.gov/countries.

———. "Annual Energy Outlook 2010 with Projections to 2035," April 2010.

———. "Annual Energy Review 2009," August 2010.

———. "Historical Natural Gas Annual 1930 through 2000," December 2001.

———. "International Energy Outlook, 2010," July 2010.

———. "Method for Calculating Carbon Sequestration by Trees in Urban and Suburban Settings," April 1998.

U.S. Environmental Protection Agency. Carbon Sequestration in Agriculture and Forestry website, last accessed October 16, 2011, http://www.epa.gov/sequestration/index.html.

———. "ENERGY STAR Performance Rating Methodology for Incorporating Source Energy Use," August 2009.

———. ENERGY STAR Target Finder website, last accessed April 10, 2011, www.energystar.gov/targetfinder.

———. "EPA's Green Power Partnership: Renewable Energy Certificates," July 2008.

U.S. Green Building Council. "LEED Reference Guide for Green Building Design and Construction: For the Design, Construction and Major Renovations of Commercial and Institutional Buildings Including Core & Shell and K-12 School Projects, 2009 Edition," 2009.

———. "LEED Reference Guide for Green Building Operations and Maintenance: For the Operations and Maintenance of Commercial and Institutional Buildings, 2009 Edition," 2009.

———. "LEED Building Design & Construction Rating System, 3rd Public Comment Draft," March 2012.

Utzinger, Michael, and James H. Wasley. "Building Balance Point." Vital Signs Project, University of California–Berkeley, August 1997.

Watson, Donald, and Kenneth Labs. Climatic Building Design: Energy-Efficient Building Principles and Practice. New York: McGraw-Hill, 1983.

Welch, Michael. "Architectural PV Design Considerations." Home Power, 142, April and May 2011, 44–51.

Weliczko, Erika. "Solar-Electric Options: Crystalline vs. Thin-Film." Home Power, 127, October and November 2008, 98–101.

Wells, Malcolm. Gentle Architecture. New York: McGraw-Hill, 1981.

Woofenden, Ian. "Understanding Wind Speed." Home Power, 143, June and July 2010, 106–108.

———. "Wind-Electric Systems Simplified." Home Power, 110, December 2005 and January 2006, 10–16.

Woofenden, Ian, and Hugh Piggott. "Anatomy of a Wind Turbine." Home Power, 116, December 2006 and January 2007, 52–55.

Woofenden, Ian, and Mick Sagrillo. "2010 Wind Generator Buyer's Guide." Home Power, June and July 2010, 137.

———. "Is Wind Electricity Right for You?" Home Power, 143, June and July 2011, 52–61.

关于作者

汤姆•胡特曼，美国建筑师协会会员，LEED项目运营经理（LEED AP BD+C），在RNL这家可持续设计全球公司及业界领导企业做可持续发展部门主管及项目运营经理，是有着19年以上经验的建筑师和LEED认证专家。汤姆•胡特曼作为可持续发展部门主管，在RNL可持续发展项目工程、设计标准、员工培训、研究及拓展方面言传身教，目前致力于几款净零能源大厦的开发，最近刚完成2.06万平方米国家再生能源实验室研究支持设备，经常发表全美乃至环球各种可持续设计主题演讲和报告。

特约作者

尚蒂•普莱西，LEED 项目运营经理（LEED AP），国家再生能源实验室高级商业建筑研究组资深能效研究工程师，致力于NREL的应用研究和商业建筑能效以及建筑集成再生能源的设计进程，参与了大量有关了解低耗能及零能源商业建筑需求的集成设计进程，最近刚开发了净零能源建筑的分类和能源优化模型系统，还发起了有关确认如何为净零能量建筑和研究项目提供技术支持的研究，包括国家可再生能源实验室的新零能源办公建筑项目。

大卫•冈田，项目工程师（PE），LEED AP，高性能环保设计领域的专家，最高水平可持续发展项目的资深机械工程人士，工作经验超过10年，从事的项目涵盖了3次LEED铂金认证、2次美国建筑师协会环保委员会（AIA COTE）十大获奖作品和3个净零能源性能追踪项目，发表过地区乃至全美的净零能源建筑主题报告，目前是Integral集团西雅图办公室主管，负责与Stantec-Keen工程企业一道10年后交付高效能型项目。